普通高等教育"十一五"国家级规划教材

教育部普通高等教育精品教材

热工基础与应用

第 4 版

傅秦生　主编

傅秦生　赵小明　唐桂华　编著

史　琳　冯　霄　主审

机械工业出版社

本书围绕热能的有效利用，对热能间接利用和直接利用所涉及的"工程热力学"和"传热学"内容进行了阐述。本书在体系上打破了把"热工基础"严格分为"工程热力学"和"传热学"的做法，还将热力设备、装置和循环等实际应用内容专门设置了一篇——"热工基础的应用"，以增强学生的工程实践观点。本书在篇幅允许的范围内尽量介绍热工领域的新成果、新发展，以拓宽学生视野和增强学生的创新精神。为了帮助学生理解全书内容和培养学生的各种能力，大部分例题有讨论。本书各章均附有启发性较强的思考题，大部分章节附有丰富多样的习题，以满足教学的要求。

本书可作为能源动力类和机械类、土木工程类等专业的本科生和专科生教材，也可供有关工程技术人员参考。

本书配有电子课件，向授课教师免费提供，需要者可登录机工教育服务网（www.compedu.com）下载。

图书在版编目（CIP）数据

热工基础与应用/傅秦生主编. —4 版. —北京：机械工业出版社，2024.6

普通高等教育"十一五"国家级规划教材　教育部普通高等教育精品教材

ISBN 978-7-111-75792-4

Ⅰ.①热…　Ⅱ.①傅…　Ⅲ.①热工学-高等学校-教材　Ⅳ.①TK122

中国国家版本馆 CIP 数据核字（2024）第 094758 号

机械工业出版社（北京市百万庄大街 22 号　邮政编码 100037）
策划编辑：尹法欣　　　　　　责任编辑：尹法欣　于伟蓉
责任校对：杨　霞　张　薇　　封面设计：王　旭
责任印制：张　博
天津市光明印务有限公司印刷
2024 年 8 月第 4 版第 1 次印刷
184mm×260mm · 23.25 印张 · 1 插页 · 571 千字
标准书号：ISBN 978-7-111-75792-4
定价：69.80 元

电话服务　　　　　　　　　　网络服务
客服电话：010-88361066　　　机　工　官　网：www.cmpbook.com
　　　　　010-88379833　　　机　工　官　博：weibo.com/cmp1952
　　　　　010-68326294　　　金　书　网：www.golden-book.com
封底无防伪标均为盗版　　　　机工教育服务网：www.cmpedu.com

序

热现象是自然界与科学技术领域中最普遍的物理现象，热能是人类利用自然界能源的一种最主要的能量形式。我国能源资源丰富，但是人均占有量远低于世界平均水平，而且目前我国单位产值的能耗是发达国家的数倍。工程领域的技术工作都离不开能源，并且各种形式的能量最终都以热能的形式散失到环境与宇宙之中。要使我国国民经济走可持续发展的道路，合理使用与节约能源是当务之急。因此作为介绍热能的有效合理利用及传递与转换规律的热工基础类课程，应该成为培养21世纪工科类学生的一门公共技术基础课，学习本课程应是培养复合型工程技术人才科学素质的一个不可缺少的环节。以上基本观点是教育部面向21世纪"热工系列课程教学内容与课程体系改革的研究与实践"项目组经过近5年的研究论证所得出的一个重要结论。为了巩固执行"面向21世纪高等教育教学内容和课程体系改革计划"所取得的成果，进一步推动我国的教育改革，教育部又在2000年设立了"21世纪初高等教育教学改革项目"，其中有"能源动力类人才培养方案改革研究与实践"项目。在该项目的研究内容中，也进一步提出了要编写合适的热工基础教材的任务。

为了实现上述思想，应针对不同大类的专业编写出相应的教材。能源动力类的学生，一般都单独开设工程热力学与传热学两门课程；而量大、面广的非能源动力类专业的学生，急需要一本精练的能将工程热力学与传热学的知识有机地结合起来的教材。本书作者分别是上述两个项目研究组的成员，他们多年来在非能源动力类专业的热工基础课程教学中积累了丰富的经验，通过上述两个项目的研究，编写出了这本教材，以适应教学改革的需要。这本教材是两个项目组的重要研究成果之一。

与传统的热工基础教材相比，本书有其明显的特色。在取材上，内容新颖，具有时代气息。本书首先从能源概论开始，以高屋建瓴之势给学生以世界能源及我国能源利用情况的概貌，然后把重点放在热能的利用与转换传递规律上，作者特别重视在能源利用中的环境保护问题，并恰当地引入热工科学技术中最新研究成果，娓娓道来，内容朴实，顺理成章；在编排体系上，本书打破了多年来把热工基础截然分为工程热力学与传热学两大部分的传统做法，而是围绕热能合理利用这根主线来组织与编排内容，使人顿觉面貌一新。这是迄今为止我国出版过的热工基础教材中的一种创新尝试，值得称道；在每章叙述的方式上作者也有改革，每个例题都有启发学生思维的讨论，往往可以收到举一反三、画龙点睛的效果。在每章的末尾都有思考题及具有工程应用背景的习题。显然这些努力把学生的能力与素质的培养潜移默化地体现在了课程的学习过程之中。

作为教育部及陕西省"热工系列课程教学内容与课程体系改革的研究与实践"项目的负责人及教育部"能源动力类人才培养方案改革研究与实践"项目的负责人，读到了项目组成员编写出来的内容新颖、富有特色的教材，非常高兴，写了以上这些话，作为对教材出版的祝贺，也以为序。

中国科学院院士　陶文铨
于西安交通大学

前言

本书是教育部"面向21世纪高等教育教学内容和课程体系改革计划"中"热工系列课程教学内容和课程体系改革的研究与实践"项目的研究成果之一，是教育部普通高等教育精品教材和普通高等教育"十一五"国家级规划教材，也是本书作者负责的教育部"国家精品课程"和"国家精品资源共享课""热工基础"的配套使用教材。

此次修订保持了第3版的体系及特色，以热能利用为主线，将传统的"工程热力学"和"传热学"进行了有机结合，科学地融合为一体，使学生学完本课程后对热能的直接利用、间接利用、安全利用，以及如何在热能利用中进行节能降耗等有一整体理解，将各知识点融会贯通，以解决有关工程的实际问题，为推动绿色发展贡献力量。在第3版的基础上，第4版与时俱进，更新了一些与能源利用相关的数据及内容，删除了一些与热能利用主线关系较小的内容，突出热能高效、安全利用的基础理论和工程实例；增加了部分有工程背景的习题，以使学生能够将课本知识与实际应用有机结合。第4版仍注意了内容的系统性、理论性、循序渐进和深入浅出，注重在传授知识的同时加强对学生能力的培养和素质的提升。此外，第4版还采用二维码形式提供了部分拓展内容，可使学生随时方便学习、查阅和复习。

本书由傅秦生主编，参加编写的有：傅秦生（绪论、第一篇、第二篇）、赵小明（第四篇第十三章、第十五至第十九章）和唐桂华（第三篇，第四篇第十四章）。主审由清华大学的史琳教授和西安交通大学的冯霄教授担任，她们的宝贵意见对提高本书质量起了极大作用，编者深表谢意！编者对中国科学院院士、国家级教学名师、时任热工课程教学指导委员会主任的陶文铨教授为本书作序表示衷心的感谢！对西安交通大学能源与动力工程学院热流科学与工程系的老师和同事在本书编写过程中给予的支持与帮助表示感谢。西安交通大学的冀文涛教授和杨富鑫副教授对本次修订工作提供了宝贵的意见和建议，并为具体的修订工作提供了诸多帮助，在此编者表示衷心的感谢！

由于编者水平有限，书中错误和不妥之处难免，欢迎读者批评指正。

编　者

主要符号表

A	截面积，表面积，传热面积	m	质量
$A_{n,Q}$	热量无效能	n	多变指数，物质的量
a	热扩散率	P	功率，周长
$a_{n,Q}$	比热量无效能	p	绝对压力
C	热容，临界状态	p_b	大气压力，背压
C_0	黑体辐射系数	p_g	表压力
C_m	摩尔热容	p_i	分压力
$C_{p,m}$	摩尔定压热容	p_s	饱和压力
$C_{V,m}$	摩尔定容热容	p_v	真空度，湿空气中水蒸气分压力
COP	工作性能系数	Q	热量
c	流速，比热容	q	比热量，热流密度
c_a	声速	q_m	质量流量
c_p	比定压热容	q_V	体积流量
c_V	比定容热容	R	摩尔气体常数，半径，热阻，电阻
D	过热度	R_g	气体常数
d	含湿量，直径	$R_{g,eq}$	折合（平均）气体常数
d_e	当量直径	r	半径，汽化热，单位面积热阻，基本量纲数
d_{cr}	临界热绝缘直径		
E	储存能（总能量），辐射力	S	熵
$E_{x,Q}$	热量有效能	s	比熵
E_λ	光谱辐射力	T	热力学温度
e	比储存能	T_0，t_0	环境（大气）温度
$e_{x,Q}$	比热量有效能	T_d，t_d	露点温度
F	力，作用力	T_s，t_s	饱和温度
G	投入辐射	t	摄氏温度
g	重力加速度	t_w	湿球温度
H	焓，高度	U	热力学能，电位差
h	比焓，表面传热系数	u	比热力学能，速度
I	有效能损失（烟损失），电流	V	体积
J	有效辐射	V_i	分体积
k	传热系数，玻耳兹曼常数	V_m	摩尔体积
L	长度	v	比体积
l	特征长度，长度	W	体积变化功（膨胀功）
M_{eq}	折合（平均）摩尔质量	W_0	净功
M	摩尔质量	W_c	压气机耗功

W_f	流动功
W_{sh}	轴功
W_t	技术功
W_{tot}	总功
w	比体积变化功（比膨胀功）
w_0	比净功
w_f	比流动功
w_{sh}	比轴功
w_t	比技术功
w_{tot}	比总功
w_i	质量分数
X	角系数
x	干度，笛卡儿坐标
x_i	摩尔分数
y	笛卡儿坐标
z	高度，笛卡儿坐标
α	回热抽汽量，吸收比
α_V	体膨胀系数
α_λ	光谱吸收比
β	肋化系数
γ	比热比
δ	厚度，绝对偏差
ε	制冷系数，压缩比，发射率（黑度），相对偏差
ε'	供热（供暖）系数
ζ	喷管能量损失系数
η	效率，肋效率，［动力］黏度
η_0	肋面总效率
η_c	卡诺循环效率，卡诺因子
$\eta_{C,s}$	压缩机绝热效率
η_N	喷管效率
η_T	汽轮机、燃气轮机相对内效率
η_t	动力循环热效率
θ	过余温度
κ	等熵指数
λ	升压比，热导率，波长
ν	运动黏度
ν_{cr}	临界压比
ξ	能源消费弹性系数
Π	无量纲特征数
π	增压比

ρ	密度，预胀比，反射比
σ	斯忒藩-玻耳兹曼常量
τ	时间，黏性力，透射比
Φ	热流量
Φ_l	线热流量
φ	相对湿度，喷管速度系数
φ_i	体积分数
ψ	对数温差修正系数
Bi	毕渥数
Fo	傅里叶数
Gr	格拉晓夫数
Ma	马赫数
Nu	努塞尔数
Pr	普朗特数
Re	雷诺数

主要下标

a	干空气参数
ad	绝热系
B	锅炉
b	大气，黑体
C	临界状态参数
c	卡诺循环，冷凝
cr	临界流动状况参数
f	流体，流动，（熵）流，液体参数
g	气体的参数，（熵）产
H	高温（热源）的
HR	热源（高温热源）
i, j, k	序号
iso	孤立系
k	动能
L	液体，长度，低温（热源）的
l	液体，单位长度，长度
LR	冷源（高温热源）
m	平均，机械，中心
max	最大
min	最小
opt	最佳
p	势能
p	定压过程物理量
re	可逆过程
s	定熵过程物理量
s	饱和状态

T	汽轮机，燃气轮机	V	定容过程物理量
T	定温过程物理量	w	水，湿球温度，壁面
v	真空，湿空气中蒸汽的物理量	0	环境参数，滞止参数，初始状态参数

目录

第一篇　热能转换的基本概念和基本定律

第二篇　工质的热力性质和热力过程

绪论（能源概述）

授课视频——绪论○

第一节 自然界的能源及其利用

翻开人类的发展史，不难看到人类社会的发展与人类对能源的开发、利用息息相关。能源的开发和利用水平是衡量社会生产力和社会物质文明的重要标志，而且关系着社会可持续发展和社会的精神文明建设。

掌握和了解能源的基本知识，不但对能源动力类的专业人才是必需的，而且对于机械、材料、环境建筑、力学、工业企业管理和科技外语等专业人才培养和未来发展也是不可缺少的。尤其在21世纪，为培养和造就具有创造性的复合型人才和全面提高各类人才的科学素质，掌握能源知识是十分必要的。

一、能源及其分类

所谓能源是指可向人类提供各种能量和动力的物质资源。迄今为止，由自然界提供的能源有：水力能、风能、太阳能、地热能、燃料的化学能、核能、海洋能以及其他一些形式的能量。能源可以根据来源、形态、使用程度和技术、污染程度以及性质等进行分类。

（一）按来源分

根据来源，能源大致可分为三类：第一类是来自地球以外的太阳辐射能。除了直接的太阳能外，煤炭、石油、天然气以及生物能、水力能、风能和海洋能也都间接地来源于太阳能。第二类是来自地球本身的能量。一种是以热能形式储存于地球内部的地热能（如地下蒸汽、热水和干热岩体）；另一种是地球上的铀、钍等核燃料所具有的能量，即核能。第三类则是来自月球和太阳等天体对地球的引力，而以月球引力为主，如海洋的潮汐能。

（二）按形态分

能源可按其有无加工、转换分为一次能源和二次能源。一次能源是自然界现成存在、可直接取得而未改变其基本形态的能源，如煤炭、石油、天然气、水力能、风能、海洋能、地热能和生物质能等。一次能源中又可根据能否再生分为可再生能源和非再生能源：可再生能源是指那些可以连续再生，不会因使用而逐渐减少的能源。这类能源大都直接或间接来自太阳，如太阳能、水力能、风能、地热能等；非再生能源是指那些不能循环再生的能源，它们会随着人类不断地使用而逐渐减少，如煤炭、石油、天然气和核燃料等。

由一次能源经过加工转换成另一形态的能源称为二次能源，如电力、焦炭、煤气、沼气、氢气、高温蒸汽、汽油和柴油等各种石油制品等。

（三）按使用程度和技术分

在不同历史时期和不同科技水平条件下，能源使用的技术状况不同，从而可将能源分为

○授课视频仅供参考，以本书内容为准。

常规能源和新能源。常规能源是指那些在现有技术条件下，人们已经大规模生产和广泛使用的能源，如煤炭、石油、天然气和水力能等。新能源是指目前科技水平条件下尚未大规模利用或尚在研究开发阶段的能源，如太阳能、地热能、潮汐能、生物能、风能和核能等。常规能源与新能源的分类是相对的。例如，核能在我国属新能源，因为将核裂变产生的原子能作为动力（主要应用于发电）在我国还时间不长，还有一些技术是引进的，有一些新的问题尚待解决，目前还未成为成熟而常用的常规能源。但在发达的西方国家和俄罗斯应用核裂变作为动力和发电已经成为成熟技术，并得到广泛应用，因此核能即将或已成为常规能源。然而，如果考虑和平利用核聚变作为能源，则无论在我国还是在工业发达国家都有大量技术问题要解决，从这个意义上讲，核能仍被视为新能源。即使是一般意义上的常规能源，当研究利用新的技术进行开发时又可被视为新能源。如磁流体发电，利用的燃料仍是常规的煤、石油和天然气等，和常规火电厂不同的是将气体加热成高温等离子体通过强磁场而直接发电，此时的常规燃料又是新能源。太阳能、风能和沼气也是如此。

（四）按污染程度分

按对环境的污染程度，能源又可分为清洁能源和非清洁能源。无污染或污染很小的能源称为清洁能源，如太阳能、风能、水力能、氢能和海洋能等。对环境污染大或较大的能源称为非清洁能源，如煤炭和石油等。

（五）按性质分

能源按本身性质可分为含能体能源和过程性能源。含能体能源是指集中储存能量的含能物质，如煤炭、石油、天然气和核燃料等。而过程性能源是指物质运动过程产生和提供的能量，此种能量无法储存并随着物质运动过程结束而消失，如水力能、风能和潮汐能等。

还有一些其他分类方法和基准。但对于能源工作者而言，更多的是采用一次能源和二次能源的概念，着眼于一次能源的开发和利用，并按常规能源和新能源进行研究，这样的分类见表0-1。

表 0-1　能源分类

类　　别	常 规 能 源	新 能 源
一次能源	煤、石油、天然气、水力能等	核能、太阳能、风能、地热能、海洋能、生物能等
二次能源	煤气、焦炭、汽油、柴油、液化石油气、电力、蒸汽等	沼气、氢能等

二、能源的利用与社会的发展

从能源利用的观点看，人类社会发展经历了三个不同的能源时期，而这三个不同时期都与人类社会生产力的发展密切地联系在一起。这三个时期是：薪柴时期、煤炭时期和石油时期。

古代人类从“钻木取火”开始，就进入了能源利用的第一个时期——薪柴时期。在这一时期，人类以薪柴、秸秆和部分动物的排泄物作为燃料，用于做熟食物和取暖。恰恰是由于熟食，人类自身进化有了长足的发展。在这个时期，人类除了利用薪柴等作为能源进行食物加工、取暖和生产（陶瓷加工和冶炼金属等）外，同时以人力、畜力和一小部分简陋的风力和水力机械作为动力，从事一些生产活动。由于以薪柴等生物质燃料为主要能源，能源使用水平低下，因而社会生产力水平和人类生活水平都很低，社会发展缓慢。这一时期由于能源的结构和利用长期不能得到根本的变革，从而使薪柴时期延续了相当长的时间。在中国可以说从远古一直到清王朝的几千年都属于这一时期。

18世纪工业革命开创了煤炭作为主要能源的第二个时期——煤炭时期。在这一时期，蒸汽机成为生产的主要动力，从而促进了工业迅速发展，劳动生产力得到了极大解放，生产水平有了显著提高。特别是在19世纪后期出现了电能，由于它具有易于传输，能方便地转变为光、热和机械能的特点，其应用突飞猛进，并进入到社会的各个领域。电动机代替蒸汽机成为工矿企业的基本动力，电灯代替油灯和蜡烛成为生产和生活照明的主要光源，社会生产力有了大幅度的增长。随着各种电器的出现，人们的物质和精神文明生活也有了极大提高，从根本上改变了人类社会的面貌。

石油资源的发现和开发开始了能源利用的新时代。尤其是20世纪50年代，在美国、中东和北非等地区相继发现了巨大的油田和气田后，工业发达国家很快从以煤炭作为主要能源转换到以石油、天然气作为主要能源，开始了人类能源历史的第三个时期——石油时期。到20世纪50年代中期，石油和天然气的消费超过了煤炭，成为世界能源的主力。这是继薪柴向煤炭转换后能源结构变化上的又一里程碑。随着石油、天然气的开发利用和内燃机械的快速发展，使汽车、飞机、内燃机车和远洋客货轮这些以石油制品为能源动力的交通工具也迅猛发展，不但缩短了地区和国家间的距离，也促进了世界经济的发展和繁荣。近70年来，世界上许多国家依靠石油、天然气以及蓬勃发展的电力，创造了人类历史上空前的物质文明。

进入21世纪，随着可控热核反应的实现，核能将成为世界能源的重要角色。同时随着煤炭清洁化技术的开发和利用，一个清洁能源的时代也将随之而来，并将迎来又一次能源变革。世界将变得更加繁荣，人类生产和生活水平将会得到更大的提高。

从人类所经历的三个能源时期不难看出能源和人类历史发展的密切关系。

能源的开发和利用，不但推动着社会生产力的发展和社会历史的进程，而且与国民经济发展的关系密切。首先，能源是现代生产的动力来源，无论是现代工业还是现代农业，都离不开能源动力。现代化生产是建立在机械化、电气化和自动化基础上的高效生产，所有生产过程都与能源的消费同时进行着。例如，工业生产中，各种锅炉和窑炉要用煤、石油和天然气；钢铁和有色金属冶炼要用焦炭和电力；交通运输需要各种石油制品和电力。现代农业生产的耕种、灌溉、收割、烘干、运输和加工等都需要消耗能源。现代国防也需大量的电力和石油。其次，能源还是珍贵的化工原料。以石油为例，除了能提炼出汽油、柴油和润滑油等石油产品外，对它们进一步加工可取得5000多种有机合成原料。有机化学工业的8种基本原料：乙烯、丙烯、丁二烯、苯、甲苯、二甲苯、乙炔和萘，主要来自石油。这些原料经过加工，便可得到塑料、合成纤维、化肥、染料、医药、农药和香料等多种多样的工业制品。此外，煤炭、天然气等也是重要的化工原料。

一个国家的国民经济发展与能源开发和利用密切相关，可以说没有能源就不可能有国民经济的发展。对世界各国经济发展的考察表明，在经济正常发展情况下，一个国家的国民经济发展与能源消耗增长率之间存在正比例关系。这个比例关系通常用能源消费弹性系数 ξ 表示，即

$$\xi = \frac{能源消费的年增长率}{国民经济生产总值的年增长率}$$

表面上看该系数关系简单，其值越小越好，但实际上影响弹性系数的因素较多，较复杂。一个国家的能源消费弹性系数与该国的国民经济结构、国民经济政策、生产模式、能源利用率、产品质量、原材料消耗、运输，以及人民生活需求等诸多因素有关。尽管各国实际情况不同，但只要处于类似的经济发展阶段，就具有相近的能源消费弹性系数。一般而言，发展中国家的该值大于1，工业发达国家的该值小于1。

能源消费弹性系数不但反映了能源与国民经济发展之间的关系，而且利用它可以预测未来国民经济发展中能源需求和供应之间的关系，以便在制定国民经济发展规划时进行综合平衡。

发展生产和国民经济需要能源，其重要目的是不断改善人民生活。在某种程度上可以说是用能源换取粮食和其他农作物，用能源直接或间接地保证人民的生活质量。在人们的生活中，不仅衣食住行需要能源，而且文教卫生、各种文化娱乐等都离不开能源。随着人们生活水平的不断提高，所需的能源数量、形式和质量越多和越高。一般而言，从一个国家的能源消耗状况可以看出一个国家人民的生活水平。根据不同的发展水平，现代社会生活需要消耗的能源大致有三种：

1）维持生存所必需的能源消费量，每人每年约400kg标准煤（1kg标准煤相当于2.93×10^7J）。这是以人体的需要和生存可能性为依据得到的，这个量只能维持最低生活的需要。

2）现代化生产和生活最低限度的能源消费量，每人每年约1200~1600kg标准煤。这是保证人们能够丰衣足食，满足最起码的现代化生活所需要的能源消费。表0-2列出了国内外包括衣食住行等各方面，满足现代生活最低限度的能源消费数据。

表0-2　现代化生活最低的能源消费量(标准煤)　　　〔单位：kg/（人·年）〕

项　　目	国外提出的现代化最低标准	中国式现代化的标准
衣	108	70~80
食	323	300~320
住	323	320~340
行	215	100~120
其他	646	440~460
合计	1615	1230~1320

3）更高级的现代化生活所需要的能源消费量，每人每年至少2000~3000kg标准煤。这是以工业发达国家已有水平作为参考依据，使人们能够享有更高的物质与精神文明生活所必需的能源量。

总之，社会和国民经济的发展，人民生活的不断改善都离不开能源。尤其在实现现代化的进程中，能源更是举足轻重。不但现代农业、现代工业和现代国防需要大量能源，而且随着现代物质生活的改善和精神文明生活的提高，各种现代家庭用能设备，如微波炉、电视机、音响、个人计算机、冰箱、空调……不断增加，新的社会公益福利设施也在不断兴建，这都进一步增加了能源消费。可以说，现代化社会意味着大量消耗能源，没有相当数量的能源，现代化社会就无法实现。

三、能源与环境

经济的发展、社会的进步和人类物质文明、精神文明生活水平的提高，都离不开能源。然而，作为人类赖以生存基础的能源，在其开采、输送、加工、转换、利用和消费过程中，都必然对生态系统产生各种影响，成为环境污染的重要来源。主要表现在以下几方面。

（一）温室效应与热污染

空气是氮气、氧气、氢气、二氧化碳和水蒸气等气体的混合物。由气体辐射理论[12]可知，氮气、氧气和氢气等双原子气体对红外长波热射线可以看作透明体，而二氧化碳和水蒸气等多原子气体对热射线却具有辐射和吸收能力，它们能使太阳的可见光短波射线自由通过，却吸收地面上发出的红外热射线。随着能源消耗量的不断增加，排向空气中的二氧化碳等气体不断增多，破坏了原来环境中二氧化碳量的自然平衡。过多的二氧化碳不阻碍太阳辐射中的可见光，任其自由通过到达地面，但却较多地吸收地面红外辐射，减少了地球表面散失到宇宙的热量，导致地球表面气温升高，造成所谓"温室效应"。

温室气体的排放引起的气候变化是人类面临的全球性问题。随着各国二氧化碳排放，温室气体猛增，对人类生存环境和生命系统形成威胁。在这一背景下，2015年12月12日，《联合国气候变化框架公约》近200个缔约方在巴黎气候变化大会上达成《巴黎协定》。为2020年后全球应对气候变化行动做出了安排。2016年4月22日，175个国家在纽约联合国总部签署了这一协定。《巴黎协定》的长期目标是将全球平均气温较前工业化时期上升幅度控制在2℃以内，并努力将温度上升幅度限制在1.5℃以内。世界各国以全球协约的方式减排温室气体，我国也由此提出"碳达峰"和"碳中和"目标及技术路线，为保护人类生存环境承担起应有的责任，并为此做出中国贡献。

如果说"温室效应"使大气温度逐渐上升是一种"热污染"，那么，在能源消费和能量转换过程中由冷却水排热造成的是另一种"热污染"。

用江河、湖泊水作为冷源的火电厂和核电厂，冷却水吸取汽轮机乏汽放出的热量后，温度上升6~9℃，然后再返回到江河、湖泊中。于是大量的热量（如300MW的火电厂每小时排放约1.4×10^{12}J的热量）被排放到自然水域中，使电厂附近的水域温度升高，从而导致水中含氧量降低，影响水生物的生存，同时使水中藻类大量繁殖，破坏自然水域的生态平衡。除了这种热污染外，采用冷却塔的火电厂和核电厂，会使周围空气温度升高，湿度增大，这种温度较高的湿空气对电厂周围的建筑、设备均有强烈的腐蚀作用。

这种热污染不仅仅来自电厂的冷却水排热，原则上一切能量转换和能源消费过程都不可避免地伴随着损失，这些损失最终都将以低温热能的形式传给环境，而造成热污染。如工业锅炉、工业窑炉、工业用各种冷却设备等均不可避免地造成了热污染。

（二）酸雨

化石燃料，尤其是煤炭燃烧会产生大量的SO_2和NO_x。当雨水在近地的污染层中吸收了大量SO_2和NO_x后，会产生pH值低于正常值的酸雨（pH<5.6）。酸雨会使土壤的酸度上升，影响树木、农作物健康生长。例如，德国巴伐利亚山区的某森林有1/4的树木因酸雨死亡。酸雨还会使得湖泊水酸度增加，水生态系统被破坏，某些鱼群和水生物绝迹；造成建筑、桥梁、水坝、工业设备、名胜古迹和旅游设施的腐蚀；造成地下水和江河水酸度增加，直接影响人类和牲畜饮用水的质量，影响人畜健康。

20世纪70年代酸雨造成的污染在世界上仅是局部性问题，但进入20世纪80年代后，酸雨危害日趋严重并扩展到世界范围，成为全球面临的严重环境问题之一。世界各国都在采取切实有效的措施控制SO_2和NO_x的排放，其中最重要的方法是洁净煤技术的开发与推广。

（三）臭氧层的破坏

臭氧（O_3）是氧的同素异构体，它存在于距地面 35km 左右的大气平流层中，形成臭氧层。臭氧层能吸收太阳射线中对人类和动植物有害的紫外线的大部分，是地球防止紫外线辐射的屏障。但是，由于工业革命以来能源消费的不断增加，人类过多地使用氟氯烃类物质作为制冷剂和其他用途，以及燃料燃烧产生的 N_2O，造成臭氧层中的臭氧被大量循环反应而迅速减少，形成所谓臭氧层空洞，导致臭氧层的破坏。近年的研究表明，自 1984 年英国科学家首先发现南极上空出现臭氧层空洞以来，臭氧层空洞正迅速扩大。这将导致地球上人类及动植物免受有害紫外线辐射的屏障受到破坏，使人类皮肤癌等疾病增加，危及人类健康和生存；同时使地球上的动植物受到危害，导致生态平衡的破坏。

为了保护臭氧层，1987 年的《蒙特利尔议定书》提出了对氟氯烃类物质限制使用和禁止使用的最后期限。对能源利用过程而言，使用低 ODP（臭氧消耗潜势）的物质，发展低 NO_x 燃烧技术及烟气、尾气的脱硝是减少 N_2O 排放的关键。

（四）放射性污染

核电站的核燃料在开采、运输和核废料的处理中若发生失误，或电站核反应堆发生核泄漏，会给环境造成严重污染。从污染物对人和动植物的危害程度看，它所产生的污染比其他污染更为严重。因此，自核能开发和利用以来，人们对放射性污染极其重视，采取了一系列严格的防治措施，并将这些措施以法律形式规定下来，形成了一系列安全法规，以防止核电站的放射性污染。尤其在 1979 年美国三哩岛核电站和 1986 年苏联切尔诺贝利核电站先后两次发生重大核事故及 2011 年日本福岛由于地震引发核电站事故后，各国政府更加关注核污染问题，采取了更加严格的防范措施防止核污染，并积极改进现有反应堆的控制设施，提高其安全性，同时开发和利用更加安全的反应堆。

事实上，除核燃料存在核污染问题外，烧煤电站也存在值得重视的核污染。常规火电厂除了非放射性污染外，烟囱排放物中也存在放射性物质（主要是氡-222）。资料分析表明：火电厂通过烟囱排放的放射元素造成的放射性污染甚至超过正常安全运行的核电站。

（五）其他污染

大量燃烧煤等化石燃料会排放大量的粉尘、烟雾、SO_2、NO_x 和 H_2S 等大气污染物。它们直接污染了人们生活必需的大气环境，危害人类健康与生活。同时这些污染物之间相互作用，又会产生比其本身危害还要大的污染物，如硫酸雾和悬浮的硫酸盐等。所有上述的污染物的聚集，若得不到及时消散，会造成严重的烟雾事件。最典型的是 1952 年 12 月发生在伦敦的烟雾事件，在 5 天时间内竟使 4000 多人死亡。我国兰州市 1977 年冬天也发生过类似事件。近年来，雾霾天气的增加也与能源大量消费有关。

另外，在人类把煤炭、石油和天然气作为燃料时，大量对健康有毒害的污染物，随排气、烟尘和炉渣排出，造成损害人体和生物健康的环境污染。例如，排放出的微量重金属中的汞会引起肾功能衰竭，并损害神经系统；镍、铬都是致癌物质；烟尘中吸附的环芳烃是强致癌物。

还有一些其他污染，如海上钻井采油时储油结构岩石破裂和油船运输事故造成漏油引起的污染。

水力能虽然是清洁能源，但也有相应的环境问题。如开发水力要拦河筑坝、建造水库，而这些对生态平衡、土地盐碱化以及灌溉、航运等方面均有一定影响。

四、能源利用与人类社会的可持续发展

综上所述，能源是关系国民经济发展、人民生活改善的重要基础，同时能源的利用与人类生活的环境又休戚相关。人类的发展和社会的进步需要增加能源的开发和利用，但是能源中比例很高的非再生能源却是有限的，如煤和石油等，它们随着不断开发利用而不复存在，最终会出现"能源短缺"。20世纪70年代石油危机所造成的"能源危机"给人们留下了深刻的印象，敲响了能源问题的警钟。

20世纪70年代的石油危机，是指1973年阿拉伯石油输出国以石油为武器，对西方发达国家采取禁运和提价，使不少西方发达国家的经济发展因石油短缺而急转直下，如美国由于缺少1.6亿t标准煤的能源而使生产损失了930亿美元，日本1974年国民生产总值出现负增长。当然，石油危机对那些靠进口石油的发展中国家也有波及，从而使能源问题成为世界经济发展的重大问题。

同时，随着经济日益发展和人民生活水平的不断提高，能源消费迅速增加。前述能源消费中产生的各种污染日趋严重，人类生存的环境日渐恶化。环境的恶化不但影响当代人，而且殃及子孙后代。

能源短缺引起的能源危机和人类生存环境的恶化向人类提出了一个令人深思的问题：社会和人类的发展是大前提，是永恒的主题，那么由于诸如能源和环境等问题，发展是不是可持续的？或者说，由于能源和环境等因素的制约，发展能不能持续地进行呢？这就是可持续发展问题。

可持续发展问题引起世界各国的关注。鉴于过去一二百年中，西方发达国家实现工业化过程中资源大量消耗、环境严重污染的情况，联合国在1989年提出了"可持续发展"战略。1992年召开的联合国环境与发展大会通过了以可持续发展为中心的《里约宣言》和《21世纪议程》等文件。我国政府于1994年通过和确定的《中国21世纪议程》中指出："走可持续发展的道路是中国在未来几年和下一世纪发展的自身的需要和必然的选择"。

为了子孙后代的未来和社会的可持续发展，必须使能源有与社会可持续发展相适应的可持续供给，并解决能源消费中的环境污染问题。为此，各国都在制定规划，采取措施，组织力量，大力开发新能源和清洁能源，力图在不太久的时间里由目前污染较严重的常规非再生能源，过渡到多样的、可以再生的新能源和清洁能源系统上来。解决能源问题的另一战略措施是节约能源，它已成为各国政府和能源专家所关注的解决能源问题和实现可持续发展的重要途径。

所谓"节能"，就是采用技术上可行、经济上合理以及环境和社会可以接受的措施，减少从能源生产到能源消费中各个环节的损失和浪费，以便更有效、更合理地利用能源，提高能源利用率和能源利用的经济效益。

相对于开发能源，即开源而言，节能是一种不要资源的"开源"，由于它能从提高能源利用率中获得能源，而无需煤矿、油田和电厂等建设，因此是最好的开源和保护资源的方法。正因为如此，能源界有关人士将节能与煤炭、石油及天然气、水力和核能四大能源相提并论，称之为"第五能源"。同时，节能是减少污染、保护环境的一个重要方面，这不但在于节能本身节约出的能源是一种无污染的清洁能源，而且从前述能源与环境的关系可以看到，无论热污染、温室效应，还是酸雨、烟尘和烟雾，治理它们的重要途径之一就是提高能源利用率。提高能源利用率不但能减少能源的消耗量，而且可以减少烟尘、烟雾、温室效应

气体、NO_x、SO_2 和其他有害气体的排放量，同时使排放到环境中的废热量也相应减少。例如，将一个效率为 80% 的工业锅炉的效率提高 10%，不仅可节约 10% 的能源消耗，而且减少了 10% 的向环境排放的热量，同时还减少了向环境排烟、排尘和排放 SO_2 等有害、污染气体约 15%。

五、我国的能源与能源事业发展

我国能源储量丰富、多样。自新中国成立以来，我国能源事业在地质、勘探、规划、加工转换等方面取得了长足的发展。我国不但已成为世界能源大国，而且已建立起自己独立的能源工业体系。我国的能源工业主要有以下几个特点：

（一）储量丰富且种类齐全

我国是世界上能源资源丰富的国家之一，而且种类繁多齐全。煤炭、石油、天然气和水力等常规能源，经新中国成立以来多次普查、勘测，探明的储量不断增加。据自然资源部发布的《中国矿产资源报告（2021）》[2]，我国探明技术可开采煤炭储量为 1622.88 亿 t，居世界第 4 位；石油可开采量达 36.19[2] 亿 t，居世界第 13 位；天然气可开采储量 6.267 万亿 m^3。我国的煤炭资源遍布全国，主要集中在山西、内蒙古、贵州、安徽和陕西。我国主要油田有大庆油田、胜利油田、大港油田、华北油田、辽河油田、克拉玛依油田、玉门油田、河南油田和江苏油田等。已探明的天然气储量迅速增长，我国西部已形成塔里木、柴达木、陕甘宁和川渝四个国家级天然气田，仅塔里木累计探明天然气地质储量已达 4190 亿 m^3。

我国水力资源较丰富，根据最新的水能资源普查结果，我国江河水能理论蕴藏量 $6.94 \times 10^8 kW$，水能资源技术可开发量为 $5.42 \times 10^8 kW$。到 2022 年水力发电装机容量已达 $4.13 \times 10^8 kW$，年发电量 $1.35 \times 10^{12} kW \cdot h$，均名列世界第一。它们主要分布在西南、中南和西北⊖地区。

我国已探明的核燃料铀矿储量可供 4000 万 kW 核电站运行 30 年。

此外，我国还有一定数量的潮汐能、地热能和油页岩资源，太阳能资源更是取之不尽。

（二）多种能源生产结构

虽然我国能源储量丰富，种类繁多、齐全，但建国初期我国能源工业基础却很薄弱，生产落后，产量低下，且结构单一。1952 年我国原煤产量仅为 6600 万 t，原油、天然气和水电产量微不足道，国内用油主要靠进口。经过 70 多年的建设和发展，尤其是改革开放以来，随着各项事业的突飞猛进，我国能源事业也得到迅猛的发展。

自新中国成立以来，我国相继建成大庆油田等多个大中型油田，石油工业得到长足的发展，我国能源工业也从单一的煤炭结构发展成为以煤炭为主的多种能源结构。现在我国已建成了一个部门基本齐全、具有相当规模、布局比较合理的独立的能源工业体系。作为二次能源的电力，在社会生产和人民生活中的利用已越来越普遍。电力工业在我国能源工业体系中的地位日益提高，并逐渐显现出其重要性。现在，我国不但能自行设计制造 200MW、300MW 乃至 600MW 的火力发电机组，而且已拥有自己的核电机组——秦山核电站、大亚湾核电站、田湾核电站、岭澳核电站、阳江核电站、台山核电站、宁德核电站、福清核电站、海阳核电站、华能石岛湾核电厂、红沿河核电厂和防城港核电站等。举世瞩目的长江三峡水利电力枢纽工程已正式投入运营、发电。

⊖ 西北地区主要指黄河上游区域，该区域里有众多水电站，如龙羊峡水电站、李家峡水电站等。

（三）我国能源工业面临的问题

我国能源资源从绝对数量上看是丰富的，但是必须看到我国是一个拥有 14.1 亿人口的大国，按人口平均的能源资源占有量很低。表 0-3 为中国与美国及世界能源储备的比较。从表中不难看到，我国人均能源储备不但与发达的美国相差悬殊，而且与世界的平均水平相差甚远。

表 0-3　中国与美国及世界能源储备的比较（2021 年）

国家	原煤/t	原油/t	天然气/m³	水电/(kW·h)	铀/t
中国	$1.623×10^{11}$	$3.619×10^{9}$	$6.267×10^{12}$	$1.322×10^{12}$	$38.0×10^{3}$
美国	$2.489×10^{11}$	$5.731×10^{9}$	$10.479×10^{12}$	$0.2887×10^{12}$	$34.2×10^{3}$
世界合计	$1.074×10^{12}$	$1.805×10^{11}$	$1.98×10^{14}$	$4.297×10^{12}$	$2938.3×10^{3}$
中国人均	115	2.6	$4.45×10^{3}$	937	—
美国人均	750	17.3	$31.56×10^{3}$	869	—
世界人均	142	23.8	$26.10×10^{3}$	566	—

我国能源利用的另一大问题是能源利用率低下。我国能源终端利用率仅为 33%，比发达国家低 10~20 个百分点。表 0-4 为我国与发达国家部分用能设备的平均用能效率。从中可以看到我国能源利用率相对工业发达国家差距较大。

表 0-4　各国能源利用率

国家	能源利用率(%)
中国	36.81
美国	50.00
日本	52.51
德国	50.22
印度	40.06
俄罗斯	54.08
澳大利亚	46.21
巴西	62.26
世界平均	50.32

我国不仅能源利用率低下，同时由于我国能源结构以煤为主，从而造成我国能源另一大问题——环境污染严重。我国每年酸雨造成的农业减产损失达 400 亿元，空气污染对人体健康和生产力造成的损失估计每年超过 1600 亿元。

为了解决这些问题，除了大力加强多种能源的开发，积极开展新能源和清洁能源技术研究外，最现实的办法就是开展深入、持久的节能活动。为此，国务院制定了能源建设的总方针："能源的开发和节约并重，近期要把节能放在优先地位，大力开展以节能为中心的技术改造和结构改革……"，并于 1997 年 1 月 1 日颁布了《中华人民共和国节约能源法》（该法律分别于 2007 年、2016 年、2018 年进行了修订、修改和修正）。在该法中特别指出"节约资源是我国的基本国策。国家实施节约与开发并举，把节约放在首位的能源发展战略"。为此，我国政府宣布二氧化碳排放力争于 2030 年左右达到峰值，争取 2060 年前实现碳中和，构建以新能源为主体的新型电力系统。作为世界上能源生产和消费大国，既要节能，也要大力发展储能产业，将难以储存的能量转换成更便利或经济可存储的形式，实现多种能源协同发展。太阳能、风能、水力能、地热能、海洋能、生物质能等可再生能源都可以通过储能的方式进行二次利用。根据储能技术的特点，可将储能技术分为机械储能、热质储能、电储能、化学储能等。常用的机械储能方式有抽水、压缩空气、压缩二氧化碳和飞轮储能等。热质储能是储能领域的重要分支，是最具应用前景的规模储能技术之一。可通过熔融盐、石蜡、水、金属合金、硝酸盐等介质蓄热（蓄冷），将可再生能源进行储存。常见的热质储能技术包括太阳能光热发电、太阳能储热供暖、固体储热供暖、电力调峰热能储存、工业余热间歇式储存等。通过储能技术的应用，可减小可再生能源波动性、间歇性和随机性的影响，实现绿色低碳转型和能源的稳定供应，为实现碳达峰、碳中和的目标提供有力保障。

据初步估计，我国的节能潜力约为 50%。如果这些潜力完全挖掘出来，那么，在未来几十年内不但国民经济发展所需能源中的一半可以得到解决，而且由于节能，环境污染将会减少、生态环境将得到改善，这是利在当代，功在千秋。

第二节　热能的合理利用

一、热能的利用

回顾人类利用能源的各个时期和目前世界各国及我国的能源构成，人类利用的主要能源有：水力能、风能、地热能、太阳能、燃料的化学能和核能。在这些能源中，除水力能和风能是机械能外，其余都是直接或间接向人类提供热能形式的能量，例如，太阳能和地热能是直接的热能；燃料的化学能，包括固态的煤、液态的石油或气态的天然气，都是通过燃烧将化学能释放变为热能供人类利用。如果说燃料燃烧是通过"烧分子"将化学能转变为热能，那么核能利用则主要是通过"烧原子"将核能转变为热能。统计资料（见表 0-5）表明，以热能形式提供的能量占了能源相当大的比例。我国的发电仍以火电为主，火力发电约占全国总发电量的 80%。因此从某种意义上讲，能源的开发和利用就是热能的开发和利用。

表 0-5　世界一次能源消费结构　　　　　　　　　　　　　　（%）

年　　份	煤　　炭	石　　油	天 然 气	水电及其他
1950	61.1	27.4	9.8	1.7
1960	52.0	32.0	14.0	2.0
1970	35.2	42.7	19.9	2.2
1980	30.8	44.2	21.5	3.5
1990	29.0	36.0	19.5	15.5
2010	22.4	38.5	23.9	15.2
2020	27.2	31.2	24.7	16.9
2022	26.7	31.6	23.5	18.2

二、热能利用的形式和热科学发展简史

热能的利用可分为直接利用和间接利用。热能的直接利用是指直接用热能加热物体，以满足人类生产和生活的需要，热能的形式不发生变化，如取暖、烘干、冶炼、蒸煮及化工过程利用热能进行分解或化合等。热能的间接利用是指把热能转换为机械能（或进而转变为电能），以满足人类生产和生活对动力的需要，如火力发电、交通运输、石油化工、机械制造和其他各种工程中的蒸汽动力装置、燃气动力装置。在热能的间接利用中，热能的能量形式发生了转换。

人类对热能的直接利用可以追溯到远古时代的钻木取火和对火的利用。或者说，能源利用的第一个时期——薪柴时期是以热能的直接利用开始的。如前所述，火的利用开启了人类利用热能和能源的第一步，它开拓了人类物质文明生活的新局面，从此人类可以用火蒸煮、烤食物、取暖和照明，而后人类又利用火冶炼矿石、制造金属工具，使农业和手工业生产得以发展。虽然人类对热能的利用有着漫长的历史，但整个薪柴时期，即从远古直到18世纪中叶，热能的利用仍局限于把热能作为加热热源的直接利用。

随着生产的不断发展，人们对动力的需求日益增长。薪柴时期人们所使用的简单的动力机械，如风车、水车等，受到气象和地理等自然条件的严重制约，而且它们的功率太小，如公元4世纪的立式水车功率仅2kW，远远满足不了人类日益增长的对动力的需求，这就迫使人类寻求一种不受气象、地理等自然条件限制的、功率较大的动力源。1784年英国人瓦特在前人研究的基础上研制成了工业上通用的性能良好的蒸汽机。它实现了热能向机械能的能量转换，开创了热能间接利用的新纪元，使社会生产力得以突飞猛进，开启了"第一次工业大革命"。从此，热能的间接利用得到了广泛深入的发展，转换技术和装置不断创新。继蒸汽机后，相继出现了内燃机、燃气轮机和蒸汽轮机等装置，从而出现了汽车、飞机和大型火力发电设备等。热能间接利用的开始和发展历程与前述能源利用的两个重要时期——"煤炭时期"和"石油时期"紧密关联，从某种意义上可以说，没有热能的间接利用，这两个时期的出现、发展乃至它们之间的更迭都是不可能的。随着热能和机械能转换理论的深入研究，以及科学技术的不断发展，各种制冷设备，如冰箱、冷冻机和空调等也相继出现和完善。今天核电站已广泛服务于人类，各种新能源和清洁能源转换装置也相继出现，它们标志着人类热能利用，尤其是热能间接利用的新纪元。

瓦特蒸汽机的出现和第一次工业大革命，推动了热工理论的研究。为了提高各种动力机能量利用的经济性，人们对热的本质、热能和机械能之间转换的基本规律及各种工质热力性质进行了不懈的深入研究和探讨，促进了涉及热能间接利用的"工程热力学"的出现、发展和完善。对"工程热力学"创立和发展做出过突出贡献的有：法国工程师卡诺，德国科学家迈耶尔和克劳修斯，英国科学家焦耳、朗肯和开尔文，荷兰物理学家范德瓦尔和希腊数学家卡拉西奥多里及其他相关领域的一些科学家。

在人们探讨提高热机功率和效率的研究中，发现传热过程引起的热损失或传热效果不良是阻碍提高热机效率和功率的原因之一。在工程技术的其他领域，也广泛存在着热量传递引起的问题：有些需要增强传热，有些需要削弱传热，有些则需要对热量传递和温度进行某种控制。例如，为保证大规模集成电路的安全、可靠，电子器件需要有效的冷却；金属材料热处理过程中不同阶段的温度及传热量需要有效的控制；等等。因此，无论在热能的间接利用中，还是热能的直接利用以及工程中各种设备或设备元件的热设计和热控制问题中，都迫切需要对热量传递的基本规律进行深入研究，以便有效利用热能和提高设备的经济性、可靠性。这就促进了"传热学"的出现和发展。在"传热学"的创立和发展过程中，许多科学家都做出了卓越的贡献，其中著名的有：傅里叶（法国）、牛顿（英国）、雷诺（英国）、努塞尔特（德国）、普朗特（德国）和施密特（德国）等。

我们中华民族的祖先在热能利用方面曾有过辉煌的成就。早在商、周时代，我国就有了高水平的冶炼和铸造技术。在隋朝民间已流行流星焰火。北宋时代已出现走马灯，它是现代燃气轮机的雏形，比欧洲同类记载至少早 400 年。到了宋朝，我们祖先已发明了火药、火箭。17 世纪创造了原始的两级火箭。但近 200 年来，在国外工业大发展、热工事业突飞猛进之时，我国却由于受到长期封建制度的束缚和帝国主义侵略等种种原因，生产力非但没得到发展，反而遭到一定程度的破坏，也几乎谈不上什么自己的热工事业。

正如前面所述，新中国成立以后，我国政府十分重视能源动力工业。尤其在改革开放以来，国家更是把能源交通作为支柱产业予以优先考虑，从而使能源动力工业得到飞速发展。我国不但自行设计制造了万吨级船用柴油机和数千千瓦功率的内燃机车用机车内燃机，而且能制造 600MW、1000MW 的全套火力发电设备。随着能源事业的不断发展，与之密切相关的航空航天事业也得到长足的发展，我国神舟五号至神舟十七号载人飞船及天舟货运飞船成功发射和返回，天和核心舱、问天实验舱、梦天实验舱成功发射和对接，完成了中国空间站三舱组合体在轨组装建造，进一步实现了中国人的航天梦。我国探月工程的嫦娥一号至嫦娥五号月球探测器成功发射和月球着陆，实现了中国人的飞天梦。这些都标志着我国从航天大国迈向航天强国。这些航天工程的重大成果标志着我国自行研制的火箭推进系统已经达到了国际先进水平。所有这一切都说明我国的热工事业正蓬勃地朝着现代化发展。

第三节　热工基础的研究对象、内容和方法

一、热工基础的研究对象

前已述及，为了人类社会的可持续发展和人类生存环境的改善，节能是具有战略意义的措施。既然能源的利用在很大程度上是热能的利用，因此节约能源的重点应是合理有效地利用热能。事实上，人类从热能利用的开始，尤其在瓦特的蒸汽机出现以后，无论是热能的直接利用还是间接利用，都一直在孜孜不倦地探求如何有效地利用热能以提高能量利用的完善程度，节约有限的资源。

在热能的间接利用中，为实现热能和机械能之间的转换，在各种热机相继出现的过程中，人们提出了一系列问题：不同热机有着不同的具体转换装置和设备，但它们都能实现热能和机械能之间的转换，那么热能和机械能之间的转换有什么共同的规律，依据怎样的基本原理，或者说从原理上讲如何才能实现热能和机械能之间的转换；为了节能，如何提高热机的热效率，或者说，提高热机能量利用率的基本原理和根本途径是什么；对于制冷机，人们提出如何实现制冷和提高制冷循环的制冷系数等问题。在热能的直接利用和前述其他领域的热设计及热控制问题中，为了增强或削弱热量的传递，人们提出类似的问题：热量是如何传递的，热量传递遵循怎样的规律；如何通过传热机理的研究，提高热能直接利用的经济性，以及如何有效地解决有关设备的热设计和热控制问题等。这些就是本学科所要研究解决的问

题。综上所述，研究包括热能间接和直接利用的"热工基础与应用"，是研究热能利用的基本原理和规律，以提高热能利用经济性及安全利用热能为主要目的的一门学科。

二、热工基础的主要内容和研究方法

前面讲到，热能间接利用所涉及的热能和机械能之间的转换属工程热力学的研究范畴。热能和机械能之间的转换必须遵循的普遍规律是热力学第一定律和第二定律。这两大定律是本课程所要研究的主要内容之一。虽然在涉及热现象的能量转换过程中，不能违背热力学第一定律和第二定律，但是人们可以通过选择能量转换所凭借的物质——工质，以及合理安排热力过程来提高热能间接利用的经济性。因此，热力学两大定律、工质的热力性质和热力过程，一起构成了工程热力学的理论基础。运用这些理论，对实际工程中的热力过程和热力循环进行分析，提出提高能量利用经济性的具体途径和措施，是研究热能和机械能转换的一个重要目的和内容。

热能直接利用中涉及的研究热量传递规律的学科属传热学。热力学第二定律告诉我们，凡是存在温度差的地方，就有热量自发地从高温物体向低温物体传递。热量传递可以通过三种不同方式进行，即热传导、对流传热和辐射传热。三种传热方式遵循着各自不同的基本定律。传热过程中，为提高热能利用的经济性而采取的增强或削弱传热的种种措施，皆来源于对三种基本传热方式基本规律的研究。当然，三种传热方式在工程实践中常常耦合在一起，例如，在蒸汽动力循环的锅炉设备中，燃烧产生的烟气和水蒸气之间的传热过程，有通过管壁的导热，有烟气和管外壁的对流传热和辐射传热，以及水蒸气和管内壁之间的对流传热。因此综合应用三种传热方式的普遍规律，对实际工程中的热工设备和传热过程进行分析是本课程研究的另一重要目的和内容。

物质具有能量，能量离不开物质。在研究热能直接利用和间接利用的本课程中，当然也涉及物质。无论是研究热能间接利用的工程热力学，还是研究热能直接利用和其他热设计、热控制的传热学，都采用宏观和唯象的方法，即把物质视为连续体，用宏观物理量去描述物质的性质、行为。在此基础上工程热力学以大量观察、实验中总结出的热力学基本定律为依据，通过推理、演绎得出可靠和普遍适用的结论、公式，以解决热力过程中的能量转换问题。宏观、唯象的研究方法虽然简单、可靠，但由于这种方法不考虑物质的微观结构和运动规律，所以工程热力学对于许多物理现象及其本质，对物质的性质，不能提供相关的理论；对于物质宏观性质的涨落现象，也不能给出任何解释。为此，工程热力学在必要时要引用微观的气体分子论和统计热力学的方法、观点和理论对一些物理现象、物质的性质等进行说明和解释。

传热学研究的基础依然是实验总结出的基本定律，研究的方法主要有解析法、数值计算法和实验研究法。解析法是依据基本定律对某些热传递现象进行分析研究，建立合理的物理模型和数学模型，然后利用数学分析方法进行求解；对难以利用解析法求解的问题，可以用数值求解方法和计算机进行计算求解，这就是数值计算法。在热量传递的研究中，更多复杂的热传递问题不可能用解析法和数值计算法解决，而必须通过实验研究法解决。这种方法是在传热理论指导下通过实验测定、建立实验方程，然后进行分析和求解的一种方法。这几种方法针对所研究问题的特点虽各自独立，却又相辅相成、互相补充，并且随着科学技术的发展而不断发展和完善。

热能的利用离不开热工设备，诸如锅炉、汽（燃气）轮机、内燃机和各种换热器，它们承担着热能直接利用或间接利用的具体任务。另外，工程中还有另一类热工设备与装置，如压气机和制冷机等，虽然它们的工作过程与热机相反，但同样存在着热能和机械能的能量转换。因此，本教材在允许的篇幅内尽可能多地对上述常用的热工设备与装置的工作原理、构造和性能进行介绍。

热工理论基础的研究在不断深入，所涉及的内容随着科学技术的发展不断拓宽，应用领域也不断扩展。为了增强学生的工程实践观点和创新精神，以及扩大他们的视野，本教材在可能的范围和篇幅内将更多地介绍一些新的应用领域，同时对于新能源技术也做一些适当介绍。

本章小结

本章围绕自然界能源的开发利用，阐述了能源利用与社会历史发展、能源利用与国民经济和人民生活以及能源利用与环境等之间的关系，说明了能源利用关系人类社会的可持续发展，并进一步说明了"节能"的重要性。

本章通过能源构成的分析说明，从某种意义上讲，能源的利用就是热能的利用。热能的利用包括热能形式不发生变化的直接利用和把热能转换为机械能的间接利用。这两种热能利用的形式就是本门课程要研究的两大基础理论——工程热力学和传热学，从而引出本课程的研究对象，以及本课程的主要内容和研究方法的介绍。

通过本章学习，要求读者：

1）了解能源利用方面的基础知识。

2）掌握课程的研究对象和目的。热工基础是一门研究热能利用的基本原理和规律，以提高热能利用率及安全利用热能为主要目的的课程。

3）掌握本课程的主要内容。热力学的两大基本定律，工质的热力性质和工质的热力过程，热量传递三种方式的基本规律和基本定律等基础理论，以及这些理论在工程实际过程、热力循环装置和换热设备中的应用。

4）了解本课程研究的主要方法。热工基础所涉及的工程热力学和传热学都是采用宏观和唯象的方法进行研究的，即把物质视为连续体，用宏观物理量去描述物质的性质、行为，以实验和现象观察总结出来的基本定律为依据，通过推理、演绎得出具有可靠和普遍适用的结论、公式，以解决热能转换和热量传递所涉及的工程问题。

思考题

0-1 能源是如何分类的？

0-2 能源利用的三个时期是哪三个时期？各有哪些特征？

0-3 试述能源利用与国民经济发展之间的关系。

0-4 试述能源利用与人民生活之间的关系。

0-5 为什么在发展能源事业的同时必须加强环境保护？

0-6 在诸多能源形式中，人类获取能量的主要形式是什么？

0-7 热能利用的两种形式是什么？

0-8 节能的重要意义是什么？

0-9 "热工基础"课与节能有怎样的关系？

0-10 热工基础的研究对象是什么？

第一篇

热能转换的基本概念和基本定律

　　研究热能的间接利用，即热能和机械能之间的转换，所依据的基本定律是热力学第一定律和第二定律。前者揭示了在能量传递和转换过程中能量"数量"的守恒关系，后者阐明了能量不但有"数量"的多少问题，而且有"品质"的高低问题。在学习热力学两大基本定律之前，首先要掌握热能和机械能相互转换所涉及的基本概念和术语，它们是学习两大基本定律和其他后续内容的基础。

第一章

热能转换的基本概念

授课视频——
基本概念（1）

第一节　热力系统、状态及状态参数

一、热力系统与工质

（一）热力系统

分析任何问题和现象，首先应明确研究对象，分析热力现象也不例外。根据研究问题的需要和某种研究目的，人为地将研究对象从周围物体中分割出来，这种人为划定的一定范围内的研究对象称为**热力学系统**，简称**热力系统**、**热力系**或**系统**。热力系以外的物体称为**外界**。热力系与外界的交界处称为**边界**。边界根据热力系的划分可以是真实的，也可以是假想的；可以是固定的，也可以是移动的。图 1-1a 所示的气缸活塞机构，若把虚线所包围的空间取作热力系，则其边界就是真实的，其中有一条边界是移动的。图 1-1b 所示的汽轮机，若取 1—1、2—2 截面及汽轮机内壁面所包围的空间作为热力系，那么 1—1、2—2 截面所形成的边界就是假想的。

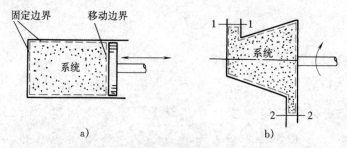

图 1-1　热力系

在一般情况下，热力系与外界总是处于相互作用之中，它们彼此可以通过边界进行物质和能量的交换。根据热力系通过边界与外界有无物质交换，热力系可分为：

闭口系——与外界无物质交换的系统。此时，热力系内物质的质量保持不变，称为**控制质量**（CM）。因此，闭口系属于控制质量系统。

开口系——与外界有物质交换的系统，即热力系内的物质质量可以变化。这时，可以把研究对象规划在一定的空间范围内，如图 1-1b 中虚线所示，该空间范围称为**控制容积**（CV）。所以开口系又常称为**控制容积系统**。

根据热力系与外界的能量交换情况，热力系可分为：

绝热系——与外界无热量交换的系统。

孤立系——与外界无任何能量和物质交换的热力系。

　　简单可压缩系——热力系由可压缩流体构成，与外界只有热量和可逆（此处可逆即指可逆过程，参见本章第二节）体积变化功的交换。热能转换所涉及的系统大多属于简单可压缩系。

　　热源——与外界仅有热量的交换，且有限热量的交换不引起系统温度变化的热力系。根据热源温度的高低和作用，热源可分为高温热源和低温热源，又称为热源和冷源。

　　另外，还可以根据热力系的其他特点，定义许多不同性质的热力系，如多元系、多相系、均匀系等。

　　（二）工质

　　能量的转换必须通过物质来实现。用来实现能量相互转换的媒介物质称为工质，它是实现能量转换必不可少的内部条件。如在内燃机中，凭借燃气的膨胀把热转化为功，燃气就是工质；在蒸汽动力装置中的工质是水蒸气。

　　原则上，气、液、固三态物质都可作为工质，但是，本课程研究的热能和机械能的相互转换是通过物质体积变化来实现的，对体积变化敏感、有效而迅速的是气（汽）态物质。因此，在热力学中的工质是气（汽）态物质以及涉及气态物质相变的液体。

　　不同性质的工质对能量转换效果有直接影响，所以，工质性质的研究也是本学科的重要内容之一。

　　二、平衡状态

　　为了分析热力系中能量转换的情况，首先必须能够正确地描述系统的热力状态。所谓热力状态（简称状态），是指热力系在某一瞬间所呈现的宏观物理状况。

　　热力系可能呈现各种不同的状态，其中具有特别重要意义的是平衡状态。所谓平衡状态，是指在没有外界影响（重力场除外）的条件下，热力系的宏观性质不随时间变化的状态。

　　处于平衡状态的热力系，各处应具有均匀一致的温度、压力等参数。试设想各物体之间有温差存在而发生接触时，必然有热自发地从高温物体传向低温物体，这时系统不会维持状态不变，而是不断产生状态变化，直至温差消失而达到平衡，这种平衡称为热平衡。由此可见，温差是驱动热传递的不平衡势差，而温差的消失则是系统建立热平衡的充要条件。同样，如果物体间有力差的作用，则将引起物体的宏观位移变化，这时系统的状态不断变化直至力差消失而建立起平衡，这种平衡称为力平衡。所以，力差也是驱使系统状态变化的一种不平衡势差，而力差的消失是使系统建立起力平衡的充要条件。对于有相变或化学反应的系统，因这些现象是在不平衡化学势差推动下发生的，所以，化学势差的消失是使系统建立平衡的另一必要条件。

　　综上所述，系统内部以及系统与外界之间各种不平衡势差的消失是系统建立起平衡状态的充要条件，即

$$\Delta p = 0, \Delta T = 0, \Delta \mu = 0 \tag{1-1}$$

式中，μ 为化学势。

　　处于平衡状态的热力系应具有均匀一致的温度（T）、压力（p）等参数，从而可以用确定的 T、p 等物理量来描述，而处于非平衡状态的热力系其参数是不确定的。

　　三、热力状态参数、基本状态参数

　　（一）热力状态参数

　　描述系统状态的宏观物理量称为热力状态参数，简称状态参数。通常系统由工质组成，

>>>>>>>>>>

因此描述系统在某瞬间所呈现的宏观物理状况的状态参数，也就是工质的状态参数。

常用的状态参数有六个，它们是压力（p）、温度（T）、体积（V）、热力学能（U）、焓（H）和熵（S）。

状态参数可分为强度量参数和广延量参数。在给定状态下，凡与系统内所含工质的数量无关的状态参数称为强度量参数，如压力、温度等；与系统内所含工质的数量有关的参数称为广延量参数，如体积、热力学能、焓和熵等。广延量参数具有可加性，在系统中它的总量等于系统内各部分同名参数值之和。

单位质量的广延量参数，具有强度量参数的性质，称为比参数。系统的广延量参数除以系统的总质量即为比参数，从而成为强度量参数，用相应的小写字母表示，如比体积 v、比热力学能 u、比焓 h 和比熵 s 等。为叙述方便，常常把除比体积以外的其他比参数的"比"字省略。

常用的六个状态参数中，压力、比体积和温度可以直接并容易用仪器测定，称为基本状态参数。其他状态参数可依据这些基本状态参数之间的关系间接地导出，称为非基本状态参数。

要强调指出的是，状态参数是热力状态的单值函数，即状态参数的值仅取决于给定的状态。状态一定，描述状态的参数也就确定。状态参数具有如下数学特性：

当系统由初态 1 变化到末态 2 时，任一状态参数 z 的变化量均等于初、末态下该状态参数的差值，而与经历的路径无关，即

$$\int_1^2 \mathrm{d}z = z_2 - z_1 \tag{1-2}$$

当系统经历一系列状态变化而又回到初态时，其状态参数的变化为零，即

$$\oint \mathrm{d}z = 0 \tag{1-3}$$

因此，状态参数具有点函数（势函数）的性质，它的全微分是恰当微分。

反之，如果某物理量具有上述数学特征，即它的全微分是恰当微分，则该物理量一定是状态参数。

（二）基本状态参数

1. 比体积

比体积就是单位质量的工质所占的体积，单位是 $\mathrm{m^3/kg}$。若以 m 表示质量，V 表示所占体积，则比体积为

$$v = \frac{V}{m} \tag{1-4}$$

密度是单位体积内所包含的工质的质量，单位是 $\mathrm{kg/m^3}$，即

$$\rho = \frac{m}{V} \tag{1-5}$$

不难看出，比体积与密度互为倒数，即

$$v\rho = 1$$

可见它们不是相互独立的参数，可以任意选用其中的一个。热力学中通常选用比体积 v 作为独立状态参数。

2. 压力

压力是指单位面积上承受的垂直作用力，即物理学中的压强。如用 A 表示面积，F 表示

垂直于 A 的均匀作用力，则压力为

$$p = \frac{F}{A}$$

流体的压力是流体分子运动撞击容器壁面，而在容器壁面的单位面积上所呈现的平均作用力。

流体的压力常用压力表（计）或真空表（计）来测量。常用的测压计有弹簧管测压计和 U 形管测压计。不论哪种测压计，通常测定的都是压差。如图 1-2a 所示是弹簧管测压计的基本结构，它利用弹簧管内外压差的作用产生变形带动指针转动，指示被测工质与环境间（或测压计所在空间）的压差。图 1-2b 所示是 U 形管测压计，U 形管中盛有测压液体，如水或汞。U 形管的一端与被测工质相连，另一端敞开在环境中，测压液体的高度差即指示被测物质和环境间的压差。

工质的真实压力称为绝对压力，以 p 表示。如以 p_b 表示大气压力（或测压计所在空间的压力），则当 $p > p_b$ 时，测压计称为压力表，压力表上的读数称为表压力 p_g，于是有

$$p = p_g + p_b \tag{1-6}$$

当 $p < p_b$ 时，测压计称为真空计，真空计上的读数称为真空度 p_v，于是有

$$p = p_b - p_v \tag{1-7}$$

大气压力（或测压计所在空间的压力）随时间、地点不同而不同，因

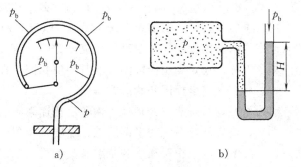

图 1-2 压力的测量

此，即使表压力或真空度不变，绝对压力也要随大气压力的变化而变化。在后面的分析与计算中，所要用的压力均为绝对压力。

国际单位制中压力的单位是帕（Pa），$1\text{Pa} = 1\text{N/m}^2$。由于"帕（Pa）"这个单位过小，工程上常用千帕（kPa）或兆帕（MPa）作为压力单位。$1\text{kPa} = 10^3\text{Pa}$，$1\text{MPa} = 10^6\text{Pa}$。各种压力单位之间的换算关系参见附录 A-1。

3. 温度

通俗地讲，温度是物体冷热程度的标志，它来源于人们对冷、热的感觉。但是，单凭感觉往往会产生错觉。关于温度概念的建立以及温度的测量是以**热力学第零定律**（或称热平衡定律）为依据的。该定律表明：两个物体如果分别和第三个物体处于热平衡，则这两个物体之间必然处于热平衡。根据这个定律，处于同一热平衡状态的各个系统，无论是否相互接触，必定具有一个彼此相同的宏观特性，描述此宏观特性的物理量称为温度。换言之，温度是决定系统间是否存在热平衡的物理量。因为温度是系统状态的函数，所以它是一个状态参数。一切处于热平衡的系统其温度值均相等。

热力学第零定律不但为建立温度的概念提供了实验基础，还为温度的测量奠定了理论依据。由于处于热平衡的系统具有相同的温度，所以可选择一个称为温度计的参考系统。当温度计与被测物体达到热平衡时，温度计的温度即等于被测物体的温度。当比较两个物体的温度时，它们也无须直接接触，只要使用温度计分别与它们接触即可。

▶▶▶▶▶▶▶▶

温度的数值表示称为温标。温标的建立一般需要选定测温物质及其物理性质、规定基准点及分度方法。例如，旧的摄氏温标规定标准大气压下纯水的冰点温度和沸点温度为基准点，并规定冰点温度为0℃，沸点温度为100℃。这两个基准点之间的温度，按照温度与测温物质的某种性质（如液柱的体积或金属的电阻等）的线性函数确定。

采用不同的测温物质，或者采用同种测温物质的不同测温性质所建立的温标，除了基准点的温度值按规定相同外，其他的温度值都有微小差异。因而，需要寻求一种与测温物质的性质无关的温标，这就是热力学温标。它是在热力学第二定律基础上引入的理论温标，以符号 T 表示，单位为开［尔文］，以符号 K 表示。

热力学温标选用水的汽、液、固三相平衡共存的状态点——三相点为基准点，并规定它的温度为273.16K。热力学温度的每单位开尔文等于水的三相点热力学温度的1/273.16。

与热力学温标并用的还有摄氏温标，以符号 t 表示，单位为摄氏度，以符号℃表示。摄氏温标的定义式为

$$\{t\}_{℃} = \{T\}_{K} - 273.15 \tag{1-8}$$

此式不但规定了摄氏温标的零点，而且说明摄氏温标和热力学温标的温度刻度完全一致，或者说两种温标的每一温度间隔完全相同。这样，热力系两状态间的温度差，不论是采用热力学温标，还是采用摄氏温标，其差值相同，即 $\Delta T = \Delta t$。

四、状态参数坐标图和状态方程式

热力系的各状态参数分别从不同角度描述系统的某一宏观特性，这些参数并不都是独立的。那么，要想确定系统的平衡状态，需要多少独立参数呢？状态公理指出，对于简单可压缩系，只要给定两个相互独立的状态参数就可以确定它的平衡状态。例如，一定量的气体在固定容积内被加热，其压力会随着温度的升高而升高。若容积和温度规定后，则压力就只能具有一个确定不变的数值，而状态即被确定。

既然给出两个相互独立的状态参数就能完全确定简单可压缩系的一个平衡状态，那么其他状态参数也必然随之而定，于是可以有如下关系式：

$$u = u(T, v)$$
$$h = h(p, s)$$

等。

对于只有两个独立参数的热力系，可以任选两个参数组成二维平面坐标图来描述被确定的平衡状态，这种坐标图称为状态参数坐标图。显然，不平衡状态由于没有一确定的参数，在坐标图上无法表示。

经常应用的状态参数坐标图有压容图（p-v 图）和温熵图（T-s 图）等，如图1-3所示。利用坐标图进行热力分析，既直观清晰，又简单明了，因此在后面的学习中被广泛应用。

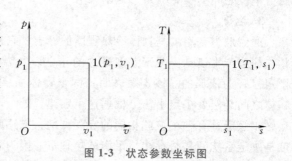

图1-3　状态参数坐标图

对于基本状态参数，就有

$$p = p(v, T), \ v = v(p, T), \ T = T(p, v)$$

或

$$F(p, T, v) = 0 \tag{1-9}$$

此式建立了平衡状态下压力、温度、比体积这三个基本状态参数之间的关系。这一关系式称为**状态方程式**。状态方程式的具体形式取决于工质的性质。

第二节　热力过程、功量及热量

授课视频——
基本概念（2）

一、热力过程

热能和机械能的相互转化必须通过工质的状态变化才能实现。热力系从一个状态向另一个状态变化时所经历的全部状态的总和称为**热力过程**。

就热力系本身而言，热力学仅可对平衡状态进行描述，"平衡"就意味着宏观是静止的；而要实现能量的转换，热力系又必须通过状态的变化即过程来完成，"过程"就意味着变化，意味着平衡被破坏。"平衡"和"过程"这两个矛盾的概念怎样统一起来呢？这就要靠准平衡过程。

（一）准平衡（准静态）过程

分析图 1-4 所示的气缸活塞系统。设气缸、活塞是绝热的，气缸内贮有气体，活塞上放有一组砝码。开始时气体处于平衡态 1，现突然将所有砝码取走，则系统的平衡被破坏，经一热力过程后达到新平衡 2。在这一过程中，除初、末态是平衡态外，所经历的状态都不能确定是平衡态，因此在 p-v 图上除 1、2 点以外，均无法在图上表示。

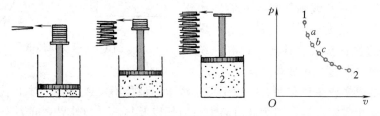

图 1-4　准平衡过程的实现

然后改变取砝码的方法，重新进行上述过程。这次不是一下将全部砝码取走，而是一次取走一块砝码，待系统恢复平衡后再取走另一块砝码，依次这样取走全部砝码，则在初、末态间又增加了若干个如图 1-4 中 a、b、c 状态的平衡态。显然，每次取走的砝码质量越小，中间的平衡态越多。在极限情况下，每次取走一无限小质量的砝码，那么在初、末态之间就会有一系列连续的平衡态。这种由一系列平衡态组成的热力过程称为**准平衡（或准静态）过程**。显然，准平衡过程可以在状态参数坐标图上用一连续的曲线表示。对于含有非平衡态的非准平衡过程，由于其经历的状态没有确定的状态参数，所以不能表示在状态参数坐标图上。

将上述过程的结论推广到传热、有相变和化学反应的过程中去，不难发现准平衡的实现条件是：破坏平衡态存在的不平衡势差（温差、力差、化学势差）应为无限小。

要实现不平衡势差无限小推动下的准平衡过程，从理论上讲要无限缓慢。然而由于实际热力过程热力系恢复平衡的速度比破坏平衡的速度要快得多，即系统恢复平衡的时间（弛豫时间）相对破坏平衡的时间要少得多，从而可使（与初始态之间的）不平衡势差得以迅速连续地增加。这样，可将有限势差推动下的实际过程看作是连续平衡态构成的准平衡过程。

（二）可逆过程

准平衡过程只是为了对系统的热力过程进行描述而提出的，关注的是热力系内部发生的变化。但是当研究涉及系统与外界的功量和热量交换时，即涉及热力过程能量传递的计算时，就必须引出可逆过程的概念。可逆过程的定义为：如果系统完成某一热力过程后，再沿原来路径逆向进行时，能使系统和外界都返回原来状态而不留下任何变化，则这一过程称为**可逆过程**；否则，其过程称为**不可逆过程**。

可逆过程的特征是：首先它应是准平衡过程，因为有限势差的存在必然导致不可逆。例如，两个不同温度的物体相互接触，高温物体会不断放热，低温物体会不断吸热，直到两者达到热平衡为止。要使两物体恢复原状，必须借助于外界的作用，这样外界就留下了变化，因此是一个不可逆过程。其次在可逆过程中不应包括诸如摩阻、电阻、磁阻等的耗散效应（通过摩阻、电阻和磁阻等使机械能、电能和磁能变为热能的效应）。例如，图1-5所示的气缸内气体的膨胀过程假定是准平衡过程，但气体内部及气体与气缸间存在着摩阻，那么在正向过程中，气体的膨胀功有一部分消耗于摩阻变为了热；在反向过程中，不仅不能把正向过程中由摩阻变成的热量再转换回来变成功，而且还要再消耗额外的机械功。也就是说，外界必须提供更多的功，才能使工质回到初态，这样外界就发生了变化。只有没有摩阻的可逆过程，系统工质所做的功，外界才能没有损失地全部得到。

可逆过程的上述两个特征也是可逆过程实现的充要条件，即只有准平衡过程且过程中无任何耗散效应的过程才是可逆过程。在状态参数坐标图上，通常用实线描绘可逆过程。由于可逆过程是准平衡且无耗散效应的过程，因此可以利用系统的状态参数及其变化计算系统与外界的能量交换，即进行功量和热量的计算。

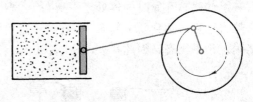

图1-5 有摩阻的准平衡过程

实际过程都或多或少地存在着各种不可逆因素，都是不可逆过程。对于不可逆过程进行分析计算往往是相当困难的，因为此时热力系内部以及热力系与外界之间不但存在着不同程度的不可逆，而且错综复杂。由于可逆过程是没有耗散的准平衡过程，因此可以用系统的状态参数及其变化计算系统与外界的能量交换——功量和热量，而不必考虑外界复杂繁乱的变化，从而解决了热力过程的计算问题。同时，由于可逆过程突出了能量转换的主要矛盾，因此可以通过对可逆过程的分析选择更合理的热力过程，达到预期的结果。正是由于可逆过程反映了热力过程中能量转换的主要矛盾，因此可逆过程偏离实际过程有限，可以用一些经验系数对可逆过程计算结果加以修正而得到实际过程系统与外界的能量交换。如第三篇中讲述的相对效率 η_T、绝热效率 $\eta_{C.s}$ 等就是这样一些系数。而且可逆过程是一切实际过程的理想化极限模型，因而可以作为实际过程中能量转换效果比较的标准。所以可逆过程是热力学中极为重要的概念。

二、可逆过程的功量和热量

热力系实施热力过程，会与外界发生两种方式的能量交换——做功和传热。

（一）体积变化功

功是系统与外界间在力差的推动下，通过宏观有序（有规则）运动方式传递的能量。在力学中，功被定义为力与力方向上的位移的乘积。若系统在力 F 的作用下在力 F 的方向上产生微小位移 $\mathrm{d}x$，则所做的微元功为

$$\delta W = F\mathrm{d}x$$

若在力 F 作用下，系统从 1 点移动到 2 点，则所做的功为

$$W = \int_1^2 F \mathrm{d}x$$

从上式可见，功的大小不仅与初、末态有关，而且与过程中 F 随 x 的变化函数关系有关，也就是说，功与过程进行的性质、路径有关。因此，功不是状态参数，不能说某状态下的系统具有多少功。功是与过程有关的过程量，只有在能量的传递过程中才有意义，即功是迁移的能量。为了将功与状态参数加以区别，微元过程的功记作 δW，而不用全微分符号 $\mathrm{d}W$。

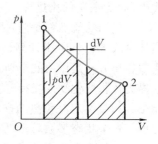

热力学中规定：系统对外做功时取为正值，而外界对系统做功时取为负值。

一般来说，热力系可用不同的方式与外界发生能量的交换。在工程热力学中，热力系与外界功的交换是通过气体的体积变化引起的体积变化功（膨胀功或压缩功）来实现的，因此体积变化功具有特别重要的意义。下面来导出可逆过程的体积变化功。

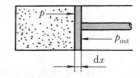

图 1-6　可逆过程的体积变化功

如图 1-6 所示，取气缸-活塞机构中的气体为系统。气体的压力为 p，活塞的面积为 A。当活塞移动 $\mathrm{d}x$ 时，由于热力系进行可逆过程，外界压力必须始终与系统压力相等，因此系统对外做功为

$$\delta W = F \mathrm{d}x = pA \mathrm{d}x = p \mathrm{d}V \tag{1-10}$$

系统从状态 1 变化到状态 2 时，有

$$W = \int_1^2 p \mathrm{d}V \tag{1-11}$$

对于系统内单位质量的工质，系统所做的功为

$$\delta w = p \mathrm{d}v \tag{1-12}$$

$$w = \int_1^2 p \mathrm{d}v \tag{1-13}$$

以上各式中右边的参数全部是系统参数及其变化量，这说明系统进行可逆过程时，系统对外所做的功可由系统的参数及其变化量来计算，而无须考虑往往不知道情况的外界参数。这正是可逆过程的突出优点。

不难看出，在 p-V 图上可逆过程线 1—2 下面的面积即为 W，因此 p-V 图也叫示功图，用它来分析功量是极为方便的。

（二）热量

热量是系统与外界之间在温差的推动下，通过微观粒子的无序（无规则）运动的方式传递的能量。

热量和功一样，都是系统和外界通过边界传递的能量，它们都是过程量。

热力学中规定：系统吸热时热量取正值，放热时取负值。

关于热量的计算，在物理学中曾学过利用比热容计算热量的方法，即

$$\delta Q = mc \mathrm{d}T \tag{1-14}$$

或

$$Q = \int_1^2 mc\mathrm{d}T \qquad (1\text{-}15)$$

式中，c 为工质的比热容。

热量和功既然都是与过程特征有关的量，它们必然具有某些共性。可逆过程功的大小可用计算式 $\delta W = p\mathrm{d}V$ 来计算，那么，可逆过程的热量是否也有类似的计算式呢？功的计算公式中，压力 p 是做功的推动力，状态参数 V 的变化是做功与否的标志，若 $\mathrm{d}V = 0$，则系统与外界无体积变化功的交换。由此进行类比，既然热量是系统与外界在温差的推动下所传递的能量，则温度 T 是传热的推动力，于是相应地也应有某一状态参数的变化来标志有无热量交换，这个状态参数就定义为熵，以符号 S 表示。因此，在可逆过程中类比功的关系式，热量也可用如下数学表达式计算，即

$$\delta Q_{re} = T\mathrm{d}S \quad 或 \quad \delta q_{re} = T\mathrm{d}s \qquad (1\text{-}16)$$

$$Q_{re} = \int_1^2 T\mathrm{d}S \quad 或 \quad q_{re} = \int_1^2 T\mathrm{d}s \qquad (1\text{-}17)$$

由式（1-16）可得状态参数熵的定义式为

$$\mathrm{d}S = \frac{\delta Q_{re}}{T} \qquad (1\text{-}18)$$

比熵

$$\mathrm{d}s = \frac{\delta q_{re}}{T} \qquad (1\text{-}19)$$

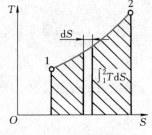

式中，δQ_{re} 为微元可逆过程中系统与外界交换的热量；T 为热量交换时热源的温度。

这里只是用类比法引出状态参数熵，在第三章中将推导出熵，并证明熵是状态参数。

和 $p\text{-}V$ 图类似，在 $T\text{-}S$ 图上可逆过程线下面的面积表示该过程中系统与外界交换的热量，如图 1-7 所示，所以 $T\text{-}S$ 图也叫示热图。

图 1-7　可逆过程的热量

第三节　热力循环

热力循环是指工质从某一初态出发经历一系列热力状态变化后又回到原来初态的热力过

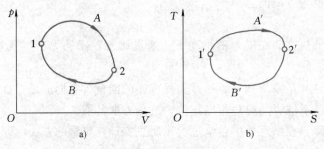

a)　　　　　　　　　　　　b)

图 1-8　热力循环

程，即封闭的热力过程，简称循环，如图 1-8a、b 所示。系统实施循环的目的是实现预期连续的能量转换。

循环按性质来分有可逆循环（全部由可逆过程组成的循环）和不可逆循环（含有不可逆过程的循环）。按目的来分有正循环（即动力循环）和逆循环（即制冷循环或热泵循环）。正循环的工作原理如图 1-9a 所示，其目的是实现热功转换，即从高温热源取得热量 Q_H，而对外做净功 W_0。为了对外输出有效功量，循环的膨胀功应大于压缩功，所以在状态参数坐标图上正循环的工质状态变化是沿顺时针方向进行的，如图 1-8 所示。反之，逆循环的目的是把热量从低温物体取出并排向高温物体，如图 1-9b 所示。为此需要消耗功，故循环在状态参数坐标图上沿逆时针方向进行。

循环中能量利用的经济性（能量利用率）是指通过循环所得收益与所付出代价之比。对于正循环，这一指标是热效率 η_t，即

$$\eta_t = \frac{W_0}{Q_H} \qquad (1-20)$$

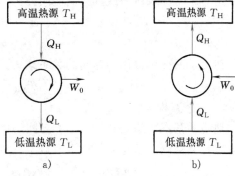

图 1-9 热力循环示意图

对于逆循环，当用于制冷装置时，其目的在于将热量 Q_L 从低温冷源取出，它的经济指标是制冷系数 ε，即

$$\varepsilon = \frac{Q_L}{W_0} \qquad (1-21)$$

当逆循环用于热泵时，其目的是向高温热源（供暖房间等）提供热量 Q_H，它的经济指标称为供热（供暖）系数 ε'，即

$$\varepsilon' = \frac{Q_H}{W_0} \qquad (1-22)$$

工程中逆循环的经济性指标还常用工作性能系数 COP 来表示，其含义与 ε 和 ε' 相同。

本章小结

本章讨论了工程热力学的基本概念与专业术语，包括：

1. 热力系统

根据研究问题的需要和某种研究目的，人为划定的一定范围内的研究对象称为热力系统，简称热力系或系统。

热力系可以按热力系与外界的物质和能量交换情况进行分类。

2. 工质

用来实现能量相互转换的媒介物质称为工质。

3. 热力状态

热力系在某瞬时所呈现的宏观物理状态称为热力状态。

对于热力学而言，有意义的是平衡状态。其实现条件是

$$\Delta p = 0, \Delta T = 0, \Delta \mu = 0$$

4. 状态参数和基本状态参数

描述系统状态的宏观物理量称为热力状态参数，简称状态参数。

状态参数可按与系统所含工质多少有关与否分为广延量（尺度量）参数和强度量参数；按是否可直接测量可分为基本状态参数和非基本状态参数。

基本状态参数为压力、比体积和温度。

绝对压力和表压力或真空度之间的关系式为

$$p = p_b + p_g$$
$$p = p_b - p_v$$

热力学温标和摄氏温标间的关系式为

$$\{T\}_K = \{t\}_{℃} + 273.15$$

5. 状态方程

热力系基本状态参数 p、v、T 之间的函数关系式称为状态方程，其他状态参数可以由状态方程计算得到。状态方程可以有以下几种形式：

$$p = p(v, T), \ v = v(p, T), \ T = T(p, v) \text{ 或 } F(p, v, T) = 0$$

6. 准平衡（准静态）过程和可逆过程

准平衡过程是基于对热力过程的描述而提出的。实现准平衡过程的条件是推动过程进行的不平衡势差要无限小，即 $\Delta p \to 0$，$\Delta T \to 0$（$\Delta \mu \to 0$）。

可逆过程是理想的热力过程，是为分析计算系统与外界的功量与热量交换而引入的。可逆过程是没有耗散效应的准平衡过程。

可逆过程的体积变化功为

$$W = \int_1^2 p \mathrm{d}V$$

由熵的定义式

$$\mathrm{d}S = \frac{\delta Q_{re}}{T}$$

得可逆过程的热量

$$Q_{re} = \int_1^2 T \mathrm{d}S$$

7. 热力循环

为了实现连续的能量转换，就必须实施热力循环，即封闭的热力过程。

热力循环按照不同的方法可以分为：可逆循环和不可逆循环，动力循环（正循环）和制冷（热）循环（逆循环）等。

动力循环的能量利用率的热力学指标是热效率，即

$$\eta_t = \frac{W_0}{Q_H}$$

制冷循环能量利用率的热力学指标是制冷系数，即

$$\varepsilon = \frac{Q_L}{W_0}$$

通过本章学习，要求读者：

1）掌握研究热能转换所涉及的基本概念和术语。

2）掌握状态参数及可逆过程的体积变化功和热量的计算。

3）掌握循环的分类与不同循环的热力学指标。

思考题

1-1 系统内所有状态都不随时间变化的状态是否一定是平衡态？为什么？

1-2 平衡状态是否一定是均匀状态？试举例说明。

1-3 倘若容器内气体的压力没有改变，且大于大气压力，试问安装在该容器上压力表的读数会改变吗？

1-4 什么是准平衡过程？提出准平衡过程的意义何在？

1-5 状态参数坐标图的重要性是什么？

1-6 经过了一个不可逆过程后，工质还能不能恢复到原来的状态？

1-7 状态参数和功量（热量）主要不同之处是什么？

1-8 在什么条件下膨胀功可以在 p-V 图上表示？

1-9 正循环和逆循环是如何划分的？

习题

1-1 下列各物理量中哪些是状态量？哪些是过程量？

压力，温度，动能，位能，热能，热量，功量，密度。

1-2 指出下列各物理量中哪些是强度量：

体积，速度，比体积，动能，位能，高度，压力，温度，质量。

1-3 用水银差压计测量容器中气体的压力，为防止有毒的汞蒸气产生，在汞柱上加一段水。若水柱高 200mm，汞柱高 800mm，如图 1-10 所示。已知大气压力为 735mmHg（1mmHg = 133.32Pa），试求容器中气体的绝对压力为多少（用 kPa 表示）？

1-4 锅炉烟道中的烟气常用上部开口的斜管测量，如图 1-11 所示。若已知斜管倾角 $\alpha = 30°$，压力计中使用 $\rho = 0.8g/cm^3$ 的煤油，斜管液体长度 $L = 200mm$，当地大气压力 $p_b = 0.1MPa$。求烟气的绝对压力（用 MPa 表示）。

1-5 一容器被刚性壁分成两部分，并在各部装有测压表计，如图 1-12 所示。其中 C 为压力表，读数为 110kPa，B 为真空表，读数为 45kPa。若当地大气压 $p_b = 97kPa$，求压力表 A 的读数（用 kPa 表示）。

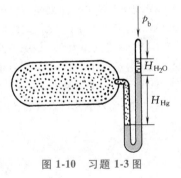

图 1-10 习题 1-3 图

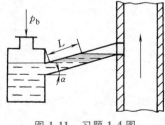

图 1-11 习题 1-4 图

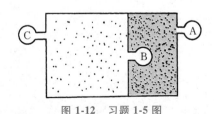

图 1-12 习题 1-5 图

1-6 如图 1-13 所示，一刚性绝热容器内盛有水，电流通过容器底部的电阻丝加热水。按下列三种方式取系统时，试述系统与外界交换的能量形式是什么：

1）取水为系统。

2）取电阻丝、容器和水为系统。

3）取如图中点画线内空间为系统。

1-7 某电厂汽轮机进口处蒸汽压力用压力表测量，其读数为 13.4MPa；冷凝器内蒸汽压力用真空表测量，其读数为 706mmHg。若大气压力为 0.098MPa，试求汽轮机进口处和冷凝器内蒸汽的绝对压力（用 MPa 表示）。

1-8 测得容器的真空度 $p_v = 550$mmHg，大气压力 $p_b = 0.098$MPa，求容器内的绝对压力。若大气压力变为 $p_b' = 0.102$MPa，求此时真空表上读数为多少（用 mmHg 表示）。

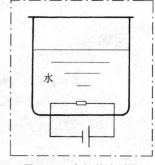

图 1-13 电加热水过程

1-9 如果气压计压力为 83kPa，试完成以下计算：

1）绝对压力为 0.15MPa 时的表压力。

2）真空计上读数为 70kPa 时气体的绝对压力。

3）绝对压力为 50kPa 时的相应真空度（用 kPa 表示）。

4）表压力为 0.25MPa 时的绝对压力（用 kPa 表示）。

1-10 旧摄氏温标取水在标准大气压下的冰点和沸点分别为 0℃和 100℃，而华氏温标则相应地取为 32℉和 212℉。试导出华氏温度和摄氏温度之间的换算关系，并求出绝对零度（0K 或 −273.15℃）所对应的华氏温度。

1-11 气体进行可逆过程，满足 $pv = C$，C 为常数。试导出该气体从状态 1 变化到状态 2 时膨胀功的表达式，并在 $p\text{-}v$ 图上定性地画出过程线，并示出膨胀功。

1-12 若某种气体的状态方程为 $pv = R_g T$，试导出：

1）定温下气体 p、v 之间的关系。

2）定压下气体 v、T 之间的关系。

3）定容下气体 p、T 之间的关系。

1-13 一蒸汽动力厂，锅炉的蒸汽产量 $q_m = 1045 \times 10^3$kg/h，输出功率 $P = 300$MW，全厂耗煤 $q_{m,c} = 85.2$t/h，煤的发热量 $q_c = 30 \times 10^3$kJ/kg，蒸汽在锅炉中吸热量 $q = 2297$kJ/kg。试求：

1）该动力厂的热效率 η_t。

2）锅炉的效率 η_B（蒸汽总吸热量/煤的总发热量）。

第二章

热力学第一定律

授课视频——
热力学第一
定律（1）

　　热力学第一定律是物理学中能量转换与守恒定律在涉及热现象的能量转换过程中的应用。由于能量转换与守恒定律大多数读者比较熟悉，容易理解，故对于热力学第一定律采用从一般到特殊的论述方法，即首先导出适用于任意热力系的热力学第一定律的一般表达式（又称能量方程），进而得到实际工程中常用的闭口系统和稳定流动系统的能量方程。

第一节　热力学第一定律及其实质

　　能量转换与守恒定律是自然界的一条普适定律。它指出：自然界中一切物质都具有能量，能量有各种不同的形式，它可以从一个物体或系统传递到另外的物体或系统，能够从一种形式转换成另一种形式。在能量的传递和转换过程中，能量的"量"既不能创生，也不能消灭，其总量保持不变。将这一定律应用到涉及热现象的能量转换过程中，即是热力学第一定律，它可以表述为：热可以转变为功，功也可以转变成热；一定量的热消失时，必然伴随产生相应量的功；消耗一定量的功时，必然出现与之对应量的热。换句话说：热能可以转变为机械能，机械能可以转变为热能，在它们的传递和转换过程中，总量保持不变。焦耳的热功当量实验和瓦特蒸汽机的成功，以及以后所有的热功转换装置都证实了热力学第一定律的正确性。

　　历史上，热力学第一定律的发现和建立正处在第一次工业革命初期。当时有人曾幻想制造一种可以不消耗能量而连续做功的"第一类永动机"，由于它违反热力学第一定律，就注定了其失败的命运。因此热力学第一定律也可以表述为：第一类永动机是造不成的。

第二节　热力学能和总储存能

　　热力学能是工质微观粒子所具有的能量。在分子尺度上它包括分子运动所具有的内动能和分子间由于相互作用力所具有的内位能，在分子尺度以下有维持一定分子结构的化学能和原子核内部的核能。对于不包括化学反应和核变化的简单可压缩系统，热力学能仅包括分子的内动能和分子的内位能。

　　根据分子运动论，分子的内动能与工质的温度有关；分子的内位能主要与分子间的距离即系统内工质占据的体积有关。因此，工质的热力学能 U 是温度 T 和体积 V 的函数，即

$$U = U(T, V) \tag{2-1}$$

由于温度和一定质量工质所占据的体积是两个独立的状态参数，根据状态公理，热力学能是状态参数，且是与工质质量有关的广延量参数。

单位质量工质的热力学能称为比热力学能 u，是由广延量转换得到的强度量，显然有

$$u = \frac{U}{m}$$

除储存在热力系内部的热力学能外，热力系作为一宏观整体相对于某参考坐标系还具有宏观的能量：当热力系以速度 c 做宏观运动时，具有宏观动能 E_k；当热力系的相对高度为 z 时，具有宏观位能 E_p。相对于储存在系统内部的热力学能，称它们为**外部储存能**。

由物理学知，若工质的质量为 m，则

$$E_k = \frac{1}{2}mc^2, \quad E_p = mgz$$

热力系的**总储存能**（或**总能量**）E 是热力学能和外部储存能的总和，即

$$E = U + E_k + E_p = U + \frac{1}{2}mc^2 + mgz \tag{2-2a}$$

对于单位质量工质而言，**比储存能**

$$e = u + \frac{1}{2}c^2 + gz \tag{2-2b}$$

显然，储存能是取决于热力状态和力学状态的状态参数。

第三节　热力学第一定律的一般表达式

热力过程中热能和机械能的转换过程，总是伴随着能量的传递和交换。这种交换不但包括功量和热量的交换，而且包括因工质流进流出而引起的能量交换。根据热力学第一定律能量的"量"守恒的原则，对于任意系统可以得到其一般关系式，即

$$\text{进入系统的能量} - \text{流出系统的能量} = \text{系统能量的增量} \tag{2-3}$$

考察如图 2-1 所示的一般热力系（虚线所围），假设该系统在无限短的时间间隔 $\mathrm{d}\tau$ 内，从外界吸收热量 δQ，并有 δm_1（kg）的工质携带 $e_1\delta m_1$ 的能量进入系统；同时，热力系对外界做出各种形式的功，其总和为 δW_{tot}，且有 δm_2（kg）的工质携带 $e_2\delta m_2$ 的能量流出系统，其间系统的储存能从 E_{sy} 增加到 $(E+\mathrm{d}E)_{sy}$，根据式（2-3）有

$$(\delta Q + e_1\delta m_1) - (\delta W_{tot} + e_2\delta m_2) = (E+\mathrm{d}E)_{sy} - E_{sy}$$

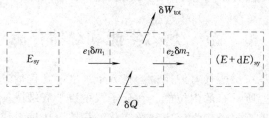

图 2-1　一般热力系

即

$$\delta Q = \mathrm{d}E_{sy} + (e_2\delta m_2 - e_1\delta m_1) + \delta W_{tot} \tag{2-4a}$$

对式（2-4a）积分可以得到有限时间 τ 内的表达式，即

$$Q = \Delta E_{sy} + \int_{\tau}(e_2\delta m_2 - e_1\delta m_1) + W_{tot} \tag{2-4b}$$

式（2-4a）和式（2-4b）即为热力学第一定律的一般表达式。

第四节 闭口系的能量方程——热力学第一定律的基本表达式

在实际热力过程中，许多系统都是闭口系统（闭口系）。例如，活塞式压气机的压缩过程，内燃机的压缩和膨胀过程等。因此，有必要从式（2-4a）或式（2-4b）进一步推导出适合于闭口系的热力学第一定律表达式，即闭口系的能量方程。

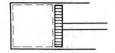

图 2-2 气缸活塞系统

如图 2-2 所示的气缸活塞系统是一个典型的闭口系。通常该系统的宏观动能和宏观位能均无变化，即 $\Delta E_k = 0$，$\Delta E_p = 0$。因此，系统能量的增量仅为热力学能增量 ΔU。闭口系与外界无物质交换，$\delta m_1 = \delta m_2 = 0$。系统对外所做的功仅有因系统工质膨胀（或被压缩）所做的体积变化功（膨胀功）W。这样由式（2-4b）可得闭口系的能量方程为

$$Q = \Delta U + W \tag{2-5a}$$

对于单位质量的工质而言，有

$$q = \Delta u + w \tag{2-6a}$$

对式（2-5a）和式（2-6a）微分，可得闭口系微元过程的能量方程，即

$$\delta Q = dU + \delta W \tag{2-5b}$$

$$\delta q = du + \delta w \tag{2-6b}$$

闭口系的能量方程式（2-5a）和式（2-6a）等在推导过程中除要求系统是闭口系，即控制质量系外，没有附加任何其他条件，因此适用于一切过程和工质。

将式（2-5a）变为

$$Q - \Delta U = W$$

可以看出，欲把包括工质的热力学能（内热能）和从外界获得的热量（外热能）在内的热能转变为机械能，必须通过工质体积的膨胀才能实现。正是由于闭口系的能量方程反映了热能和机械能这种转换的基本原理和关系，因此称之为热力学第一定律的基本表达式。

如前所述，对于可逆过程有

$$W = \int_1^2 p dV \quad \text{或} \quad w = \int_1^2 p dv$$

故对于闭口系的可逆过程有

$$Q = \Delta U + \int_1^2 p dV \tag{2-5c}$$

$$q = \Delta u + \int_1^2 p dv \tag{2-6c}$$

应用闭口系的能量方程式，应注意单位和量纲的统一，以及热量、功量正负号的规定。

例 2-1 图 2-3 所示是一刚性绝热容器，被刚性隔板分成 A、B 两部分，A 中装有氮气，B 内为真空。抽掉隔板后工质经自由膨胀达到新的平衡。设氮气初始温度为 t_1，并有 $u = 0.74t$ 的关系，试求达到新的平衡态时氮气的温度 t_2。

解 （1）首先确定系统 以图 2-3 中虚线所围空间为热力系，即系统 = A+B。该系统与外界无质量交换，故而是闭口系。

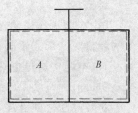

图 2-3 刚性绝热容器

>>>>>>>>>>

（2）建立方程 闭口系的能量方程为

$$Q = \Delta U + W$$

（3）分析系统 分析系统与外界的能量交换及相互作用，化简方程。

1）由题意知，容器绝热：$Q = 0$。

2）尽管气体膨胀，但由于是自由膨胀，故对外不做功，即无功量穿过边界而产生举起重物的效应，$W = 0$。

由能量方程得 $\qquad\qquad\qquad \Delta U = 0$

$$\Delta u = 0$$

由 $\qquad\qquad\qquad\qquad\qquad u = 0.74t$

得 $\qquad\qquad\qquad\qquad\qquad \Delta t = 0$

故 $\qquad\qquad\qquad\qquad\qquad t_2 = t_1$

讨论：

在解决涉及热现象的能量转换和传递的实际问题时，重要的是首先合理地确定系统，即正确地选取研究对象。系统不同，不但与外界交换的功、热不同，而且不合理地选取系统可能导致问题难以求解。试分析，如果本题分别以 A、B 为系统进行求解，结果又会怎样？

例 2-2 一刚性绝热容器内贮有水蒸气，通过电热器向蒸汽输入 80kJ 的能量，如图 2-4 所示，问水蒸气的热力学能变化多少？

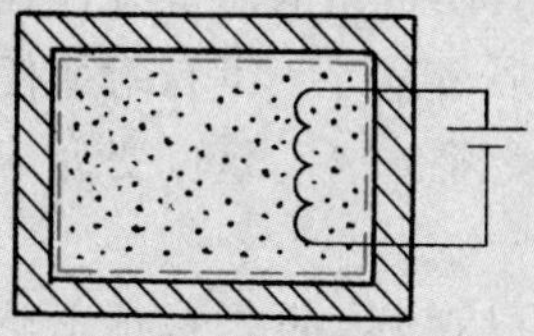

解 方法一：如图取虚线所包围的水蒸气和电热器为系统（电热器在系统之内），显然是一控制质量系统。

能量方程为

$$Q = \Delta U + W$$
$$\Delta U = Q - W$$

分析系统与外界交换的能量，有

$$Q = 0$$

由于外界向系统输入电功，故有

$$W = -80\text{kJ}$$

则 $\qquad\qquad\qquad\qquad \Delta U = -W = 80\text{kJ}$

图 2-4 例 2-2 图

方法二：仅取容器中蒸汽为系统（电热器在系统之外），显然也是一控制质量系统，故能量方程未变。但系统与外界能量交换的形式有变化。系统与外界无功量交换，$W = 0$；系统仅吸收电热器产生的热量。根据能量转换与守恒原理，有

$$Q = 80\text{kJ}$$

则 $\qquad\qquad\qquad\qquad \Delta U = Q = 80\text{kJ}$

讨论：

1）本题再次说明在解决能量转换问题时，必须首先确定系统。系统不同，与外界进行的能量交换形式不同，即与外界交换的功、热不同，能量方程的形式也有可能不同。

2）本题中通过电热器向蒸汽输入 80kJ 的能量，在方法一中作为功处理，是外界对系统做功，值为"负"；在方法二中作为热量处理，是系统从外界吸热，值为"正"。因此，在解题时应注意前已述及的对功量和热量约定的"正""负"号。

3）本题工质是蒸汽，上题工质是气体，均使用了能量方程式（2-5a）。再次说明能量方程式（2-5a）对工质无限制。

第五节 稳定流动系统的能量方程

授课视频——
热力学第一
定律（2）

一、稳定流动系统

在实际的热力工程和热工设备中，工质要不断地流入和流出，热力系是一个开口系统（开口系）。在正常运行工况或设计工况下，所研究的开口系是稳定流动系统。所谓稳定流动系统是指热力系统内各点状态参数不随时间变化的流动系统。为实现稳定流动，必须满足以下条件：

1）进出系统的工质质量流量相等且不随时间而变。

2）系统进、出口工质的状态不随时间而变。

3）系统与外界交换的功和热量等所有能量不随时间而变。

二、流动功

稳定流动系统是一个开口系，对于任何开口系而言，为使工质流入系统，外界必须对流入系统的工质做功。考察如图 2-5 所示的开口系统，取虚线所围空间为控制容积 CV，其进口截面为 1—1，压力为 p_1，出口截面为 2—2，压力为 p_2。为把体积为 V_1、质量为 m_1 的流体 I 推入系统，外界必须做功以克服系统内阻力，此功称为推动功（推挤功）。把流体 I 后面的流体想象为一活塞，其面积为 A_1（即进口流道截面积），若把 I 推入系统移动距离为 l_1，则外界（流体 I 后面的流体）克服系统内阻力所做的推动功为

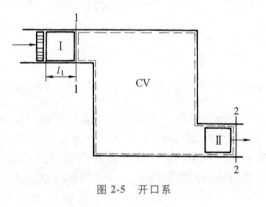

图 2-5 开口系

$$W_{\text{push1}} = (p_1 A_1) l_1 = p_1 (A_1 l_1) = p_1 V_1$$

对系统而言，工质流入系统是外界对系统做功，按前述约定其值为负，故

$$W_{\text{push1}} = -p_1 V_1 \qquad (2\text{-}7a)$$

同理，若有质量为 m_2、体积为 V_2 的流体 II 流出系统，则系统需对外界做功

$$W_{\text{push2}} = p_2 V_2 \qquad (2\text{-}7b)$$

对于同时有工质流入和流出的开口系而言，使工质流入和流出系统所做的推动功的代数和称为流动功 W_f，显然它是维持工质流动所必需的功。

$$W_f = W_{\text{push1}} + W_{\text{push2}} = -p_1 V_1 + p_2 V_2$$

$$W_f = \Delta(pV) \qquad (2\text{-}8a)$$

对于流入流出系统的单位质量工质而言，其相应的比流动功为

$$w_f = \Delta(pv) \qquad (2\text{-}8b)$$

三、稳定流动系统的能量方程

图 2-6 所示的热力系是一稳定流动系统（虚线所围）。在 τ 时间内系统与外界交换热量

>>>>>>>>>

Q，同时有 m_1（kg）的工质流入系统，m_2（kg）的工质流出系统，由前述实现稳定流动的条件 1）得

$$m_1 = m_2 = m = \int_\tau \delta m$$

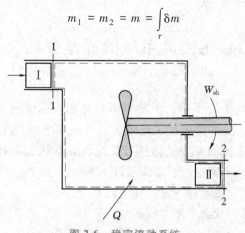

图 2-6　稳定流动系统

若流入和流出系统工质的比储存能分别为 e_1 和 e_2，由前述实现稳定流动的条件 2）知，它们均为常数，从而式（2-4b）中

$$\int_\tau (e_2 \delta m_2 - e_1 \delta m_1) = \int_\tau (e_2 - e_1) \delta m = (e_2 - e_1) \int_\tau \delta m$$

$$= (e_2 - e_1) m = E_2 - E_1$$

$$= \left(U_2 + \frac{1}{2} m c_2^2 + mgz_2 \right) - \left(U_1 + \frac{1}{2} m c_1^2 + mgz_1 \right)$$

在 τ 时间内，系统与外界交换的功量除维持工质流动的流动功外，还通过机器的旋转轴与外界交换轴功 W_{sh}。例如，在蒸汽轮机中，蒸汽冲击叶片使叶轮旋转对外输出轴功；在叶轮式压气机中，电动机（或其他动力机）带动叶轮轴旋转，使气体流速增加，然后经扩压管使其压力升高。因此，系统与外界交换的总功为

$$W_{tot} = W_{sh} + W_f = W_{sh} + \Delta(pV)$$

另外，由于稳定流动系统内各点参数不随时间发生变化，故作为状态参数的系统总能量变化恒为零，即

$$\Delta E_{sy} = 0$$

根据上述分析和热力学第一定律的一般表达式（2-4b），有

$$Q = \Delta E_{sy} + \int_\tau (e_2 \delta m_2 - e_1 \delta m_1) + W_{tot}$$

$$= 0 + (E_2 - E_1) + W_{sh} + W_f$$

$$= \left(U_2 + \frac{1}{2} m c_2^2 + mgz_2 \right) - \left(U_1 + \frac{1}{2} m c_1^2 + mgz_1 \right) + W_{sh} + \Delta(pV)$$

$$= (U_2 + p_2 V_2) - (U_1 + p_1 V_1) + \frac{1}{2} m (c_2^2 - c_1^2) + mg(z_2 - z_1) + W_{sh}$$

令 $H = U + pV$，称为焓，上式为

$$Q = \Delta H + \frac{1}{2} m \Delta c^2 + mg \Delta z + W_{sh} \qquad (2\text{-}9a)$$

此即稳定流动系统的能量方程。

对于单位质量的工质流入流出系统，则有

$$q = \Delta h + \frac{1}{2}\Delta c^2 + g\Delta z + w_{sh} \qquad (2\text{-}10a)$$

式中，h 为比焓，$h = H/m$。

在推导稳定流动系统的能量方程式（2-9a）和式（2-10a）的过程中，除要求系统是稳定流动外，没有附加任何条件，故适用于稳定流动的任何过程和工质。

在式（2-9a）和式（2-10a）中，除功量和热量外，其余均为工质的进、出口参数。前已述及，稳定流动系统内各点参数不随时间而变，但各点参数却随空间位置连续从进口变化到出口。若以一定量工质为研究对象（控制质量系统），则这种变化可以视为一定量工质从进口到出口与外界交换功量、热量而引起的。于是式（2-9a）和式（2-10a）可以理解为一定量工质稳定流经控制容积系统，与外界进行能量交换和本身状态变化所必须遵循的能量方程，即控制质量系统的能量方程。

对于微元过程，式（2-9a）和式（2-10a）可写为

$$\delta Q = dH + \frac{1}{2}mdc^2 + mgdz + \delta W_{sh} \qquad (2\text{-}9b)$$

$$\delta q = dh + \frac{1}{2}dc^2 + gdz + \delta w_{sh} \qquad (2\text{-}10b)$$

四、技术功

在式（2-9a）的后三项中，前两项是工质的宏观动能和宏观位能的变化，属机械能；W_{sh} 是轴功，也是机械能。它们均是技术上可资利用的能量，称之为技术功，用 W_t 表示为

$$W_t = \frac{1}{2}m\Delta c^2 + mg\Delta z + W_{sh} \qquad (2\text{-}11)$$

于是，式（2-9a）可写为

$$Q = \Delta H + W_t \qquad (2\text{-}12a)$$

对于单位质量工质相应有

$$q = \Delta h + w_t \qquad (2\text{-}13a)$$

将式（2-12a）进行变换

$$Q = \Delta U + \Delta(pV) + W_t$$

则

$$Q - \Delta U = \Delta(pV) + W_t$$

根据控制质量的能量方程式（2-5a）

$$Q - \Delta U = W$$

则有

$$W = \Delta(pV) + W_t = W_f + W_t \qquad (2\text{-}14)$$

由式（2-14）可知，维持工质流动的流动功和技术上可资利用的技术功，均是由热能转换所得工质的体积变化功（膨胀功）转化而来的。或者说，技术功是由热能转换所得的体积变化功扣除流动功后得到的。

对于可逆过程

$$W = \int_1^2 pdV$$

代入式（2-14）得

>>>>>>>>>

$$W_t = W - \Delta(pV) = \int_1^2 p\mathrm{d}V - \int_1^2 \mathrm{d}(pV)$$

$$= \int_1^2 p\mathrm{d}V - (\int_1^2 p\mathrm{d}V + \int_1^2 V\mathrm{d}p)$$

故
$$W_t = -\int_1^2 V\mathrm{d}p \tag{2-15a}$$

对于单位质量工质

$$w_t = -\int_1^2 v\mathrm{d}p \tag{2-15b}$$

在图 2-7 所示的 $p\text{-}v$ 图上，可逆过程 1—2 的技术功 $-\int_1^2 v\mathrm{d}p$ 可用过程线左边的面积 1—2—3—4—1 表示。

对于可逆的稳定流动过程，能量方程可表示为

$$Q = \Delta H - \int_1^2 V\mathrm{d}p \tag{2-12b}$$

$$q = \Delta h - \int_1^2 v\mathrm{d}p \tag{2-13b}$$

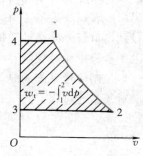

图 2-7 可逆过程的技术功

五、焓

在稳定流动系统的能量方程式（2-9a）的推导中，定义了一个新的物理量——焓。

$$H = U + pV \tag{2-16a}$$

根据状态参数的性质可以证明，由状态参数 U、p、V 组成的复合参数 H 也是一状态参数。它是具有能量量纲的广延量。比焓

$$h = \frac{H}{m} = u + pv \tag{2-16b}$$

是由广延量转换得到的强度量。

在开口系中，对于流入（或流出）系统的工质而言，U 是工质的热力学能，pV 是伴随工质迁移引起的系统与外界交换的推动功，并通过工质的流入（或流出）将此能量带入（或带出）系统。因此，只要有工质流入（或流出）系统，工质的热力学能 U 和能量 pV 必然结合在一起流入（或流出）系统。因此可以说，焓是开口系中流入（或流出）系统工质所携带的取决于热力学状态的总能量。

授课视频——
热力学第一
定律（3）

第六节 能量方程的应用

热力学第一定律是能量传递和转换所必须遵循的基本定律。闭口系的能量方程反映了热能和机械能相互转换的基本原理和关系；稳定流动系统的能量方程虽然与闭口系的形式不同，但本质并没有变化。应用它们可以解决工程中的能量传递和转换问题。在分析具体问题时，对于不同的热力设备和热力过程，应根据具体问题的不同条件做出合理简化，得到更加简单明了的方程。在实际工程中，多数热力设备、装置是开口的稳定流动系统，因此，稳定流动的能量方程应用得较多。下面以几种典型的热力设备为例进行分析和说明。

一、叶轮式机械

叶轮式机械包括叶轮式动力机和叶轮式耗功机械。叶轮式动力机有蒸汽轮机和燃气轮机等，如图 2-8 所示。在工质流经叶轮式动力机时，压力降低，体积膨胀，对外做功。通常进出口的动能差、位能差以及系统向外散的热量与轴功相比均可忽略不计，于是稳定流动系统的能量方程式（2-10a）可简化为

$$w_{sh} = h_1 - h_2$$

上式说明叶轮式动力机对外做的轴功来源于工质从动力机进口到出口的焓降。

对于如图 2-9 所示的叶轮式耗功机械，如叶轮式压气机、水泵等，同理可得

$$w_{sh} = -(h_2 - h_1)$$

叶轮式耗功机械是外界通过旋转轴对系统做功。外界所消耗的功用于增加工质的焓，故有 $h_1 < h_2$，系统所做的轴功为负值。

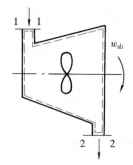

图 2-8　叶轮式动力机

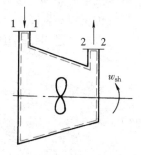

图 2-9　叶轮式耗功机械

二、热交换器

热力工程中的锅炉、回热加热器、冷油器和冷凝器等均属热交换器，即换热器。取如图 2-10 所示换热器工质流经的空间为热力系（虚线所围），工质在换热器中被加热或冷却，与外界有热量交换而无功量交换，忽略进出口工质的宏观功能变化与位能差，对于稳定流动，根据式（2-10a）则有

$$q = \Delta h = h_2 - h_1$$

说明冷流体在换热器中吸收的热量等于其焓的增加；相反，热流体放出的热量等于其焓的减少。

三、（绝热）节流

阀门、流量孔板等是工程中常用的设备。工质流经这些设备时，流体通过的截面突然缩小（见图 2-11），流动阻力增加，压力下降，这种流动称为节流。在节流过程中，工质与外界交换的热量可以忽略不计，故节流又称绝热节流。

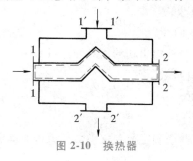

图 2-10　换热器

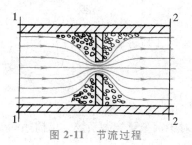

图 2-11　节流过程

节流中缩孔附近的工质由于摩擦和涡流，流体压力下降，流动不但是不可逆过程，且状态不稳定，处于非平衡状态。为了能应用稳定流动系统的能量方程进行分析，进出口截面必须取在离节流孔一定距离的稳定状态处，如图2-11所示。节流过程是绝热节流，进出口工质的动能差与位能差可忽略不计，工质在节流过程中与外界无功量交换，因此，稳定流动系统的能量方程式（2-10a）可简化为

$$\Delta h = 0 \quad 或 \quad h_2 = h_1$$

说明节流前后工质的焓相等。

例 2-3　进入汽轮机新蒸汽的参数为 $p_1 = 9.0\text{MPa}$，$t_1 = 500℃$，$h_1 = 3385.0\text{kJ/kg}$，$c_1 = 50\text{m/s}$；出口参数为 $p_2 = 0.004\text{MPa}$，$h_2 = 2320.0\text{kJ/kg}$，$c_2 = 120\text{m/s}$。蒸汽的质量流量 $q_m = 220\text{t/h}$，试求：

1）汽轮机的功率。

2）忽略蒸汽进出口动能变化引起的计算误差。

3）若蒸汽进出口高度差为12m，求忽略蒸汽进出口势能变化引起的计算误差。

解　1）取汽轮机进出口所围空间为控制容积系统，如图2-8所示，则系统为稳定流动系统，从而有

$$q = \Delta h + \frac{1}{2}\Delta c^2 + g\Delta z + w_{sh}$$

依题意：$q = 0$，$\Delta z = 0$，故有

$$w_{sh} = -\Delta h - \frac{1}{2}\Delta c^2 = (h_1 - h_2) - \frac{1}{2}(c_2^2 - c_1^2)$$

$$= (3385.0 - 2320.0)\text{kJ/kg} - \frac{1}{2}\times(120^2 - 50^2)\times10^{-3}\text{kJ/kg}$$

$$= 1.059\times10^3\text{kJ/kg}$$

功率

$$P_{sh} = q_m w_{sh} = 220\times10^3\times1.059\times10^3\text{kJ/h}$$

$$= 2.330\times10^8\text{kJ/h}$$

$$= 6.472\times10^4\text{kW}$$

2）忽略工质进出口动能变化，单位质量工质对外输出功的增加量（或减少量）为

$$\Delta w_{sh} = \frac{1}{2}\Delta c^2 = \frac{1}{2}\times(120^2 - 50^2)\times10^{-3}\text{kJ/kg}$$

$$= 5.95\text{kJ/kg}$$

忽略工质进出口动能变化引起的相对误差为

$$e_k = \frac{|\Delta w_{sh}|}{|w_{sh}|} = \frac{5.95\text{kJ/kg}}{1.059\times10^3\text{kJ/kg}} = 0.56\%$$

3）忽略工质进出口势能变化，单位质量工质对外输出功的相对增加量（或减少量）为

$$\varepsilon_p = \frac{|\Delta w_{sh}|}{|w_{sh}|} = \frac{g\Delta z}{w_{sh}} = \frac{9.81\times12\times10^{-3}}{1.059\times10^3} = 0.011\%$$

讨论：

1）对于简单可压缩系统，由前述知，只要有两个确定的独立参数，就可以确定其状态

及其他状态参数。但本题进口不但给出了基本状态参数 p_1 和 t_1，而且给出了 h_1，显然从原理上讲给出 h_1 是多余的。这是由于本章还未介绍如何通过 p、t 去确定水蒸气的 h 及其他状态参数值。学习完下一篇第五章，就可以解决这一问题，届时再解此题，给出的 h_1 就是多余的了。

2）本题汽轮机进出口工质速度变化较大，但计算表明动能变化与对外输出功相比却可以忽略不计。

例 2-4　空气在一活塞式压气机中被压缩。压缩前空气的参数是 $p_1 = 0.1\text{MPa}$，$v_1 = 0.86\text{m}^3/\text{kg}$；压缩后空气的参数是 $p_2 = 0.8\text{MPa}$，$v_2 = 0.18\text{m}^3/\text{kg}$。设在压缩过程中 1kg 空气的热力学能增加 150kJ，同时向外放出热量 50kJ，试求：

1）压缩过程中对 1kg 空气所做的功。

2）每生产 1kg 压缩空气所需的功。

3）若该压气机每分钟生产 15kg 压缩空气，带动此压气机要用多大功率的电动机？

解　1）活塞式压气机的工作过程包括进气、压缩和排气三个工作过程。在压缩过程中，进、排气阀均关闭，取如图 2-12 所示虚线所围的空间为热力系，显然是闭口系。系统与外界交换的功为体积变化功（压缩功）w，能量方程为

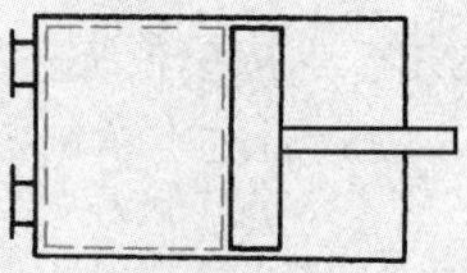

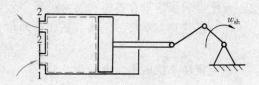

$$q = \Delta u + w$$

则

$$w = q - \Delta u = -50\text{kJ/kg} - 150\text{kJ/kg}$$
$$= -200\text{kJ/kg}$$

图 2-12　活塞式压气机

2）要生产出压缩空气，压气机的进、排气阀须周期性地打开，故系统是开口系。严格地讲，该系统不是稳定流动系统，因为各点参数在做周期性变化。但考察不同周期的同一时刻，各点参数却是相同的，每个周期进、排气参数和质量不变，与外界交换的能量相同，满足实现稳定流动系统的三个条件。因此，可将压气机的生产过程抽象为气体连续不断流入气缸，受压缩后连续由气缸排出的稳定流动过程。这样，系统可视为稳定流动系统，如图 2-13 所示，则能量方程为

图 2-13　具有进、出口的活塞式压气机

$$q = \Delta h + \frac{1}{2}\Delta c^2 + g\Delta z + w_{\text{sh}}$$

由

$$\Delta c^2 = 0, \quad \Delta z = 0$$

得

$$w_{\text{sh}} = q - \Delta h = q - [\Delta u + \Delta(pv)]$$
$$= (q - \Delta u) - \Delta(pv)$$

由第 1）问知

$$q - \Delta u = w = -200\text{kJ/kg}$$

则

$$w_{\text{sh}} = w - \Delta(pv)$$
$$= -200\text{kJ/kg} - (0.8 \times 0.18 - 0.1 \times 0.86) \times 10^6 \times 10^{-3}\text{kJ/kg}$$
$$= -258\text{kJ/kg}$$

3）带动此压气机的电动机功率为

$$P_{sh} = q_m \mid w_{sh} \mid$$

$$= \frac{15}{60} \times 258 \text{kW}$$

$$= 64.5 \text{kW}$$

讨论：

1）本题求解过程再次说明正确确定系统的重要性。同一压气机，系统选取不同，能量方程不同，求解的功不同。

2）第2）问求解，也可以通过能量守恒的一般关系式（2-4），对进气、压缩和排气三个过程分别列能量方程，然后综合得到

$$q = \Delta h + w_t$$

由于 $\Delta c^2 = 0$，$\Delta z = 0$，故 $w_t = w_{sh}$。

3）在使用能量方程分析计算时，要注意单位、量纲的统一和功量、热量的正负号。例2-3第1）问求解 w_{sh} 时动能差的计算，以及本题第2）问求解 w_{sh} 时 $\Delta(pv)$ 的计算，均出于保持单位统一的考虑才乘以 10^{-3}。本题计算中 q 取负值，因为是散热。

4）通过本章例题，读者可以归纳出在应用能量方程进行分析计算时应遵循的步骤。

本章小结

热力学第一定律是能量转换与守恒定律在涉及热现象的能量转换过程中的应用。热力学第一定律揭示了能量在传递和转换过程中数量守恒这一实质。

闭口系的热力学第一定律表达式，即热力学第一定律基本表达式为

$$Q = \Delta U + W$$

稳定流动系统的能量方程为

$$Q = \Delta H + \frac{1}{2}m\Delta c^2 + mg\Delta z + W_{sh}$$

引入技术功概念后的上式可表示为

$$Q = \Delta H + W_t$$

技术功

$$W_t = \frac{1}{2}m\Delta c^2 + mg\Delta z + W_{sh}$$

在可逆条件下

$$W_t = -\int_1^2 V dp$$

通过本章学习，要求读者深入理解热力学第一定律的实质，熟练掌握热力学第一定律的闭口系和稳定流动系统的能量方程，以解决工程实际的有关问题。

思考题

2-1 热力学第一定律的实质是什么？

2-2 $q = \Delta u + w$ 为什么称为热力学第一定律的基本表达式？它适用于什么工质和过程？

2-3　膨胀功、流动功、轴功和技术功之间有何区别？有何联系？

2-4　为什么稳定流动的能量方程

$$q = \Delta h + \frac{1}{2}\Delta c^2 + g\Delta z + w_{\text{sh}}$$

可以理解为控制质量系统的能量方程？

2-5　能量方程 $q = \Delta h - \int_1^2 v\mathrm{d}p$ 适用于什么工质和过程？

2-6　焓的物理意义是什么？闭口系统有无焓？

2-7　由方程 $q = \Delta u + w$ 得 $\Delta u = q - w$，其中 q 和 w 均是过程量，由此是否可得出 Δu 也是与过程有关的过程量？

 习题

2-1　系统经一热力过程，放热 8kJ，对外做功 26kJ。为使其返回原状态，对系统加热 6kJ，问需对系统做功多少？

2-2　气体在某一过程中吸收了 64kJ 热量，同时热力学能增加了 114kJ，此过程是膨胀过程还是压缩过程？系统与外界交换的功是多少？

2-3　1kg 空气由 $p_1 = 5\text{MPa}$、$t_1 = 500℃$ 膨胀到 $p_2 = 1\text{MPa}$、$t_2 = 500℃$，得到热量 357kJ，对外做膨胀功 357kJ。接着又从末态被压缩到初态，放出热量 590kJ。试求：

1）膨胀过程空气热力学能的增量。

2）压缩过程空气热力学能的增量。

3）压缩过程外界消耗了多少功？

2-4　如图 2-14 所示，某封闭系统沿 $a—c—b$ 途径由状态 a 变化到 b，吸入热量 90kJ，对外做功 40kJ。试问：

1）系统从 a 经 d 至 b，若对外做功 10kJ，则吸收热量是多少？

2）系统由 b 经曲线所示过程返回 a，若外界对系统做功 23kJ，吸收热量为多少？

3）设 $U_a = 5\text{kJ}$，$U_d = 45\text{kJ}$，那么过程 $a—d$ 和 $d—b$ 中系统吸收热量各为多少？

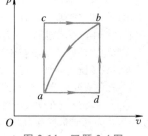

图 2-14　习题 2-4 图

2-5　闭口系中实施以下过程，试填补表中空缺数据。

过程序号	Q/J	W/J	U_1/J	U_2/J	$\Delta U/\text{J}$
1	25	−12		−9	
2	−8			58	−16
3		17	−13		21
4	18	−11		7	

2-6　容积为 1m^3 的绝热封闭的气缸中装有完全不可压缩的流体，如图 2-15 所示。试问：

1）活塞是否对流体做功？

2）通过对活塞加压，把流体压力从 $p_1 = 0.5\text{MPa}$ 提高到 $p_2 = 3\text{MPa}$，热力学能变化多少？焓变化多少？

2-7　一质量为 4500kg 的汽车沿坡度为 15° 的山坡下行，车速为 300m/s。在距山脚 100m 处开始制动，且在山脚处刚好停住。若不计其他力，求因制动而产生的热量。

2-8　某蒸汽动力装置，蒸汽流量为 40t/h，汽轮机进口处压力表读数为 9MPa，进口比焓为 3440kJ/kg，汽轮机出口比焓为 2240kJ/kg，真空表读数为 95.06kPa，当时当地大气压力为 98.66kPa，汽轮机对环境放热为 8×

10^3kJ/h。试求：

1）汽轮机进、出口蒸汽的绝对压力各为多少？

2）单位质量蒸汽经汽轮机对外输出功为多少？

3）汽轮机的功率是多少？

4）忽略汽轮机对环境放热，对汽轮机输出功计算有多大影响？

5）当进出口蒸汽流速分别为 60m/s 和 140m/s 时，对汽轮机输出功计算有多大影响？

6）当汽轮机进出口高度差为 12m 时，对汽轮机输出功计算有多大影响？

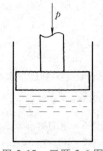

图 2-15 习题 2-6 图

2-9 进入冷凝器乏汽的压力为 $p = 0.005$MPa，比焓 $h_1 = 2500$kJ/kg，出口为同压下的水，比焓 $h_2 = 137.77$kJ/kg。若蒸汽流量为 22t/h，进入冷凝器的冷却水温度为 $t_1' = 17$℃，冷却水出口温度为 $t_2' = 30$℃，试求冷却水流量。

2-10 某活塞式氮气压气机，压缩前后氮气的参数分别为：$p_1 = 0.1$MPa，$v_1 = 0.68$m³/kg；$p_2 = 1.0$MPa，$v_2 = 0.18$m³/kg。设在压缩过程中每千克氮气热力学能增加 280kJ，同时向外放出热量 66kJ。压气机每分钟生产压缩氮气 12kg，试求：

1）压缩过程对每千克氮气所做的功。

2）生产每千克压缩氮气所需的功。

3）带动此压气机至少要多大的电动机？

2-11 流速为 500m/s 的高速空气突然受阻停止流动，即 $c_2 = 0$，称为滞止。如滞止过程进行迅速，以致气流受阻过程中与外界的热交换可以忽略。问滞止过程空气的焓变化了多少？

2-12 某燃气轮机装置如图 2-16 所示。已知 $h_1 = 286$kJ/kg 的燃料和空气的混合物在截面 1 处以 20m/s 的速度进入燃烧室，并在定压下燃烧，相当于从外界获得单位质量热量 $q = 879$kJ/kg。燃烧后的燃气在喷管中绝热膨胀到 3，$h_3 = 502$kJ/kg，流速增加到 c_3。然后燃气进入叶轮中动叶，推动叶轮转动做功。若燃气推动叶轮时热力状态不变，只是流速降低，离开燃气轮机的速度 $c_4 = 150$m/s。试求：

1）燃气在喷管出口的流速 c_3。

2）每千克燃气在燃气轮机中所做的功。

3）当燃气质量流量为 5.6kg/s 时，燃气轮机输出的功率。

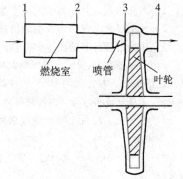

图 2-16 燃气轮机示意图

2-13 某系统经历了四个热力过程组成的循环，试填下表所缺数据。

热力过程	Q/kJ	W/kJ	ΔU/kJ
1—2	1210	0	
2—3	0	250	
3—4	-980	0	
4—1	0		
热效率			

2-14 水在绝热混合器中与水蒸气混合而使水温升高。进入混合器的水的压力为 200kPa，温度为 20℃，质量流量为 100kg/min；进入混合器的水蒸气压力为 200kPa，温度为 300℃，比焓为 3072kJ/kg。离开混合器的混合物为液态水，其压力为 200kPa，温度为 100℃。若水的比焓 $\{h\}_{\text{kJ/kg}} = 4.2\{t\}_{℃}$，问每分钟需要多少水蒸气？

2-15 气体在一无摩阻的喷嘴中绝热流过，进口流速为 c_1，出口流速为 c_2。试证明出口流速 $c_2 =$

$$\sqrt{-\int_1^2 2v\mathrm{d}p + c_1^2}\ \text{。}$$

2-16 某冷凝器内的蒸汽压力为 0.005MPa，蒸汽以 100m/s 的速度进入冷凝器，其比焓为 2430kJ/kg，蒸汽冷却成水后其比焓为 137.7kJ/kg，流出冷凝器的速度为 10m/s。若大气压力为 735mmHg，试求：

1）装在冷凝器上真空表的读数。

2）每千克蒸汽在冷凝器中放出的热量。

2-17 某闭口系经历一个由二热力过程组成的循环。在过程 1—2 中系统热力学能增加 30kJ，在过程 2—1 中系统放热 40kJ，系统经历该循环所做出的净功为 10kJ。求过程 1—2 传递的热量和过程 2—1 传递的功量。

第三章

热力学第二定律

授课视频——
热力学第二
定律（1）

由热力学第一定律知：如果发生了一个热力过程，其能量的传递和转换必然遵循热力学第一定律。然而一个遵循热力学第一定律的热力过程在自然界中是否能够发生，热力学第一定律并未告诉人们。事实上，自然界中遵循热力学第一定律的热力过程未必一定能够发生。这是因为涉及热现象的热力过程具有方向性。揭示热力过程具有方向性这一普遍规律的是独立于热力学第一定律之外的热力学第二定律。它阐明了能量不但有"量"的多少问题，而且有"品质"的高低问题，在能量的传递和转换过程中能量的"量"守恒，但"质"却不守恒。下面就从自然界中热力过程具有方向性的种种现象入手进行讨论。

第一节　热力过程的方向性

自然界中发生的涉及热现象的热力过程都具有方向性。下面是反映这一客观规律的几个例子。

如图 3-1 的两物体 A 和 B。物体 A 的温度 T_A 高于物体 B 的温度 T_B。两物体接触，不考虑两物体与周围物体间的热交换，则有热量从物体 A 传向物体 B。若物体 A 放出热量 Q_A，物体 B 吸收热量 Q_B，由热力学第一定律，有

$$Q_B = Q_A$$

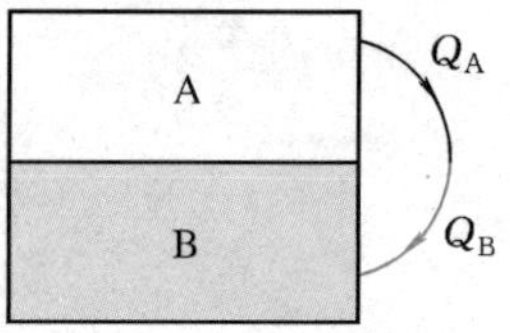

但相反的过程，即物体 B 失去热量 Q_B，物体 A 得到热量 Q_A，虽满足热力学第一定律

$$Q_A = Q_B$$

图 3-1　温差传热过程

却不可能自动发生。如果此种过程可以发生，即热量能自动从低温物体传向高温物体，就会出现夏天不用空调，而用火炉从环境和人体吸热以取得制冷效果的荒诞现象。

第二个例子是例 2-1 中的自由膨胀过程（见图 3-2）。根据热力学第一定律的分析已得到

$$U_2 = U_1$$

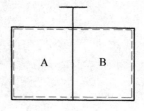

但相反的过程，即在充满氮气的绝热刚性容器中插进一刚性隔板，使得隔板两侧分别形成压力较高的氮气空间和真空，却不可能自动发

图 3-2　自由膨胀过程

生，尽管此过程不违反热力学第一定律，因为在以整个容器为系统进行分析时仍可以得到

$$U_1 = U_2$$

第三个例子是如图 3-3 所示的飞轮制动过程。旋转的飞轮具有宏观动能 E_k 和热力学能 U_1，进行制动后飞轮停止了转动，不计制动板的热力学能及其变化，则飞轮的宏观动能被转换成了飞轮的热力学能。根据热力学第一定律有

图 3-3　飞轮制动

$$U_2 = E_k + U_1$$

然而相反的过程，即飞轮中热力学能由 U_2 减少为 U_1，所减少的热力学能（$U_2 - U_1$）转变为飞轮的动能 E_k，从而有

$$E_k + U_1 = U_2$$

虽然满足热力学第一定律，也不可能自动发生。

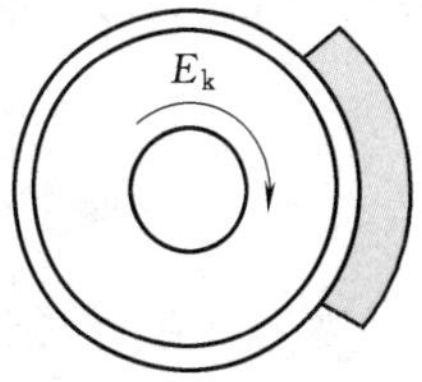

最后考察如图 3-4 所示的绝热密闭容器内的电容-电感电路，会发现也存在着类似的热力过程的方向性问题。充过电的电容器在开关接通后形成一个电容-电感电路。由于电路中存在电阻和磁阻，使电路内电流不断衰减直至为零。这一过程使得电路中电能 E_e 转变为热能，容器内空气的热力学能由 U_1 增加到 U_2，不计线路的热力学能，由热力学第一定律得

图 3-4　电容—电感电路

$$U_2 = E_e + U_1$$

然而相反的过程，使空气热力学能由 U_2 降低到 U_1，在电路中产生电能 E_e，也满足热力学第一定律

$$E_e + U_1 = U_2$$

却同样不可能自动发生。

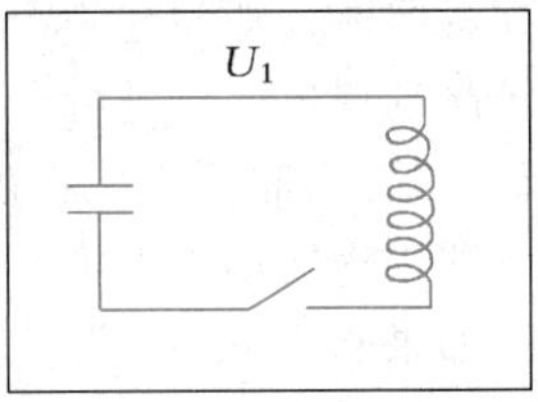

除上述四个比较典型的例子外，还有许多例子可以说明热力过程的方向性：有些热力过程可以自动发生，有些则不能。可以自动发生的过程称为自发过程，反之是非自发过程。因此，热力过程的方向性也可以说是自发过程具有方向性。热力过程的方向性说明：在自然界中，热力过程若要发生，必然遵循热力学第一定律，但满足热力学第一定律的热力过程却未必都能自动发生。因而一定有一个独立于热力学第一定律之外的另一个基本定律在决定着热力过程的方向性，或者说决定着热力过程能否实现，这个定律就是热力学第二定律。

在涉及热力过程的方向性时，只是说自发过程可以自动发生，非自发过程不能自动发生，强调的是"自动"，并没有说非自发过程不能发生。事实上，许多实际过程都是非自发过程。例如，制冷就是把热量从温度低的物体（或空间）传向温度高的物体（或空间）。但这一非自发过程的发生，必须以外界消耗功等作为代价。同样，在热机中可以使热能转变为机械能，但这一非自发过程的发生是以一部分热量从高温物体传向低温物体（或从热源传向冷源）作为代价。还有一些其他例子都说明：一个非自发过程的进行必须付出某种代价作为补偿。

虽然为实现各种非自发过程补偿是必不可少的，但是为提高能量利用的经济性，人们一直在最大限度地减少补偿。例如，在以消耗功作为补偿的制冷工程中，在相同制冷量条件下，为提高制冷系数尽量减少外界耗功；同样在热机中，为使热效率提高，在相同吸热量条件下尽量减少向冷源放热。于是这里就存在一个减少所付代价的补偿最大限度是多少的问题，而热力学第二定律就是解决涉及热现象过程进行的方向、条件和限度等问题的规律，其中最重要的是解决方向性问题。确定热力过程进行的方向后，热力学第二定律还将确定在给定的条件下所能达到的最大的可能或最理想的结果。

综上所述，研究热力过程的方向性，以及由此而引出的非自发过程的补偿和补偿限度等

问题是热力学第二定律的任务，从而解决了能量"品质"的高低问题。

第二节 热力学第二定律的表述

热力学第二定律是热力过程方向性这一客观事实和客观规律的反映。由于热力过程方向性现象的多样性，因此，反映这一客观规律的说法也就不止一种。下面介绍几种典型的热力学第二定律的说法。

克劳修斯的说法：不可能把热量从低温物体传向了高温物体而不引起其他变化。

开尔文的说法：不可能从单一热源取热使之完全变为功而不引起其他变化。

在这两种说法中，关键是"不引起其他变化"。制冷装置虽然是把热量从低温物体传向了高温物体，却引起一个变化——外界消耗功之类的代价；透热气缸内与环境温度相同、压力较高的理想气体进行定温膨胀，虽从环境吸收热量对外能做出等量的功（分析计算见第四章），却引起了系统状态的变化——气体压力降低。因此，这两种情况都不违反上述的说法，即不违反热力学第二定律。

如果能从单一热源取热使之完全转变为功而不引起其他变化，那么，人们就可以制造这样一种机器：以环境为单一热源，使机器从中吸热对外做功。由于环境中的能量是无穷无尽的，因而这样的机器就可以永远工作下去。这就是不违背热力学第一定律但却违背了热力学第二定律的"第二类永动机"。它显然违背热力学第二定律的开尔文说法，因此热力学第二定律也可以表述为：第二类永动机是造不成的。

热力学第二定律虽有不同的说法，但是它们都反映了热力过程具有方向性这一共同实质，因而它们是等效的。可以采用反证法进行等效性的证明，即假设各种说法中有一种不成立，则必然导致其他说法也被推翻。有兴趣的读者可自己试证或参阅参考文献［7，8］，这里不再赘述。

正是由于热力过程的方向性，才有热力学第二定律。分析前述的四个具有方向性的热力过程的例子，不难发现前两个例子是存在势差的不可逆过程，即非准平衡过程；后两个例子是有耗散效应的不可逆过程。显然，如果一个热力过程中不存在任何不可逆因素（根据分析问题需要和系统选择，不可逆因素可分为存在于系统内部的内不可逆因素和系统与外界之间的外不可逆因素），那么热力过程就没有方向性问题。例如，在热量传递过程中，若两物体间温差趋于零，则热量传递就不存在方向性问题；同样在飞轮制动和电容-电感电路中，若能实现没有摩阻、电阻和磁阻等耗散效应的准平衡过程，也不会有热力过程的方向性问题。因此可以说，热力过程的方向性在于热力过程的不可逆性，正是由于自然界中不存在没有不可逆因素的可逆过程，故而才有热力过程方向性问题。过程的不可逆性和方向性互为因果，解决了过程的不可逆性问题也就解决了过程的方向性问题。反映热力过程方向性的热力学第二定律的各种说法是等效的，因而所有不可逆过程的不可逆性的属性也是等效的，实质是相同的。这样就可以用一个统一的热力学参数来描述所有不可逆过程的共同特性，并作为热力过程方向性的判据。

第三节 卡诺循环和卡诺定理

单一热源的热机已为热力学第二定律所否定，也就是说热效率是100%的热机是造不成的。最简单的热机必须至少有两个热源。那么具有两个热源的热机的热效率最高极限是多少呢？卡诺循环和卡诺定理解决了这一问题，并且指出了改进循环提高热效率的途径和原则。同时，卡诺循环和卡诺定理是导得热力过程方向性判据的基础。因此，卡诺循环和卡诺定理具有深刻、广泛的理论和实践意义。

一、卡诺循环与概括性卡诺循环

卡诺循环是工作在恒温的高、低温热源间（即恒温热源和冷源间）的理想可逆正循环。它由两个定温和两个绝热可逆过程所构成，如图3-5所示。卡诺循环如此构成的原因是：为了实现两恒温热源间的可逆循环，必须消除循环过程中包括内不可逆和外不可逆的所有不可逆因素。为此，工质从高温热源吸热和向低温热源放热必须是工质和热源间温差趋于零（即工质和热源的温度相同）的定温吸热过程4—1和定温放热过程2—3；当工质温度在热源温度 T_H 和冷源温度 T_L 间变化时，不允许工质与热源进行有温差的热交换，且内部无耗散效应，故只能通过绝热可逆过程1—2和3—4。

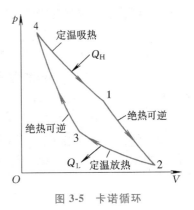

图 3-5　卡诺循环

在大学物理中已经证明：采用理想气体为工质时的卡诺循环的热效率 η_c，仅与热源温度 T_H 和冷源温度 T_L 有关，即

$$\eta_c = 1 - \frac{T_L}{T_H} \tag{3-1}$$

卡诺循环是两恒温热源间最简单的可逆循环。除卡诺循环外还可以有其他可逆循环。概括性卡诺循环就是其中之一。为使该循环实现可逆，工质从温度为 T_H 的高温热源吸热和向温度为 T_L 的低温热源放热依然是工质与热源间无温差的定温吸热和放热过程，如图3-6所示的过程线4—1和2—3。工质从 T_H 到 T_L 的温度变化和从 T_L 到 T_H 的温度变化可以不再是绝热可逆过程，而是如图3-6所示的内可逆的放热过程1—2和吸热过程3—4，同时要求在任意温度 T 处过程1—2的放热量 δQ 和过程3—4的吸热量 $\delta Q'$ 相等，这样就可以设置无穷多个回热加热器，使过程1—2在 T 下的放热和过程3—4在 T 下的吸热在回热加热器中进行，实现工质间的等温换热，不再发生与热源间的不可逆温差传热，从而实现了整个循环的可逆。利用大学物理的知识可以证明，采用理想气体为工质的概括性卡诺循环的热效率与卡诺循环的热效率相同。

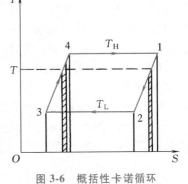

图 3-6　概括性卡诺循环

在概括性卡诺循环中一个重要的措施是采用回热。所谓回热，就是工质在回热器中实现工质内部相互传热，即工质自己加热自己。采用回热的循环称为回热循环，故概括性卡诺循环又被称为两恒温热源的极限回热循环。从上述分析可以看出，回热对于概括性卡诺循环实现可逆是不可缺少的，而且根据回热过程的不同，两个恒温热源间可以有无数个概括性卡诺循环。在以后的学习中

还可以看出，回热还是提高循环能量利用经济性的一个重要措施。

二、卡诺定理

在两恒温热源间不仅仅采用理想气体为工质的卡诺循环和概括性卡诺循环热效率相等，而且所有可逆循环的热效率都与卡诺循环的热效率相等，并与所采用的工质无关。这已为卡诺定理一所证明。卡诺定理除定理一外，还有定理二。现分述如下：

定理一：在相同的高温热源和相同的低温热源间工作的所有可逆热机具有相同的热效率，而与循环的具体构成无关，与所采用的工质也无关。

定理二：在相同的高温热源和相同的低温热源间工作的可逆热机的热效率恒高于不可逆热机的热效率。

下面采用反证法证明定理一：

设有可逆热机 A 和 B，分别从高温热源 HR 吸取热量 Q_{HA} 和 Q_{HB}，对外做功 W_A 和 W_B，向低温热源 LR 放出热量 Q_{LA} 和 Q_{LB}，则它们的热效率 η_A 和 η_B 分别为

$$\eta_A = \frac{W_A}{Q_{HA}} = 1 - \frac{Q_{LA}}{Q_{HA}} \tag{3-2}$$

$$\eta_B = \frac{W_B}{Q_{HB}} = 1 - \frac{Q_{LB}}{Q_{HB}} \tag{3-3}$$

若 $\eta_A \neq \eta_B$，假定 $\eta_A > \eta_B$。由于 A 和 B 均为可逆热机，现使 B 机逆转。由可逆过程的性质知，B 机逆转的结果是工质从低温热源吸收热量 Q_{LB}，外界输入功 W_B，向高温热源放出热量 Q_{HB} 成为一台制冷机。为证明方便起见，假定 $Q_{LA} = Q_{LB}$，且制冷机所需的功 W_B 由热机 A 提供，从而构成一台联合运转的机器，如图 3-7 所示。

由 $\eta_A > \eta_B$ 及式（3-2）和式（3-3）可得

$$\frac{Q_{LA}}{Q_{HA}} < \frac{Q_{LB}}{Q_{HB}}$$

又由 $\qquad Q_{LA} = Q_{LB}$

得 $\qquad Q_{HA} > Q_{HB}$

$$\begin{aligned} W_A - W_B &= (Q_{HA} - Q_{LA}) - (Q_{HB} - Q_{LB}) \\ &= (Q_{HA} - Q_{HB}) - (Q_{LA} - Q_{LB}) \\ &= Q_{HA} - Q_{HB} = Q_0 > 0 \end{aligned}$$

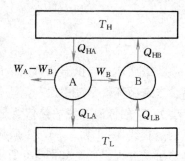

图 3-7 卡诺定理的证明

这样两机器联合运转的结果是：工质循环回到原来状态无变化，低温热源得到的热量和放出的热量相抵消也没变化，唯有高温热源放出了热量 $Q_0 = Q_{HA} - Q_{HB}$，并对外输出了净功 $W_0 = W_A - W_B$，说明联合运转的机器是一个单一热源的热机，违背了热力学第二定律开尔文的说法，故而不可能实现。因此开始的假设 $\eta_A > \eta_B$ 不成立。

同理，可证 $\eta_A < \eta_B$ 也不成立，因此，唯一可以成立的结果是 $\eta_A = \eta_B$。

定理一得证。

利用同样的方法可以证明定理二。

采用理想气体为工质的卡诺循环的热效率为 $\eta_c = 1 - T_L/T_H$，而卡诺定理证明了两热源间一切可逆循环的热效率都相等，故两恒温热源间一切可逆循环的热效率都应是

$$\eta_r = \eta_c = 1 - \frac{T_L}{T_H}$$

而与工质、热机形式及循环组成无关。在两恒温热源间的一切循环，以卡诺循环亦即可逆循环的热效率为最高。通常卡诺循环的热效率 η_c 被称为卡诺因子。

综合卡诺循环和卡诺定理这一部分内容，可以得到如下重要结论：

1）两恒温热源间一切可逆循环的热效率都相等，都等于相同温限间卡诺循环的热效率。它们的热效率仅取决于热源和冷源的温度，而与工质无关。提高热源温度 T_H 和降低冷源温度 T_L 是提高可逆循环热效率的根本途径和方法。

2）相同高、低温热源间的不可逆循环的热效率恒小于相应可逆循环的热效率。尽量减少循环中的不可逆因素是提高循环热效率的重要方法。

3）提高热源温度 T_H 和降低冷源温度 T_L 可以提高卡诺循环及同温限间其他可逆循环的热效率，但由于 $T_L = 0K$ 和 $T_H \rightarrow \infty$ 是不可能的，故循环热效率不可能等于 100%，只能小于 100%。这就是说，在动力循环中不可能把从热源吸取的热量全部转变为功。

4）当 $T_H = T_L$ 时，$\eta_c = 0$。这说明单一热源的热机是不可能造成的。要实现连续的热功转换，必须有两个或两个以上温度不等的热源。

5）不花代价的冷源温度以大气温度 T_0 为最低极限。因此，温度为 T 的热源放出的热量 Q 中能转变为机械功（有用功）的最大份额为 Q 与卡诺因子 η_c 的乘积，称为热量有效能，或热㶲[⊖]，用 $E_{x,Q}$ 表示，则

$$E_{x,Q} = W_{0,max} = Q\left(1 - \frac{T_0}{T}\right) \tag{3-4}$$

不能转变为机械功而排向大气的热量称为热量无效能，或热㶲，用 $A_{n,Q}$ 表示，则

$$A_{n,Q} = Q\frac{T_0}{T} \tag{3-5}$$

三、多（变温）热源的可逆循环——平均吸热温度和平均放热温度

实际循环中热源的温度常常并非恒温，而是变化的。例如，锅炉中烟气的温度在炉膛中、过热器和尾部烟道是不相同的。考察如图 3-8 所示的变温热源的可逆循环。该循环中高温热源的温度从 T_e 经 h 点连续变化到 T_g，低温热源温度从 T_g 经 l 点连续变化到 T_e。工质温度在吸热和放热过程中也在连续变化，并随时保持与热源温度相等，与热源进行无温差的传热。在吸热过程中工质温度从 T_e 经 h 变到 T_g，在放热过程中工质温度从 T_g 经 l 变到 T_e。变温热源的可逆循环亦可看作是由温度相差无限小的无穷多个恒温热源组成的可逆循环——多热源可逆循环。为了分析和比较方便起见，对变温热源的可逆循环引入平均吸热温度和平均放热温度的概念。所谓平均吸热温度（或平均放热温度），是工质在变温吸热（或放热）过程中温度变化的积分平均值。如图 3-8 中工质在变温吸热过程 e—g 中的吸热量为

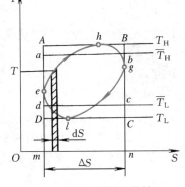

图 3-8　变温热源的可逆循环

$$Q_H = \int_e^g T dS$$

[⊖]　亦称为热量做功能力，或热量可用能。

假想一定温吸热过程 $a—b$，使该过程吸入的热量与变温吸热过程的吸热量 Q_H 相同，且熵变相等，则该定温吸热过程的温度即为变温吸热过程的平均吸热温度 $\overline{T}_H$，亦即循环的平均吸热温度。显然有

$$\overline{T}_H = \frac{Q_H}{\Delta S} = \frac{\int_e^g T\mathrm{d}S}{\Delta S} \tag{3-6}$$

同理，工质的平均放热温度为

$$\overline{T}_L = \frac{Q_L}{\Delta S} = \frac{\int_g^e T\mathrm{d}S}{\Delta S} \tag{3-7}$$

引入平均吸热和平均放热温度后，变温热源可逆循环的热效率可用平均温度来表示，即

$$\eta_t = 1 - \frac{Q_L}{Q_H} = 1 - \frac{\overline{T}_L \Delta S}{\overline{T}_H \Delta S}$$

$$\eta_t = 1 - \frac{\overline{T}_L}{\overline{T}_H} \tag{3-8}$$

分析式（3-8）不难得到：对于任何可逆循环，工质平均吸热温度 $\overline{T}_H$ 越高，平均放热温度 $\overline{T}_L$ 越低，则循环热效率越高。因此，对于实际变温热源的可逆循环，在可能的条件下，尽量提高工质的平均吸热温度 $\overline{T}_H$ 和降低工质的平均放热温度 $\overline{T}_L$ 是提高其热效率的有效措施和途径。

从图3-8可知，T_H 和 T_L 是变温热源可逆循环的最高温度和最低温度。但循环的 $\overline{T}_H <$ T_H，$\overline{T}_L > T_L$，比较式（3-1）和式（3-8）不难看出，在相同温度界限 T_H 和 T_L 之间变温热源可逆循环的热效率小于卡诺循环的热效率。因此，相同温限间卡诺循环的热效率最高，是实际循环力争达到的最高水平。提高循环平均吸热温度 $\overline{T}_H$ 和降低平均放热温度 $\overline{T}_L$ 的目的，就是使循环接近相同温限间的卡诺循环。

平均温度概念的引入，使得两任意可逆循环热效率的比较十分方便。在做定性比较时无需计算，仅比较两循环的平均吸热温度和平均放热温度即可判定。

授课视频——
热力学第二
定律（2）

第四节　状态参数熵

熵是与热力学第二定律密切相关的状态参数，不可逆过程变化的特性可以用过程中熵的变化来分析和表达。下面根据卡诺循环导出这个状态参数。

对于卡诺循环有

$$\eta_c = 1 - \frac{Q_L}{Q_H} = 1 - \frac{T_L}{T_H}$$

得

$$\frac{Q_H}{T_H} = \frac{Q_L}{T_L}$$

即

$$\frac{Q_H}{T_H} - \frac{Q_L}{T_L} = 0$$

式中，T_H、T_L 分别为热源温度和冷源的温度；Q_H、Q_L 分别为工质在循环中的吸热量和放热量，且为绝对值，考虑到 Q_L 是对工质放热，取值为负，则有

$$\frac{Q_H}{T_H} + \frac{Q_L}{T_L} = 0 \qquad (3\text{-}9\text{a})$$

对于如图 3-9 所示任意可逆循环，用无数条可逆绝热过程线把循环分割成了无数个微元循环。对于每一个微元循环（如图中的 a—b—c—d—a），由于两绝热可逆过程线无限接近，可以认为是由两个定温过程和两个可逆绝热过程构成的微元卡诺循环。若微元卡诺循环的热源和冷源的温度分别为 T_H 和 T_L，工质在循环中的吸热量和放热量分别为 δQ_H 和 δQ_L，则由式（3-9a）有

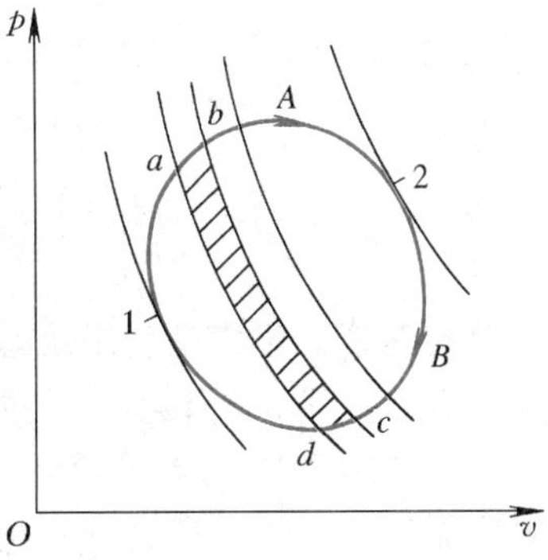

图 3-9　任意可逆循环

$$\frac{\delta Q_H}{T_H} + \frac{\delta Q_L}{T_L} = 0 \qquad (3\text{-}9\text{b})$$

对于构成循环 1—A—2—B—1 的无数个微元卡诺循环均有类似的表达式，对吸热过程 1—A—2 和放热过程 2—B—1 分别积分求和可得

$$\int_{1A2} \frac{\delta Q_H}{T_H} + \int_{2B1} \frac{\delta Q_L}{T_L} = 0 \qquad (3\text{-}10)$$

式中，δQ_H 和 δQ_L 都是微元过程中工质与热源交换的热量，既然已用代数值，吸热还是放热已由正负号考虑，故可以统一用 δQ 表示；T_H 和 T_L 都是传热时热源的温度，也可用 T 表示，由于是可逆循环工质的温度也为 T。这样式（3-10）可写为

$$\int_{1A2} \frac{\delta Q}{T} + \int_{2B1} \frac{\delta Q}{T} = 0 \qquad (3\text{-}11\text{a})$$

从而

$$\oint \frac{\delta Q}{T} = 0 \qquad (3\text{-}11\text{b})$$

从高等数学知，$\delta Q/T$ 的积分与路径无关。对式（3-11a）可进一步说明如下：

将式（3-11a）变换为

$$\int_{1A2} \frac{\delta Q}{T} = -\int_{2B1} \frac{\delta Q}{T}$$

由积分性质得

$$\int_{1A2} \frac{\delta Q}{T} = \int_{1B2} \frac{\delta Q}{T}$$

说明 $\delta Q/T$ 的积分，无论经 1—A—2 还是经 1—B—2，只要是可逆过程其积分值就都相等，亦即 $\delta Q/T$ 的积分与路径无关。因此，可以断定可逆过程的 $\delta Q/T$ 一定是某一状态参数的恰当微分，取名为熵，用 S 表示，则有

$$dS = \frac{\delta Q_{re}}{T} \qquad (3\text{-}12)$$

式中，下标 re 表示过程可逆，这时 T 为热源温度。可逆时，工质温度等于热源温度。比熵为

$$ds = \frac{\delta q_{re}}{T} \qquad (3\text{-}13)$$

可逆过程的熵变及比熵变为

▶▶▶▶▶▶▶

$$\Delta S = S_2 - S_1 = \int_1^2 \frac{\delta Q_{re}}{T} \tag{3-14}$$

$$\Delta s = s_2 - s_1 = \int_1^2 \frac{\delta q_{re}}{T} \tag{3-15}$$

第五节　克劳修斯积分不等式和不可逆过程的熵变

热力学第二定律是利用状态参数熵的变化来对热力过程的方向性和不可逆性进行分析，因此，有必要研究一下不可逆过程的熵的变化。

考察如图 3-10 的不可逆循环 1—A—2—B—1，其中虚线表示循环中的不可逆过程。利用前述推导状态参数熵的方法，用无数条可逆绝热过程线将循环分成无穷多个微元循环。对于其中每一个不可逆微元循环，由卡诺定理可知，其热效率 η_t 小于同温限的卡诺循环的热效率，即

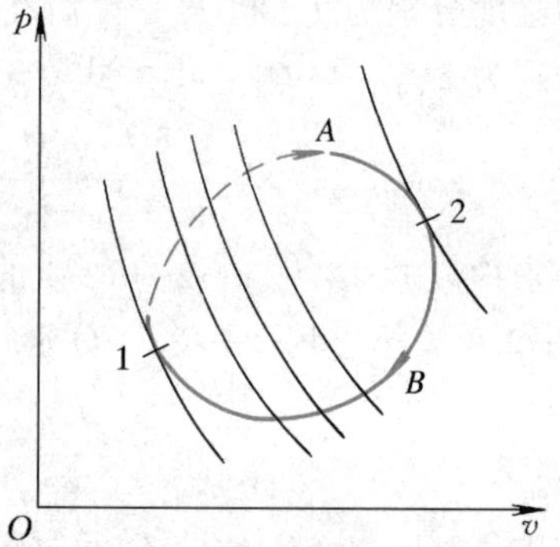

图 3-10　不可逆循环

$$\eta_t = 1 - \frac{\delta Q_L}{\delta Q_H} < \eta_c = 1 - \frac{T_L}{T_H}$$

从而有

$$\frac{\delta Q_H}{T_H} < \frac{\delta Q_L}{T_L}$$

考虑到 δQ_L 为对工质放热，则有

$$\frac{\delta Q_H}{T_H} + \frac{\delta Q_L}{T_L} < 0$$

对于每一个可逆微元循环，根据式（3-9b）有

$$\frac{\delta Q_H}{T_H} + \frac{\delta Q_L}{T_L} = 0$$

对包括可逆与不可逆的所有微元循环进行积分求和，则有

$$\int_{1A2} \frac{\delta Q_H}{T_H} + \int_{1B2} \frac{\delta Q_L}{T_L} < 0 \tag{3-16a}$$

即

$$\oint \frac{\delta Q}{T} < 0 \tag{3-16b}$$

式（3-16b）称为克劳修斯积分不等式。将式（3-16b）与式（3-11b）相结合得

$$\oint \frac{\delta Q}{T} \leqslant 0 \tag{3-17}$$

式（3-17）即为著名的克劳修斯积分不等式或克劳修斯不等式，式中不可逆时 T 为热源的温度，可逆时 T 为工质的温度。

克劳修斯不等式可以作为判断循环是否可逆、是否可以发生的判别式。克劳修斯积分 $\oint \delta Q/T$ 等于零为可逆循环，小于零为不可逆循环，大于零为不可能发生的循环。正是由于克劳修斯不等式有这样的功能，所以它可以作为热力学第二定律的数学表达式之一。

为了分析不可逆过程熵的变化，考察图 3-11 所示的不可逆过程 1—A—2，为了利用克劳

修斯不等式进行分析，辅加一可逆过程 2—B—1。根据式
（3-16a）

$$\int_{1A2}\frac{\delta Q}{T}+\int_{2B1}\frac{\delta Q}{T}<0$$

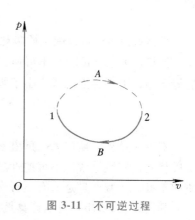

从而有

$$\int_{1A2}\frac{\delta Q}{T}<-\int_{2B1}\frac{\delta Q}{T}$$

即

$$\int_{1A2}\frac{\delta Q}{T}<\int_{1B2}\frac{\delta Q}{T}$$

$$\int_{1B2}\frac{\delta Q}{T}>\int_{1A2}\frac{\delta Q}{T}$$

图 3-11 不可逆过程

由于过程 1—B—2 是可逆过程，故有

$$S_2-S_1=\int_{1B2}\frac{\delta Q}{T}$$

代入上式，则

$$S_2-S_1>\int_{1A2}\frac{\delta Q}{T} \tag{3-18}$$

对于一不可逆微元过程则有

$$dS>\frac{\delta Q}{T} \tag{3-19}$$

结合式（3-12）、式（3-19）和式（3-14）、式（3-18），可以得到

$$dS\geqslant\frac{\delta Q}{T} \tag{3-20}$$

$$S_2-S_1\geqslant\int\frac{\delta Q}{T} \tag{3-21}$$

显然，式（3-20）和式（3-21）可以作为判断热力过程是否可逆、是否可以发生的判别式。当式（3-20）和式（3-21）的等号成立时，过程为可逆过程；大于号成立时，为不可逆过程。如果计算不满足此二式，则过程不可能发生。因此它们也是热力学第二定律的数学表达式之一。

由式（3-20）可知，在不可逆和可逆过程中，初、末态工质熵的变化 dS 大于或等于过程中工质与热源的换热量除以热源的温度 $\delta Q/T$。将此差值用 δS_g 表示，称为熵产，则有

$$\delta S_g=dS-\frac{\delta Q}{T}$$

或

$$dS=\frac{\delta Q}{T}+\delta S_g \tag{3-22a}$$

从式（3-22a）可以看出，在不可逆过程中熵的变化由两部分构成：一部分是由与外界热交换引起的 $\delta Q/T$，称为熵流[⊖]，用 δS_f 表示；另一部分是由不可逆因素引起的熵产 δS_g。

$$dS=\delta S_f+\delta S_g \tag{3-22b}$$

⊖ 鉴于整个分析不考虑变质量系统，故熵流不涉及工质质量变化引起的质熵流。

$$\Delta S = S_f + S_g \qquad (3\text{-}22c)$$

虽然熵流 δS_f 可以因工质吸热、放热或与外界无热交换，其值可大于零、小于零或等于零，但熵产 δS_g 却由于是不可逆因素引起的，故其值只能恒大于零，即使对于可逆过程也只能等于零，决不会出现熵产小于零的情况。因此恒有

$$\delta S_g \geqslant 0 \qquad (3\text{-}23a)$$

$$S_g \geqslant 0 \qquad (3\text{-}23b)$$

不可逆过程的熵产 δS_g 是由不可逆因素引起的。虽然不可逆因素的形式可以不同，但其实质相同，属性等效。不可逆性越大，熵产 δS_g 的值越大，反之较小。因此，无论是什么性质的不可逆，熵产量是所有不可逆过程不可逆性大小的共同度量。

利用式（3-22b）可以计算熵产

$$\delta S_g = dS - \delta S_f$$

$$S_g = \Delta S - S_f$$

但是鉴于过程和不可逆性的复杂性，更多的则是利用孤立系的熵增原理计算熵产。

第六节　熵　增　原　理

孤立系是与外界无任何能量交换和物质交换的系统，于是

$$\delta Q = 0$$

$$dS_f = \frac{\delta Q}{T} = 0$$

这样孤立系的熵变 dS_{iso} 就只有一部分——熵产 δS_g，即

$$dS_{iso} = \delta S_g$$

由熵产的性质可知

$$dS_{iso} \geqslant 0 \qquad (3\text{-}24a)$$

及

$$\Delta S_{iso} \geqslant 0 \qquad (3\text{-}24b)$$

式（3-24a）和式（3-24b）中，等号适用于可逆过程，大于号适用于不可逆过程，小于号不可能出现。这两式说明：孤立系的熵只能增加，不能减少，极限的情况（可逆过程）保持不变，这称为孤立系的熵增原理。

根据孤立系的熵增原理，若一个过程进行的结果是使孤立系的熵增加，则该过程就可以发生和进行，而且是不可逆过程，前述所有的自发过程都是此种过程。例如，热量从高温物体向低温物体的传递过程，有摩擦的飞轮制动过程，等等。而这些过程的反过程，即欲使非自发过程自动发生的过程，一定是使孤立系熵减少的过程。例如，热量从低温物体向高温物体的自发传递过程，就是使孤立系熵减少的过程（参见例 3-2），由于它违背了孤立系的熵增原理和热力学第二定律，显然不可能发生。要使非自发过程能够发生，一定要有补偿，补偿的目的在于使孤立系的熵不减少。例如，在制冷工程中消耗功的补偿是使包括热源、冷源和制冷机在内的孤立系的熵增加。在理想情况下最低限度的补偿也要使孤立系的熵增为零，此时的制冷循环为可逆循环。

正是由于孤立系的熵增原理解决了过程的方向性问题，解决了由此引出的非自发过程的补偿和补偿限度问题。因此，孤立系熵增原理的表达式（3-24a）及式（3-24b）可作为热力学第二定律的数学表达式之一。

熵增原理可延伸使用于控制质量的绝热系和稳定流动的绝热系。因为对于控制质量的绝热系也有

$$\delta Q = 0$$

绝热系的熵变

$$dS_{ad} = \frac{\delta Q}{T} + \delta S_g$$

$$= \delta S_g \geq 0$$

即

$$dS_{ad} \geq 0 \tag{3-25a}$$

对于经历从初态 1 到末态 2 的控制质量的绝热系有

$$\Delta S_{ad} = S_2 - S_1 \geq 0 \tag{3-25b}$$

类似于式（3-24b）等，式（3-25b）大于号适用于不可逆过程，等号适用于可逆过程，若出现小于号说明过程不可能进行。

对于稳定流动系统，控制容积 CV 内各点参数不随时间而变，作为状态参数的熵的总变化为零。类似于能量方程式（2-9a），式（3-25b）可以理解为 δm（kg）工质稳定流经控制容积 CV 的熵方程，绝热时同样有

$$dS_{ad} \geq 0$$

对于 m（kg）工质有

$$\Delta S_{ad} = S_{out} - S_{in} \geq 0 \tag{3-26}$$

在利用熵增原理进行熵产计算时，常需要将系统划分为若干个子系统，每个子系统的熵变可根据熵是状态参数这一性质进行计算［例如采用式（3-12）、式（3-13）或后面几章工质热力性质有关熵变的计算公式、计算图表等］。整个孤立系（或绝热系）的熵增为各子系统熵变的代数和，即

$$\Delta S_{iso} = \sum_{j=1}^{n} \Delta S_{sub,j} \tag{3-27}$$

式中，下标 sub 表示子系统。

下面通过几例说明如何利用熵增原理进行热力学第二定律的定量分析计算。

例 3-1　某热机从 $T_H = 1000K$ 的热源吸热 2000kJ。向 $T_L = 300K$ 的冷源放热 810kJ。试求：

1）该热力循环是否可能实现？是否为可逆循环？

2）若将此热机作为制冷机用，能否从 $T_L = 300K$ 的冷源吸热 810kJ，而向 $T_H = 1000K$ 的热源放热 2000kJ？

解　1）将如图 3-12 所示的动力循环的热源、热机和冷源划分为孤立系，则孤立系总熵变为热源 HR、热机中工质 m 和冷源 LR 三者熵变量的代数和，即

$$\Delta S_{iso} = \Delta S_{HR} + \Delta S_m + \Delta S_{LR}$$

孤立系中恒温热源在一个循环中放出热量 Q_H，其熵变为

$$\Delta S_{HR} = \frac{Q_H}{T_H}$$

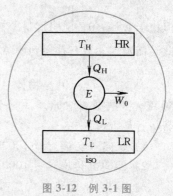

图 3-12　例 3-1 图

>>>>>>>>

恒温冷源在一个循环中吸收热量 Q_L，其熵变为

$$\Delta S_{LR} = \frac{Q_L}{T_L}$$

工质在热机中经历了一个循环回复到初态，其熵变为

$$\Delta S_m = 0$$

从而有

$$\Delta S_{iso} = \Delta S_{HR} + \Delta S_{LR} = \frac{Q_H}{T_H} + \frac{Q_L}{T_L}$$

$$= \frac{-2000}{1000} kJ/K + \frac{810}{300} kJ/K = 0.7 kJ/K > 0$$

符合孤立系熵增原理，因此该循环可以实现。且由于孤立系熵变大于零，故为不可逆循环。

2）将该机作为制冷机用，则 Q_H 和 Q_L 的正负号与热机刚好相反。仍按上述方法划定孤立系，则

$$\Delta S_{iso} = \Delta S_{HR} + \Delta S_{LR} = \frac{Q_H}{T_H} + \frac{Q_L}{T_L}$$

$$= \frac{2000}{1000} kJ/K - \frac{810}{300} kJ/K = -0.7 kJ/K < 0$$

违背孤立系熵增原理，因此该循环不可能实现。

讨论：

1）本题是通过孤立系划分成的几个子系统熵变的代数和，计算出孤立系的熵变，从而进行循环可行与否、可逆与否的判断。对于循环也可以用克劳修斯不等式进行计算和判断，读者不妨一试。

2）在进行各子系统熵变的计算中，常常涉及热量的正负号。应予以提醒的是：热量的正负号按子系统是吸热还是放热来取。

3）分析该题第2）问可知，表面上看起来该制冷机实现的是有补偿、有代价的把热量从低温传向高温的非自发过程，代价是外界消耗功，即

$$W_0 = Q_H - Q_L = 2000 kJ - 810 kJ = 1190 kJ$$

但由于 $\Delta S_{iso} < 0$，说明该制冷机补偿不够，仍违背孤立系熵增原理和热力学第二定律，因此不能实现。只有补偿到使 $\Delta S_{iso} \geq 0$ 时，该制冷循环才能实现。

例 3-2 设两恒温物体 A 和 B，温度分别为 1500K 和 500K。试根据熵增原理计算分析下面两种情况是否可行？若可行是否可逆？

1）B 向 A 传递热量 1000kJ。

2）A 向 B 传递热量 1000kJ。

解 1）取 A 和 B 构成孤立系，如图 3-13 所示。由热力学第一定律知，B 放出的热量 Q_B 与 A 得到的热量 Q_A 在数值上相等，即

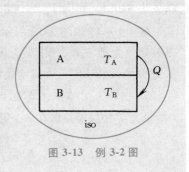

图 3-13 例 3-2 图

$$|Q_B| = |Q_A| = Q = 1000\text{kJ}$$

考虑到 B 放热，则 $Q_B = -1000\text{kJ}$。

$$\Delta S_{\text{iso}} = \Delta S_A + \Delta S_B = \frac{Q_A}{T_A} + \frac{Q_B}{T_B}$$

$$= Q\left(\frac{1}{T_A} - \frac{1}{T_B}\right) = 1000 \times \left(\frac{1}{1500} - \frac{1}{500}\right)\text{kJ/K}$$

$$= -1.33\text{kJ/K} < 0$$

违反孤立系熵增原理，故不可行。

2）同理，对于 A 放出热量和 B 得到热量的情况，有

$$Q_A = -1000\text{kJ}, \quad Q_B = 1000\text{kJ}$$

$$\Delta S_{\text{iso}} = \Delta S_A + \Delta S_B = \frac{Q_A}{T_A} + \frac{Q_B}{T_B} = Q\left(\frac{1}{T_B} - \frac{1}{T_A}\right)$$

$$= 1000 \times \left(\frac{1}{500} - \frac{1}{1500}\right)\text{kJ/K}$$

$$= 1.33\text{kJ/K} > 0$$

不违反孤立系熵增原理，故可行。但由于 $\Delta S_{\text{iso}} > 0$，所以该过程为不可逆过程，不可逆是由不等温传热造成的。

讨论：

该题通过孤立系熵增的定量计算，验证了热力学第二定律的克劳修斯说法。由于 $T_A > T_B$，故热量只能从 A 向 B 传递；欲不花代价地使热量从 B 传向 A 的过程违背孤立系熵增原理，即违反热力学第二定律，因此是不可行的。显然，若 $T_A = T_B$，则无论是热量从 A 传向 B，还是从 B 传向 A，都使 $\Delta S_{\text{iso}} = 0$，因此是可行的理想情况——可逆过程。

例 3-3　在例 2-1 中，若抽掉隔板后氮气达到的新平衡压力为原 A 中的一半，试求该自由膨胀过程的熵产。氮气的熵变公式为

$$\Delta s = c_p \ln\frac{T_2}{T_1} - R_g \ln\frac{p_2}{p_1}$$

式中，c_p 为比定压热容；R_g 为气体常数。对于氮气，$c_p = 1.04\text{kJ/(kg·K)}$，$R_g = 0.297\text{kJ/(kg·K)}$。

解　根据例 2-1 所划系统得

$$T_2 = T_1$$

由题意知

$$p_2 = \frac{1}{2}p_1$$

例 2-1 所划系统是一个绝热系（亦为孤立系），故自由膨胀熵产为

$$s_g = \Delta s_{ad} = \Delta s = c_p \ln \frac{T_2}{T_1} - R_g \ln \frac{p_2}{p_1}$$

$$= -R_g \ln \frac{p_2}{p_1} = -0.297 \times \ln \frac{1}{2} kJ/(kg \cdot K)$$

$$= 0.206 kJ/(kg \cdot K) > 0$$

讨论：

1）在例 2-1 中，根据热力学第一定律分析得到 $\Delta U = 0$，$\Delta T = 0$。本题的计算说明，虽然此过程遵循热力学第一定律，却是熵产大于零的不可逆过程。同时，也验证了本节开始讲的自发过程方向性与不可逆性的关系。

2）本题熵变计算所用的公式是理想气体的熵变计算式，将在下一章进行详尽推导与介绍。

例 3-4 将 0.5kg 温度为 1200℃的碳钢放入盛有 4kg 温度为 20℃的水的绝热容器中，最后达到热平衡。试求此过程中不可逆引起的熵产。碳钢和水的比热容分别为 $c_C = 0.47 kJ/(kg \cdot K)$ 和 $c_w = 4.187 kJ/(kg \cdot K)$。

解　首先求平衡温度 t_m。

在此过程中碳钢的放热量 Q_C 和水的吸热量 Q_w 分别为

$$Q_C = m_C c_C (t_C - t_m)$$

$$Q_w = m_w c_w (t_m - t_w)$$

由热力学第一定律知

$$Q_C = Q_w$$

即

$$m_C c_C (t_C - t_m) = m_w c_w (t_m - t_w)$$

$$t_m = \frac{m_C c_C t_C + m_w c_w t_w}{m_C c_C + m_w c_w}$$

$$= \frac{0.5 \times 0.47 \times 1200 + 4 \times 4.187 \times 20}{0.5 \times 0.47 + 4 \times 4.187}℃$$

$$= 36.3℃$$

水的熵变

$$\Delta S_w = \int_{T_w}^{T_m} \frac{\delta Q}{T} = \int_{T_w}^{T_m} \frac{m_w c_w dT}{T}$$

$$= m_w c_w \ln \frac{T_m}{T_w}$$

$$= 4 \times 4.187 \times \ln \frac{36.3 + 273.15}{20 + 273.15} kJ/K$$

$$= 0.906 kJ/K$$

碳钢的熵变

$$\Delta S_C = \int_{T_C}^{T_m} \frac{\delta Q}{T} = m_C c_C \ln \frac{T_m}{T_C}$$

$$= 0.5 \times 0.47 \times \ln \frac{36.3 + 273.15}{1200 + 273.15} kJ/K$$

$$= -0.367 kJ/K$$

水和碳钢所构成的绝热系的总熵增即该过程的熵产为

$$S_g = \Delta S_{iso} = \Delta S_w + \Delta S_C$$

$$= 0.906 kJ/K - 0.367 kJ/K$$

$$= 0.539 kJ/K$$

讨论：

1）综合本节的例题不难看出，热力学第二定律和第一定律是紧密结合的。在解决热力学第二定律问题之前，首先要解决热力学第一定律的问题。可以说解决热力学第一定律问题是解决热力学第二定律问题的基础。如例 3-2 中，计算熵产的前提是 $|Q_A| = |Q_B|$；例 3-3 中，先得到 $T_2 = T_1$；本题中，先求平衡温度等。这也说明，只有同时遵循热力学第一定律和第二定律的过程才能实现。

2）除例 3-3 外，本题中水的熵变、碳钢的熵变和其他例题中子系统的熵变，均用 $\int_1^2 \delta Q/T$ 进行计算。事实上，即使是例 3-3 中的理想气体熵变公式也是由 $\int_1^2 \delta Q/T$ 导出的（参看第四章）。这是由于熵是状态参数，熵的变化仅与过程的初、末态有关，而与过程无关，因此，可借助于可逆过程 $\Delta S = \int_1^2 \delta Q/T$ 进行熵变的计算，此时 T 取系统的温度。

第七节　热量有效能及有效能损失

在卡诺循环和卡诺定理中曾讨论过，当低温热源温度为环境温度 T_0 时，温度为 T 的热源放出的热量 Q 中能转变为有用功的最大份额称为**热量有效能**，或**热㶲**，又称为**热量的做功能力**，用 $E_{x,Q}$ 表示为

$$E_{x,Q} = Q \left(1 - \frac{T_0}{T} \right) \qquad (3-28)$$

热量 Q 中不能转变为有用功的那部分能量称为**热量无效能**，或**热炕**，又称为**热量的非做功能**，用 $A_{n,Q}$ 表示为

$$A_{n,Q} = Q \frac{T_0}{T}$$

热量有效能和无效能可以分别用图 3-14 中的面积 $abcda$ 和 $dcfed$ 表示。

显然，当 Q 值一定时，温度 T 越高，热量有效能越大。考察例 3-2 的温差传热过程，物体 A 放出的热量中热量有效

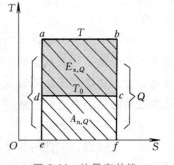

图 3-14　热量有效能

能为

$$E_{x,Q_A} = Q\left(1 - \frac{T_0}{T_A}\right)$$

物体 B 得到的热量中热量有效能为

$$E_{x,Q_B} = Q\left(1 - \frac{T_0}{T_B}\right)$$

在这一传热过程中，虽然热量的"量"守恒，但由于 $T_A > T_B$，$E_{x,Q_A} > E_{x,Q_B}$，热量的有效能不守恒。由于不等温的不可逆传热，有一部分有效能转化成了无效能，称为有效能损失或做功能力损失，又称为㶲损失，用 I 表示，则有

$$I = E_{x,Q_A} - E_{x,Q_B} = T_0 Q\left(\frac{1}{T_B} - \frac{1}{T_A}\right)$$

在例 3-2 中已讨论过，不可逆传热引起的孤立系熵增为

$$\Delta S_{iso} = Q\left(\frac{1}{T_B} - \frac{1}{T_A}\right)$$

代入上式则得

$$I = T_0 \Delta S_{iso} \qquad (3\text{-}29)$$

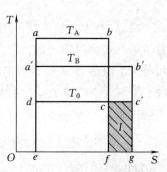

图 3-15　温差传热的
有效能损失

在图 3-15 中，矩形面积 $abcda$ 为 E_{x,Q_A}，$a'b'c'da'$ 为 E_{x,Q_B}，图中横轴上 fg 为孤立系熵增，阴影面积即为有效能损失 I。可以看出，不可逆的有效能损失造成无效能由矩形面积 $dcfed$ 增加到 $dc'ged$。

可以推论，当孤立系内发生任何不可逆过程时，系统内有效能损失都可以用式（3-29）进行计算。孤立系的熵增即为熵产。因此对于孤立系而言，式（3-29）还可以写成

$$I = T_0 S_g \qquad (3\text{-}30)$$

事实上，任何不可逆都会造成熵产，都会造成有效能转变为无效能的有效能损失。既然不可逆的实质是相同的，因此式（3-30）适用于所有不可逆过程的有效能损失计算。

第八节　能量的品质与能量贬值原理

从热能间接利用的目的——获得动力对外做功而言，能量不但有数量多少的问题，而且有"品质"高低的问题。也正是由于能量的"品质"有高有低，才有了过程的方向性和热力学第二定律。

以获得动力对外做功为目的，电能和机械能可以完全转变为机械功，它们属于品质高的能量；热能则不然，从前述分析中可知，热能只有部分可以转换为机械功，相对于电能和机械能而言，热能属于品质较低的能量。根据卡诺循环和卡诺定理，或热量有效能分析可知，温度较高的热能具有的有效能比温度较低的同样数量的热能具有的有效能多，因此，热能的温度越高，其品质越高。

从热力过程方向性的几个例子中可以看到，所有的自发过程，无论是有势差存在的自发过程，还是有耗散效应的不可逆过程，虽然过程没有使能量的数量减少，但却使能量的品质

降低了。例如，热量从高温物体传向低温物体，使所传递的热能温度降低了，从而使能量的品质降低了；在制动过程中，飞轮的机械能由于摩擦变成了热能，能量的品质也下降了。正是孤立系内能量品质的降低才造成了孤立系的熵增加。如果没有能量的品质高低就没有过程的方向性和孤立系的熵增，也就没有热力学第二定律。这样，孤立系的熵增与能量品质的降低，即能量的"贬值"联系在一起。在孤立系统中使熵减少的过程不可能发生，也就意味着孤立系中能量的品质不能升高，即能量不能"升值"。事实上，所有自发过程的逆过程若能自动发生，都是使能量自动"升值"的过程。因而热力学第二定律还可以表述为：在孤立系的能量传递与转换过程中，能量的数量保持不变，但能量的品质却只能下降，不能升高，极限条件下保持不变。这个表述称为"能量贬值原理"，它是热力学第二定律更一般、更概括性的说法。

总之，热力学第二定律是自然界最普遍的定律之一，只能遵守不能违背。掌握了该定律后，人们就可以利用它去指导合理用能，改进循环和热力过程，以提高能量利用的经济性。

第九节　熵的物理意义探讨

熵是热力学第二定律导出的重要概念，它不但在热学得到广泛应用，而且在其他学科，如人文社会科学、生物生命科学等领域也逐渐得到应用和重视。为了进一步理解熵的深刻内涵，下面讨论一下熵的物理意义。

熵的物理意义可以从微观和宏观两个方面去理解。关于熵的微观意义，大学物理和几乎所有工程热力学教材都已述及，鉴于本课程性质，这里仅做简单介绍。有兴趣的读者可以去参阅有关参考书。

从微观上讲，系统微观粒子可以呈现不同的微观状态，简称为微态。根据统计力学，对应某一宏观状态的微态总数，称为出现该宏观状态的热力学概率，用 W 表示。统计分析表明：孤立系内部发生的过程，总是沿着由热力学概率小的状态向热力学概率大的状态方向进行。结合熵增原理，则系统熵与热力学概率关系式为

$$S = k \ln W \tag{3-31}$$

式中，k 称为玻尔兹曼常数。

由于热力学概率是系统混乱度或无序性的量度，因此从微观上讲，熵是系统混乱度或无序性的量度。

从宏观上讲，由前述分析知：一个热力系熵的变化，无论可逆与否，均可以表示为熵流与熵产之和，即

$$dS = \delta S_f + \delta S_g$$

$$= \frac{\delta Q}{T} + \delta S_g$$

亦即

$$dS = \left(\delta Q \frac{T_0}{T} + T_0 \delta S_g \right) \bigg/ T_0$$

从上式分子不难看出：第一项是系统与外界交换热量过程中引起的热量无效能的变化 $dA_{n,Q}$；第二项为过程不可逆引起的有效能转变为无效能的增量，即有效能损失 dI。从而有

$$dS = \frac{dA_{n,Q} + dI}{T_0} \tag{3-32}$$

无论是热量迁移引起的无效能变化，还是不可逆引起的无效能增量，均会引起系统在一个过程中的无效能产生变化 dA_n，即

$$dA_n = dA_{n,Q} + dI$$

$$dS = \frac{dA_n}{T_0} \tag{3-33}$$

对于选定的环境状态而言，T_0 是定值，这样从式（3-33）或式（3-32）可以得到这样的结论：系统熵的变化是系统无效能变化的度量。这就是熵的宏观物理意义。

本章小结

能量不仅有"量"的多少问题，而且有"品质"的高低问题。热力学第二定律揭示了能量在传递和转换过程中品质高低的问题，其表现形式是热力过程的方向性和不可逆性。

热力学第二定律典型的说法是克劳修斯说法和开尔文说法。虽然不同说法表述上不同，但实质是相同的，因此具有等效性。

卡诺循环和卡诺定理是热力学第二定律的重要内容之一，它不但指出了具有两个热源热机的最高热效率，而且奠定了热力学第二定律的基础。

当热源温度为 T_H、冷源温度为 T_L 时，卡诺循环的热效率为

$$\eta_c = 1 - \frac{T_L}{T_H}$$

如果用 η_c 表示两恒温热源的可逆循环的热效率，用 η_t 表示同温限下的其他循环热效率，则卡诺定理可以表示为

$$\eta_c \geq \eta_t$$

利用卡诺循环和卡诺定理可以导出或证明状态参数熵

$$dS = \frac{\delta Q_{re}}{T}$$

同时可以导出克劳修斯不等式

$$\oint \frac{\delta Q}{T} \leq 0$$

通过克劳修斯不等式可以判断循环是否可行、是否可逆，因此，克劳修斯不等式是热力学第二定律的数学表达式之一。

利用克劳修斯不等式可以导出关系式

$$dS \geq \frac{\delta Q}{T}$$

由于此式可以用来判断热力过程的可行与否（是否可以发生）、可逆与否，因此，它也是热力学第二定律的数学表达式之一。

引入熵产和熵流的概念，可以得到关系式

$$dS = \delta S_f + \delta S_g$$

$$\Delta S = S_f + S_g$$

熵产是不可逆因素引起的，恒大于等于零。因此，熵产是揭示不可逆过程不可逆性大小的重要判据。熵产可以通过孤立系的熵增原理求得。孤立系的熵增原理为：孤立系的熵只能增加，不能减少，极限的情况保持不变，即

$$dS_{iso} = \delta S_g \geq 0 \quad 或 \quad \Delta S_{iso} = S_g \geq 0$$

孤立系的熵增原理的数学表达式也是热力学第二定律的数学表达式之一。

熵增原理也适用于控制质量的绝热系，即

$$dS_{ad} = \delta S_g \geq 0 \quad 或 \quad \Delta S_{ad} = S_g \geq 0$$

以获得机械能（功）为目的和判据，分析能量的品质，可以获得用"能量贬值原理"表述的热力学第二定律。

通过本章学习，要求读者：

1）深刻理解热力学第二定律的实质，掌握卡诺循环、卡诺定理及其意义。

2）掌握熵参数，了解克劳修斯不等式意义。能利用熵增原理进行不可逆过程和循环的分析与计算。

思考题

3-1　"自发过程是不可逆过程，那么非自发过程是可逆过程"的说法对吗？为什么？

3-2　热力学第二定律是否可以表述为：功可以完全转变为热，但热不能完全转变为功？为什么？

3-3　第二类永动机是否违反热力学第一定律？与第一类永动机有何区别？

3-4　"循环净功越大，循环的热效率越高"的说法对吗？为什么？

3-5　循环效率公式

$$\eta_t = 1 - \frac{q_L}{q_H} \quad 和 \quad \eta_t = 1 - \frac{T_L}{T_H}$$

是否相同？各适用于哪些场合？

3-6　为什么说卡诺循环是两恒温热源间最简单的可逆循环？

3-7　对于多热源热机提出"平均温度"的概念意义何在？

3-8　卡诺定理是针对正循环推导得到的。对于逆循环卡诺定理适用吗？为什么？

3-9　根据熵差计算式 $\Delta S = \int_1^2 \delta Q_{re}/T$ 知 δQ_{re} 是可逆过程中系统与热源间的换热量，因此不可逆过程的 ΔS 无法计算，对否？为什么？

3-10　控制质量系统经历了一不可逆过程，只知道末态熵小于初态熵，能判断该过程一定放出热量吗？为什么？

3-11　请判断下列说法是否正确：

1）使系统熵增大的过程必为不可逆过程。

2）使系统熵产增大的过程必为不可逆过程。

3）控制质量系统的吸热过程必为熵增大的过程。

4）控制质量系统的放热过程，熵必然减少。

5）如果工质从同一初态到同一末态有两条途径，一为可逆，一为不可逆，那么，不可逆途径的 ΔS 必大于可逆过程的 ΔS。

6）控制质量系统经历了一可逆过程后，其末态熵大于初态熵，则该过程一定为吸热过程。

3-12 熵是状态参数，熵的变化仅与初、末态有关，那么熵流与熵产是否也仅与初、末态有关？为什么？

3-13 工质经过一不可逆循环后是否有 $\oint \dfrac{\delta Q}{T} < 0, \oint ds > 0$？

3-14 "定熵过程是绝热可逆过程"的说法对吗？反之呢？

3-15 根据热力学第一定律，能量在传递和转换过程中是守恒的，那么本章所谓的"能量损失"是什么？

3-16 熵的宏观物理意义是什么？

习题

3-1 一卡诺机工作在 1000℃ 和 20℃ 的两热源间。试求：

1）卡诺机的热效率。

2）若卡诺机每分钟从高温热源吸入 1200kJ 热量，此卡诺机净输出功率为多少 kW？

3）求每分钟向低温热源排出的热量。

3-2 两卡诺机 A、B 串联工作。热机 A 在 627℃ 下得到热量，并对温度为 T 的热源放热。热机 B 从温度为 T 的热源吸收热机 A 排出的热量，并向 27℃ 的冷源放热。在下述情况下计算温度 T：

1）两热机输出功相等。

2）两热机效率相等。

3-3 某动力循环在平均温度 460℃ 下得到单位质量工质的热量为 3280kJ/kg，向温度为 20℃ 的冷却水放出的热量为 980kJ/kg。如果工质没有其他热交换，此循环满足克劳修斯不等式吗？

3-4 某制冷循环，工质从温度 -23℃ 的冷源吸热 100kJ，并将热量 230kJ 传给温度为 27℃ 的热源（环境），此循环满足克劳修斯不等式吗？

3-5 试利用 T_H 和 T_L 表示图 3-16 所示的两循环的热效率比。

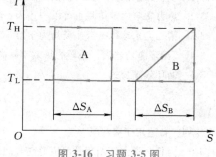

图 3-16 习题 3-5 图

3-6 某热机循环，工质从温度为 $T_H = 2000K$ 的热源吸热 Q_H，并向温度为 $T_L = 300K$ 的冷源放热 Q_L。在下列条件下试根据孤立系熵增原理确定该机循环可能否？可逆否？

1）$Q_H = 1500J$，$Q_L = 800J$。

2）$Q_H = 2000J$，净功 $W_0 = 1800J$。

3-7 闭口系中工质在某一热力过程中从热源（300K）吸取热量 660kJ。在该过程中工质熵变为 5kJ/K，此过程是否可行？是否可逆？

3-8 冷油器中油进口温度为 60℃，出口温度为 35℃，油的流量为 5kg/min。冷却水的进口温度为 20℃，出口温度为 40℃。已知油的比热容为 2.022kJ/(kg·K)，水的比热容为 4.187kJ/(kg·K)。试求：

1）冷却水的流量。

2）油和水之间不等温传热引起的熵产。

3-9 将 6kg 温度为 0℃ 的冰投入到 25kg 温度为 40℃ 的水容器中。假定容器绝热，试求冰完全融化且与水的温度达到热平衡时系统的熵产。已知冰的融解热为 333kJ/kg。

3-10 以温度为 20℃ 的环境为热源，以 1000kg 的 0℃ 的水为冷源的可逆热机，当冷源的水升高到 20℃ 时可逆机对外所做的净功为多少？

3-11 某物体的初温为 T_H，冷源温度为 T_L。现有一热机在此物体和冷源间工作，直至物体的温度降至 T_L 为止。若热机从物体中吸取的热量为 Q_H，物体的质量为 m，比热容为 c，试用熵增原理证明此热机所能输出的最大功为

$$W_{0,\max} = Q_H - T_L mc\ln\frac{T_H}{T_L}$$

3-12 一块 600℃ 的钢块（热容 $C = 240\text{J/K}$）在绝热油槽中缓慢冷却。油的初温为 25℃，热容为 $C_{oi} = 8000\text{J/K}$，试求该过程钢块和油达到热平衡后，两者之间不等温传热引起的有效能损失。设环境温度为 $t_0 = 27℃$。

3-13 在常压下对 3kg 水加热，使水温由 25℃ 升高到 90℃，设环境温度为 20℃，试求所加热量中有多少是热量有效能。水的比热容为 4.187kJ/(kg·K)。

3-14 单位质量气体在气缸中被压缩，压缩功为 188kJ/kg，气体的热力学能增加为 80kJ/kg，熵变化为 -0.280kJ/(kg·K)，温度为 20℃ 的环境可与气体发生热交换，试确定每压缩 1kg 气体时的熵产。

3-15 温度为 1527℃ 的恒温热源，向维持温度为 227℃ 的工质传热 100kJ。大气环境温度为 20℃。试求传热量中的有效能、无效能以及传热过程中引起的有效能损失，并在 T-S 图上表示出来。

3-16 将 8kg、50℃ 的水与 5kg、100℃ 的水在绝热容器中混合，求混合后系统的熵增。水的比热容为 4.187kJ/(kg·K)。

3-17 以温度为 25℃ 的环境为热源，以 1000kg 的 0℃ 的冰为冷源的可逆机，当冷源的冰变为 25℃ 的水时，可逆机对外做的净功为多少？冰的融解热为 333kJ/kg。

3-18 两个质量相等、比热容相同且为定值的物体 A 和 B，初温各为 T_A 和 T_B。用它们作为热源和冷源使可逆机在其间工作，直到两物体温度相等为止。

1）试证明平衡时的温度为 $T_m = \sqrt{T_A T_B}$。

2）求可逆机做出的总功量。

3）如果两物体直接接触进行热交换，直至温度相等，求此时的平衡温度及两物体的总熵增。

第二篇

工质的热力性质和热力过程

热能和机械能之间的转换，必须凭借某种物质才能进行。蒸汽动力装置中的水蒸气就是这种物质。如前所述，这种实现热能和机械能之间相互转换的物质被称为工质。研究热力过程和热力循环的能量关系时，必须确定工质各种热力参数的值。不同性质的工质对能量转换有不同影响，工质是能量转换的内部条件，因此，工质热力性质的研究是能量转换研究的一个重要方面。

为了实现某种能量转换，热力系的工质状态必须发生连续的变化，称为热力过程。工程上实施热力过程，除了实现预期的能量转换外，另一目的就是获得某种预期的工质的热力状态。例如，燃气轮机中燃气膨胀做功过程的目的是实现热能转换为机械能；压气机中气体的压缩增压过程，则是为了获得预期的高压气体。两种目的表面上不同，实际上却存在着密切的内在联系，那就是任何热力过程都有确定的状态变化和相应的能量转换。因此，研究热力过程的目的和任务在于揭示各种热力过程中状态参数的变化规律和相应的能量转换状况。

工质热力性质和热力过程的分析是紧密相连的。因此，本篇对某种工质的热力性质分析讨论后，紧接着就会介绍该种工质的热力过程。

第四章

理想气体的热力性质和热力过程

第一节 理想气体及其状态方程

授课视频——理想气体的热力性质和热力过程（1）

在工程实际中，有许多压力不太高温度不太低的气体，例如，常温常压下的空气、氮气、氧气，燃气动力循环中的燃气和锅炉燃烧所产生的烟气等，遵循波意耳-查理定律和盖-吕萨克定律。综合这些经验定律，可以得到这些气体 p、v、T 之间的数学关系式为

$$pv = R_g T \tag{4-1}$$

称之为克拉贝龙状态方程。

凡是遵循克拉贝龙状态方程的气体称为理想气体，所以克拉贝龙状态方程又称为理想气体的状态方程。

理想气体状态方程简单明了地反映了理想气体基本状态参数间的关系，式中的 R_g 称为气体常数，其值是仅取决于气体种类的恒量，与气体所处状态无关。几种常用理想气体的 R_g 列在附录 A-2 中。显然，当气体种类确定后，可以根据状态方程，利用确定状态的两已知基本状态参数，求取另一基本状态参数。

在使用式（4-1）时应注意各状态参数及气体常数的单位：式中 p 是绝对压力，单位是 Pa；T 是热力学温度，单位是 K；比体积 v 的单位是 m^3/kg；气体常数 R_g 的单位是 $J/(kg \cdot K)$。

理想气体的状态方程也可由微观的分子运动论推出。在利用分子运动论推导该方程式时，对气体分子模型做了以下两点假设：

1）气体分子是不占据体积的弹性质点。

2）气体分子相互之间没有任何作用力。

因此从微观上讲，凡符合上述假设的气体均可称为理想气体。从该假设出发得到理想气体状态方程的具体推导可参阅有关物理学或统计力学教科书。

工程计算中还常常使用以摩尔（mol）为物量单位的理想气体的状态方程式。

物量单位摩尔（mol）在化学中已学过。若系统所含物质的质量是 m，物质的量[⊖] 是 n，物质所占体积是 V，则摩尔质量为

$$M = \frac{m}{n} \tag{4-2}$$

摩尔体积为

$$V_m = \frac{V}{n} \tag{4-3}$$

⊖ 物质的量 n 以前习惯称为摩尔数，其单位为摩尔（mol）或千摩尔（kmol）。

阿伏伽德罗定律指出：在同温同压下任何气体的摩尔体积都相等。即

$$\frac{pV_m}{T} = R$$

$$pV_m = RT \tag{4-4}$$

上式中 R 是与气体种类和气体状态无关的常数，称为摩尔气体常数。在标准状态（$p_0 = 1.01325 \times 10^5 Pa$，$T_0 = 273.15K$）下，任何气体的摩尔体积均为 $V_{m0} = 22.4141 \times 10^{-3} m^3/mol$，故有

$$R = \frac{p_0 V_{m0}}{T_0} = \frac{1.01325 \times 10^5 \times 22.4141 \times 10^{-3}}{273.15} J/(mol \cdot K)$$

$$= 8.3145 J/(mol \cdot K)$$

对于质量为 m（kg）的气体，式（4-1）两边同时乘以 m 可得

$$pV = mR_g T \tag{4-5}$$

同理，对于物质的量为 n（mol）的气体有

$$pV = nRT \tag{4-6}$$

式（4-5）和式（4-6）不但可以求取基本状态参数，而且在 p、V 和 T 已知时可求取气体的质量和物质的量。

式（4-5）和式（4-6）两边相除可得

$$R_g = \frac{R}{m/n}$$

即

$$R_g = \frac{R}{M} \tag{4-7}$$

上式中气体的摩尔质量 M 在数值上等于气体的相对分子质量 $M_r^{\ominus}$。从而由式（4-7）可以方便地求取各种气体的气体常数。

从理想气体的微观解释中可知，实际中并不存在理想气体，因为实际气体分子本身不可能不占据体积，分子之间也不可能没有作用力，因而理想气体仅是一种理想的假设气体。但理想气体的概念和理想气体状态方程在实际应用中却具有很重要的意义。当气体压力相对较低、温度相对较高时，其比体积相对较大，气体分子间距离较大，分子之间相互作用力很小，分子本身的体积相对分子运动所占空间也显得极小，此时的气体就比较接近理想气体。

事实上，理想气体是实际气体在压力趋近于零、比体积趋于无穷大的极限状态，实验研究也证明了这一点。因而工程应用中的许多气体都可以作为理想气体处理，例如，常温常压下的 O_2、H_2、N_2、CO 等。对于水蒸气和制冷工程中的蒸气，它们离液态不远，且常常涉及气液相变，一般不能视为理想气体。但是燃气和大气中的水蒸气，因其分压力（见本章的第四节）甚小，比体积很大，作为理想气体引起误差不大，因而可视为理想气体。气体是否可以作为理想气体处理，主要取决于气体所处的状态和计算精度的要求。

⊖　相对分子质量以前称为分子量。

理想气体的提出，不但解决了实际工程中许多分析计算问题，而且为实际气体的研究打下了基础。在实际气体的状态方程中，著名的范德瓦耳斯方程和压缩因子的提出，就是在理想气体状态方程基础上得到的。有兴趣的读者可以参阅参考文献［6~9］。

例 4-1 体积为 $0.03m^3$ 的钢瓶内装有氧气，其压力为 $0.7MPa$，温度为 $20℃$。由于使用，压力降至 $0.28MPa$，而温度未变，问使用了多少氧气？

解 根据题意，钢瓶中氧气使用前后的压力、温度和体积都已知，所以可以运用理想气体状态方程求得使用的氧气质量。

由

$$pV = mR_g T$$

得

$$-\Delta m = m_1 - m_2 = \frac{(p_1 - p_2)V}{R_g T}$$

由附录 A-2 查得氧气的 $R_g = 260J/(kg \cdot K)$，从而有

$$-\Delta m = \frac{(p_1 - p_2)V}{R_g T} = \frac{(0.7 - 0.28) \times 10^6 \times 0.03}{260 \times (273.15 + 20)}kg = 0.1653kg$$

讨论：

1）题中氧气的气体常数 R_g 是从附录 A-2 查得的。当然也可以用式（4-7）求取。氧气的相对分子质量为 $M_r = 32$，故其摩尔质量 $M = 32 \times 10^{-3}kg/mol$，代入到式（4-7），得

$$R_g = \frac{R}{M} = \frac{8.314}{32 \times 10^{-3}}J/(kg \cdot K) = 259.8J/(kg \cdot K)$$

2）前已述及，理想气体是实际气体压力趋于零、比体积趋于无限大的极限状态。因此，常温常压或较低压力下的 O_2、N_2 和 H_2 等可以作为理想气体处理。本题中氧气初、末态压力分别为 $0.7MPa$ 和 $0.28MPa$，还不算太高，仍可视为理想气体。若氧气瓶内氧气压力较高，$pv = R_g T$ 的状态方程已不适用，就不能视为理想气体。

第二节 理想气体的比热容

气体在某热力过程中与外界交换的热量的计算分析常常要涉及气体的比热容。更重要的是，气体的热力学能、焓和熵的计算分析与气体的比热容有密切的关系。因此，气体的比热容是气体的重要热力性质之一。

一、比热容的定义

比热容与热容有关。工质温度升高 1K 所吸收的热量称为热容，用 C 表示，即

$$C = \frac{\delta Q}{dT}$$

热容除以质量就称为比热容（或质量热容），以 c 表示，即

$$c = \frac{C}{m} = \frac{\delta q}{dT} \tag{4-8}$$

在工程实际中，还常用到摩尔热容 C_m：热容除以物质的量称为摩尔热容，即

$$C_m = \frac{C}{n} \tag{4-9}$$

由上式的量纲分析知，比热容 c 与摩尔热容 C_m 之间有换算关系

$$C_m = Mc \tag{4-10}$$

二、比定容热容和比定压热容

气体的比热容因工质不同而不同。另外，由于热量是与过程有关的量，由比热容定义知，气体比热容还受到热力过程的影响。同种气体同样升高 1K，经历不同的热力过程所需热量不同。

在热能和机械能的转换中，定容过程和定压过程是两种常见且重要的热力过程，因而比定容热容 c_V 和比定压热容 c_p 是常用的两种比热容。在气体的热力学能、焓及熵等热力性质的计算中，用到的也是这两种比热容。

引用热力学第一定律的表达式，对于可逆过程有

$$\delta q = du + pdv \qquad \delta q = dh - vdp$$

对定容过程，$dv = 0$，故有

$$c_V = \left(\frac{\delta q}{dT}\right)_v = \left(\frac{du + pdv}{dT}\right)_v$$
$$= \left(\frac{\partial u}{\partial T}\right)_v \tag{4-11}$$

同理有

$$c_p = \left(\frac{\delta q}{dT}\right)_p = \left(\frac{dh - vdp}{dT}\right)_p = \left(\frac{\partial h}{\partial T}\right)_p \tag{4-12}$$

以上两式是由比热容定义式导得的，故适用于一切气体。对这两式分析还可以得到：气体比热容是与状态有关的状态参量，实验也证明了这一点。

三、理想气体比热容

理想气体是分子间无相互作用力的气体，故理想气体热力学能中不含分子间内位能，仅有与温度有关的分子内动能，故理想气体的比热力学能仅是温度的单值函数：$u = u(T)$。于是理想气体的比定容热容为

$$c_V = \frac{du}{dT} = f(T) \tag{4-13}$$

由焓的定义式和理想气体的状态方程得

$$h = u + pv = u + R_g T = h(T)$$

因此，理想气体的比焓也仅仅是温度的单值函数。理想气体的比定压热容为

$$c_p = \frac{dh}{dT} = \varphi(T) \tag{4-14}$$

上述分析还说明，理想气体的比定容热容和比定压热容仅仅是温度的函数。

理想气体的比定压热容与比定容热容之差为

$$c_p - c_V = \frac{dh - du}{dT} = \frac{d(u + pv) - du}{dT}$$
$$= \frac{d(R_g T)}{dT} = \frac{R_g dT}{dT}$$

即

$$c_p - c_V = R_g \tag{4-15a}$$

▶▶▶▶▶▶▶

式（4-15a）两边同乘以气体摩尔质量可得

$$C_{p,\,m} - C_{V,\,m} = R \tag{4-15b}$$

式（4-15a）和式（4-15b）称为**迈耶尔公式**。利用该式可以方便地由一种已知比热容（c_p 或 c_V）求取另一种比热容。

1. 真实比热容

理想气体的比热容与温度之间的函数关系，通常根据实验数据整理成 $c = c(T)$ 的表格形式（见有关教科书或手册）或多项式形式，即

$$c = a_0 + a_1 T + a_2 T^2 + \cdots \tag{4-16}$$

一些常用气体的系数 a_0，a_1，a_2，…可查阅书后附录 A-3[⊖]或有关手册。

无论是 $c = c(T)$ 的表格形式，还是多项式形式，都比较真实地反映了理想气体比热容与温度之间的关系，故称为**真实比热容**。

对式（4-16）积分可计算单位质量理想气体在热力过程中的吸热量，即

$$q = \int_{T_1}^{T_2} c\,\mathrm{d}T = \int_{T_1}^{T_2} (a_0 + a_1 T + a_2 T^2 + \cdots)\,\mathrm{d}T$$

2. 平均比热容

工程上为了避免积分的麻烦，同时又不影响计算精度，常利用平均比热容进行计算。所谓平均比热容是一定温度范围（t_1，t_2）内真实比热容的积分平均值

$$c\bigg|_{t_1}^{t_2} = \frac{\int_{t_1}^{t_2} c\,\mathrm{d}t}{t_2 - t_1} \tag{4-17}$$

平均比热容的几何意义如图 4-1 所示。有了状态 1 到状态 2 间的平均比热容，则单位质量气体从状态 1 至状态 2 间的吸热量很容易求取

$$q = c\bigg|_{t_1}^{t_2} (t_2 - t_1)$$

因此，将平均比热容列成数据表格无疑给工程计算带来很大方便。考虑到

$$\int_{t_1}^{t_2} c\,\mathrm{d}t = \int_{0℃}^{t_2} c\,\mathrm{d}t - \int_{0℃}^{t_1} c\,\mathrm{d}t$$

$$= c\bigg|_{0℃}^{t_2} (t_2 - 0) - c\bigg|_{0℃}^{t_1} (t_1 - 0)$$

代入式（4-17）得

$$c\bigg|_{t_1}^{t_2} = \frac{c\bigg|_{0℃}^{t_2} t_2 - c\bigg|_{0℃}^{t_1} t_1}{t_2 - t_1} \tag{4-18}$$

这样有了从 0℃ 到任意温度 t 之间的平均比热容，则任意温度间隔的平均比热容可由式（4-18）计算得到。附录 A-4a 和附录 A-4b 列出了几种常用气体的平均比热容。在利用平均比热容进行计算时，还需要用到线性插值公式。

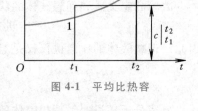

图 4-1　平均比热容

3. 平均比热容的直线关系式

在工程计算中，还常使用平均比热容的直线关系式，其计算精度能满足一般要求。

⊖ 附录 A-3 是摩尔定压热容的公式及系数，应用时根据需要换算成相应的比热容。

将理想气体比热容与温度的函数关系近似用直线关系表示，有

$$c = a + b't$$

根据平均比热容定义式（4-17）

$$c\bigg|_{t_1}^{t_2} = \frac{\int_{t_1}^{t_2} c\,\mathrm{d}t}{t_2 - t_1} = \frac{\int_{t_1}^{t_2}(a + b't)\,\mathrm{d}t}{t_2 - t_1}$$

$$= \frac{a(t_2 - t_1) + b'/2(t_2^2 - t_1^2)}{t_2 - t_1}$$

$$= a + \frac{b'}{2}(t_1 + t_2)$$

令 $b = b'/2$，$t = t_1 + t_2$，则

$$c\bigg|_{t_1}^{t_2} = a + bt \tag{4-19}$$

式中系数 a 和 b 可在附录 A-5 或有关热工手册中查取。这样，只要用 $t_1 + t_2$ 代替式（4-19）中的 t，就可求得 t_1 至 t_2 间的平均比热容。

4. 定值比热容

在精度要求不高或温度范围变化不大的计算中及理论分析中，常常使用定值比热容。定值比热容忽略比热容随温度的变化，取比热容为定值。因为根据分子运动论，如果气体分子具有相同的原子数，其摩尔热容相同且为定值，其数值见表 4-1，亦可由附录 A-2 查取。

表 4-1　理想气体定值比热容和摩尔热容

定值比热容和摩尔热容	单原子气体	双原子气体	多原子气体
c_V $(C_{V,m})$	$\frac{3}{2}R_g \left(\frac{3}{2}R\right)$	$\frac{5}{2}R_g \left(\frac{5}{2}R\right)$	$\frac{7}{2}R_g \left(\frac{7}{2}R\right)$
c_p $(C_{p,m})$	$\frac{5}{2}R_g \left(\frac{5}{2}R\right)$	$\frac{7}{2}R_g \left(\frac{7}{2}R\right)$	$\frac{9}{2}R_g \left(\frac{9}{2}R\right)$

例 4-2　试计算每千克氧气从 200℃ 定压吸热至 380℃ 和从 380℃ 定压吸热至 900℃ 所吸收的热量。

1）按平均比热容（表）计算。

2）按定值比热容计算。

解　1）从附录 A-4a 查得氧气如下平均比热容值：

$$c_p\bigg|_{0℃}^{200℃} = 0.935\,\mathrm{kJ/(kg \cdot K)}$$

$$c_p\bigg|_{0℃}^{300℃} = 0.950\,\mathrm{kJ/(kg \cdot K)}$$

$$c_p\bigg|_{0℃}^{400℃} = 0.965\,\mathrm{kJ/(kg \cdot K)}$$

$$c_p \Big|_{0℃}^{900℃} = 1.026 \text{kJ}/(\text{kg} \cdot \text{K})$$

根据线性插值公式得

$$c_p \Big|_{0℃}^{380℃} = c_p \Big|_{0℃}^{300℃} + \frac{(380-300)℃}{(400-300)℃}\left(c_p \Big|_{0℃}^{400℃} - c_p \Big|_{0℃}^{300℃}\right)$$

$$= 0.95\text{kJ}/(\text{kg} \cdot \text{K}) + 0.8 \times (0.965 - 0.95)\text{kJ}/(\text{kg} \cdot \text{K})$$

$$= 0.962\text{kJ}/(\text{kg} \cdot \text{K})$$

从 t_1 到 t_2 定压过程所吸收的热量

$$q = c_p \Big|_{t_1}^{t_2}(t_2 - t_1) = \frac{c_p \Big|_{0℃}^{t_2} t_2 - c_p \Big|_{0℃}^{t_1} t_1}{t_2 - t_1}(t_2 - t_1)$$

$$= c_p \Big|_{0℃}^{t_2} t_2 - c_p \Big|_{0℃}^{t_1} t_1$$

氧气从 200℃ 至 380℃ 所吸收的热量

$$q_1 = c_p \Big|_{0℃}^{380℃} \times 380℃ - c_p \Big|_{0℃}^{200℃} \times 200℃$$

$$= 0.962 \times 380\text{kJ}/\text{kg} - 0.935 \times 200\text{kJ}/\text{kg}$$

$$= 178.6\text{kJ}/\text{kg}$$

氧气从 380℃ 至 900℃ 所吸收的热量

$$q_2 = c_p \Big|_{0℃}^{900℃} \times 900℃ - c_p \Big|_{0℃}^{380℃} \times 380℃$$

$$= 1.026 \times 900\text{kJ}/\text{kg} - 0.962 \times 380\text{kJ}/\text{kg}$$

$$= 557.8\text{kJ}/\text{kg}$$

2）氧气是双原子气体，由表 4-1 知

$$c_p = \frac{7}{2}R_g = \frac{7}{2}\frac{R}{M}$$

$$= \frac{7}{2} \times \frac{8.314}{32 \times 10^{-3}}\text{J}/(\text{kg} \cdot \text{K})$$

$$= 909.3\text{J}/(\text{kg} \cdot \text{K}) = 0.9093\text{kJ}/(\text{kg} \cdot \text{K})$$

则

$$q'_1 = c_p \Delta t = 0.9093 \times (380 - 200)\text{kJ}/\text{kg}$$

$$= 163.7\text{kJ}/\text{kg}$$

$$q'_2 = c_p \Delta t = 0.9093 \times (900 - 380)\text{kJ}/\text{kg}$$

$$= 472.8\text{kJ}/\text{kg}$$

讨论：

1）在求 $c_p \Big|_{0℃}^{380℃}$ 时，用到线性插值公式。线性插值公式不但在求平均比热容时要用，而且在今后的工程用表都要用到，如水蒸气热力性质表，故必须掌握。

2）本题在利用平均比热容求取单位质量的热量时，导出了计算式 $q = c_p \Big|_{0℃}^{t_2} t_2 - c_p \Big|_{0℃}^{t_1} t_1$，

而可以不利用式（4-18）去计算 t_1 至 t_2 区间的平均比热容 $c_p\Big|_{t_1}^{t_2}$。如果题目要求计算 $c_p\Big|_{t_1}^{t_2}$，同时计算从 t_1 到 t_2 吸收的热量，则需利用式（4-18）先求出 $c_p\Big|_{t_1}^{t_2}$，然后用 $q=c_p\Big|_{t_1}^{t_2}(t_2-t_1)$ 去计算热量。

3）以第一种方法计算的结果为基准，可分别求得不同温度区间利用定值比热容计算结果的相对偏差 ε。

$$\varepsilon_1 = \left|\frac{q_1 - q_1'}{q_1}\right| = \left|\frac{(178.6 - 163.7)\,\mathrm{kJ/kg}}{178.6\,\mathrm{kJ/kg}}\right| = 8\%$$

$$\varepsilon_2 = \left|\frac{q_2 - q_2'}{q_2}\right| = \left|\frac{(557.8 - 472.8)\,\mathrm{kJ/kg}}{557.8\,\mathrm{kJ/kg}}\right| = 15\%$$

可见在温度变化范围大，尤其是涉及较高温度时，用定值比热容计算所得结果误差较大。

第三节　理想气体的比热力学能、比焓和比熵

授课视频——理想气体的热力性质和热力过程（2）

一、理想气体的比热力学能和比焓

前已述及，理想气体的比热力学能和比焓仅仅是温度的函数。对于理想气体的平衡态，其温度一旦被确定，比热力学能和比焓就有确定值。由热力学第一定律知，在热力过程的能量分析计算中，并不需要求得比热力学能和比焓的绝对值，只需计算过程的比热力学能和比焓的变化量。确定了理想气体的比定容热容和比定压热容后，由式（4-13）和式（4-14）可求得微元过程单位质量理想气体比热力学能和比焓的增量

$$\mathrm{d}u = c_V\mathrm{d}T \tag{4-20}$$

$$\mathrm{d}h = c_p\mathrm{d}T \tag{4-21}$$

需要强调的是，虽然上两式中比热力学能和比焓的增量计算用的分别是比定容热容和比定压热容，但由于比热力学能和比焓是状态参数，且比定容热容和比定压热容仅仅是状态参数温度的函数，故上两式不但适用于定容过程和定压过程，而且适用于理想气体的任何过程。

单位质量理想气体任一过程的比热力学能和比焓的变化量可分别由式（4-20）和式（4-21）积分求取

$$\Delta u = \int_{T_1}^{T_2} c_V\mathrm{d}T \tag{4-22}$$

$$\Delta h = \int_{T_1}^{T_2} c_p\mathrm{d}T \tag{4-23}$$

当采用平均比热容和定值比热容时，上两式可分别写为

$$\Delta u = c_V\Big|_{t_1}^{t_2}\Delta t$$

$$= c_V\Big|_{0\,℃}^{t_2}t_2 - c_V\Big|_{0\,℃}^{t_1}t_1 \tag{4-22a}$$

>>>>>>>>

$$\Delta h = c_p \Big|_{t_1}^{t_2} \Delta t$$

$$= c_p \Big|_{0℃}^{t_2} t_2 - c_p \Big|_{0℃}^{t_1} t_1 \qquad (4\text{-}23a)$$

和
$$\Delta u = c_V \Delta t \qquad (4\text{-}22b)$$

$$\Delta h = c_p \Delta t \qquad (4\text{-}23b)$$

二、理想气体的比熵

在热力学第二定律的分析中可知，熵的计算有着特别重要的意义。与热力学能和焓一样，在热力过程的分析计算中所需要的是熵的变化量。

由熵的定义式、热力学第一定律表达式和理想气体状态方程，可推得单位质量理想气体熵变的微分表达式

$$ds = \frac{\delta q_{re}}{T} = \frac{du + pdv}{T} = \frac{c_V dT + pdv}{T}$$

将 $p/T = R_g/v$ 代入上式，有

$$ds = c_V \frac{dT}{T} + R_g \frac{dv}{v} \qquad (4\text{-}24)$$

又
$$ds = \frac{\delta q_{re}}{T} = \frac{dh - vdp}{T} = \frac{c_p dT - vdp}{T}$$

可得
$$ds = c_p \frac{dT}{T} - R_g \frac{dp}{p} \qquad (4\text{-}25)$$

对式（4-24）和式（4-25）两边积分得单位质量理想气体任一热力过程比熵变量的计算式

$$\Delta s = \int_{T_1}^{T_2} c_V \frac{dT}{T} + R_g \ln \frac{v_2}{v_1} \qquad (4\text{-}26a)$$

$$\Delta s = \int_{T_1}^{T_2} c_p \frac{dT}{T} - R_g \ln \frac{p_2}{p_1} \qquad (4\text{-}27a)$$

当采用定值比热容时上两式为

$$\Delta s = c_V \ln \frac{T_2}{T_1} + R_g \ln \frac{v_2}{v_1} \qquad (4\text{-}26b)$$

$$\Delta s = c_p \ln \frac{T_2}{T_1} - R_g \ln \frac{p_2}{p_1} \qquad (4\text{-}27b)$$

利用理想气体的状态方程还可以推导得到

$$ds = c_V \frac{dp}{p} + c_p \frac{dv}{v} \qquad (4\text{-}28)$$

$$\Delta s = c_V \ln \frac{p_2}{p_1} + c_p \ln \frac{v_2}{v_1} \qquad (4\text{-}29)$$

为了提高计算精度，在利用式（4-26b）、式（4-27b）和式（4-29）计算单位质量理想气体初末态的比熵变时，可用初末态的平均比热容代替式中的定值比热容。

例 4-3 已知质量为 20kg 的氮气经冷却器后，其压力由 0.09MPa 下降到 0.087MPa，温度由 320℃ 下降到 20℃，试求经冷却器后氮气的热力学能、焓和熵的变化。

1）按定值比热容计算。

2）按平均比热容的直线关系式计算。

3）按平均比热容计算。

解 1）氮气为双原子气体，定值比热容为

$$c_V = \frac{5}{2}R_g = \frac{5}{2} \times \frac{8.314}{28 \times 10^{-3}} J/(kg \cdot K)$$

$$= 742.3 J/(kg \cdot K) = 0.7423 kJ/(kg \cdot K)$$

$$c_p = \frac{7}{2}R_g = \frac{7}{2} \times \frac{8.314}{28 \times 10^{-3}} J/(kg \cdot K)$$

$$= 1039 J/(kg \cdot K) = 1.039 kJ/(kg \cdot K)$$

热力学能、焓和熵的变化分别为

$$\Delta U = m\Delta u = mc_V(t_2 - t_1)$$

$$= 20 \times 0.7423 \times (20 - 320) kJ$$

$$= -4454 kJ$$

$$\Delta H = m\Delta h = mc_p(t_2 - t_1)$$

$$= 20 \times 1.039 \times (20 - 320) kJ$$

$$= -6234 kJ$$

$$\Delta S = m\Delta s = m\left(c_p \ln\frac{T_2}{T_1} - R_g \ln\frac{p_2}{p_1}\right)$$

$$= 20 \times \left(1.039 \times \ln\frac{20 + 273.15}{320 + 273.15} - \frac{8.314}{28} \times \ln\frac{0.087}{0.09}\right) kJ/K$$

$$= -14.44 kJ/K$$

2）由附录 A-5 查得氮气的平均比热容的直线关系式为

$$\{c_V\}_{kJ/(kg \cdot K)} = 0.7304 + 0.00008955 \{t\}_℃$$

$$\{c_p\}_{kJ/(kg \cdot K)} = 1.032 + 0.00008955 \{t\}_℃$$

将 $t_1 + t_2$ 代入上两式中，求得平均比热容的直线关系值分别为

$$c_V\Big|_{20℃}^{320℃} = 0.7608 kJ/(kg \cdot K)$$

$$c_p\Big|_{20℃}^{320℃} = 1.062 kJ/(kg \cdot K)$$

则

$$\Delta U = m\Delta u = mc_V\Big|_{t_1}^{t_2}(t_2 - t_1)$$

$$= 20 \times 0.7608 \times (20 - 320) kJ = -4565 kJ$$

$$\Delta H = m\Delta h = mc_p\Big|_{t_1}^{t_2}(t_2 - t_1)$$

$$= 20 \times 1.062 \times (20 - 320) kJ$$

$$= -6372 kJ$$

$$\Delta S = m\Delta s = m\left(c_p \bigg|_{t_1}^{t_2} \ln\frac{T_2}{T_1} - R_g\ln\frac{p_2}{p_1} \right)$$

$$= 20 \times \left(1.062 \times \ln\frac{20 + 273.15}{320 + 273.15} - \frac{8.314}{28} \times \ln\frac{0.087}{0.09} \right) \text{kJ/K}$$

$$= -14.77\text{kJ/K}$$

3）根据 $t_1 = 320℃$ 和 $t_2 = 20℃$，查平均比热容表（附录 A-4a、b）并利用线性内插法得

$$c_V \bigg|_{0℃}^{320℃} = 0.754\text{kJ/(kg·K)}$$

$$c_V \bigg|_{0℃}^{20℃} = 0.742\text{kJ/(kg·K)}$$

$$c_p \bigg|_{0℃}^{320℃} = 1.051\text{kJ/(kg·K)}$$

$$c_p \bigg|_{0℃}^{20℃} = 1.039\text{kJ/(kg·K)}$$

$$c_p \bigg|_{20℃}^{320℃} = \frac{c_p \bigg|_{0℃}^{320℃} \times 320℃ - c_p \bigg|_{0℃}^{20℃} \times 20℃}{(320 - 20)℃}$$

$$= \frac{1.051 \times 320 - 1.039 \times 20}{300}\text{kJ/(kg·K)}$$

$$= 1.052\text{kJ/(kg·K)}$$

则

$$\Delta U = m\Delta u = m\left(c_V \bigg|_{0℃}^{20℃} \times 20℃ - c_V \bigg|_{0℃}^{320℃} \times 320℃ \right)$$

$$= 20 \times (0.742 \times 20 - 0.754 \times 320)\text{kJ}$$

$$= -4529\text{kJ}$$

$$\Delta H = m\Delta h = mc_p \bigg|_{20℃}^{320℃} (20 - 320)℃$$

$$= 20 \times 1.052 \times (20 - 320)\text{kJ}$$

$$= -6311\text{kJ}$$

$$\Delta S = m\Delta s = m\left(c_p \bigg|_{t_1}^{t_2} \ln\frac{T_2}{T_1} - R_g\ln\frac{p_2}{p_1} \right)$$

$$= 20 \times \left(1.052 \times \ln\frac{20 + 273.15}{320 + 273.15} - \frac{8.314}{28} \times \ln\frac{0.087}{0.09} \right) \text{kJ/K}$$

$$= -14.63\text{kJ/K}$$

讨论：

1）通过本题计算应再次明确，在使用平均比热容的直线关系式时，式中的 t 要用 $t_1 + t_2$ 去代替，而不用 $(t_1 + t_2)/2$ 去代替。

2）根据热力学能 ΔU 的计算结果，以采用平均比热容（表）的计算结果为基准，与采用其他两种比热容的计算结果相比较可得：

采用定值比热容的计算的相对偏差

$$\delta = \left| \frac{-4454-(-4529)}{-4529} \right| = 1.6\%$$

采用平均比热容直线关系式的计算的相对偏差

$$\delta = \left| \frac{-4565-(-4529)}{-4529} \right| = 0.8\%$$

可见，虽然采用定值比热容的计算最简单，但其计算偏差也最大，这是合乎科学规律的。因此，在精度要求高的计算中不可用定值比热容进行计算。

第四节　理想气体的混合物

除纯质理想气体外，工程上还常遇到多种气体组成的混合物。如：空气是由氮气、氧气和其他少量气体组成的混合物；燃气是氮气、各种氮氧化物、二氧化碳、水蒸气和一氧化碳等气体的混合物。在不存在化学反应条件下，组成混合物的各单一气体称为组分或组元。当各组元为理想气体时，根据理想气体的微观解释可知，其混合物也必是理想气体。因此，前述理想气体热力性质的分析均适用于理想气体的混合物。

一、分压力定律和分体积定律

处于平衡状态的理想气体混合物，其内部不存在热势差，故理想气体混合物的温度与各组元的温度相等。

理想气体混合物的压力是各组元分子撞击器壁而产生的。各组元分子的热运动不因存在其他组元分子而受影响，与各组元单独占据混合物所占体积的热运动一样。各组元分子撞击器壁而产生的压力称为各组元的分压力，即各组元处于混合物温度和体积 V 时产生的压力，如图 4-2 所示的 p_1、p_2、p_3。

实验证明，理想气体混合物的总压力 p 等于各组元分压力 p_i 之和，称为道尔顿分压定律，即

$$p = \sum p_i \tag{4-30}$$

在混合气体的分析计算中，除采用分压力的热力学模型外，还常常采用分体积的热力学模型。所谓分体积是指各组元处于混合物温度和压力下所占据的体积，用 V_i 表示，如图 4-3 中的 V_1、V_2、V_3。

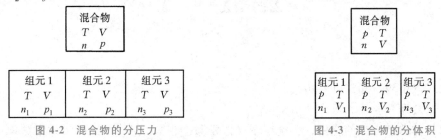

图 4-2　混合物的分压力　　　　　图 4-3　混合物的分体积

同样由实验得到，理想气体混合物的总体积 V 等于各组元分体积 V_i 之和。即

$$V = \sum_i V_i \tag{4-31}$$

>>>>>>>>>

称为亚美格分体积定律。

二、理想气体混合物的成分

理想气体混合物的性质取决于各组元的热力性质和成分。所谓成分是混合物中各组元的物量占混合物总物量的百分数。物量有三种表示，故成分有三种表示法：质量分数 w_i、摩尔分数 x_i 和体积分数 φ_i。

$$w_i = \frac{m_i}{m} \tag{4-32}$$

$$x_i = \frac{n_i}{n} \tag{4-33}$$

$$\varphi_i = \frac{V_i}{V} \tag{4-34}$$

由于各组元物量之和等于混合物的总物量，所以混合物各种成分之和为 1，即

$$\sum_i w_i = 1 \tag{4-35}$$

$$\sum_i x_i = 1 \tag{4-36}$$

$$\sum_i \varphi_i = 1 \tag{4-37}$$

很容易证明，各种成分间存在下列换算关系，这些换算关系方便了工程计算分析。

$$w_i = \frac{x_i M_i}{\sum_i x_i M_i} \tag{4-38}$$

$$x_i = \varphi_i \tag{4-39}$$

$$\varphi_i = \frac{w_i / M_i}{\sum_i w_i / M_i} \tag{4-40}$$

式中，M_i 为各组元的摩尔质量。

下面证明式（4-38）。

证明：

$$w_i = \frac{m_i}{m} = \frac{m_i}{\sum_i m_i} = \frac{n_i M_i}{\sum_i n_i M_i} = \frac{(n_i / n) M_i}{\sum_i (n_i / n) M_i}$$

所以

$$w_i = \frac{x_i M_i}{\sum_i x_i M_i}$$

同理可证式（4-39）和式（4-40）。

三、折合摩尔质量和折合气体常数

理想气体状态方程的应用，关键在于气体常数。由式（4-7）知，气体常数取决于气体的摩尔质量。由于混合物由摩尔质量不相同的多种气体组成，为了便于计算，取混合物的总质量与混合物总的物质的量之比为混合物的摩尔质量，称为折合摩尔质量或平均摩尔质量，以 M_{eq} 表示

$$M_{eq} = \frac{m}{n}$$

当混合物成分已知时，其折合摩尔质量可确定。若已知摩尔分数 x_i，则

$$M_{eq} = \frac{\sum_i m_i}{n} = \frac{\sum_i n_i M_i}{n} = \sum_i x_i M_i \tag{4-41}$$

由折合摩尔质量按式（4-7）求得的混合物的气体常数称为折合气体常数或平均气体常数，以 $R_{g,eq}$ 表示

$$R_{g,\ eq} = \frac{R}{M_{eq}}$$

若已知混合物各组元质量分数 w_i 和各组元气体常数 $R_{g,i}$，则

$$R_{g,\ eq} = \frac{R}{M_{eq}} = \frac{R}{m/\sum_i n_i} = \frac{R\sum_i m_i/M_i}{m} = \sum_i w_i \frac{R}{M_i}$$

故有

$$R_{g,\ eq} = \sum_i w_i \frac{R}{M_i} = \sum_i w_i R_{g,\ i} \tag{4-42}$$

四、理想气体混合物的热力学能和焓及熵

由热力学第一定律和比热容定义知，混合物 m（kg）在一微元过程中所吸收的热量 δQ 为

$$\delta Q = mcdT = \sum_i m_i c_i dT$$

从而可得

$$c = \sum_i w_i c_i \tag{4-43}$$

同理，混合物的摩尔热容

$$C_m = \sum_i x_i C_{m,\ i} \tag{4-44}$$

混合物总热力学能等于各组元的热力学能之和

$$U = mu = \sum_i U_i = \sum_i m_i u_i$$

故

$$u = \sum_i w_i u_i \tag{4-45}$$

同理

$$h = \sum_i w_i h_i \tag{4-46}$$

理想气体混合物仍属理想气体，因此，单位质量理想气体混合物的热力学能和焓仅是温度的函数，故有

$$du = c_V dT = \sum_i w_i c_{V,i} dT \tag{4-47}$$

$$dh = c_p dT = \sum_i w_i c_{p,i} dT \tag{4-48}$$

理想气体混合物的熵也等于各组元熵的总和，同样有

$$S = \sum_i S_i$$

$$s = \sum_i w_i s_i \tag{4-49}$$

▶▶▶▶▶▶▶▶

熵不仅仅是温度的函数，还与压力有关。所以上式中各组元的熵 s_i 是温度 T 与组元分压力 p_i 的函数

$$s_i = f(T, p_i)$$

第 i 组元熵的变化量为

$$\mathrm{d}s_i = c_{p,i} \frac{\mathrm{d}T}{T} - R_{\mathrm{g},i} \frac{\mathrm{d}p_i}{p_i}$$

单位质量混合物的熵变

$$\mathrm{d}s = \sum_i w_i \mathrm{d}s_i \tag{4-50}$$

$$\mathrm{d}s = \sum_i w_i \left(c_{p,i} \frac{\mathrm{d}T}{T} - R_{\mathrm{g},i} \frac{\mathrm{d}p_i}{p_i} \right) \tag{4-51}$$

对式 (4-47)、式 (4-48) 和式 (4-51) 积分得

$$\Delta u = \sum_i w_i c_{V,i} \Delta T \tag{4-52}$$

$$\Delta h = \sum_i w_i c_{p,i} \Delta T \tag{4-53}$$

$$\Delta s = \sum_i w_i \left(c_{p,i} \ln \frac{T_2}{T_1} - R_{\mathrm{g},i} \ln \frac{p_{2i}}{p_{1i}} \right) \tag{4-54}$$

根据理想气体的状态方程，对于理想气体混合物有

$$p_i V = m_i R_{\mathrm{g}} T$$

$$p V_i = m_i R_{\mathrm{g}} T$$

从而可以得到

$$p_i = \frac{V_i}{V} p = \varphi_i p = x_i p \tag{4-55}$$

利用式 (4-55) 可以计算理想气体混合物各组元的分压力。

例 4-4　锅炉燃烧产生的烟气中，按摩尔分数二氧化碳占 12%，氮气占 80%，其余为水蒸气。假定烟气中水蒸气可视为理想气体，试求：

1）各组元的质量分数。

2）折合摩尔质量和折合气体常数。

解　1）按题意，有

$$x_{\mathrm{CO}_2} = 12\%, \quad x_{\mathrm{N}_2} = 80\%$$

则

$$x_{\mathrm{H}_2\mathrm{O}} = 1 - x_{\mathrm{CO}_2} - x_{\mathrm{N}_2} = 1 - 12\% - 80\% = 8\%$$

根据式 (4-38)

$$w_i = \frac{x_i M_i}{\sum_i x_i M_i}$$

$$\sum_i x_i M_i = x_{\mathrm{CO}_2} M_{\mathrm{CO}_2} + x_{\mathrm{N}_2} M_{\mathrm{N}_2} + x_{\mathrm{H}_2\mathrm{O}} M_{\mathrm{H}_2\mathrm{O}}$$

$$= (0.12 \times 44 + 0.8 \times 28 + 0.08 \times 18) \mathrm{g/mol}$$

$$= 29.12 \mathrm{g/mol}$$

$$w_{CO_2} = \frac{x_{CO_2} M_{CO_2}}{\sum_i x_i M_i} = \frac{0.12 \times 44g/mol}{29.12g/mol} = 18\%$$

$$w_{N_2} = \frac{x_{N_2} M_{N_2}}{\sum_i x_i M_i} = \frac{0.8 \times 28g/mol}{29.12g/mol} = 77\%$$

$$w_{H_2O} = 1 - w_{CO_2} - w_{N_2} = 1 - 18\% - 77\% = 5\%$$

2）折合摩尔质量和折合气体常数为

$$M_{eq} = \sum_i x_i M_i = 29.12g/mol$$

$$R_{g, eq} = \frac{R}{M_{eq}} = \frac{8.314}{29.12}kJ/(kg \cdot K)$$

$$= 0.286kJ/(kg \cdot K)$$

讨论：

本题是在先求出折合摩尔质量 M_{eq} 后再求折合气体常数 $R_{g,eq}$ 的。若题目不要求计算 M_{eq}，仅要求计算 $R_{g,eq}$，那么在求得质量分数 w_i 后，可用

$$R_{g, eq} = \sum_i w_i R_{g, i}$$

计算 $R_{g,eq}$。

第五节　理想气体的基本热力过程

即使工程上应用的许多工质可以作为理想气体处理，其热力过程也是很复杂的。首先在于实际过程的不可逆性，其次是实际热力过程中气体的热力状态参数都在变化，难以找出其变化规律。为了分析方便和突出能量转换的主要矛盾，在理论研究中对不可逆因素暂不考虑，认为过程是可逆的。在实际应用中，根据可逆过程的分析结果，引进各种经验和实验的修正系数，使之与实际尽量接近。另外，对于实际热力过程的观察与分析发现，许多热力过程虽然诸多参数在变化，但相比而言某些参数变化很小，可以忽略不计。例如，某些换热器中流体的温度和压力都在变化，但温度变化是主要的，压力变化却很小，可以认为是在压力不变条件下进行的热力过程；燃气轮机中燃气的热力过程，由于燃气流速很快，与外界交换热量很少，可以视为绝热过程，在可逆条件下就是定熵过程。这种保持一个状态参数不变的过程称为基本热力过程。

理想气体热力过程的研究步骤如下：

1）列出过程方程式：根据过程特点列出或推导出过程方程式 $p = p(v)$。

2）根据过程方程和状态方程，推导得到过程中基本状态参数间关系。

3）分析过程中单位质量的膨胀功 w、技术功 w_t 和热量 q 等能量交换和转换关系，建立功量和热量计算式。

4）在 p-v 和 T-s 图上表示出各过程，并进行定性分析。

下面根据这一步骤讨论四种基本热力过程。为简化和方便分析，比热容取定值比热容。

一、定容过程

比体积不变的过程称为定容过程。

1. 过程方程

$$v = 定值 \tag{4-56}$$

2. 基本状态参数间关系式

由过程方程知，过程中任意两状态点的比体积相等，即

$$v_2 = v_1 \tag{4-57}$$

联立式（4-57）及状态方程，则

$$\frac{p_1 v_1}{T_1} = \frac{p_2 v_2}{T_2} = R_g = 常数$$

得

$$\frac{T_2}{T_1} = \frac{p_2}{p_1} \tag{4-58}$$

3. 单位质量的功量与热量分析计算

定容过程 v 为定值，$\mathrm{d}v = 0$，故定容过程膨胀功为

$$w = \int_1^2 p\,\mathrm{d}v = 0 \tag{4-59}$$

定容过程的技术功

$$w_t = -\int_1^2 v\,\mathrm{d}p = v(p_1 - p_2) \tag{4-60}$$

根据比热容定义，当比热容取定值时，定容过程吸收的热量为

$$q = c_V \Delta T \tag{4-61}$$

或由热力学第一定律表达式

$$q = \Delta u + w = \Delta u + 0 = c_V \Delta T$$

4. $p\text{-}v$ 图和 $T\text{-}s$ 图

根据过程方程知，在 $p\text{-}v$ 图上定容线为一条与横坐标垂直的直线，如图 4-4a 所示。

在 $T\text{-}s$ 图上，定容线为一条斜率为正的指数曲线，如图 4-4b 所示，这可由理想气体比熵 $\mathrm{d}s$ 的表达式分析得出，即

$$\mathrm{d}s = c_V \frac{\mathrm{d}T}{T} + R_g \frac{\mathrm{d}v}{v}$$

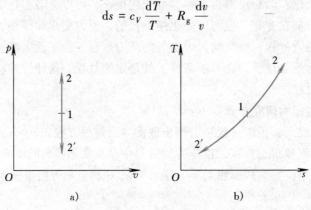

图 4-4　定容过程

定容过程 $\mathrm{d}v/v=0$，则有 $\mathrm{d}s=c_V\,(\mathrm{d}T/T)$，从而得到

$$\left(\frac{\partial T}{\partial s}\right)_v=\frac{T}{c_V}>0$$

根据过程基本状态参数间关系、功量和热量的分析可知，$p\text{-}v$ 图和 $T\text{-}s$ 图上的 1—2 过程为升压升温的吸热过程；1—2′过程则是降压降温的放热过程。

二、定压过程

压力保持不变的过程称为定压过程。

1. 过程方程

$$p=\text{定值}\tag{4-62}$$

2. 基本状态参数间关系式

由过程方程知

$$p_2=p_1\tag{4-63}$$

联立式（4-63）及状态方程求解可得

$$\frac{T_2}{T_1}=\frac{v_2}{v_1}\tag{4-64}$$

3. 单位质量的功量和热量分析计算

定压过程 p 为定值，$\mathrm{d}p=0$，则膨胀功和技术功为

$$w=\int_1^2 p\mathrm{d}v=p(v_2-v_1)\tag{4-65}$$

$$w_t=-\int_1^2 v\mathrm{d}p=0\tag{4-66}$$

类似于定容过程分析，定压过程吸热量为

$$q=c_p\Delta T=\Delta h\tag{4-67}$$

4. $p\text{-}v$ 图和 $T\text{-}s$ 图

根据过程方程知，在 $p\text{-}v$ 图上定压线为一条与纵坐标垂直的直线，如图 4-5a 所示。

在 $T\text{-}s$ 图上，定压线是一条斜率为 $(\partial T/\partial s)_p=T/c_p>0$ 的曲线，如图 4-5b 所示。

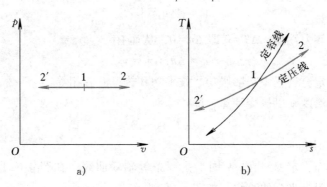

图 4-5　定压过程

由于理想气体 $c_p>c_V$，故在 $T\text{-}s$ 图上过同一状态点的定压线斜率要小于定容线斜率，即定压线比定容线平坦。

分析可知，$p\text{-}v$ 图和 $T\text{-}s$ 图上的 1—2 过程为温度升高的膨胀（比体积增大）吸热过程；

▶▶▶▶▶▶▶

1—2′过程为温度降低的压缩（比体积减小）放热过程。

三、定温过程

温度保持不变的过程称为定温过程。由于理想气体的热力学能和焓均仅仅是温度的函数，故理想气体的定温过程即为定热力学能或定焓过程。

1. 过程方程

由定义知，定温过程温度保持不变，即 $T=$ 定值。结合理想气体状态方程 $pv=R_gT$ 得定温过程的过程方程为

$$pv = 定值 \tag{4-68}$$

2. 基本状态参数间关系

根据过程特点有

$$T_2 = T_1 \tag{4-69}$$

由过程方程直接可得压力与比体积的关系为

$$\frac{p_2}{p_1} = \frac{v_1}{v_2} \tag{4-70}$$

3. 单位质量的功量和热量的分析计算

根据过程方程，过程的膨胀功为

$$w = \int_1^2 p\mathrm{d}v = \int_1^2 pv\,\frac{\mathrm{d}v}{v} = p_1v_1\ln\frac{v_2}{v_1} \tag{4-71a}$$

$$= p_1v_1\ln\frac{p_1}{p_2} = R_gT_1\ln\frac{p_1}{p_2} \tag{4-71b}$$

对过程方程式（4-68）两边微分得

$$\mathrm{d}(pv) = p\mathrm{d}v + v\mathrm{d}p = 0$$

$$-v\mathrm{d}p = p\mathrm{d}v$$

故过程的技术功

$$w_t = \int_1^2 -v\mathrm{d}p = \int_1^2 p\mathrm{d}v = w \tag{4-72}$$

根据理想气体热力性质，$\Delta T=0$ 即 $\Delta u=0$，从而有

$$q = \Delta u + w = w \tag{4-73}$$

因此在理想气体的定温过程中，膨胀功、技术功和热量三者相等。

热量也可以由温度乘以熵变计算，即

$$q = T(s_2 - s_1)$$

4. p-v 图和 T-s 图

根据过程方程知，定温线在 p-v 图上是一条等轴双曲线，如图 4-6a 所示。在 T-s 图上，定温线是一条垂直于纵坐标的直线，如图 4-6b 所示。

分析可知，两图中 1—2 过程是压力下降的膨胀吸热过程，1—2′过程是压力升高的压缩放热过程。

四、定熵过程（绝热可逆过程）

绝热可逆过程的比熵保持不变，称为定熵过程。

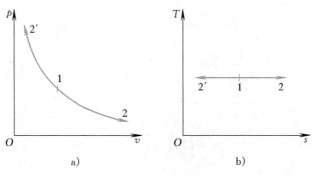

图 4-6　定温过程

1. 过程方程

根据理想气体熵变的微分表达式和定熵过程熵不变的特点，由式（4-28）有

$$ds = c_p \frac{dv}{v} + c_V \frac{dp}{p} = 0$$

令 $c_p/c_V = \gamma$，称为比热比，等于理想气体的等熵指数 $\kappa^{\ominus}$，则有

$$\kappa \frac{dv}{v} + \frac{dp}{p} = 0 \tag{4-74a}$$

对式（4-74a）积分可得

$$\kappa \ln v + \ln p = 定值$$
$$\ln(pv^\kappa) = 定值$$

得

$$pv^\kappa = 定值 \tag{4-74b}$$

式（4-74b）为定熵过程的过程方程式。

根据理想气体的定值比热容（表 4-1），单原子、双原子和多原子气体的等熵指数分别为：1.67、1.4 和 1.3。

2. 基本状态参数间的关系

由过程方程可得 p 与 v 之间的关系，即

$$\frac{p_2}{p_1} = \left(\frac{v_1}{v_2}\right)^\kappa \tag{4-75}$$

结合状态方程可得

$$\frac{T_2}{T_1} = \left(\frac{p_2}{p_1}\right)^{\frac{\kappa-1}{\kappa}} \tag{4-76}$$

和

$$\frac{T_2}{T_1} = \left(\frac{v_1}{v_2}\right)^{\kappa-1} \tag{4-77}$$

3. 单位质量的功量和热量的分析计算

过程的膨胀功为

$\ominus$　等熵指数 $\kappa = -\dfrac{v}{p}\left(\dfrac{\partial p}{\partial v}\right)_s$。

$$w = \int_1^2 p\mathrm{d}v = \int_1^2 pv^\kappa \frac{\mathrm{d}v}{v^\kappa} = \frac{p_1 v_1^\kappa}{\kappa - 1}(v_1^{1-\kappa} - v_2^{1-\kappa})$$

$$= \frac{1}{\kappa - 1}(p_1 v_1 - p_2 v_2) \tag{4-78a}$$

$$= \frac{R_\mathrm{g}}{\kappa - 1}(T_1 - T_2) \tag{4-78b}$$

$$= \frac{R_\mathrm{g} T_1}{\kappa - 1}\left[1 - \left(\frac{p_2}{p_1}\right)^{\frac{\kappa-1}{\kappa}}\right] \tag{4-78c}$$

根据式（4-74a），即

$$\frac{\mathrm{d}p}{p} = -\kappa \frac{\mathrm{d}v}{v}$$

有

$$-v\mathrm{d}p = \kappa p\mathrm{d}v$$

故定熵过程的技术功为

$$w_\mathrm{t} = -\int_1^2 v\mathrm{d}p = \kappa \int_1^2 p\mathrm{d}v = \kappa w \tag{4-79}$$

相应式（4-78a）~式（4-78c）有

$$w_\mathrm{t} = \frac{\kappa}{\kappa - 1}(p_1 v_1 - p_2 v_2) \tag{4-79a}$$

$$= \frac{\kappa R_\mathrm{g}}{\kappa - 1}(T_1 - T_2) \tag{4-79b}$$

$$= \frac{\kappa R_\mathrm{g} T_1}{\kappa - 1}\left[1 - \left(\frac{p_2}{p_1}\right)^{\frac{\kappa-1}{\kappa}}\right] \tag{4-79c}$$

定熵过程是绝热可逆过程，故

$$q = \int_1^2 T\mathrm{d}s = 0$$

4. p-v 图和 T-s 图

由定熵过程的过程方程 $pv^\kappa =$ 定值知，定熵过程在 p-v 图上是一条幂指数为负的幂函数曲线（又称高次双曲线）。由式（4-74a）知，该曲线在 p-v 图的斜率为 $(\partial p/\partial v)_s = -\kappa p/v$，比较定温过程的斜率 $(\partial p/\partial v)_T = -p/v$，由于 $\kappa > 1$，定熵线斜率的绝对值大于定温线斜率的绝对值，故 p-v 图上过同一点的定熵线比定温线陡，如图4-7a所示。

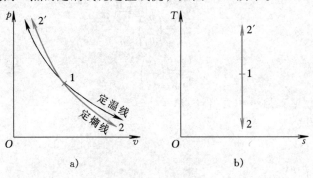

图 4-7 定熵过程

在 T-s 图上，定熵线是一条垂直于横坐标的直线，如图 4-7b 所示。

分析可知，p-v 图和 T-s 图上的 1—2 过程是降压降温的膨胀过程，1—2′过程是升压升温的压缩过程。

例 4-5　1kg 空气从相同初态 $p_1 = 0.1\text{MPa}$、$t_1 = 27℃$ 分别经定容和定压两过程至相同终温 $t_2 = 135℃$，试求两过程末态压力、比体积、吸热量、膨胀功、技术功和初末态焓差；并将两过程表示在同一 p-v 图和 T-s 图上（比热容采用定值比热容）。

解　对于空气，查附录 A-2，有

$$c_p = 1.004\text{kJ/(kg} \cdot \text{K)}$$

$$c_V = 0.718\text{kJ/(kg} \cdot \text{K)}$$

$$R_g = 0.287\text{kJ/(kg} \cdot \text{K)}$$

1）定容过程。

$$v_2 = v_1 = \frac{R_g T_1}{p_1}$$

$$= \frac{0.287 \times 10^3 \times (27 + 273.15)}{0.1 \times 10^6}\text{m}^3/\text{kg}$$

$$= 0.861\text{m}^3/\text{kg}$$

$$\frac{p_2}{p_1} = \frac{T_2}{T_1}$$

$$p_2 = p_1 \frac{T_2}{T_1} = 0.1 \times \frac{(135 + 273.15)}{(27 + 273.15)}\text{MPa}$$

$$= 0.136\text{MPa}$$

$$q = c_V(t_2 - t_1)$$

$$= 0.718 \times (135 - 27)\text{kJ/kg}$$

$$= 77.54\text{kJ/kg}$$

$$w = 0$$

$$w_t = v_1(p_1 - p_2)$$

$$= 0.861 \times (0.1 - 0.136) \times 10^6 \times 10^{-3}\text{kJ/kg}$$

$$= -31.0\text{kJ/kg}$$

$$\Delta h = c_p(t_2 - t_1)$$

$$= 1.004 \times (135 - 27)\text{kJ/kg}$$

$$= 108.4\text{kJ/kg}$$

2）定压过程。

$$p_2 = p_1 = 0.1\text{MPa}$$

$$\frac{v_2}{v_1} = \frac{T_2}{T_1}$$

$$v_2 = v_1 \frac{T_2}{T_1} = 0.861 \times \frac{(135 + 273.15)}{(27 + 273.15)} \mathrm{m^3/kg}$$

$$= 1.171 \mathrm{m^3/kg}$$

$$q = c_p(t_2 - t_1)$$

$$= 1.004 \times (135 - 27) \mathrm{kJ/kg}$$

$$= 108.4 \mathrm{kJ/kg}$$

$$w = p_1(v_2 - v_1)$$

$$= 0.1 \times (1.171 - 0.861) \times 10^6 \times 10^{-3} \mathrm{kJ/kg}$$

$$= 31.0 \mathrm{kJ/kg}$$

$$\Delta h = c_p(t_2 - t_1)$$

$$= 1.004 \times (135 - 27) \mathrm{kJ/kg}$$

$$= 108.4 \mathrm{kJ/kg}$$

3）两过程在 p-v 图和 T-s 图上的表示如图4-8所示。图中 $1—2_v$ 表示定容过程，$1—2_p$ 表示定压过程。

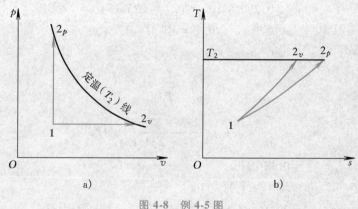

图 4-8　例 4-5 图

讨论：

1）比较两过程的吸热量可以看到，由于过程不同，比热容不同，尽管初、末态温度相同，但吸热量却不相同。这也再次说明热量是过程量，与路径有关。而比焓是状态参数，理想气体的比焓仅与温度有关，因此初、末态温度分别相同的两过程，其初、末态比焓变化相同。

2）比较定压过程的吸热量和初、末态焓差，可以看到两者数值相等。这是由于定压过程 $w_t = -\int_1^2 v \mathrm{d}p = 0$，根据稳定流动能量方程 $q = \Delta h + w_t$ 知，$q = \Delta h$。同理，定容过程的吸热量与初、末态热力能变化相等（本题未算）。因此，可以利用热力学第一定律的基本原理验证所计算的结果。

3）从图4-8的 T-s 图上可以分析得到，在初、末温相同的条件下，理想气体的定压过程吸热量大于定容过程吸热量。这样可以从逻辑上判断计算的正确与否。同理，在 p-v 图上可比较两过程的体积变化功和技术功。

第六节　理想气体的多变过程

授课视频——理想气体的热力性质和热力过程（3）

一、过程方程

上述四种热力过程的共同特点是：在热力过程中某一状态参数的值保持不变。然而许多实际热力过程中往往是所有的状态参数都在变化。例如，压气机中气体在压缩的同时被冷却，使气体在压缩过程中的压力、比体积和温度都在变化。但实际过程中气体状态参数的变化往往遵循一定规律。实验研究发现，这一规律可以表示为

$$pv^n = 定值 \tag{4-80}$$

符合这一方程的过程称为多变过程，式中的指数 n 称为多变指数。在某一多变过程中 n 为定值，但不同的多变过程其 n 值不相同，可在 0 到 $\pm\infty$ 间变化。对于比较复杂的实际过程，可分作几段不同多变指数的多变过程来描述，每段的 n 值保持一定值。

由于多变指数 n 可在 0 到 $\pm\infty$ 变化，所以前述的四个基本热力过程可视为多变过程的特例：

当 $n=0$ 时，$p=$ 定值，为定压过程；

当 $n=1$ 时，$pv=$ 定值，为定温过程；

当 $n=\kappa$ 时，$pv^\kappa =$ 定值，为定熵过程；

当 $n=\pm\infty$ 时，$v=$ 定值，为定容过程。这是因为过程方程可写为 $p^{1/n}v=$ 定值，$n\to\pm\infty$，$1/n\to 0$，从而有 $v=$ 定值。

二、基本状态参数间的关系

比较多变过程与定熵过程的过程方程不难发现，两方程的形式相同，所不同的仅仅是指数值。因此，参照定熵过程，可得多变过程的基本状态参数间关系为

$$\frac{p_2}{p_1} = \left(\frac{v_1}{v_2}\right)^n \tag{4-81}$$

$$\frac{T_2}{T_1} = \left(\frac{p_2}{p_1}\right)^{\frac{n-1}{n}} \tag{4-82}$$

$$\frac{T_2}{T_1} = \left(\frac{v_1}{v_2}\right)^{n-1} \tag{4-83}$$

三、单位质量的功量和热量的分析计算

同理，可得多变过程单位质量的膨胀功和技术功的表达式，即

$$w = \frac{1}{n-1}(p_1 v_1 - p_2 v_2) \tag{4-84a}$$

$$= \frac{R_g}{n-1}(T_1 - T_2) \tag{4-84b}$$

$$= \frac{R_g T_1}{n-1}\left[1 - \left(\frac{p_2}{p_1}\right)^{\frac{n-1}{n}}\right] \tag{4-84c}$$

$$w_t = nw \tag{4-85}$$

$$w_t = \frac{n}{n-1}(p_1 v_1 - p_2 v_2) \tag{4-86a}$$

$$= \frac{n R_g}{n-1}(T_1 - T_2) \tag{4-86b}$$

$$= \frac{n R_g T_1}{n-1}\left[1 - \left(\frac{p_2}{p_1}\right)^{\frac{n-1}{n}}\right] \tag{4-86c}$$

多变过程单位质量的热量为

$$q = \Delta u + w$$

$$= c_V(T_2 - T_1) + \frac{R_g}{n-1}(T_1 - T_2) \tag{4-87a}$$

根据迈耶尔公式 $c_p - c_V = R_g$ 及 $c_p / c_V = \kappa$ 得

$$c_V = \frac{1}{\kappa - 1}R_g, \qquad R_g = c_V(\kappa - 1)$$

代入式（4-87a）有

$$q = c_V(T_2 - T_1) + \frac{\kappa - 1}{n-1}c_V(T_1 - T_2) \tag{4-87b}$$

$$= \frac{n - \kappa}{n-1}c_V(T_2 - T_1)$$

令 $c_n = (n-\kappa)c_V/(n-1)$，由比热容定义知，$c_n$ 为理想气体多变过程的比热容，则式（4-87b）可表示为

$$q = c_n(T_2 - T_1) \tag{4-87c}$$

四、p-v 图和 T-s 图

为了在 p-v 图和 T-s 图上对多变过程的状态参数变化和能量转换规律进行定性分析，需掌握多变过程线在 p-v 图和 T-s 图上随多变指数 n 变化的分布规律。为此，首先在 p-v 图和 T-s 图上过同一初态 1 画出四条基本过程的曲线，如图 4-9 所示。

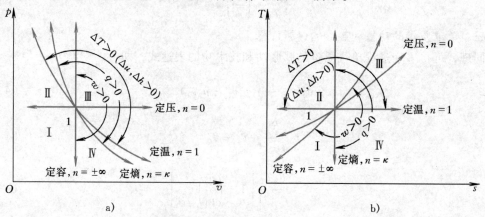

图 4-9　理想气体的各热力过程

从图 4-9a 可以看到，定容线和定压线把 $p\text{-}v$ 图分成了 Ⅰ 、Ⅱ 、Ⅲ 和 Ⅳ 四个区域。在 Ⅱ 、Ⅳ 区域，多变过程线的 n 值由定压线 $n=0$ 开始按顺时针方向逐渐增大，直到定容线的 $n=\infty$ 。在 Ⅰ 、Ⅲ 区域，$n<0$，n 值则从 $n=-\infty$ 按顺时针方向增大到 $n=0$ 。实际工程中，$n<0$ 的热力过程极少存在，故可以不予讨论。在图 4-9b 所示的 $T\text{-}s$ 图上，n 的值也是按顺时针方向增大的，上述 n 的变化规律同样成立。这样，当已知过程的多变指数的数值时，就可以定性地在 $p\text{-}v$ 图上和 $T\text{-}s$ 图上画出该过程线。例如，对于双原子气体，当 $n=1.2$ 时，过程线如图 4-10 的 1—A 和 1—A' 所示。

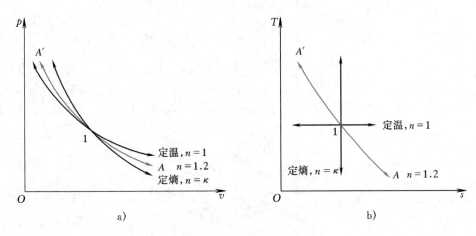

图 4-10　$n=1.2$ 的理想气体热力过程

为了分析多变过程的能量转换与交换，还需确定过程的 q、ΔT、Δu、Δh 和 w 的正负。这些可根据多变过程与四条基本过程线的相对位置来判断（图 4-9）。

q 的正负以过初态的定熵线为分界。过同一初态的多变过程，若过程线位于定熵线右方，则 $q>0$；否则 $q<0$。

膨胀功 w 的正负以定容线为分界。过同一初态的多变过程，若过程线位于定容线右侧，则 $w>0$；反之，$w<0$。

由于理想气体的比热力学能和比焓仅是温度的单值函数，故 ΔT 的正负决定了 Δu 和 Δh 的正负。ΔT 的正负以定温线为分界。过同一初态的多变过程，若过程线位于定温线上方，则过程的 $\Delta T>0$；反之，$\Delta T<0$。

例如，上述双原子气体 $n=1.2$ 的过程 1—A 和 1—A'，虽然多变指数 n 相同，但 1—A 过程的 $q>0$，$w>0$，$\Delta T<0$；而 1—A' 过程的 $q<0$，$w<0$，$\Delta T>0$。

为使读者更好地掌握理想气体可逆热力过程的计算分析，表 4-2 汇总了理想气体可逆热力过程的计算公式。

表 4-2　理想气体可逆热力过程计算公式表

过程	定容过程	定压过程	定温过程	定熵过程	多变过程
多变指数 n	∞	0	1	κ	n
过程方程式	$v=$定值	$p=$定值	$pv=$定值	$pv^{\kappa}=$定值	$pv^{n}=$定值

(续)

过程	定容过程	定压过程	定温过程	定熵过程	多变过程
p、v、T 之间的关系式	$\dfrac{p_2}{p_1}=\dfrac{T_2}{T_1}$	$\dfrac{v_2}{v_1}=\dfrac{T_2}{T_1}$	$\dfrac{p_2}{p_1}=\dfrac{v_1}{v_2}$	$\dfrac{p_2}{p_1}=\left(\dfrac{v_1}{v_2}\right)^{\kappa}$ $\dfrac{T_2}{T_1}=\left(\dfrac{v_1}{v_2}\right)^{\kappa-1}$ $\dfrac{T_2}{T_1}=\left(\dfrac{p_2}{p_1}\right)^{\frac{\kappa-1}{\kappa}}$	$\dfrac{p_2}{p_1}=\left(\dfrac{v_1}{v_2}\right)^{n}$ $\dfrac{T_2}{T_1}=\left(\dfrac{v_1}{v_2}\right)^{n-1}$ $\dfrac{T_2}{T_1}=\left(\dfrac{p_2}{p_1}\right)^{\frac{n-1}{n}}$
过程功 $w=\displaystyle\int_1^2 pdv$	0	$p(v_2-v_1)$ $R_g(T_2-T_1)$	$R_gT_1\ln\dfrac{v_2}{v_1}$ $p_1v_1\ln\dfrac{v_2}{v_1}$ $p_1v_1\ln\dfrac{p_1}{p_2}$	$-\Delta u$ $\dfrac{1}{\kappa-1}(p_1v_1-p_2v_2)$ $\dfrac{R_g}{\kappa-1}(T_1-T_2)$ $\dfrac{R_gT_1}{\kappa-1}\left[1-\left(\dfrac{p_2}{p_1}\right)^{\frac{\kappa-1}{\kappa}}\right]$	$\dfrac{1}{n-1}(p_1v_1-p_2v_2)$ $\dfrac{R_g}{n-1}(T_1-T_2)$ $\dfrac{R_gT_1}{n-1}\left[1-\left(\dfrac{p_2}{p_1}\right)^{\frac{n-1}{n}}\right]$
技术功 $w_t=-\displaystyle\int_1^2 vdp$	$v(p_1-p_2)$	0	w	$-\Delta h$ $\dfrac{\kappa}{\kappa-1}(p_1v_1-p_2v_2)$ $\dfrac{\kappa}{\kappa-1}R_g(T_1-T_2)$ $\dfrac{\kappa R_gT_1}{\kappa-1}\left[1-\left(\dfrac{p_2}{p_1}\right)^{\frac{\kappa-1}{\kappa}}\right]$ κw	$\dfrac{n}{n-1}(p_1v_1-p_2v_2)$ $\dfrac{n}{n-1}R_g(T_1-T_2)$ $\dfrac{nR_gT_1}{n-1}\left[1-\left(\dfrac{p_2}{p_1}\right)^{\frac{n-1}{n}}\right]$ nw
过程热量 q	Δu $c_V\Delta T$	Δh $c_p\Delta T$	w $T(s_2-s_1)$	0	$\dfrac{n-\kappa}{n-1}c_V(T_2-T_1)$
过程比热容 c	c_V	c_p	∞	0	$\dfrac{n-\kappa}{n-1}c_V$

例 4-6 初压力为 0.1MPa、初温为 27℃ 的 1kg 氮气,在 $n=1.25$ 的压缩过程中被压缩至原来体积的 1/5,若取比热容为定值,试求压缩后的压力、温度、压缩过程所耗压缩功及与外界交换的热量。若从相同初态出发分别经定温和定熵过程压缩至相同的体积,试进行相同的计算,并将此三过程画在同一 p-v 图和 T-s 图上。

解 1)多变过程。

对于氮气有 $R_g=0.297\text{kJ/(kg}\cdot\text{K)}$,$c_V=0.742\text{kJ/(kg}\cdot\text{K)}$。

由题意知,$v_1/v_2=5$,根据基本状态参数间关系式得

$$p_2=p_1\left(\frac{v_1}{v_2}\right)^n=0.1\times5^{1.25}\text{MPa}$$

$$=0.748\text{MPa}$$

$$T_2=T_1\left(\frac{v_1}{v_2}\right)^{n-1}=(27+273.15)\times5^{0.25}\text{K}$$

$$=448.8\text{K}$$

单位质量气体所耗功（压缩功）

$$w = \frac{R_g}{n-1}(T_1 - T_2)$$

$$= \frac{0.297}{1.25 - 1}(300.15 - 448.8)\,\text{kJ/kg}$$

$$= -176.6\,\text{kJ/kg}$$

单位质量气体与外界交换的热量

$$q = \Delta u + w = c_V \Delta T + w$$

$$= 0.742 \times (448.8 - 300.15)\,\text{kJ/kg} - 176.6\,\text{kJ/kg}$$

$$= -66.3\,\text{kJ/kg}$$

2）定温过程。

$$p_2 = p_1 \frac{v_1}{v_2} = 0.1 \times 5\,\text{MPa} = 0.5\,\text{MPa}$$

$$T_2 = T_1 = 300.15\,\text{K}$$

$$w = q = R_g T_1 \ln \frac{v_2}{v_1}$$

$$= 0.297 \times 300.15 \times \ln \frac{1}{5}\,\text{kJ/kg}$$

$$= -143.5\,\text{kJ/kg}$$

3）定熵过程。

$$p_2 = p_1 \left(\frac{v_1}{v_2}\right)^{\kappa} = 0.1 \times 5^{1.4}\,\text{MPa}$$

$$= 0.952\,\text{MPa}$$

$$T_2 = T_1 \left(\frac{v_1}{v_2}\right)^{\kappa - 1} = 300.15 \times 5^{0.4}\,\text{K}$$

$$= 571.4\,\text{K}$$

$$w = \frac{R_g}{\kappa - 1}(T_1 - T_2)$$

$$= \frac{0.297}{1.4 - 1} \times (300.15 - 571.4)\,\text{kJ/kg} = -201.4\,\text{kJ/kg}$$

$$q = 0$$

在 $p\text{-}v$ 图（见图 4-11）和 $T\text{-}s$ 图（见图 4-12）上，从同一初态 1 出发压缩至相同体积的定温过程、$n = 1.25$ 的多变过程和定熵过程分别为 $1—2_T$、$1—2_n$ 和 $1—2_s$。

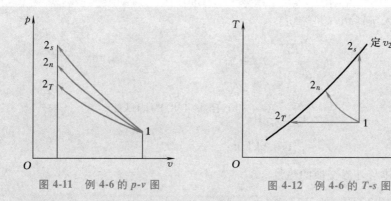

图 4-11　例 4-6 的 p-v 图　　　　图 4-12　例 4-6 的 T-s 图

讨论：

1）多变过程气体与外界的热量也可用式（4-87c），即 $q = c_n \Delta T$ 来计算。但由于计算要涉及多变过程的比热容 $c_n = (n-\kappa)c_V/(n-1)$ 的计算，作者仍推荐用本题的能量方程的基本公式来计算。

2）从 p-v 图和 T-s 图上的分析可以得到：定温过程的终压最小、终温最低、消耗压缩功最少和放出热量最多；相反，定熵过程的终压最大、终温最高、消耗压缩功最大和放热量最少（为零）；而多变过程居于两者之间。这从定性上验证了计算的正确性。通过本题和例题 4-5 可以看出，根据热力过程在 p-v 图和 T-s 图上的走向及过程线下面积的大小，可以定性判断热力过程状态参数的变化，功量、热量的正负及大小。因此，两图对于定性分析热力过程和验证计算结果是十分重要的。

本章小结

本章讲述了理想气体的热力性质和热力过程。

本章首先讨论了理想气体的状态方程

$$pv = R_g T \qquad 或 \qquad pV_m = RT$$

针对整个系统状态方程可以写为

$$pV = mR_g T \qquad 或 \qquad pV = nRT$$

气体常数与摩尔气体常数有关系式

$$R_g = \frac{R}{M}$$

理想气体的热力学能、焓和熵的计算均涉及比热容，所以本章介绍了理想气体的比热容。理想气体的比热力学能和比焓仅是温度的函数，从而有

$$\Delta u = \int_{T_1}^{T_2} c_V \mathrm{d}T \qquad 或 \qquad \Delta u = c_V \Delta T$$

$$\Delta h = \int_{T_1}^{T_2} c_p \mathrm{d}T \qquad 或 \qquad \Delta h = c_p \Delta T$$

理想气体的比熵不但与温度有关，而且与压力或体积有关。

$$\Delta s = \int_{T_1}^{T_2} c_p \frac{\mathrm{d}T}{T} - R_g \ln \frac{p_2}{p_1} \quad \text{或} \quad \Delta s = c_p \ln \frac{T_2}{T_1} - R_g \ln \frac{p_2}{p_1}$$

　　本章还介绍了理想气体的混合物。为研究理想气体混合物而引入的两模型是分压力模型与分体积模型，从而有道尔顿分压力定律和亚美格分体积定律。利用理想气体混合物的成分可以求解折合的摩尔质量、气体常数、比热力学能、比焓和比熵。

　　理想气体热力过程研究的一重要前提是可逆。本章分别对定容、定压、定温和定熵四个基本热力过程，以及多变过程进行了讨论。理想气体的热力过程研究包括各种热力过程的过程方程的导出，基本状态参数的关系分析、功量和热量的计算公式推导，以及在 $p\text{-}v$ 图和 $T\text{-}s$ 图表示的定性分析。

　　通过本章学习，要求读者：

　　① 掌握理想气体的状态方程。

　　② 掌握理想气体的比热容，能正确运用比热容计算理想气体的热力学能、焓和熵。

　　③ 掌握理想气体各种热力过程的过程方程和基本状态参数间的关系。

　　④ 能进行各种热力过程的功量和热量的计算分析，并能在 $p\text{-}v$ 图和 $T\text{-}s$ 图对热力过程进行定性分析。

思考题

　　4-1　如何理解"理想气体"的概念？在什么条件下可以把气体视为理想气体？

　　4-2　气体常数 R_g 和摩尔气体常数 R 有何异同？有怎样的关系？

　　4-3　理想气体的热力学能和焓有什么特点？

　　4-4　理想气体的比热容到底是变值还是定值？

　　4-5　迈耶尔公式是否适用于任何比热容？即理想气体的 c_p 与 c_V 之差是否在任何温度下都等于常数？

　　4-6　理想气体的 c_p 与 c_V 的比值是否是常数？

　　4-7　公式 $q = c_V \Delta T + w$ 是否是热力学第一定律表达式？使用时有何条件？

　　4-8　研究工质热力过程的目的何在？

　　4-9　理想气体在定容过程或定压过程中，热量可根据过程中气体的比热容乘以温差进行计算。定温过程的温度不变，如何计算理想气体定温过程的热量呢？

　　4-10　四个基本热力过程的工程背景是什么？

　　4-11　为什么说理想气体多变过程的过程方程能概括四个基本的热力过程？

　　4-12　理想气体多变过程的过程方程中的多变指数是定值还是变值？

　　4-13　在理想气体的 $p\text{-}v$ 图和 $T\text{-}s$ 图上，如何判断过程线的 q、Δu、Δh 和 w 的正负？

　　4-14　图 4-13 中，1—2 为定容过程，1—3 为定压过程，2—3 为绝热过程，设工质为理想气体，且过程可逆。试画出相应的 $T\text{-}s$ 图，并指出：

　　1）$\Delta u_{1,2}$ 和 $\Delta u_{1,3}$ 哪个大？

　　2）$\Delta s_{1,2}$ 和 $\Delta s_{1,3}$ 哪个大？

　　3）$q_{1,2}$ 和 $q_{1,3}$ 哪个大？

　　4-15　理想气体定温过程的 $q = w = w_t$ 是否适用于实际气体？为什么？

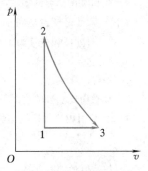

图 4-13　思考题 4-14 图

4-1　试写出仅适用于理想气体的闭口系的能量方程。

4-2　把 CO_2 压送到体积为 $0.6m^3$ 的储气罐内。压送前储气罐上的压力表读数为 4kPa，温度为 20℃；压送终了时压力表读数为 30kPa，温度为 50℃。试求压送到罐内的 CO_2 的质量。设大气压力 $p_b = 0.1MPa$。

4-3　体积为 $0.03m^3$ 的某刚性储气瓶内盛有 700kPa、20℃的氮气。瓶上装有一排气阀，压力达到 880kPa 时阀门开启，压力降到 850kPa 时关闭。若由于外界加热的原因造成阀门开启，问：

1）阀开启时瓶内气体温度为多少？

2）因加热，阀门开闭一次期间瓶内气体失去多少？设瓶内氮气温度在排气过程中保持不变。

4-4　氧气瓶的容积 $V = 0.36m^3$，瓶中氧气的表压力 $p_{g1} = 1.4MPa$，温度 $t_1 = 30℃$。瓶中盛有多少氧气？若气焊时用去一半氧气，温度降为 $t_2 = 20℃$，此时氧气瓶的表压力为多少？（当地大气压力 $p_b = 0.098MPa$）

4-5　某锅炉每小时燃煤需要的空气量折合成标准状况时为 $66000m^3/h$。鼓风机实际送入的热空气温度为 250℃，表压力为 20.0kPa，当大气压 $p_b = 0.1MPa$ 时，求实际送风量（m^3/h）。

4-6　某理想气体等熵指数 $\kappa = 1.4$，比定压热容 $c_p = 1.042kJ/(kg \cdot K)$，求该气体的摩尔质量 M。

4-7　在容积为 $0.3m^3$ 的封闭容器内装有氧气，其压力为 300kPa，温度为 15℃，应加入多少热量可使氧气温度上升到 800℃？

1）按定值比热容计算。

2）按平均比热容（表）计算。

4-8　摩尔质量为 0.03kg/mol 的某理想气体，在定容下由 275℃加热到 845℃，若比热力学能变化为 400kJ/kg，焓变化了多少？

4-9　将 1kg 氮气由 $t_1 = 30℃$ 定压加热到 $t_2 = 415℃$，分别用定值比热容、平均比热容（表）计算其热力学能和焓的变化。

4-10　3kg 的 CO_2，由 $p_1 = 800kPa$、$t_1 = 900℃$，膨胀到 $p_2 = 120kPa$、$t_2 = 600℃$，试利用定值比热容求其热力学能、焓和熵的变化。

4-11　在体积 $V = 1.5m^3$ 的刚性容器内装有氮气。初态表压力 $p_{g1} = 2.0MPa$，温度 $t = 230℃$，应加入多少热量才可使氮气的温度上升到 750℃？其焓值变化是多少？设大气压力为 0.1MPa。

1）按定值比热容计算。

2）按平均比热容的直线关系式计算。

3）按平均比热容表计算。

4）按真实比热容的多项表达式计算。

4-12　某氢冷却发电机的氢气入口参数为 $p_{g1} = 0.2MPa$、$t_1 = 40℃$，出口参数为 $p_{g2} = 0.19MPa$、$t_2 = 66℃$。若入口处体积流量为 $1.5m^3/min$，试求每分钟氢气经过发电机后的热力学能增量、焓增量和熵增量。设大气压力 $p_b = 0.1MPa$。

1）按定值比热容计算。

2）按平均比热容的直线关系式计算。

4-13　利用内燃机排气加热水的余热加热器中，进入加热器的排气（按空气处理）温度为 285℃，出口温度为 80℃。不计流经加热器的排气压力变化，试求排气经过加热器的比热力学能变化、比焓变化和比熵的变化。

1）按定值比热容计算。

2）按平均比热容表计算。

4-14　进入汽轮机的空气状态为 600kPa、900℃，绝热膨胀到 100kPa、460℃，略去动能、位能变化，并设大气温度 $t_0 = 27℃$，试求：

1）每千克空气通过汽轮机输出的轴功。

2）过程的熵产及有效能损失，并表示在 T-s 图上。

3）过程可逆绝热膨胀到 100kPa 输出的轴功。

4-15　由氧气、氮气和二氧化碳组成的混合气体，各组元的物质的量为

$$n_{O_2} = 0.08\text{mol}, \quad n_{N_2} = 0.65\text{mol}, \quad n_{CO_2} = 0.3\text{mol}$$

试求混合气体的体积分数、质量分数和在 $p = 400\text{kPa}$、$t = 27℃$ 时的比体积。

4-16　试证明理想气体混合物质量分数 w_i 和摩尔分数 x_i 间有关系式

$$x_i = \frac{w_i/M_i}{\sum (w_i/M_i)}$$

4-17　试证：对于理想气体的绝热过程，若比热容为定值，则无论过程是否可逆，恒有

$$w = \frac{R_g}{\kappa - 1}(T_1 - T_2)$$

式中，T_1 和 T_2 分别为过程初、末态的温度。

4-18　试证明：对于理想气体的定温过程，无论过程是否可逆，恒有

$$q = w = w_t$$

4-19　某理想气体初温 $T_1 = 470\text{K}$，质量为 2.5kg，经可逆定容过程，其热力学能变化为 $\Delta U = 295.4\text{kJ}$，求过程功、过程热量以及熵的变化。设该气体 $R_g = 0.4\ \text{kJ/(kg·K)}$，$\kappa = 1.35$，并假定比热容为定值。

4-20　一氧化碳的初态为 $p_1 = 4.5\text{MPa}$、$T_1 = 493\text{K}$，定压冷却到 $T_2 = 293\text{K}$。试计算 1kmol 的一氧化碳在冷却过程中的热力学能和焓的变化量，以及对外放出的热量。比热容取定值。

4-21　氧气由 $t_1 = 30℃$、$p_1 = 0.1\text{MPa}$，定温压缩至 $p_2 = 0.3\text{MPa}$。

1）试计算压缩单位质量氧气所消耗的技术功。

2）若按绝热过程压缩，初态和终压与上述相同，试计算压缩单位质量氧气所消耗的技术功。

3）将它们表示在同一幅 p-v 图和 T-s 图上，并在图上比较两者的耗功。

4-22　2kg 氮气由 $t_1 = 27℃$、$p_1 = 0.15\text{MPa}$，被压缩为 $v_2/v_1 = 1/4$。若一次压缩为定温压缩，另一次压缩为多变指数 $n = 1.28$ 的多变压缩过程。试求两次压缩过程的末态基本状态参数、过程体积变化功、热量和热力学能变化。并将两次压缩过程表示在 p-v 图和 T-s 图上。

4-23　试将满足以下要求的理想气体多变过程在 p-v 图和 T-s 图上表示出来（先画出四个基本热力过程）：

1）气体受压缩，升温和放热。

2）气体的多变指数 $n = 0.8$，膨胀。

3）气体受压缩，降温又降压。

4）气体的多变指数 $n = 1.2$，放热。

5）气体膨胀，降压且放热。

4-24　柴油机气缸吸入温度 $t_1 = 60℃$ 的空气 $2.5 \times 10^3\ \text{m}^3$，经可逆绝热压缩，空气的温度等于燃料的着火温度。若燃料的着火点为 720℃，空气应被压缩到多大的体积？

4-25　有 1kg 空气，初态为 $p_1 = 0.6\text{MPa}$、$t_1 = 27℃$，分别经下列三种可逆过程膨胀到 $p_2 = 0.1\text{MPa}$。试将各过程画在 p-v 图和 T-s 图上，并求各过程末态温度、做功量和熵的变化量。

1）定温过程。

2）$n = 1.25$ 的多变过程。

3）定熵过程。设比热容为定值。

4-26　一容积为 0.2m^3 的储气罐，内装氮气，其初压力 $p_1 = 0.5\text{MPa}$，温度 $t_1 = 37℃$。若对氮气加热，其压力、温度都升高。储气罐上装有压力控制阀，当压力超过 0.8MPa 时，阀门便自动打开，放走部分氮气，即罐中维持最大压力 0.8MPa。问：当储气罐中氮气温度为 287℃ 时，对罐内氮气共加入多少热量？设氮气比热容为定值。

4-27　容积 $V = 0.6\text{m}^3$ 的空气瓶内装有压力 $p_1 = 10\text{MPa}$、温度 $T_1 = 300\text{K}$ 的压缩空气，打开压缩空气瓶上阀门

用以起动柴油机。假定留在瓶中的空气进行的是绝热膨胀。设空气的比热容为定值，$R_g = 0.287kJ/(kg \cdot K)$。问：

1）瓶中压力降低到 $p_2 = 7MPa$ 时，用去了多少千克空气？这时瓶中空气的温度是多少？假定空气瓶的容积不因压力和温度而改变。

2）过了一段时间后，瓶中空气从室内空气吸热，温度又逐渐升高，最后重新达到与室温相等，即又恢复到300K，这时空气瓶中压缩空气的压力 p_3 多大？

4-28　压力为160kPa 的1kg 空气，从450K 定容冷却到300K，空气放出的热量全部被温度为280K 的大气环境所吸收。求空气所放出热量的有效能和传热过程的有效能损失，并将有效能损失表示在 $T\text{-}s$ 图上。

4-29　二氧化碳进行可逆压缩的多变过程，多变指数 $n = 1.3$，耗技术功为67.8kJ，求热量和热力学能变化。

4-30　空气经空气预热器温度从 $t_1 = 28℃$ 定压吸热到 $t_2 = 180℃$，空气的进口流量为 $3.6m^3/h$，进口表压力 $p_{g1} = 0.04MPa$。若环境大气压力为 $p_b = 0.1MPa$，试求：

1）每小时空气吸热量及比焓和比熵的变化。

2）若烟气定压放热，温度从320℃降至160℃，烟气与空气间不等温传热引起的能量损失为多少？（烟气性质按空气处理）

4-31　一氧化碳（CO）在膨胀过程中经历三点的参数为 $t_1 = 450℃$、$v_1 = 0.0365m^3/kg$，$p_2 = 3MPa$、$t_2 = 367℃$，$p_3 = 0.3MPa$、$v_3 = 0.427m^3/kg$。此过程是不是一个多变过程？如果是多变过程，多变指数是多少？

4-32　初态 $t_1 = 500℃$、$p_1 = 1.0MPa$ 的1kg 空气，在气缸中可逆定容放热到 $p_2 = 0.5MPa$，然后经可逆绝热压缩到 $t_3 = 500℃$，最后经定温过程回到初态。试求各过程的功量、热量、比焓和比熵的变化。

4-33　燃气经燃气轮机从1200K、800kPa 绝热膨胀到700K、100kPa，不计进、出口动能和位能变化。若环境温度为300K：

1）过程是否可逆？为什么？

2）试求实际过程的轴功。

3）试求实际过程的有效能损失。

第五章

蒸气的热力性质和热力过程

众所周知，水蒸气是人类在热能间接利用中应用最早的工质。除水蒸气外，在制冷、空调和化学工程中还常常用到其他蒸气，如氨蒸气、氟利昂蒸气及逐步替代CFCs[⊖]的各种蒸气。蒸气距液态较近，微观粒子之间作用力大，分子本身也占据了相当的体积，而且在工作过程中往往有气液间的集态变化。因此，蒸气不能作为理想气体来对待，它的物理性质较理想气体复杂得多，它的状态方程、热力学能、焓和熵的计算式都不像理想气体的计算式那样简单。工程计算是直接查取为工程计算编制的蒸气热力性质图表，或用计算机调用有关蒸气热力性质的子程序。这些图表和子程序是专门研究物性的科技工作者长期进行理论和实验研究的结果。

同样是由于蒸气热力性质的复杂性，其热力过程的计算分析也只能依据热力学基本定律和热力性质图表（或子程序）进行。

为了更好地利用蒸气的热力性质图表，或利用有关蒸气热力性质的计算机程序进行热力性质的计算，下面以常用的水和水蒸气为例介绍蒸气的热力性质及其特点，并讨论蒸气热力过程的计算方法和步骤。

第一节　定压下水蒸气的发生过程

授课视频——水蒸气的热力性质和热力过程（1）

为了阐明水蒸气的热力性质及计算特点，有必要对定压下水蒸气的发生过程进行分析研究。事实上，工业生产中所用的水蒸气，一般也都是在定压下（如锅炉中）产生的。为了说明方便起见，假设定量（如1kg）的水在如图 5-1 的汽缸内进行定压加热，调节活塞上的砝码可改变水的压力。定压下水蒸气的发生过程可分三个阶段：

一、液体加热阶段（预热阶段）

假定水开始处于压力为 0.1MPa、温度为 0.01℃ 的状态，在图 5-2 的 p-v 图和 T-s 图上用 1°表示。在维持压力不变的条件下，随着外界的加热，水的体积稍有膨胀，比体积略有增加，水的熵因吸热而增大。当水温升至 99.63℃ 时，若继续加热，水就会沸腾而产生蒸汽。此沸腾温度称为饱和温度 t_s。处于饱和温度的水称为饱和水（其他工质则称为饱和液，以下类同），对其除压力和温度外的状态参数均加一上标"′"，以示和其他状态的区别，如 h'、v' 和 s' 等。低于饱和温度的水称为未饱和水（或过冷水）。单位质量 0.01℃ 的未饱和水加热到饱和水所需的热量称为液体热，用 q_l 表示。根据热力学第一定律有

⊖ CFCs 是碳氢化合物的氯氟衍生物，过去常用的制冷剂 R12、R11、R13 和 R113 等均属 CFCs。

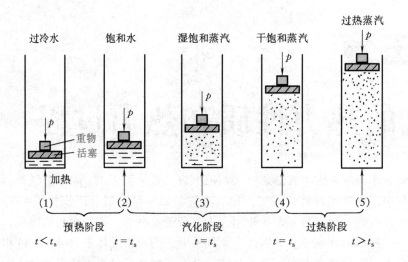

图 5-1　水蒸气的定压加热

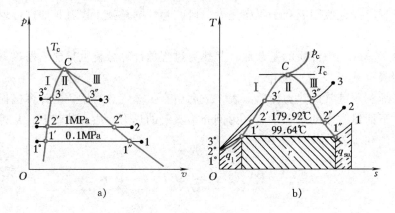

图 5-2　定压下的蒸汽发生过程

$$q_1 = h' - h_0 \tag{5-1}$$

式中，h_0 为 0.01℃未饱和水的比焓。

在 $T\text{-}s$ 图上，从 0.01℃ 的未饱和水状态 1° 定压加热到饱和水状态 1′ 的过程线如图 5-2b 所示，q_1 可用 1°—1′ 下的阴影面积表示。

二、汽化阶段

在维持压力不变的条件下，对饱和水继续加热，水开始沸腾发生相变而产生蒸汽。沸腾时温度保持不变，仍为饱和温度 t_s。在这个水的液-汽相变过程中，所经历的状态是液、汽两相共存的状态，称为湿饱和蒸汽（其他工质称为湿饱和蒸气，以下类同），简称为湿蒸汽，如图 5-1 所示的（3）。随着加热过程的继续，水逐渐减少，蒸汽逐渐增加，直至水全部变为蒸汽 1″，称为干饱和蒸汽或饱和蒸汽。类似于饱和水状态，对干饱和蒸汽，状态参数除压力、温度外均加一上标"″"，如 v''、h'' 和 s'' 等。饱和水定压加热为干饱和蒸汽的过程，虽然工质的压力、温度不变，比体积却随着蒸汽增多而增大，熵值也因吸热而增大，故这个过程在图 5-2 所示的 $p\text{-}v$ 图和 $T\text{-}s$ 图上是水平线段 1′—1″。该过程的吸热量称为汽化热，用 r

表示，则有

$$r=h''-h' \quad 或 \quad r=T_s(s''-s') \tag{5-2}$$

此热量在 $T\text{-}s$ 图上为 $1'—1''$ 下带阴影线的面积。

三、过热阶段

对饱和蒸汽继续加热，蒸汽的温度升高，比体积增加，熵值也增加，如图 5-2 所示的 $1''—1$。由于此阶段的蒸汽温度高于同压下的饱和温度，故称为过热蒸汽。过热蒸汽的温度与同压下的饱和温度之差

$$D=t-t_s \tag{5-3}$$

称为过热度。在这一阶段所吸收的热量称为过热热 q_{su}

$$q_{su}=h-h'' \tag{5-4}$$

式中，h 为过热蒸汽的比焓。

在 $T\text{-}s$ 图上过程线 $1''—1$ 下方有阴影线的面积即为 q_{su}。

如果改变压力 p，例如将压力提高，再次考察水在定压下的蒸汽发生过程，可以得类似上述过程的三个阶段。图 5-2 中的 $2°—2'—2''—2$ 对应 $p=1\text{MPa}$ 的定压下蒸汽的发生过程曲线。虽然三个阶段类似，但其饱和温度却随着压力提高而提高。对应 1MPa 的饱和温度不再是 99.64℃，而是 179.92℃。压力一定，饱和温度一定；反之亦然，二者一一对应。对应饱和温度的压力称为饱和压力，用 p_s 表示，则有

$$t_s=t_s(p_s) \quad 和 \quad p_s=p_s(t_s) \tag{5-5}$$

提高压力后定压下的蒸汽发生过程，除饱和温度提高外，其汽化阶段的 $(v''-v')$ 和 $(s''-s')$ 值减少，因此，汽化热值随压力提高而减少。当压力提高到 22.064MPa 时，$t_s=$ 373.99℃，此时 $v''=v'$，$s''=s'$，即饱和水与饱和蒸汽不再有区别，成为一个状态点，称为临界状态或临界点，如图 5-2 中 C 点所示。临界状态的参数称为临界状态参数，如临界压力 p_C、临界温度 t_C 和临界比体积 v_C 等。临界状态的出现说明，当压力提高到临界压力时，汽化过程不再存在两相共存的湿蒸汽状态，而是在温度达到临界温度 t_C 时，液体连续地由液态变为汽态，汽化过程缩短为一点，液体比体积（密度）均匀、连续地变为气体比体积（密度）。如果继续提高压力，只要压力大于临界压力，汽化过程均和临界压力下的一样，即汽化过程不存在两相共存的湿蒸汽状态，而且都在温度达到临界温度 t_C 时，液体连续地由液态变为汽态。由此可知，只要工质的温度 t 大于临界温度 t_C，不论压力多高，其状态均为气态；也就是说，当 $t>t_C$ 时，保持温度不变，无论 p 多高也不能使气体液化，因此，又常将 $t>t_C$ 的气体称为永久气体。

连接 $p\text{-}v$ 图和 $T\text{-}s$ 图上不同压力下的饱和水状态 $1'$，$2'$，$3'$…和临界点 C 所得曲线称为饱和水线（或下界线）；连接图上不同压力下的干饱和蒸汽状态 $1''$，$2''$，$3''$…和临界点所得曲线称为饱和蒸汽线（或上界线）。两线合在一起称为饱和线。饱和线将 $p\text{-}v$ 图和 $T\text{-}s$ 图分成三个域：未饱和水区（下界线左侧）、湿蒸汽区（又称两相区或饱和区，上下界线之间）和过热蒸汽区（上界线右侧）。位于三区和二线上的水和水蒸气呈现五种状态：未饱和水，饱和水，湿蒸汽，干饱和蒸汽和过热蒸汽。

值得注意的是，湿蒸汽是饱和水与饱和蒸汽的混合物，不同饱和蒸汽含量（或饱和水含量）的湿蒸汽，虽然具有相同的压力（饱和压力）和温度（饱和温度），但其状态不同。为了说明湿蒸汽中所含饱和蒸汽的含量，以确定湿蒸汽的状态，引入干度的概念。所谓干度

x 是指湿蒸汽中所含饱和蒸汽的质量分数，即

$$x = \frac{m_v}{m_w + m_v} \tag{5-6}$$

式中，m_v、m_w 分别为湿蒸汽中饱和蒸汽和饱和水的质量。

显然，饱和水的干度 $x=0$，干饱和蒸汽的干度 $x=1$。

授课视频——水
蒸气的热力性质
和热力过程（2）

第二节　蒸气热力性质表和图

蒸气热力性质图表是热力工程计算的重要依据。由于水蒸气在工程应用上的广泛性，故目前使用的水和水蒸气热力性质图表在国际上是统一的、通用的。本书附录中所列的水和水蒸气热力性质表（附录 A-6～附录 A-7）和图（附录 B-5）是根据 1985 年国际水蒸气骨架表的规定，以三相点的液相水作为基准点的：规定三相点饱和水的热力学能和熵的值为零。

对于氟利昂、氨等蒸气的热力性质图表，各国编制的蒸气图表的基准点不同，故数据差异较大。因而，查用不同文献中的数据表时就要注意基准点，不同基准点的图表不能混用。下面针对水和水蒸气热力性质图表的讨论，在原理和形式上对其他蒸气同样适用。

一、水和水蒸气热力性质表

水和水蒸气热力性质表是按压力 p 和温度 t 为自变量，比体积 v、比焓 h 和比熵 s 为因变量形式排列的。比热力学能 u 在需要时可由 $u = h - pv$ 求取。由于饱和线上的状态与湿蒸汽的压力和温度中只有一个是独立变量，未饱和水与过热蒸汽的压力和温度均是独立变量，因此水蒸气热力性质表分为"饱和水与饱和蒸汽表"及"未饱和水与过热蒸汽表"。

根据工程计算需要，饱和水与饱和水蒸气表又分为按温度 t 排列的表（附录 A-6a）和按压力 p 排列的表（附录 A-6b），依次列出不同温度 t（或压力 p）下的 p（或 t）、v'、v''、h'、h''、r、s' 和 s''。对于干度是 x 的湿蒸汽的状态参数，可由同一 t（或 p）下的饱和水与饱和蒸汽的状态参数利用下式求取，即

$$v = xv'' + (1-x)v' = v' + (v''-v')x \tag{5-7}$$
$$h = xh'' + (1-x)h' = h' + (h''-h')x \tag{5-8}$$
$$s = xs'' + (1-x)s' = s' + (s''-s')x \tag{5-9}$$

在已知湿蒸汽的状态参数 v、h、s 时，也可用式（5-7）～式（5-9）求取湿蒸汽的干度 x。

未饱和水与过热蒸汽表列出了各种压力及温度下的未饱和水与过热蒸汽的比体积 v、比焓 h 和比熵 s 值，如附录 A-7 所示。表中的蓝线是未饱和水与过热蒸汽的分界线，线的上方为未饱和水，线的下方为过热蒸汽。表头上的饱和水与饱与蒸汽参数是供使用该表时参考和采用的。

在使用水和水蒸气热力性质表时，常需先根据已知参数确定状态，以决定所要使用的表。另外，查表时仍要利用前面所述的线性内插法。

二、水和水蒸气热力性质图

利用蒸汽热力性质表求取状态参数，所得的值比较精确。但由于要经常使用内插法，使得查表工作十分繁琐，因此在实际工程分析和计算中还经常使用蒸汽热力性质图。利用蒸汽热力性质图不但使状态参数查取简便，而且使蒸汽热力过程分析更直观、清晰和方便。

前面已提及蒸汽的 $p\text{-}v$ 图和 $T\text{-}s$ 图，这两图主要用于蒸汽热力过程和热力循环的定性分析：$p\text{-}v$ 图常用来分析蒸汽系统与外界的功量交换；$T\text{-}s$ 图主要用于分析热量交换。较详细的 $p\text{-}v$ 图和 $T\text{-}s$ 图均有上、下界线和定干度线簇——不同压力下相同干度 x 的状态点连接；$p\text{-}v$ 图上还有定温线簇和定熵线簇，如图 5-3 所示；$T\text{-}s$ 图上还有定压线簇和定容线簇，如图 5-4 所示。值得注意的是，由于液体的压缩性极小，可视为不可压缩流体，因而 $p\text{-}v$ 图的下界线很陡，几乎是一条垂直线。

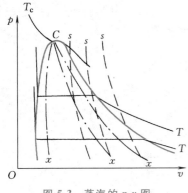

图 5-3　蒸汽的 $p\text{-}v$ 图

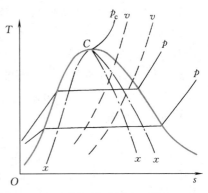

图 5-4　蒸汽的 $T\text{-}s$ 图

如果用 $p\text{-}v$ 图和 $T\text{-}s$ 图对蒸汽热力过程的功量和热量进行定量计算，则需计算过程线下的面积，这很不方便。而在以 h 和 s 为纵横坐标的焓熵图（$h\text{-}s$ 图）上，技术功为零的热力过程的热量和绝热过程的技术功均可用线段 Δh 来表示，从而大大方便了计算，并能直观、清晰地反映蒸汽的热力过程。因此，蒸汽的 $h\text{-}s$ 图（附录 B-5）成为工程上广泛使用的一个重要的定量计算用图。用于制冷工质定量计算的图主要是压焓图（$p\text{-}h$ 图），见附录 B-2~附录 B-4。

如图 5-5 所示，蒸汽的 $h\text{-}s$ 图同 $p\text{-}v$ 图和 $T\text{-}s$ 图一样，也有上、下界线和临界点，此外还有定压线簇、定温线簇、定容线簇和定干度线簇。

对于 $h\text{-}s$ 图的定压线，根据热力学第一定律和热力学第二定律，可以推导得到 $(\partial h/\partial s)_p = T$。在湿蒸汽区，定压时温度 T 不变，故定压线在湿蒸汽区是斜率为常数的直线。在过热蒸汽区，定压线的斜率随着温度的增加而增加，故定压线为向上翘的曲线。

定温线在湿蒸汽区即定压线，在过热蒸汽区是较定压线平坦的曲线。

定容线无论在湿蒸汽区还是在过热蒸汽区，都是比定压线陡的斜率为正的曲线。在实用的 $h\text{-}s$ 图中，定容线常用红线标出（附录 B-5），以资识别。

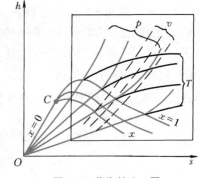

图 5-5　蒸汽的 $h\text{-}s$ 图

蒸汽动力机（汽轮机、蒸汽机）中应用的水蒸气多为干度较高的湿蒸汽和过热蒸汽，因此在实用的 $h\text{-}s$ 图（附录 B-5）中，仅绘出如图 5-5 方框内的过热蒸汽和干度较高的湿蒸汽区。当计算分析涉及未饱和水和干度较低的湿蒸汽时，则应辅以水蒸气热力性质表。

随着计算机的广泛应用，适用于水蒸气和其他蒸气的计算机程序已被科技工作者开发出来，有兴趣的读者可参阅参考文献 [11]。

根据已知的蒸汽状态参数，可以利用蒸汽热力性质图表确定其状态和其余状态参数。例如，已知水蒸气的压力为9MPa，温度为500℃，在$h\text{-}s$图上由9MPa的定压线和500℃定温线交点可知该状态是过热蒸汽，其$h=3385$kJ/kg。利用未饱和水与过热蒸汽表可进行同样查算。

例5-1 利用水蒸气热力性质图表，按题目要求确定下列各状态的状态参数值：

1）$t=100℃$，$h=2200$kJ/kg，查表求s值。

2）$p=8.0$MPa，$t=532℃$，查图求h值，再利用表求此参数。

3）$p=5.0$MPa，$t=262℃$，查表求s值。

解 1）由饱和水与饱和水蒸气热力性质表（附录A-6a）知：

$t=100℃$时，$h'=419.06$kJ/kg，$h''=2675.71$kJ/kg。由$h'<h<h''$知，该蒸汽状态是湿蒸汽。根据式（5-8）得

$$x=\frac{h-h'}{h''-h'}=\frac{(2200-419.06)\text{kJ/kg}}{(2675.71-419.06)\text{kJ/kg}}$$
$$=0.789$$

查饱和水与饱和水蒸气热力性质表知

$$s'=1.3069\text{kJ/(kg·K)},s''=7.3545\text{kJ/(kg·K)}$$

故
$$s=xs''+(1-x)s'$$
$$=0.789×7.3545\text{kJ/(kg·K)}+(1-0.789)×1.3069\text{kJ/(kg·K)}$$
$$=6.0785\text{kJ/(kg·K)}$$

2）查水蒸气的$h\text{-}s$图，8.0MPa的定压线与532℃的定温线（图中标示的为530℃和540℃两定温线之间）交点所示的比焓值$h=3478$kJ/kg。

查未饱和水与过热蒸汽热力性质表（附录A-7），在$p=8.0$MPa下对应$t_1=500℃$和$t_2=600℃$的比焓值分别为$h_1=3397.0$kJ/kg和$h_2=3639.2$kJ/kg。利用线性内插法计算得$h=3474.5$kJ/kg。

3）查未饱和水与过热蒸汽热力性质表知，$p=5.0$MPa，$t=262℃$的状态处于250℃和300℃之间。在250℃和300℃间的粗线是未饱和水与过热蒸汽的分界线。$t=250℃$和$t=300℃$的状态分属未饱和水与过热蒸汽两个状态，中间还有三个状态，因而不能用$t=250℃$和$t=300℃$的s值进行内插。由于$t=262℃<t_s=263.98℃$，其状态属于未饱和水，因此，应该用$t=250℃$的熵与饱和水的熵进行内插。

查表：$p=5.0$MPa，有

$$t_1=250℃时，s_1=2.7901\text{kJ/(kg·K)}$$
$$t_s=263.98℃时，s'=2.9200\text{kJ/(kg·K)}$$

$$s=s_1+\frac{t-t_1}{t_s-t_1}(s'-s_1)$$
$$=2.7901\text{kJ/(kg·K)}+\frac{262-250}{263.98-250}×(2.9200-2.7901)\text{kJ/(kg·K)}$$
$$=2.902\text{kJ/(kg·K)}$$

讨论：

1）湿蒸汽状态参数 v、h 和 s 等的求取，需知道干度 x。若干度 x 未知，则需通过已知参数先求得 x，如本题第 1 问的计算。

2）通过本题第 2 问的查算说明：查 h-s 图简单、方便，但所得结果精度相对较低。查表结果精确（本题用了教学用表，如果采用实际工程用表数据将更精确），但由于要进行多次线性内插，比较繁琐。

3）本题第 3 问的查算过程说明了未饱和水与过热蒸汽热力性质表头上饱和水与饱和蒸汽参数的用途。

第三节　蒸气的热力过程

蒸气热力过程分析、计算的目的和理想气体一样，在于实现预期的能量转换和获得预期的工质的热力状态。由于蒸气热力性质的复杂性，第四章叙述过的理想气体的状态方程和理想气体热力过程的解析公式均不能使用。蒸气热力过程的分析与计算只能利用热力学第一定律和第二定律的基本方程，以及蒸气热力性质图表。其一般步骤如下：

1）由已知初态的两个独立参数（如 p、T），在蒸气热力性质图表上查算出其余各初态参数之值。

2）根据过程特征（定压、定熵等）和末态的一已知参数（如终压或终温等），由蒸气热力性质图表查取末态状态参数值。

3）由查算得到的初、末态参数，应用热力学第一定律和第二定律的基本方程计算 q、w（w_t）、Δh、Δu 和 Δs 等。

在实际工程应用中，定压过程和绝热过程是蒸气的主要和典型的热力过程。

一、定压过程

蒸气的加热（如锅炉中水和水蒸气的加热）和冷却（如冷凝器中蒸气的冷却冷凝）过程，在忽略流动压损的条件下均可视为定压过程。对于定压过程，当过程可逆时有

$$w = \int_1^2 p \mathrm{d}v = p(v_2 - v_1)$$

$$w_t = 0$$

$$q = \Delta h$$

二、绝热过程

蒸气的膨胀（如水蒸气经汽轮机膨胀对外做功）和压缩（如制冷压缩机中对制冷工质的压缩）过程，在忽略热交换的条件下可视为绝热过程，有

$$q = 0$$

$$w = -\Delta u$$

$$w_t = -\Delta h$$

在可逆条件下是定熵过程

$$\Delta s = 0$$

例 5-2 汽轮机进口水蒸气的参数为：$p_1 = 15\text{MPa}$、$t_1 = 550℃$，水蒸气在汽轮机中进行绝热可逆膨胀至 $p_2 = 0.004\text{MPa}$，试求：

1）进口蒸汽的过热度。

2）单位质量蒸汽流经汽轮机对外所做的功。

解 1）查饱和水与饱和蒸汽热力性质表（附录 A-6）得

$$p_1 = p_{s1} = 15\text{MPa 时}，t_{s1} = 342.06℃$$

进口蒸汽过热度

$$D = t_1 - t_{s1} = (550 - 342.06)℃ = 207.94℃$$

2）由 $p_1 = 15\text{MPa}$，$t_1 = 550℃$ 查表（附录 A-7）得

$$h_1 = 3448.3\text{kJ/kg}，s_1 = 6.5195\text{kJ/(kg · K)}$$

由 $p_2 = 0.004\text{MPa}$，查表得饱和参数：

$$h_2' = 121.3\text{kJ/kg},\ h_2'' = 2553.45\text{kJ/kg},\ s_2' = 0.4221\text{kJ/(kg · K)}\quad s_2'' = 8.4725\text{kJ/(kg · K)}$$

由于 $s_2 = s_1 = 6.5195\text{kJ/(kg · K)}$，则有

$$x_2 = \frac{s_2 - s_2'}{s_2'' - s_2'} = \frac{6.5195 - 0.4221}{8.4725 - 0.4221} = 0.7574$$

$$h_2 = h_2' + (h_2'' - h_2')x_2 = [121.3 + (2553.45 - 121.3) \times 0.7574]\text{kJ/kg} = 1963.4\text{kJ/kg}$$

由热力学第一定律稳定流动能量方程

$$q = \Delta h + \frac{1}{2}\Delta c^2 + g\Delta z + w_{\text{sh}}$$

化简得

$$w_{\text{sh}} = -\Delta h = h_1 - h_2$$
$$= 3448.3\text{kJ/kg} - 1963.4\text{kJ/kg} = 1484.9\text{kJ/kg}$$

讨论：

通过本题求解可以看出蒸气热力过程的求解步骤。求解中末态参数的确定按过程是定熵的特征和终压 p_2 查取。因此，蒸气热力过程求解的关键是掌握过程的特征和熟练运用蒸气热力性质图表。

本章小结

本章以水蒸气定压下的发生过程为例，介绍了蒸气的热力性质。它可以归纳为一点、二线、三区、五状态。

一点：临界状态点，仅随工质而异。

二线：饱和蒸气线（上界线）和饱和液线（下界线）。

三区：未饱和液区、湿蒸气区和过热蒸气区。

五状态：未饱和液、饱和液、湿蒸气、饱和蒸气与过热蒸气。

蒸气热力性质计算要通过查蒸气热力性质图表来解决。根据蒸气五种状态的计算特点，蒸气热力性质表分为饱和液与饱和蒸气表、未饱和液与过热蒸气表。用于定性分析的蒸气热

力性质图是 $p\text{-}v$ 图和 $T\text{-}s$ 图，用于定量计算的蒸气热力性质图是 $h\text{-}s$ 图。

蒸气的热力过程也要借助蒸气热力性质图表，利用第一定律的能量方程和第二定律的熵增原理进行能量传递与转换的分析计算和过程的不可逆性的分析计算。

通过本章学习，要求读者：

1）掌握蒸气的热力性质特点，能正确熟练利用蒸气热力性质图表进行蒸气热力性质的计算。

2）掌握蒸气热力过程分析计算的步骤，能正确使用蒸气热力性质图表进行蒸气热力过程的分析计算。

思考题

5-1　对于定压过程，无论什么工质恒有 $q = \int_1^2 c_p \mathrm{d}T$。水蒸气在定压汽化时，温度不变，$\mathrm{d}T = 0$，因此水蒸气定压汽化时 $q = \int_1^2 c_p \mathrm{d}T = 0$。这一结果错在何处？

5-2　根据比热容 $c_p = \left(\dfrac{\partial h}{\partial T}\right)_p$，故定压过程有 $\Delta h = \int_1^2 c_p \mathrm{d}T$，水蒸气在定压汽化时，温度不变，$\mathrm{d}T = 0$，因此水蒸气定压汽化过程的 $\Delta h = \int_1^2 c_p \mathrm{d}T = 0$。这一结果错在何处？

5-3　干度是如何定义的？在求取蒸气的什么状态的参数时需要用到它？

5-4　有没有 400℃ 的液态水？为什么？

5-5　水的三相点的 p、v 和 T 是否是唯一的？水的临界点的 p、v 和 T 是否是唯一的？

5-6　水蒸气在定温过程中是否满足 $q = w$ 的关系？

5-7　蒸气的饱和线在 $p\text{-}v$ 图和 $T\text{-}s$ 图上有何不同？

5-8　蒸气热力过程的计算步骤是什么？为什么没有类似理想气体热力过程的计算公式？

习题

5-1　试根据热力学第一定律和第二定律，推导水蒸气的 $h\text{-}s$ 图中定压线的斜率为

$$\left(\frac{\partial h}{\partial s}\right)_p = T$$

5-2　湿饱和蒸汽的 $p = 0.9\mathrm{MPa}$，$x = 0.85$，试由水蒸气表求 t_s、h、v、s 和 u。

5-3　过热蒸汽的 $p_1 = 3.0\mathrm{MPa}$，$t = 425℃$，根据水蒸气表求 v、h、s、u 和过热度，再用 $h\text{-}s$ 图求上述参数。

5-4　开水房烧开水用 $p = 0.1\mathrm{MPa}$、$x = 0.86$ 的蒸汽与 $t = 20℃$ 同压下的水混合，欲得 5t 的开水，需要多少蒸汽和水？

5-5　已知水蒸气 $p = 0.2\mathrm{MPa}$，$h = 1300\mathrm{kJ/kg}$，试求其 v、t 和 s。

5-6　1kg 蒸汽，$p_1 = 2.0\mathrm{MPa}$，$x_1 = 0.95$，定温膨胀至 $p_2 = 0.1\mathrm{MPa}$，求末态 v、s、h 及过程中对外所做的膨胀功。

5-7　汽轮机的进口蒸汽参数为 $p_1 = 3.0\mathrm{MPa}$，$t_1 = 435℃$。若经可逆绝热膨胀至 $p_2 = 0.005\mathrm{MPa}$，蒸汽流量为 4.0kg/s，求汽轮机的理想功率。

5-8　一刚性容器的容积为 $0.3\mathrm{m}^3$，其中五分之一为饱和水，其余为饱和蒸汽，容器中初压为 0.1MPa。

欲使饱和水全部汽化，需加入多少热量？末态压力为多少？若热源温度为 500℃，试求不可逆温差传热的有效能损失。设环境温度为 27℃。

5-9 容积为 0.36m³ 的刚性容器中储有 $t = 350℃$ 的水蒸气，其压力表读数为 100kPa。现容器对环境散热使压力下降到压力表读数为 60kPa。设环境温度为 20℃，大气压力为 0.1MPa。试：

1）确定初始状态是什么状态。

2）求水蒸气末态温度。

3）求过程放出的热量和放热过程的有效能损失。

5-10 在真空度为 96kPa，干度为 $x = 0.88$ 湿蒸汽状态下，汽轮机的乏汽进入冷凝器，被定压冷却凝结为饱和水。试计算乏汽体积是饱和水体积的多少倍，以及每千克乏汽在冷凝中放出的热量。设大气压力为 0.1MPa。

5-11 一刚性绝热容器内刚性隔板将容器分为容积相等的 A、B 两部分。设 A 的容积为 0.16m³，内盛有压力为 1.0MPa、温度为 300℃ 的水蒸气。B 为真空。抽掉隔板后蒸汽自由膨胀达到新的平衡态。试求末态水蒸气的压力、温度和自由膨胀引起的不可逆有效能损失。设环境温度为 20℃，并假设蒸汽的该自由膨胀满足 $pv = $ 常数。

5-12 利用空气冷却蒸汽轮机乏汽的装置称为干式冷却器。若流经干式冷却器的空气入口温度为环境温度 $t_1 = 20℃$，出口温度为 $t_2 = 35℃$。进入冷却器乏汽的压力为 7.0kPa，干度为 0.86，出口为相同压力的饱和水。设乏汽流量为 220t/h，空气进出口压力不变，比热容为定值。试求：

1）流经干式冷却器的空气流量。

2）空气流经干式冷却器的焓增量和熵增量。

3）乏汽流经干式冷却器的熵变以及不可逆传热引起的熵产。

5-13 $p_1 = 9.0MPa$、$t_1 = 500℃$ 的水蒸气进入汽轮机中做绝热膨胀，终压为 $p_2 = 5.0kPa$。汽轮机相对内效率为

$$\eta_T = \frac{h_1 - h_2}{h_1 - h_{2s}} = 0.86$$

式中，h_{2s} 为定熵膨胀到 p_2 时的比焓。试求：

1）每千克蒸汽所做的轴功。

2）由于不可逆引起的熵产，并表示在 T-s 图上。

5-14 温度为 35℃ 的 R134a 的饱和液经节流阀后温度下降到 -10℃，节流后的 R134a 是什么状态？压力为多少？节流过程的㶲损失为多少？并在 T-s 图上表示出该过程。

5-15 压力为 200kPa 的 R134a 干饱和蒸气经可逆绝热压缩过程至 1.2MPa，试求压缩单位质量 R134a 所消耗的技术功。

第六章

湿空气

湿空气是指含有水蒸气的空气，而干空气是指完全不含水蒸气的空气，显然湿空气是干空气和水蒸气的混合物。与前述理想气体混合物不同，湿空气中的水蒸气在一定条件下会发生集态变化：湿空气中的蒸汽可以凝聚成液态或固态；环境中的水可以蒸发到空气中去。工业中的许多过程，如空气的温度湿度调节，木材、纺织品等的干燥，冷却塔中水的冷却过程，都涉及湿空气的计算。为此，有必要对湿空气进行研究。

工程中的湿空气多处于大气压力 p_b 下，故研究时可做如下假设：

1）气相混合物作为理想气体混合物。

2）干空气不影响水蒸气与其凝聚相的相平衡。

3）当水蒸气凝结成液相或固相时，液相或固相中不含有溶解的空气。

这些假设简化了湿空气的分析和计算，而计算精度足以满足工程上的要求。在下面的讨论中分别用下标 a 和 v 表示干空气和水蒸气的参数。

湿空气中水蒸气的分压力 p_v 通常低于其温度（即湿空气温度）所对应的饱和压力 p_s，处于过热蒸汽状态，如图 6-1 中 A 点所示。这种湿空气称为未饱和空气。未饱和空气具有吸收水分的能力。

如果湿空气温度 t 不变，增加湿空气中水蒸气含量使其分压力增加，当水蒸气分压力 p_v 达到其温度所对应的饱和压力 p_s 时，水蒸气达到了饱和蒸汽状态，如图 6-1 中的 B 点。这时的湿空气称为饱和空气。由于饱和空气中水蒸气与环境中液相水达到了相平衡，即蒸汽含量达到了最大值，故不再具有吸收水分的能力。

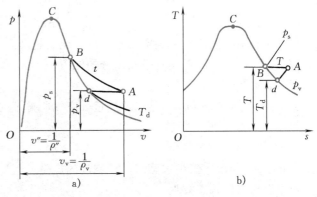

图 6-1 湿空气中水蒸气的 p-v 图和 T-s 图

第一节 湿空气的状态参数

一、露点温度

对于未饱和空气，在保持湿空气中水蒸气分压力 p_v 不变的条件下，若降低湿空气的温度，可使水蒸气从过热状态达到饱和状态 d，如图 6-1 中的 A—d，状态点 d 所对应的湿空气

▶▶▶▶▶▶▶▶

状态称为湿空气的露点。露点所处的温度称为露点温度，用 T_d 或 t_d 表示，显然它是湿空气中水蒸气分压力对应的饱和温度。在湿空气温度一定的条件下，露点温度越高，说明湿空气中水蒸气分压力越高，水蒸气含量越多，湿空气越潮湿；反之，湿空气越干燥。因此，湿空气露点温度的高低可以说明湿空气的潮湿程度。

湿空气达到露点后如再冷却，就会有水滴析出，形成所谓的"露珠""露水"。这种现象在夏末秋初的早晨，经常在植物叶面等物体表面看到。

二、相对湿度

前已述及，未饱和湿空气具有吸收水分的能力，饱和湿空气不具有吸收水分的能力。而且，未饱和湿空气中水蒸气的分压力 p_v 低于其温度（即湿空气温度）下饱和湿空气中水蒸气的饱和压力 p_s。显然，未饱和湿空气中水蒸气的分压力 p_v 越高，越接近饱和湿空气，就越潮湿；反之，未饱和湿空气中水蒸气的分压力 p_v 越低，就越干燥。因此，空气的潮湿程度就用饱和湿空气中水蒸气的分压力 p_v 与相同温度饱和湿空气中水蒸气的饱和压力 p_s 之比来表示，称为相对湿度 φ

$$\varphi = \frac{p_v}{p_s} \tag{6-1}$$

根据上式和理想气体状态方程

$$p_v = \rho_v R_g T, \quad p_s = \rho_s R_g T$$

可以推得

$$\varphi = \frac{\rho_v}{\rho_s} \tag{6-2}$$

显然，相对湿度越小，湿空气越干燥；反之越潮湿。当相对湿度 $\varphi = 100\%$ 时，湿空气已达到饱和空气状态，不再具有吸收水分的能力。

三、含湿量（比湿度）

含湿量 d［kg/kg（a）］是单位质量干空气所携带的水蒸气的质量，即

$$d = \frac{m_v}{m_a} \tag{6-3}$$

式中，m_v、m_a 为湿空气中水蒸气、干空气的质量。

根据理想气体状态方程

$$m_v = \frac{p_v V M_v}{RT}, \quad m_a = \frac{p_a V M_a}{RT}$$

式中，$M_v = 18.06\text{g/mol}$，$M_a = 28.97\text{g/mol}$，分别是水蒸气和干空气的摩尔质量。将上两式代入式（6-3）得

$$d = \frac{M_v p_v}{M_a p_a} = \frac{18.06 p_v}{28.97 p_a} = 0.622 \frac{p_v}{p_a}$$

由道尔顿分压定律，湿空气压力 p_b 为

$$p_b = p_v + p_a$$

故有

$$d = 0.622 \frac{p_v}{p_b - p_v} \tag{6-4}$$

将式 (6-1) 代入式 (6-4) 得

$$d = 0.622 \frac{\varphi p_s}{p_b - \varphi p_s} \tag{6-5}$$

四、比焓

湿空气是干空气和水蒸气的混合物，因而湿空气的焓是干空气和水蒸气的焓之和，即

$$H = m_a h_a + m_v h_v$$

式中，h_a、h_v 为湿空气中干空气、水蒸气的比焓。

考虑到在湿空气的热力过程中仅干空气的量是常量，故湿空气的比焓是相对于单位质量干空气的焓 [kJ/kg（a）]。

$$h = \frac{H}{m_a} = h_a + d h_v \tag{6-6a}$$

取 0℃时干空气的焓值为零，则任意温度 t 的干空气比焓

$$h_a = c_{p,a} t$$

式中，$c_{p,a}$ 为干空气的比定压热容，$c_{p,a} = 1.005 \text{kJ/(kg·K)}$。水蒸气的比焓可近似用下式计算

$$h_v = h_{v,0} + c_{p,v} t$$

式中，$h_{v,0}$ 为 0℃时干饱和蒸汽的比焓，$h_{v,0} = 2501 \text{kJ/kg}$；$c_{p,v}$ 为水蒸气处于理想气体状态下的比定压热容，$c_{p,v} = 1.86 \text{kJ/(kg·K)}$。因此，湿空气的比焓为

$$h = 1.005t + d(2501 + 1.86t) \tag{6-6b}$$

例 6-1 设大气压力为 0.1MPa，温度为 30℃，相对湿度 φ 为 40%，试求湿空气的露点温度、含湿量及比焓。

解 1）由 $t = 30℃$，查水蒸气表得 $p_s = 4.2451 \text{kPa}$，则

$$p_v = \varphi p_s = 0.4 \times 4.2451 \text{kPa} = 1.698 \text{kPa}$$

由 $p_v = 1.698 \text{kPa}$，查水蒸气表得 $t_s = 14.3℃$。则露点温度

$$t_d = t_s = 14.3℃$$

2）含湿量为

$$d = 0.622 \frac{p_v}{p_b - p_v} = 0.622 \times \frac{1.698}{1.0 \times 10^2 - 1.698} \text{kg/kg（a）}$$

$$= 10.7 \times 10^{-3} \text{kg/kg（a）}$$

3）比焓为

$$h = 1.005t + d(2501 + 1.86t)$$

$$= 1.005 \times 30 \text{kJ/kg（a）} + 10.7 \times 10^{-3} \times (2501 + 1.86 \times 30) \text{kJ/kg（a）}$$

$$= 57.51 \text{kJ/kg（a）}$$

讨论：

1）虽然湿空气中水蒸气分压力低，可以作为理想气体处理，但在涉及求湿空气中水蒸气分压力、湿空气的露点温度等参数时，仍离不开水蒸气热力性质表。

2）本题求取露点温度时两次用到饱和水与饱和蒸汽表：第一次是由湿空气温度查取水蒸气的饱和压力，然后由相对湿度计算湿空气中水蒸气的分压力；第二次是根据露点温

度的定义，以湿空气中水蒸气的分压力作为饱和压力查取所对应的饱和温度，此饱和温度即湿空气的露点温度。这也表明了利用水蒸气热力性质表求取露点温度的方法和步骤。

第二节　干湿球温度计和焓湿图（$h\text{-}d$ 图）

一、干湿球温度计

湿空气含湿量和焓的计算，均涉及相对湿度 φ。工程上湿空气的相对湿度用干湿球温度计测量。

干湿球温度计是两支相同的普通玻璃管温度计，如图 6-2 所示。一支用浸在水槽中的湿纱布包着，称为湿球温度计；另一支即普通温度计，相对前者称为干球温度计。将干湿球温度计放在通风处，使空气掠过两支温度计。干球温度计所显示的温度 t 即湿空气的温度，称为干球温度；湿球温度计的读数为湿球温度 t_w。由于湿布包着湿球温度计，当空气是未饱和空气时，湿布上的水分就要蒸发，水蒸发需要吸收汽化热，从而使纱布上的水温下降。当温度下降到一定程度时，周围空气传给湿纱布的热量正好等于水蒸发所需要的热量，此时湿球温度计的温度维持不变，这就是湿球温度 t_w。因此，湿球温度 t_w 与水的蒸发速度及周围空气传给湿纱布的热量有关，这两者又都与相对湿度 φ 和干球温度 t 有关，亦即相对湿度 φ 与 t_w 和 t 存在一定函数关系

$$\varphi = \varphi\left(t_w, t\right)$$

在测得 t_w 和 t 后，可通过附在干湿球温度计上的或其他 $\varphi = \varphi\left(t_w, t\right)$ 列表函数查得 φ。

工程和生活中还有电子式和机械指针式湿度计，用于测量相对湿度 φ。电子式湿度计是将湿度敏感材料涂敷在电子元件的表面或复合进元件中制成湿度传感器。当湿度变化时，传感器的电流或电压发生变化，通过电路将电信号变成温度和相对湿度的数值，显示在电子屏幕上。机械指针湿度计是利用湿敏元件能随空气湿度的变化而改变其长度的特性，通过长度变化产生的位移来驱动指针轴，使指针在表盘上移动，从而实现对相对湿度的测量。

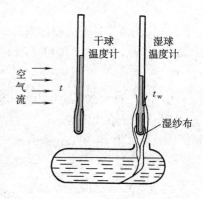

图 6-2　干湿球温度计

二、湿空气的焓湿图（$h\text{-}d$ 图）

为了方便计算，工程上常采用湿空气的状态参数坐标图确定湿空气的状态及其参数，并对湿空气的热力过程进行分析计算。最常用的状态参数坐标图是焓湿图（$h\text{-}d$ 图）。

焓湿图是以式（6-2）~式（6-4）等公式为基础，针对某确定大气压力 p_b 绘制的。大气压力不同图不同，使用时应选用与当地大气压力相符（或基本相符）的 $h\text{-}d$ 图。焓湿图的纵坐标是比焓 h，横坐标是含湿量 d。为使图形清晰，等焓线为一系列与纵坐标成 135° 夹角的平行线。除等焓线簇与等含湿量线簇外，焓湿图上还有等干球温度线（等温线）簇、等相对湿度线簇，以及水蒸气的等分压力线簇，如图 6-3 所示。有些图上还绘制有等容线簇和等湿球温度线簇。

等温线簇是一簇互相不平行向右稍发散的直线。这是因为：根据式（6-6b），当 t = 常数

时，比焓 h 与含湿量 d 为线性关系，且对应不同的 t，有不同的斜率。

等相对湿度线簇为一组向上凸的曲线。等 φ 线的值从上向下逐渐增加直至 $\varphi = 100\%$。$\varphi = 100\%$ 的线为饱和空气线，也是对应不同水蒸气分压力的露点线。

根据式(6-4)，水蒸气确定的分压力对应一定的含湿量，故水蒸气的等分压力线亦即对应的等含湿量线，数值可标在图上方的横坐标上；或者根据式(6-4)在图右下角绘出 $p_v = p_v(d)$ 的关系曲线，在图右边的纵坐标上标出相应的分压力值，如图6-3所示。

选用和当地大气压力相符（或基本相符）的 h-d 图，根据已知的湿空气两独立参数可在图上确定湿空气的状态和查取其他状态参数。

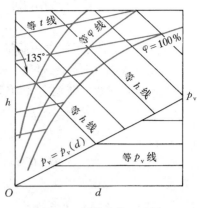

图6-3　湿空气的 h-d 图

第三节　湿空气的基本热力过程及工程应用

在湿空气的热力过程中，由于湿空气中的水蒸气常发生集态变化致使湿空气的质量发生变化，因此计算分析中除要应用能量方程外，还要用到质量守恒方程。湿空气的热力过程分析也是焓湿图应用的一个重要方面。

工程上种种复杂的湿空气热力过程常是几种基本热力过程的组合，为此下面介绍几种典型的湿空气的基本热力过程。

一、加热（或冷却）过程

对湿空气单独地加热或冷却的过程，是含湿量保持不变的过程，如图6-4中的过程1—2(加热)和1—2′(冷却)所示。在加热过程中，湿空气的温度升高，焓增加而相对湿度减少；冷却过程与加热过程正好相反。对于图6-4所示的加热（或冷却）系统，若进出口湿空气的比焓、水蒸气量和干空气量分别为 h_1、h_2、m_{v1}、m_{v2} 和 m_{a1}、m_{a2}，由于过程含湿量不变，则有

$$m_{v1} - m_{v2} = 0$$

$$m_{a1} = m_{a2} = m_a$$

由

$$Q = H_2 - H_1$$

得单位质量干空气吸收（或放出）的热量 [kJ/kg(a)] 为

$$q = h_2 - h_1 \tag{6-7}$$

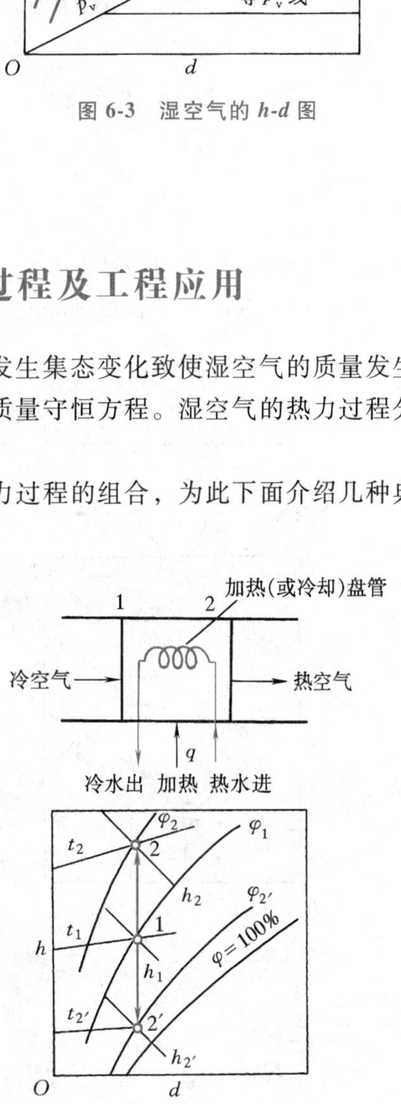

二、冷却去湿过程

在湿空气的冷却过程中，如果湿空气被冷却到露点以下时，就有蒸汽凝结和水滴析出，如图6-5所示的过程1—2。水蒸气的凝结致使湿空气的含湿量减少，从而有

$$m_w = m_{v1} - m_{v2} = m_a(d_1 - d_2) \tag{6-8}$$

图6-4　湿空气的加热（或冷却）过程

$$Q = (H_2 + H_w) - H_1 = m_a(h_2 - h_1) + m_w h_w$$

则
$$q = (h_2 - h_1) - (d_2 - d_1)h_w \tag{6-9}$$

式中，m_w、h_w 分别为凝结水的质量和比焓，$h_w = h'(t_2) \approx 4.187t_2$。

三、绝热加湿（加水）过程

物品的干燥过程对于湿空气而言是一加湿过程。这一加湿过程通常是在绝热条件下进行的，故称为绝热加湿过程。绝热加湿过程中湿空气的含湿量增加，从而有

$$m_{v2} - m_{v1} = m_w = m_a(d_2 - d_1) \tag{6-10}$$

由
$$Q = H_2 - (H_1 + H_w) = m_a(h_2 - h_1) - m_w h_w = 0$$

得
$$h_2 - h_1 = (d_2 - d_1)h_w \tag{6-11a}$$

式中，h_w 为加入水分的比焓值。

由于水的比焓值 h_w 不大，$d_2 - d_1$ 之值很小，则 $(d_2 - d_1)h_w$ 相对于 h_2 和 h_1 可以忽略不计，故有

$$h_2 - h_1 \approx 0 \quad 或 \quad h_2 \approx h_1 \tag{6-11b}$$

因此，湿空气的绝热加湿过程可近似看作是湿空气焓值不变的过程，如图 6-6 所示。在绝热加湿过程中，含湿量 d 和相对湿度 φ 增大，温度 t 降低。

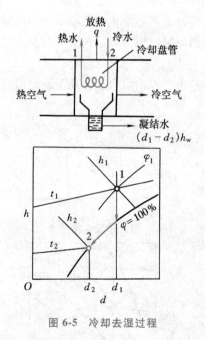

图 6-5 冷却去湿过程

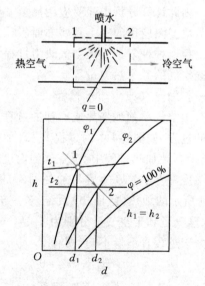

图 6-6 绝热加湿过程

四、工程应用

实际工程中湿空气的热力过程或者是湿空气基本热力过程，或者是湿空气基本热力过程的组合。例如，冬天房间取暖就是湿空气的加热过程，夏天使用空调就是湿空气的冷却或冷却去湿过程，而物品的烘干过程则是利用未饱和湿空气吸收物品水分的过程。为提高湿空气的吸收水分的能力，通常在吸湿前先对湿空气加热（在相对湿度较大的地区，有时还在加热湿空气前，先通过冷却去湿将湿空气中的水分去掉一部分），因此烘干的全过程包括湿空气的冷却去湿加热过程和绝热加湿过程，如图 6-7 和图 6-8 所示。

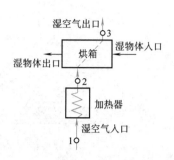

图 6-7　烘干过程装置示意图

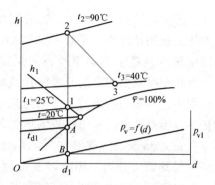

图 6-8　烘干过程在 h-d 图上的表示

例 6-2 将压力为 100kPa、温度为 25℃ 和相对湿度 60% 的湿空气在加热器中加热到 50℃，然后送进干燥箱用以烘干物体。从干燥箱出来的空气温度为 40℃，试求在该加热及烘干过程中，每蒸发 1kg 水分所消耗的热量。

解 根据题意，由 $t_1 = 25℃$、$\varphi_1 = 60\%$ 在 h-d 图上查得

$$h_1 = 56\text{kJ/kg(a)}, \quad d_1 = 0.012\text{kg/kg(a)}$$

加热过程含湿量不变，$d_2 = d_1$，由 d_2 及 $t_2 = 50℃$ 查得

$$h_2 = 82\text{kJ/kg(a)}$$

空气在干燥箱内经历的是绝热加湿过程，有 $h_3 = h_2$，由 h_3 及 $t_3 = 40℃$ 查得

$$d_3 = 0.016\text{kg/kg(a)}$$

根据上述各状态点参数，可计算得每千克干空气吸收的水分和所耗热量。

$$\Delta d = d_3 - d_2 = d_3 - d_1$$
$$= 0.016\text{kg/kg(a)} - 0.012\text{kg/kg(a)}$$
$$= 0.004\text{kg/kg(a)}$$
$$q = h_2 - h_1 = 82\text{kJ/kg(a)} - 56\text{kJ/kg(a)} = 26\text{kJ/kg(a)}$$

蒸发 1kg 水蒸气所需干空气量为

$$m_a = \frac{1}{\Delta d}\text{kg} = \frac{1}{0.004}\text{kg} = 250\text{kg}$$

$$Q = m_a q = 250 \times 26\text{kJ} = 6.5 \times 10^3 \text{kJ}$$

讨论：

1）物体的烘干过程是工程上一典型的湿空气的热力过程，它可以是湿空气加热和绝热加湿等基本热力过程的组合。其他工程上的湿空气过程也多是不同基本热力过程的组合。因此，像本题一样，湿空气的基本热力过程的分析计算是实际工程过程分析计算的基础。

2）湿空气热力过程的计算分析，同其他工质的热力过程计算分析一样，离不开状态参数的求取。湿空气的状态参数可以用与例 6-1 类似的解析方法求取，亦可像本题一样查 h-d 图。从例 6-1 和本题比较不难发现，查 h-d 图求取湿空气状态参数不但简单、方便，而且还能将热力过程清晰、直观地表示在图上。读者不妨试将本题的热力过程表示在 h-d 图上。

在火力发电厂和化工厂中，常常利用冷却塔实现湿空气冷却工业用循环水，装置示意图如图6-9所示。在冷却塔中热水从塔上部向下喷淋，湿空气由塔下部进入，在浮升力（双曲线自然通风塔）或风机（机力通风塔）作用下，在塔内由下而上流动与热水接触，进行复杂的传热、传质过程，从而使进入塔内的热水冷却。由于湿空气被加热加湿，故湿空气的温度和相对湿度增大，湿空气到达塔顶时，相对湿度可接近100%，即接近饱和湿空气状态。为了使湿空气和热水充分接触，在塔内热水槽下的中部装有溅水碟和填料。冷却塔内热水

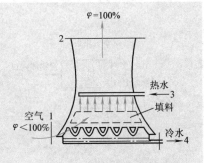

图6-9 冷却塔装置示意图

和湿空气的流动、传热和传质过程，不但涉及热力学问题，而且涉及流体力学和传热学问题，十分复杂。仅就湿空气的热力学问题，可以通过湿空气和热水的质量和能量守恒进行分析、求解，下面通过例题进行说明。

例6-3 如图6-9所示，进入冷却塔的热水温度为 $t_3 = 30℃$，流量为 $q_{m,w3} = 200t/h$。进入冷却塔的湿空气温度为 $t_1 = 15℃$，相对湿度为 $\varphi_1 = 60\%$，排出冷却塔的湿空气为温度为 $t_2 = 25℃$ 的饱和湿空气。设大气压力为 0.1MPa，要求离开冷却塔的冷水的温度为 $t_4 = 15℃$。试计算：

1）需要供给的干空气量和湿空气量。

2）由于水蒸发造成的水量损失。

解 取水的比热容为 $c_w = 4.186kJ/(kg·K)$，则有

$$h_3 = c_w t_3 = 4.186×30kJ/kg = 125.58kJ/kg$$

$$h_4 = c_w t_4 = 4.186×15kJ/kg = 62.79kJ/kg$$

查 h-d 图得

$$h_1 = 31.5kJ/kg(a), \quad d_1 = 0.0064kg/kg(a)$$

$$h_2 = 77kJ/kg(a), \quad d_2 = 0.021kg/kg(a)$$

图6-9所示的冷却塔的质量平衡方程为

$$q_{m,a}(d_2 - d_1) = q_{m,w3} - q_{m,w4}$$

能量平衡方程为

$$q_{m,a}(h_2 - h_1) = q_{m,w3}h_3 - q_{m,w4}h_4$$

联立质量与能量平衡方程有

$$q_{m,a} = \frac{q_{m,w3}(h_3 - h_4)}{(h_2 - h_1) - h_4(d_2 - d_1)}$$

$$= \frac{200×10^3×(125.58 - 62.79)}{(77 - 31.5) - 62.79×(0.021 - 0.0064)}kg/h$$

$$= 281.6×10^3 kg/h$$

所需的湿空气量为

$$q_{m1} = q_{m,a} + q_{m,v1} = q_{m,a}(1 + d_1)$$

$$= 281.6×10^3×(1 + 0.0064)kg/h = 283.4×10^3 kg/h$$

由于蒸发造成的水量损失为

$$q_{m,\text{w3}} - q_{m,\text{w4}} = q_{m,\text{a}}(d_2 - d_1)$$

$$= 281.6 \times 10^3 \times (0.021 - 0.0064)\,\text{kg/h}$$

$$= 4.11 \times 10^3\,\text{kg/h}$$

讨论：

冷却塔内湿空气的热力过程不是湿空气基本热力过程的组合，但依然可以通过前面基本热力工程的分析方法，列出质量和能量守恒方程进行求解。

本章小结

本章讨论了湿空气的热力性质与热力过程。

湿空气是干空气和水蒸气的混合物。湿空气的状态参数有露点温度、相对湿度、含湿量（比湿度）和比焓。湿空气的状态参数可以用解析法求取，也可以用焓湿图求取。

在湿空气的状态参数中相对湿度是一个十分重要的参数，在工程和生活中它可以通过干、湿球温度计读取，也可用其他温度、湿度计读取。

在实际工程中，湿空气热力过程多为几种基本热力过程的组合。湿空气的基本热力过程有：加热（或冷却）过程，冷却去湿过程和绝热加湿过程。湿空气热力过程的求解，无论是基本热力过程，还是其他热力过程，依据的基本定律就是质量守恒定律和热力学第一定律。

通过本章学习，要求读者：

1）掌握湿空气的状态参数。

2）能对湿空气的基本热力过程进行分析计算。

思考题

6-1 为什么实际生活中陆地表面的水（江、河、湖、海等）的温度通常比环境空气的温度低？

6-2 为什么冬季室内供暖时，若不采取其他措施，空气更干燥？

6-3 为什么阴雨天洗的衣服不易干，而在晴天却容易干？

6-4 对于未饱和空气，湿球温度、露点温度和干球温度，三者哪个大？对于饱和空气呢？

6-5 "湿空气的相对湿度越高，含湿量越大"，这种说法对吗？为什么？

6-6 为什么在我国南方夏天温度虽然不太高（如 32 ~ 34℃），但却感觉很热？

6-7 在图 6-10 所示湿空气的 $h\text{-}d$ 图上，状态点 1 为较潮湿的湿空气，试设计一工程上可行的热力过程，使该湿空气成为具有较强干燥能力的状态点 2 所示的湿空气。并在 $h\text{-}d$ 图上画出所设计的热力过程。

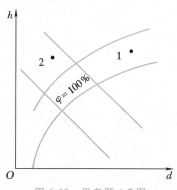

图 6-10 思考题 6-7 图

🖐 习题

6-1　设大气压力为 0.1MPa，温度为 25℃，相对湿度为 $\varphi = 55\%$，试用分析法求湿空气的露点温度、含湿量及比焓。并查 h-d 图校核之。

6-2　空气的参数为 $p_b = 0.1\text{MPa}$，$t_1 = 20℃$，$\varphi_1 = 30\%$。在加热器中加热到 $t_2 = 85℃$ 后送入烘箱去烘干物体。从烘箱出来时空气温度 $t_3 = 35℃$，试求从烘干物体中吸收 1kg 水分所消耗的干空气质量和热量。

6-3　设大气压力为 0.1MPa，温度为 30℃，相对湿度为 0.8。如果利用空气调节设备使温度降低到 10℃ 去湿，然后再加热到 20℃，试求所得空气的相对湿度和单位质量干空气在空气调节设备中所放出的热量。

6-4　一房间内空气压力为 0.1MPa，温度为 5℃，相对湿度为 80%。由于暖气加热使房间温度升至 18℃。试求供暖气后房内空气的相对湿度。

6-5　在容积为 100m³ 的封闭室内，空气的压力为 0.1MPa，温度为 25℃，露点温度为 18℃。试求室内空气的含湿量和相对湿度。若此时室内放置盛水的敞口容器，容器的加热装置使水能保持 25℃ 定温蒸发至空气达到定温下饱和空气状态。试求达到饱和空气状态下空气的含湿量和水的蒸发量。

6-6　一股空气流，压力为 0.1MPa，温度为 20℃，相对湿度为 30%，体积流量为 15m³/min。另一股空气流，压力也为 0.1MPa，温度为 35℃，相对湿度为 80%，体积流量为 20m³/min。两股空气流在绝热条件下混合，混合后压力仍为 0.1MPa。试求混合后空气的温度、相对湿度和含湿量。

6-7　大气温度为 $t_1 = 37℃$，相对湿度 $\varphi_1 = 80\%$。室内每分钟要求供应 $t_2 = 22℃$、$\varphi_2 = 55\%$ 的空气 10m³。试设计一空调方案，并计算之。

6-8　参考图 6-9，若进入冷却塔的热水温度为 $t_3 = 32℃$，流量为 $q_{m,w3} = 180\text{t/h}$。进入冷却塔的湿空气温度为 $t_1 = 17℃$，相对湿度为 $\varphi_1 = 50\%$，排出冷却塔的湿空气为温度 $t_4 = 25℃$ 的饱和湿空气。设大气压力为 0.1MPa，要求离开冷却塔的冷水的温度为 $t_4 = 20℃$。试计算：

1）需要供给的干空气量和湿空气量。

2）由于水蒸发造成的水量损失。

第三篇

热量传递的基本理论

在绪论中已提到，无论是热能的直接利用还是间接利用，都涉及热量的传递问题。为了改善热量传递过程，有效地利用热能，有必要对热量传递规律做专门研究，这正是传热学的内容。传热学是研究在温差作用下热量传递规律的一门学科。

热力学第二定律指出，凡是有温度差的地方，就有热量自发地从高温物体传向低温物体，或从物体的高温部分传向低温部分。由于温度差广泛存在于自然界和各个技术领域中，所以热量传递是非常普遍的现象，无论是在能源动力、化工制药、材料冶金、机械制造、电子电气、建筑工程、交通运输、航天航空，还是在纺织印染、农业林业、生物工程、环境保护和气象预报等部门，都存在大量的传热问题，都需要应用传热学所总结出来的规律。

在工程技术中，常见的有两类应用传热学解决的问题。一类是热设计，即设计某一传热设备，使之能达到预定的目的；另一类是热控制，即控制某一物体，使之在热影响下能满足性能要求。

工程热力学与传热学虽然都研究热现象，都以热能在传递与转换过程中的基本规律作为研究对象，但是，它们从不同角度来研究热现象，在研究内容上有很大的差别。其一，工程热力学着重研究在能量转换与传递过程中各种形式的能量在数量方面的关系及热能在质量方面的变化情况。为了实现这一能量转换或传递过程需要多少时间，在经典工程热力学中是不考虑的，可以说，经典热力学中没有"时间"的概念，是无限时间的热力学。但在传热学中，时间是一个重要的变量，在许多情况下，都致力于研究高效的热量传递方法，即特定设备能在单位时间内传递较多热量的方法。其二，工程热力学主要研究可逆过程，即热量的传递过程是在冷、热介质的温差为无限小的情况下发生的；在传热学中，为传递一定的热量所需温差的大小是其主要的研究内容之一，即传热学中所研究的一切热量传递过程都是不可逆过程。其三，工程热力学不仔细研究过程进行的不同时刻与设备的不同地点上温度的变化情况，而这却正是传热学感兴趣的问题。

总之，为使工程传热的研究达到预期效果，传热学将主要注意力集中在物体的温度分布、传递热量的多少及其所经历的时间这几个宏观量上面。所采用的方法主要有理论研究法、实验研究法和数值研究法。

热量传递规律与热能转换规律一样，也是极为复杂的。仔细分析各种热量传递过程可以看出，热量传递有三种基本方式：热传导、热对流和热辐射。实际的热量传递过程往往是两种或三种基本方式的组合。本篇着重讨论这三种方式的基本规律。

第七章

热量传递的三种基本方式简介

第一节　热量传递的三种基本方式

一、热传导

当物体内有温度差或两个不同温度的物体直接接触时，在物体各部分之间不发生相对位移的情况下，依靠物质微粒（分子、原子或自由电子等）的热运动而产生的热量传递现象称为热传导，简称导热。通常认为导热是固体中的热传递方式，实际上，在液体和气体中同样有导热现象，但因流体具有流动特性，在发生导热的同时往往伴随有对流现象。导热是物质的固有属性。

设有如图 7-1 所示的大平壁，厚度为 δ，两侧的表面积均为 A，两侧表面分别维持均匀的温度 t_{w1} 和 t_{w2}，且 $t_{w1} > t_{w2}$。实践表明，单位时间内从表面 1 传导到表面 2 的热流量 Φ 与两侧温差 $\Delta t = t_{w1} - t_{w2}$ 及垂直于热流方向的面积 A 成正比，与平壁的厚度 δ 成反比，即

$$\Phi = \lambda A \frac{\Delta t}{\delta} \tag{7-1a}$$

式中，比例系数 λ 称为热导率或导热系数，单位为 W/（m·K），是表征材料导热能力的物理量。

单位时间内通过某一给定面积的热量称为热流量，记为 Φ，单位为 W。单位时间内通过单位面积的热量称为热流密度（或称面积热流量），记为 q，单位为 W/m^2，于是式（7-1a）写成热流密度的表示式为

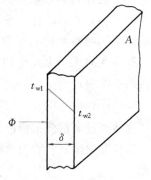

图 7-1　通过平壁的导热

$$q = \frac{\Phi}{A} = \lambda \frac{\Delta t}{\delta} \tag{7-1b}$$

二、热对流

流体中，温度不同的各部分之间发生相对位移时所引起的热量传递现象叫热对流，简称对流。对流仅发生在流体中，而且由于流体中的分子同时还在进行着不规则的热运动，因而对流必然伴随有导热现象。

工程上特别感兴趣的是流体流过固体壁面时发生的对流和导热联合作用的热量传递过程（见图 7-2），并称为对流传热，以区别于一般意义上的对流。本书只讨论对流传热。

按引起流体流动的不同原因，对流传热可区分为自然对流传热与强制对流传热两大类。自然对流是由于流体各部分之间密度差并在体积力作用下而引起的相对运动；强制对流是由

于机械（泵或风机等）的作用或其他压差而引起的相对运动。另外，工程上还常遇到液体在热表面上沸腾及蒸气在冷表面上凝结的对流传热问题，分别简称为**沸腾传热**及**凝结传热**，它们是伴随有相变的对流传热。

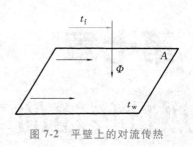

图 7-2　平壁上的对流传热

对流传热的基本计算式是**牛顿冷却公式**。

$$\Phi = hA\Delta t \tag{7-2a}$$

或

$$q = h\Delta t \tag{7-2b}$$

式中，Δt 为流体与壁面间的温差，A 为与流体接触的固体壁面面积。

工程上取 Φ（或 q）为正值，因此，流体被加热（$t_w > t_f$）时，取 $\Delta t = t_w - t_f$；流体被冷却（$t_w < t_f$）时，取 $\Delta t = t_f - t_w$。但实际上，Φ（或 q）的正负号可表示热量由壁面传递给流体或由流体传递给壁面。式中比例系数 h 称为**表面传热系数**[⊖]，单位是 W/（m² · K）。

表面传热系数表示了对流传热能力的大小，是一个过程量。不同情况的表面传热系数 h 相差很大，与具体的传热过程相关。表 7-1 给出了几种对流传热过程表面传热系数的大致范围。在传热学的学习中，掌握典型条件下表面传热系数的数量级是很有必要的。由表 7-1 可见，就介质而言，水的对流传热比空气的对流传热强烈；就传热方式而言，有相变的优于无相变的，强制对流的高于自然对流的。

表 7-1　表面传热系数的数值范围

过　　　程	$h/[\text{W}/(\text{m}^2 \cdot \text{K})]$
自然对流	
空气	1 ~ 10
水	200 ~ 1000
强制对流	
气体	20 ~ 100
高压水蒸气	500 ~ 3500
水	1000 ~ 15000
气-液相变传热	
水沸腾	2500 ~ 35000
水蒸气凝结	5000 ~ 25000
有机蒸气凝结	500 ~ 2000

三、热辐射

物体通过电磁波来传递能量的方式称为辐射。物体会因各种原因发出辐射能，其中因热的原因而发出辐射能的现象称为**热辐射**。温度高于 0K 的任何物体都不停地向空间发出热辐射能。

热辐射与导热、对流有本质上的区别。一是它不需要物体间的直接接触，即使在真空中也能照常进行，实际上在真空中辐射能的传递最有效；二是在能量传递过程中它伴随有能量形式的转换，即发射时从热能转换为辐射能，而被吸收时又从辐射能转换为热能。

物体的辐射能力与温度有关。同一温度下不同物体的辐射与吸收本领也不一样。**全辐射体**（简称**黑体**）的吸收本领和辐射本领在同温度的物体中最大。

黑体是一种假定的理想物体，黑体在单位时间内发出的热辐射热量由**斯忒藩-玻耳兹曼定律**（又称四次方定律，也译作斯特藩-玻尔兹曼定律）揭示，即

$$\Phi = A\sigma T^4 \tag{7-3}$$

式中，A 为辐射表面积（m²）；T 为黑体表面的热力学温度（K）；σ 为斯忒藩-玻耳兹曼常量，即黑体辐射常量，其值为 $5.67 \times 10^{-8} \text{W}/(\text{m}^2 \cdot \text{K}^4)$。

⊖　习惯上，表面传热系数又称为对流传热系数。

一切实际物体的辐射能力都要低于同温度下的黑体的辐射能力，其辐射热流量的计算一般采用斯忒藩-玻耳兹曼定律的经验修正形式，即

$$\Phi = \varepsilon A \sigma T^4 \tag{7-4}$$

式中，ε 称为该物体的发射率（习惯上称为黑度），其值总小于 1，表示物体辐射能力接近黑体辐射能力的程度。

物体不断向周围空间发出热辐射能，并被周围物体吸收。同时，物体也不断接收周围物体辐射给它的热能。这样，物体发出和接收过程的综合结果产生了物体间通过热辐射而进行的热量传递——辐射传热。辐射传热计算非常复杂，对于图 7-3a 所示的两无限接近的平行黑体平壁，它们之间的辐射传热量可近似计算为

$$\Phi = A\sigma(T_1^4 - T_2^4) \tag{7-5a}$$

另外，工程上常见的可以简化的一种辐射传热情形是，一个表面面积为 A_1、表面温度为 T_1、发射率为 ε_1 的物体被一个很大的表面温度为 T_2 的空腔所包围（见图 7-3b），此时该物体与空腔表面间的辐射传热量可近似计算为

$$\Phi = \varepsilon_1 A_1 \sigma(T_1^4 - T_2^4) \tag{7-5b}$$

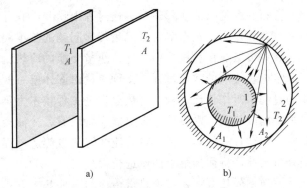

图 7-3　两种简化的辐射传热计算情形
a）两无限接近的平行黑体平壁
b）非凹表面 1 被表面 2 所包围且 $A_1 \ll A_2$

第二节　复合传热与传热过程

一、复合传热

在实际工程技术问题中，一个物体表面常常既有对流传热又有辐射传热。这种对流与辐射同时存在的传热过程称为复合传热。对于复合传热，工程上为计算方便，常常采用把辐射传热量折合成对流传热量的处理方法，即先按有关辐射传热的公式算出辐射传热量 Φ_r，然后将它表示成牛顿冷却公式的形式，如

$$\Phi_r = h_r A \Delta t \tag{7-6}$$

式中，h_r 称为辐射传热表面传热系数（习惯上称为辐射传热系数）。于是复合传热的总传热量可方便地表示成

$$\Phi = h_c A \Delta t + h_r A \Delta t = (h_c + h_r) A \Delta t = h A \Delta t \tag{7-7}$$

式中，下标"c"表示对流传热；h 为包括对流与辐射在内的复合传热表面传热系数。

二、传热过程

上面分别讨论了热传导、热对流和热辐射三种传递热量的基本方式。在实际问题中，这些方式往往不是单独出现的。例如，对于室内取暖的暖气片、保温瓶、锅炉过热器及光热电站来说，热量传递过程中各个环节的传热方式如下：

暖气片：热水 —对流传热→ 管子内壁 —导热→ 管子外壁 —对流传热及辐射传热→ 室内环境

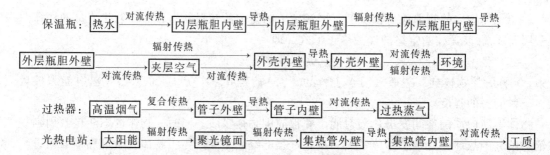

分析一个复杂的实际热量传递过程由哪些串联环节组成，以及在同一环节中有哪些热量传递方式起作用，是求解实际热量传递问题的基本功。

在许多工业传热设备中，进行热量交换的冷热流体通常处于固体壁面两侧，例如上面提到的室内暖气片的散热过程。这种热量由固体壁一侧的热流体通过固体壁传递给另一侧冷流体的过程，叫作传热过程。传热过程是工程技术上经常遇到的一种典型热传递过程。例如，锅炉中的过热器、水冷壁、省煤器、凝汽器、冷油器以及航空发动机燃气轮机涡轮叶片、火箭发动机喷管等传热设备中热冷流体间热量传递过程都是传热过程。对于具体传热过程的详细分析与计算将留到第十四章进行。

下面将分几章深入讨论热量传递的三种基本方式的规律。所有讨论都将在理解所研究的物理过程机理的基础上，达到工程应用的两个基本目的：

1）能正确地计算所研究问题中传递的热流量。

2）能正确地预测所研究系统中的温度分布。

本章小结

传热是由于温差引起的热量转移过程，它有三种不同的基本传递方式：热传导、热对流与热辐射。实际传热过程经常由多种基本方式组合而成。

本章介绍热传导、热对流与热辐射的基本概念及其传热量的计算公式，并介绍了复合传热与传热过程的基本概念。

通过本章学习，要求读者：

1）掌握热量传递三种基本方式的概念、特点与基本计算式。

2）掌握热导率、表面传热系数与发射率的概念。

3）了解复合传热与传热过程的概念。

思考题

7-1 传热学和工程热力学在研究热现象时有哪些相同点与不同点？

7-2 热量传递的三种基本方式是什么？试用你自己的语言简述它们的区别与联系。

7-3 热导率和表面传热系数的单位各是什么？它们是物性参数，还是与过程有关？

7-4 用铝制的水壶烧开水时，尽管炉火很旺，但水壶却安然无恙，而一旦壶内的水烧干后，水壶很快就被烧坏。试从传热学的观点分析这一现象。

7-5 把热水倒入一玻璃杯后，立即用手抚摸玻璃杯的外表面时不感到杯子烫手。但如果用筷子快速搅拌热水，那么很快就会觉得杯子烫手。试解释这一现象。

7-6　火箭与航天飞行器在穿越或返回大气层时，与大气摩擦而产生高温，火箭头部的温度可高达8000~12000℃。在航天器外层包覆一层烧蚀材料，可以在如此高的温度下保护航天器安全穿越大气层进入太空轨道而不被烧毁，试用传热学知识分析其中的原因。

7-7　随着纳米技术的发展，纳米多孔材料由于其优异的耐温隔热特性而广泛应用于相关场景。常温环境下，在多孔材料中，热量的传递有多种方式：固体和固体之间传递，纳米孔隙内气体分子的碰撞，以及固体和气体之间的碰撞。在实验中发现，将高热导率的二维片状石墨烯，掺杂到纳米多孔气凝胶材料中，形成的复合材料的热导率进一步降低，试用传热学的知识分析这一现象。

7-8　结合自己过去的学习和生活经验，举一个包括三种热量传递方式的热量传递过程。

7-9　从表7-1的表面传热系数的数值分析中，你能得到哪些重要的定性结论？

第八章

导热的基本定律及稳态导热

授课视频——导热的基本定律及稳态导热（1）

按温度场是否随时间变化，物体的导热可分为稳态导热和非稳态导热两种类型。本章首先给出导热基本定律的一般数学表达式以及通过理论推导获得导热微分方程，然后深入介绍工程上常见的通过平壁和圆筒壁的一维稳态导热及等截面肋片的稳态导热传递问题。

第一节　导热的基本定律

一、温度场、等温面（线）和温度梯度

物体内部产生导热的起因在于物体各部分之间具有温度差，所以研究导热必然涉及物体的温度分布。在某一瞬时，物体内各点的温度分布称为温度场。在一般情况下，温度是空间坐标（x, y, z）和时间（τ）的函数，即

$$t=f(x,y,z,\tau) \tag{8-1}$$

随时间 τ 而变动的温度场称为非稳态温度场，在非稳态温度场中发生的导热称为非稳态导热。各点温度不随时间 τ 变动的温度场称为稳态温度场，在稳态温度场中发生的导热称为稳态导热。一维稳态温度场具有最简单的数学形式，即

$$t=f(x)$$

在同一瞬时，物体内温度相同的各点所连成的面（或线）称为等温面（或等温线）。由于物体内同一点上不可能同时具有两个不同的温度，所以温度不同的等温面（或线）绝对不会相交。

观察一物体内温度为 t 及 $t+\Delta t$ 的两个不同温度的等温面（见图 8-1），沿等温面法线方向上的温度增量 Δt 与法向距离 Δn 比值的极限称为温度梯度，用符号 grad t 表示，则

$$\text{grad } t=\boldsymbol{n} \lim_{\Delta n\to 0}\frac{\Delta t}{\Delta n}=\boldsymbol{n}\frac{\partial t}{\partial n} \tag{8-2}$$

式中，$\boldsymbol{n}$ 表示单位法向矢量。温度梯度是个矢量，它的方向总是朝着温度增加的方向。

二、傅里叶定律——导热基本定律

傅里叶归纳了无数实验研究的结果，提出了导热的基本定律：单位时间内通过单位面积的热量（即热流密度 q）正比于该处的温度梯度，写成矢量形式，即

$$\boldsymbol{q}=-\lambda \text{ grad } t=-\lambda \boldsymbol{n}\frac{\partial t}{\partial n} \tag{8-3a}$$

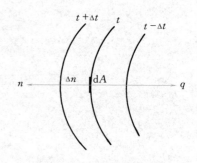

图 8-1　温度梯度和热流

式（8-3a）为傅里叶定律的数学表达式，式中负号表示热流密度的方向永远指向温度降低的

方向。写成标量形式为

$$q = -\lambda \frac{\partial t}{\partial n} \qquad (8\text{-}3b)$$

三、热导率

热导率的定义式可由傅里叶定律表达式（8-3b）得到，即

$$\lambda = -\frac{q}{\dfrac{\partial t}{\partial n}} \qquad (8\text{-}4)$$

λ 表征物质导热能力的大小。

热导率是物性参数，它与物质的种类、温度、密度和湿度等因素有关，可由实验来测定。一些常见物质的 λ 值可参阅附录 A-10～附录 A-17。图 8-2 示出了一些材料热导率的大致范围。从图中可以看出，各种物质的热导率相差很大。一般来说金属的热导率最大，非金属和液体次之，气体的热导率最小。

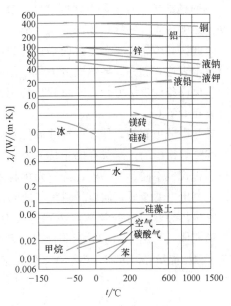

图 8-2　热导率与温度的关系

四、保温材料

国家标准 GB/T 4272—1992 规定，凡平均温度不高于 350℃ 时热导率不大于 0.12W/（m·K）的材料称为保温材料（又称绝热或隔热材料），如石棉、矿渣棉、硅藻土等。GB/T 4272—2008 要求在平均温度为 25℃ 时热导率值不应大于 0.08W/（m·K）。保温材料一般是孔隙多而小的轻质材料，其孔隙内充满了热导率小且不流动的空气［20℃ 时干空气的 $\lambda = 0.0259$W/（m·K）］，因而它们可以隔热。新兴技术的发展可以使孔隙小到纳米数量级，如图 8-3 所示的气凝胶隔热材料，称为纳米超级隔热材料，在常温下其热导率甚至比空气的热导率还低，有兴趣的读者可参阅参考文献［35，36］。

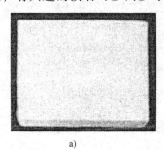
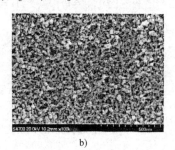

a)　　　　　　　　　　　b)

图 8-3　纳米超级隔热材料

a）二氧化硅气凝胶　b）二氧化硅气凝胶的电子扫描显微镜微观照片

第二节　导热微分方程及定解条件

一、导热微分方程

傅里叶定律揭示了导热量与温度梯度的关系。从式（8-3）可知，求

授课视频——导热的基本定律及稳态导热（2）

>>>>>>>>>>

解导热问题的关键在于确定温度梯度，要确定温度梯度，必须首先求解导热体内的温度分布——温度场。因此，必须建立一个能全面描述导热问题温度场的数学表达式，亦即导热微分方程，然后结合具体的单值性条件求解方程，便可得出特定条件下的温度分布 $t = f(x, y, z, \tau)$。

导热微分方程是以傅里叶定律和能量守恒定律为基础推导得出的。所选择的坐标系不同，得出的微分方程式也不同，本书仅讨论直角坐标系中的情况，为突出主要矛盾，假设材料为各向同性。

在进行导热过程的物体内选取边长为 dx、dy、dz 的微元体（见图8-4）。对于非稳态及有内热源的问题，根据能量守恒定律，热平衡方程式应该是

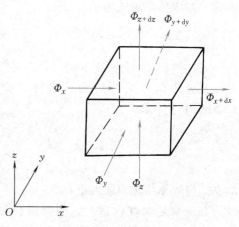

图 8-4　导热微元体

$$\frac{\text{导入微元体}}{\text{的总热流量}} + \frac{\text{微元体内热}}{\text{源的生成热}} - \frac{\text{导出微元体}}{\text{的总热流量}} = \frac{\text{微元体热力}}{\text{学能的增量}} \qquad (a)$$

任意方向的总热流量可分解为 x、y、z 三个坐标轴方向的分热流量。导入微元体的热流量可根据傅里叶定律直接写出，即

$$\begin{cases} \Phi_x = -\lambda \dfrac{\partial t}{\partial x} dy dz \\[2ex] \Phi_y = -\lambda \dfrac{\partial t}{\partial y} dx dz \\[2ex] \Phi_z = -\lambda \dfrac{\partial t}{\partial z} dx dy \end{cases} \qquad (b)$$

导出微元体的热流量亦可按傅里叶定律写出，即

$$\begin{cases} \Phi_{x+dx} = \Phi_x + \dfrac{\partial \Phi_x}{\partial x} dx = \Phi_x + \dfrac{\partial}{\partial x}\left(-\lambda \dfrac{\partial t}{\partial x} dy dz\right) dx \\[2ex] \Phi_{y+dy} = \Phi_y + \dfrac{\partial \Phi_y}{\partial y} dy = \Phi_y + \dfrac{\partial}{\partial y}\left(-\lambda \dfrac{\partial t}{\partial y} dx dz\right) dy \\[2ex] \Phi_{z+dz} = \Phi_z + \dfrac{\partial \Phi_z}{\partial z} dz = \Phi_z + \dfrac{\partial}{\partial z}\left(-\lambda \dfrac{\partial t}{\partial z} dx dy\right) dz \end{cases} \qquad (c)$$

$$\text{单位时间内微元体热力学能的增量} = \rho c \frac{\partial t}{\partial \tau} dx dy dz \qquad (d)$$

式中，ρ 为密度；c 为比热容；τ 为时间。

设单位时间内单位体积中热源的生成热为 $\dot{\Phi}$（例如电热元件发出热量），称之为内热源强度，单位为 W/m^3，则有

$$\text{单位时间内微元体内热源的生成热} = \dot{\Phi} dx dy dz \qquad (e)$$

将式（b）~式（e）代入式（a）可得

$$\rho c \frac{\partial t}{\partial \tau} = \frac{\partial}{\partial x}\left(\lambda \frac{\partial t}{\partial x}\right) + \frac{\partial}{\partial y}\left(\lambda \frac{\partial t}{\partial y}\right) + \frac{\partial}{\partial z}\left(\lambda \frac{\partial t}{\partial z}\right) + \dot{\Phi} \qquad (8\text{-}5)$$

导热微分方程式（8-5）是笛卡儿坐标系中三维非稳态导热微分方程的一般形式。对常物性导热问题，方程可简化为

$$\frac{\partial t}{\partial \tau} = \frac{\lambda}{\rho c}\left(\frac{\partial^2 t}{\partial x^2} + \frac{\partial^2 t}{\partial y^2} + \frac{\partial^2 t}{\partial z^2}\right) + \frac{\dot{\Phi}}{\rho c} \tag{8-6}$$

式中，$\lambda/(\rho c) = a$ 为热扩散率，单位为 m^2/s，是一个物性参数。

热导率越大且单位容积的热容越小（本身蓄热或放热的能力越小）的材料，扩散热量的能力越大，热扩散率也越大。在非稳态导热过程中，热扩散率大的材料温度变化快，或整块材料温度比较均匀，所以热扩散率过去称为导温系数，是表征物体内部各温度趋于均匀一致能力的物理量。

当既无内热源，又为稳态导热时，方程式（8-6）又可简化为

$$\frac{\partial^2 t}{\partial x^2} + \frac{\partial^2 t}{\partial y^2} + \frac{\partial^2 t}{\partial z^2} = 0 \tag{8-7}$$

二、定解条件

对上述方程式（8-5）～式（8-7）求解，通过数学方法都可获得方程式的通解，而要获得特定情况下导热问题的唯一解就必须附加限制条件。这些限制条件称为定解条件，它可分为初始条件和边界条件。导热微分方程连同定解条件，才能完整描述一个具体的导热问题。

初始条件：给定初始时刻的温度分布。

边界条件：给出物体边界上的温度或换热情况。

边界条件通常可分为三类：

（1）第一类边界条件 给定边界上的温度值。这类边界条件要求给出以下关系式

$$\tau > 0 \text{ 时，} \quad t_w = f_1(\tau) \tag{8-8}$$

最简单的例子是边界温度为常数，即 $t_w =$ 常数。

（2）第二类边界条件 给定边界上的热流密度值。这类边界条件要求给出以下关系式

$$\tau > 0 \text{ 时，} \quad -\lambda\left(\frac{\partial t}{\partial n}\right)_w = q_w = f_2(\tau) \tag{8-9}$$

最简单的例子是边界上的热流密度保持定值，即 $q_w =$ 常数，由热流方向与温度梯度方向之间的关系可知，q_w 为正值表示边界失去热量。

（3）第三类边界条件 给定边界上物体与周围流体间的对流传热表面传热系数 h 及周围流体的温度 t_f。第三类边界条件为

$$-\lambda\left(\frac{\partial t}{\partial n}\right)_w = h(t_w - t_f) \tag{8-10}$$

式中，已知流体温度 t_f 和边界面的表面传热系数 h，而边界面的温度 t_w 和温度变化率 $\left(\frac{\partial t}{\partial n}\right)_w$ 都是未知的。

第三节 一维稳态导热

工程上很多设备在设计工况和稳定运行时都处于稳态导热状态，下面分别求解通过无限大平壁和无限长圆筒壁等几种典型几何形状的稳态导热。

授课视频——导热的基本定律及稳态导热（3）

>>>>>>>>>

求解导热问题，目的在于确定导热物体内的温度分布及计算导热量。

这里所谓的无限大不是几何意义上的无限大，而是物理意义上的无限大，是对实际物体的一种抽象和简化处理。若平壁两侧和圆筒壁的内、外两侧表面分别维持均匀的温度，对于平壁而言，这说明沿平壁长度和宽度方向的温度梯度都为零，因而沿这两个方向没有热量的传递，即热量仅沿平壁的厚度方向传递；对于圆筒壁来说，在这种情况下热量只沿半径方向传递。这样的平壁和圆筒壁的导热属于一维导热问题，分别称它们为无限大平壁和无限长圆筒壁。实际上，不管是平壁还是圆筒壁，其表面温度都不可能维持绝对均匀。因为平壁边缘与周围环境有热量交换，因此，靠近平壁边缘处的温度和中心部位的温度在同一表面上不可能相等。但在工程问题的计算中，如果平壁的长度和宽度远比厚度大（一般为 10 倍以上），或者平壁的厚度与其长、宽相差不大，但平壁厚度的四周绝热良好，则可忽略平壁边缘与环境之间的热量交换所引起的平壁在长度和宽度方向上的温度变化。同样，当圆筒壁的长度远大于直径时，或圆筒壁的两端绝热良好时，也可以忽略两端与周围环境之间的热量交换而引起的长度方向的温度变化。这时，平壁和圆筒壁的导热可作为一维导热处理。习惯上，这样的平壁和圆筒壁分别称为无限大平壁和无限长圆筒壁。

一、通过无限大平壁的导热

锅炉炉墙和保温隔热层、冷库的墙壁和保温隔热层、房屋的墙壁等的导热，都可以看作是无限大平壁的导热。设有一厚度为 δ 的平壁，材料的热导率 λ 为常数，如图 8-5a 所示。平壁两侧分别维持均匀而恒定的温度 t_{w1} 和 t_{w2}，则壁内温度只沿壁厚 x 方向变化，是一维稳态导热。壁内的等温面是平行于两侧面的平面。取坐标轴如图 8-5 所示。

（1）求解方法一　以导热微分方程式为出发点求解。

无内热源、常物性、一维稳态导热微分方程式为

$$\frac{\mathrm{d}^2 t}{\mathrm{d}x^2} = 0 \tag{a}$$

如图 8-5 所示，边界条件为

$$\begin{cases} x=0, & t=t_{w1} \\ x=\delta, & t=t_{w2} \end{cases} \tag{b}$$

对此微分方程式积分两次得

$$t = c_1 x + c_2 \tag{c}$$

式中，c_1、c_2 为积分常数，根据边界条件式（b）确定。

把边界条件式（b）代入式（c）可得

$$c_2 = t_{w1}$$

$$t_{w2} = c_1 \delta + t_{w1}$$

所以

$$c_1 = \frac{t_{w2} - t_{w1}}{\delta}$$

把上述 c_1、c_2 的计算式代入式（c），得到温度分布表达式

$$t = \frac{t_{w2} - t_{w1}}{\delta} x + t_{w1} \tag{8-11}$$

将求得的温度分布式代入傅里叶定律式即可求得热流密度 q 的表达式。

（2）求解法二　用傅里叶定律求解。

在距离壁左侧面 x 处，取一层厚 dx 的微元平壁，对微元平壁写出傅里叶定律的表达式，即

$$q = -\lambda \frac{dt}{dx} \tag{d}$$

对此式分离变量后积分，得

$$\int_0^x q\,dx = -\int_{t_{w1}}^t \lambda\,dt \tag{e}$$

在稳态导热过程中，根据热力学第一定律，从左侧面导进此层微元平壁的热流密度必等于由其右侧面导出的热流密度，否则，微元平壁将积累或散失热量，从而温度场将随时间变化，破坏稳定条件。因此，在稳态导热过程中，q 为常数。式（e）积分结果为

$$t = t_{w1} - \frac{q}{\lambda}x \tag{8-12}$$

式（8-12）说明，平壁内的温度与距离 x 的关系是一条直线。当 $x=\delta$ 时，$t=t_{w2}$，从而得

$$q = \frac{t_{w1} - t_{w2}}{\dfrac{\delta}{\lambda}} = \frac{\Delta t}{\dfrac{\delta}{\lambda}} = \frac{\Delta t}{r_\lambda} \tag{8-13a}$$

或

$$\Phi = qA = \frac{\Delta t}{\dfrac{\delta}{\lambda A}} = \frac{\Delta t}{R_\lambda} \tag{8-13b}$$

将热流密度 q 的计算式代入式（8-12），可得与式（8-11）完全相同的温度分布计算式。

将式（8-13）与电路中的欧姆定律 $I = \Delta U/R$ 相比，可以看出它们在形式上是类似的。热流量 Φ 或热流密度 q 类似于电流强度 I；传热温差（或温压）Δt 类似于电位差（或电压）ΔU，是热传递的推动力；而 R_λ 或 r_λ 类似于电阻 R，它表示了热传递路径上的阻力，称为热阻。其中 $R_\lambda = \delta/(\lambda A)$ 表示整个面上的导热热阻，其单位为 K/W；$r_\lambda = \delta/\lambda$ 表示单位面积上的导热热阻，其单位为 $m^2 \cdot K/W$。平壁导热热阻的网络图如图 8-5b 所示。

仿照式（8-13），由式（7-2）和式（7-6）可分别得到对流传热热阻 $1/(hA)$ 或 $1/h$ 以及辐射传热热阻 $1/(h_r A)$ 或 $1/h_r$。

热阻是个很有用的物理量。用热阻概念来分析各种传热问题，不仅可使问题的物理概念清晰，而且使计算简便。比如，人们可以借用比较熟悉的串、并联电路电阻的计算公式来计算无内热源的、一维稳态热传递过程的合成热阻。下面推导多层平壁的导热公式就应用了串联电路电阻的计算法则。

所谓多层壁，就是由几层不同材料叠在一起组成的复合壁。如采用耐火砖层、保温砖层和普通砖层叠合而成的锅炉炉墙，就是一种多层壁。对于如图 8-6 所示的多层平壁，应用串联热阻叠加原则，即在一个串联的热量传递过程中，如果是无内热源的一维稳态情况，则串联过程的总热阻等于各串联环节的分热阻的和，可方便地导得通过几层平壁的热流密度为

$$q = \frac{t_{w1} - t_{w,\,n+1}}{\displaystyle\sum_{i=1}^{n} \frac{\delta_i}{\lambda_i}} = \frac{t_{w1} - t_{w,\,n+1}}{\displaystyle\sum_{i=1}^{n} r_{\lambda i}} \tag{8-14}$$

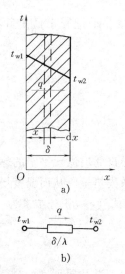

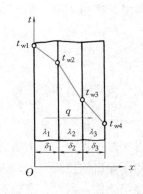

图 8-5　单层平壁的导热

图 8-6　多层平壁的导热

由于在每一层内温度按直线分布，所以在整个多层平壁中，温度分布将是一条折线。在 n 层平壁中，第 i 层与第 $i+1$ 层之间接触面的温度 $t_{w,i+1}$ 为

$$t_{w,i+1} = t_{w1} - q(r_{\lambda_1} + r_{\lambda_2} + \cdots + r_{\lambda_i}) \tag{8-15}$$

例 8-1　在高超声速飞行器服役过程中，其大面积区域热防护常采用由多层不同类型复合材料组成的被动热防护系统以抵御严重的气动加热。以某一型号飞行器的热防护系统为例（见图 8-7），外表面耐高温层采用厚度为 2mm 的陶瓷基复合材料，厚度方向平均热导率为 8W/(m·K)，中间隔热层采用厚度为 3mm 的气凝胶复合材料，平均热导率为 0.02W/(m·K)，内部低温层采用厚度为 3mm 的相变隔热材料，平均热导率为 0.15W/(m·K)，每层之间均存在接触热阻，为 2×10^{-4}（m²·K)/W。求飞行器热防护系统外表面温度为 1300℃，飞行器内部温度为 50℃ 时，气动加热进入热防护系统内部的热流密度及各层表面温度。

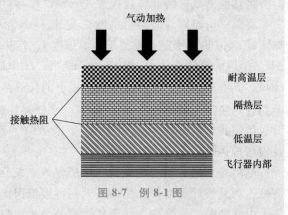

图 8-7　例 8-1 图

解　该问题为一维稳态导热问题，应用串联热阻叠加原则即可计算得到外表面热流密度及各层表面温度。

外表面热流密度：$q = \dfrac{t_{\text{outwall}} - t_{\text{inwall}}}{\dfrac{\delta_1}{\lambda_1} + R_t + \dfrac{\delta_2}{\lambda_2} + R_t + \dfrac{\delta_3}{\lambda_3}} = 7324.9\text{W/m}^2$

隔热层表面温度：$t_{\text{inter1}} = t_{\text{outwall}} - q\left(\dfrac{\delta_1}{\lambda_1} + R_t\right) = 1296.7℃$

低温层表面温度：$t_{\text{inter2}} = t_{\text{outwall}} - q\left(\dfrac{\delta_1}{\lambda_1} + R_t + \dfrac{\delta_2}{\lambda_2} + R_t\right) = 196.5℃$

例 8-2　光伏板（从上到下，图 8-8）的结构为：3mm 厚的掺铈玻璃，热导率 1.4W/(m·K)；0.1mm 厚的光学黏合剂，热导率 145W/(m·K)；一种非常薄的硅层，用于将太阳能转换为电能；0.1mm 厚的焊锡层，热导率 50W/(m·K)；2mm 厚的氮化铝基板，热导率 120W/(m·K)。太阳能到电能的转换效率随着硅温度的升高而降低，并且可用表达式 $\eta = a - bT$ 来描述，其中 $a = 0.533$，$b = 0.001\text{K}^{-1}$。对于功率密度为 $G = 700\text{W/m}^2$ 的太阳光辐射，7% 从玻璃顶表面反射，10% 被玻璃顶表面吸收，83% 透射到硅层内部吸收。硅吸收的太阳辐射部分转化为热能，其余转化为电能。玻璃的发射率 $\varepsilon = 0.90$，底部和面板的侧面都绝热。试确定 $l = 1\text{m}$ 长，$w = 0.1\text{m}$ 宽的太阳能电池板所产生的功率。其中外部空气温度为 20℃，空气对流表面传热系数为 35W/(m²·K)。

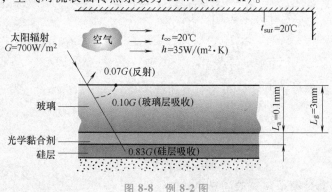

图 8-8　例 8-2 图

解　被硅片吸收的太阳能最终将通过辐射与对流传热以及电功率的形式耗散，据此建立能量平衡方程

$$0.83Glw - \eta 0.83Glw = \frac{T_{\text{Si}} - T_{\text{top}}}{\dfrac{L_a}{\lambda_a lw} + \dfrac{L_g}{\lambda_g lw}}$$

代入效率公式即得

$$0.83G(1 - a + bT_{\text{Si}}) = \frac{T_{\text{Si}} - T_\infty}{\dfrac{L_a}{\lambda_a} + \dfrac{L_g}{\lambda_g}}$$

在玻璃顶部，有能量平衡方程

$$0.83G(1 - a + bT_{\text{Si}}) + 0.1G = h(T_{\text{top}} - T_\infty) + \varepsilon\sigma(T_{\text{top}}^4 - T_\infty^4)$$

联立上面两式进行求解可得

$$T_{\text{Si}} = 307\text{K} = 34℃$$

则太阳能电池的输出功率为

$$P = \eta 0.83Glw = 13.13\text{W}$$

>>>>>>>

二、通过无限长圆筒壁的导热

许多热力设备和管道（如输送热水或蒸汽的管道等）的导热属于无限长圆筒壁的导热。设有一内外半径分别为 r_1 和 r_2 的圆筒壁（直径分别为 d_1 和 d_2），其内、外表面温度分别维持均匀而恒定的温度 t_{w1} 和 t_{w2}，如图8-9所示。材料的热导率 λ 为常数。若用圆柱坐标系表示管壁内部的温度，则它是仅沿半径 r 而改变的一维稳态温度场，各等温面是彼此同心的圆柱面，通过管壁的热流量 Φ 是恒定的。

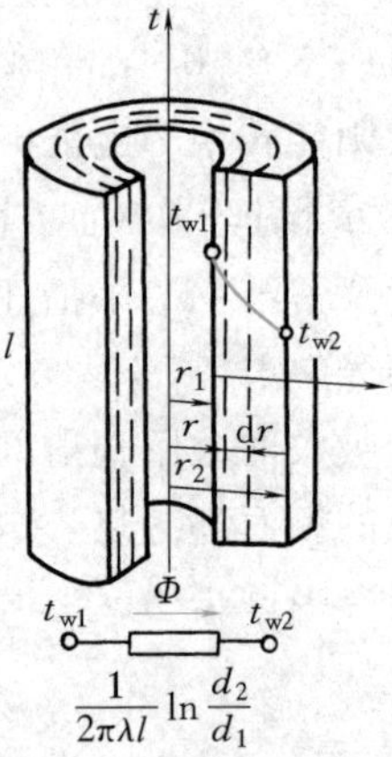

首先利用傅里叶定律求解，在圆筒壁内距离中心 r 处取厚为 dr 的微元圆筒壁，对它写出傅里叶定律的表达式，即

$$\Phi = Aq = -A\lambda \frac{dt}{dr} = -2\pi r l \lambda \frac{dt}{dr} \qquad (a)$$

分离变量并积分得

$$\frac{\Phi}{2\pi\lambda l}\int_{r_1}^{r_2}\frac{dr}{r} = -\int_{t_{w1}}^{t}dt \qquad (b)$$

$$t = t_{w1} - \frac{\Phi}{2\pi\lambda l}\ln\frac{r}{r_1} \qquad (8-16)$$

图8-9　单层圆筒壁的导热

式（8-16）表明，圆筒壁内温度分布为对数曲线。当 $r = r_2$ 时，$t = t_{w2}$，得

$$\Phi = \frac{t_{w1} - t_{w2}}{\dfrac{1}{2\pi\lambda l}\ln\dfrac{r_2}{r_1}} \qquad (8-17a)$$

式中，$\dfrac{\ln(r_2/r_1)}{2\pi\lambda l}$ 为通过整个圆筒壁的导热热阻。

另外，本例也可应用圆柱坐标系中的一维稳态导热微分方程式求解。圆柱坐标系中导热微分方程一般形式为

$$\rho c \frac{\partial t}{\partial \tau} = \frac{1}{r}\frac{\partial}{\partial r}\left(\lambda r \frac{\partial t}{\partial r}\right) + \frac{1}{r^2}\frac{\partial}{\partial \varphi}\left(\lambda \frac{\partial t}{\partial \varphi}\right) + \frac{\partial}{\partial z}\left(\lambda \frac{\partial t}{\partial z}\right) + \dot{\Phi} \qquad (c)$$

式中，z 为 z 轴方向的长度；r 为半径；φ 为平面角。

对于该稳态导热问题，一维、常物性且无内热源，式（c）可简化为

$$\frac{d}{dr}\left(r\frac{dt}{dr}\right) = 0 \qquad (d)$$

两个第一类边界条件为

$$\begin{cases} r = r_1, \ t = t_{w1} \\ r = r_2, \ t = t_{w2} \end{cases} \qquad (e)$$

对式（d）进行积分求解，可获得相同的温度分布及热流量表达形式。显然地，与平壁不同，在垂直热量传递方向上，圆筒壁的传热面积与半径 r 相关，不断变化，因此，热流密度 q 不再是常数，温度分布也不再是一条直线。

工程上常用线热流量 Φ_l，它是单位管长的导热热流量，即

$$\Phi_l = \frac{\Phi}{l} = \frac{t_{w1} - t_{w2}}{\dfrac{1}{2\pi\lambda}\ln\dfrac{r_2}{r_1}} \qquad (8-17b)$$

在上述的圆筒壁导热计算中，由于式（8-16）及式（8-17）中包含有对数项，计算较复杂，因此，工程上有时采用简化方法计算。当圆筒壁厚度相对于直径来说较薄时，可把圆筒壁导热简化成平壁导热，即

$$\Phi_l = \lambda A_m \frac{t_{w1}-t_{w2}}{\delta} \tag{8-18}$$

式中，$A_m = \pi d_m l$，$d_m = (d_1 + d_2)/2$，$\delta = (d_2 - d_1)/2$。计算表明，当 $d_2/d_1 < 2$ 时，这种简化计算带来的误差小于 4%，一般可满足工程上的计算要求。

对于多层圆筒壁的导热计算公式，与分析多层平壁一样，利用串联热阻叠加的原则，可直接写出通过图 8-10 所示的多层圆筒壁的导热热流量为

$$\Phi = \frac{t_{w1} - t_{w,n+1}}{\displaystyle\sum_{i=1}^{n} \frac{1}{2\pi\lambda_i l}\ln(d_{i+1}/d_i)} \tag{8-19}$$

第 i 层与第 $i+1$ 层之间的界面温度为（$1 \leqslant i \leqslant n-1$）

$$t_{w,i+1} = t_{w1} - \Phi\sum_{j=1}^{i}\frac{1}{2\pi\lambda_j l}\ln(d_{j+1}/d_j) \tag{8-20}$$

式中，n 为圆筒壁层数。

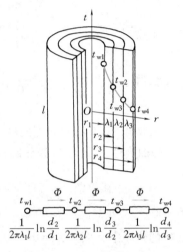

图 8-10　多层圆筒壁导热

以上讨论的均是热导率为常数时无内热源的一维稳态导热。实际上，热导率是随温度而变化的，但在一定的温度范围内可以近似作为温度的线性函数处理，即 $\lambda = \lambda_0(1+bt)$，式中 λ_0 为直线拟合公式的截距，b 为常数，由实验测得。可以证明，只要用计算区域的算术平均温度 $\bar{t}$ 求出平均热导率 $\bar{\lambda}$ 值，代入 λ 等于常数时的导热计算公式，就可获得正确的结果。具体证明留给读者去完成。可以发现，即使对于前面介绍的稳态无内热源无限大平壁导热问题，由于热导率与温度相关，平壁内温度分布不再是一条直线。

首先求解导热微分方程，获得温度分布，然后利用傅里叶导热定律得出热流密度计算式，这是用分析解求解导热问题的一般顺序。对于一维稳态无内热源导热的第一类边界条件问题，即在热量传递方向上传热量保持不变，还可以直接对傅里叶导热定律表达式做积分获得热流量。当热导率为变数或者导热面积变化时，这个方法特别有效（见例 8-6）。

这里需要对接触热阻的概念做出说明。在前面计算的多层平壁或多层圆筒壁的导热时，是按照相邻两层完全接触的理想情况考虑的，这时相邻两表面之间不存在导热热阻，所以不存在误差。但实际上接触仅发生在一些离散的面积元上，如图 8-11 所示，两表面之间有间隙，间隙中常充满空气，从而给导热过程带来附加热阻，这种热阻称为接触热阻，相应地，在相邻两表面之间会产生温差 Δt。

不同接触情况下的接触热阻主要由实验测定。在工程上，为增强接触表面的导热，经常采取相应措施减小接触热阻。

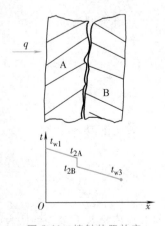

图 8-11　接触热阻效应

▶▶▶▶▶▶▶▶

例如，对于硬金属材料，在接触表面上衬垫硬度低而热导率大的铝箔或铜箔，可起到显著降低接触热阻的效果。

例 8-3 已知钢板、水垢及灰垢的热导率各为 46.4W/(m·K)、1.16W/(m·K) 及 0.116W/(m·K)，试比较 1mm 厚钢板、水垢及灰垢的热阻。

解 平板的导热热阻 $r_\lambda = \dfrac{\delta}{\lambda}$，故有：

钢板

$$r_\lambda = \frac{1\times10^{-3}}{46.4}\text{m}^2\cdot\text{K/W} = 2.16\times10^{-5}\text{m}^2\cdot\text{K/W}$$

水垢

$$r_\lambda = \frac{1\times10^{-3}}{1.16}\text{m}^2\cdot\text{K/W} = 8.62\times10^{-4}\text{m}^2\cdot\text{K/W}$$

灰垢

$$r_\lambda = \frac{1\times10^{-3}}{0.116}\text{m}^2\cdot\text{K/W} = 8.62\times10^{-3}\text{m}^2\cdot\text{K/W}$$

讨论：

由此可见，1mm 厚水垢的热阻相当于 40mm 厚钢板的热阻，而 1mm 厚灰垢相当于 400mm 厚钢板的热阻。因此，在换热器的运行过程中，尽量保持换热面的清洁是十分重要的。

例 8-4 某炉壁由厚 250mm 的耐火黏土制品层和厚 500mm 的红砖层组成。内壁温度为 1000℃，外壁温度为 50℃。耐火黏土的热导率 $\{\lambda_1\}_{W/(m\cdot K)} = 0.28 + 0.000233\{t\}_℃$，红砖的热导率近似为 $\lambda_2 = 0.7W/(m\cdot K)$。求热损失和层间交界面的温度。

解 由于界面温度 t_{w2} 未知，因而无法计算耐火黏土制品层的平均温度，也无法进而求得该材料的热导率。现用试算法求解。

设界面温度 $t_{w2} = 600℃$，则耐火黏土的平均热导率为

$$\overline{\lambda}_1 = (0.28 + 0.000233\{t\}_℃)\,\text{W}/(\text{m}\cdot\text{K})$$

$$= \left(0.28 + 0.000233\times\frac{1000+600}{2}\right)\text{W}/(\text{m}\cdot\text{K})$$

$$= 0.466\text{W}/(\text{m}\cdot\text{K})$$

热流密度为

$$q = \frac{\Delta t}{\dfrac{\delta_1}{\lambda_1}+\dfrac{\delta_2}{\lambda_2}} = \frac{1000-50}{\dfrac{0.25}{0.466}+\dfrac{0.5}{0.7}}\text{W}/\text{m}^2$$

$$= 760\text{W}/\text{m}^2$$

校核壁温 t_{w2}，则

$$t'_{w2} = t_{w1} - q\frac{\delta_1}{\lambda_1} = 1000℃ - 760\times\frac{0.25}{0.466}℃$$

$$= 593℃$$

与假设值相差不多，可认为以上计算有效，即 $q = 760\text{W}/(\text{m}\cdot\text{K})$，$t_{w2} = 593℃$。

讨论：

1）当材料的热导率是温度的函数时，若界面温度未知，可用试算法求解。

2）在试算过程中，对每一次的假设值必须校核。本例中，若最后算出的 t'_{w2} 与假设值相差太大，则必须重新假定 t_{w2}（一般取 $t_{w2} = t'_{w2}$），再重新计算，直至 t'_{w2} 与 t_{w2} 相近为止。

3）试算法在工程计算中应用很广泛，当方程封闭，但求解较复杂，不是简单的函数关系式时，往往用试算法求解较方便、快捷，尤其是借助计算机计算时更是如此。

例 8-5　某蒸汽管道，管内饱和蒸汽温度为 340℃，管子外径 $d_1 = 273\text{mm}$。管外包厚 δ 的水泥蛭石保温层，外侧再包 15mm 的保护层。按规定，保护层外侧温度为 48℃，热损失为 442W/m。水泥蛭石和保护层的热导率分别为 0.105W/(m·K) 和 0.192W/(m·K)。求保温层的厚度。

分析　本题为圆筒壁的一维稳态导热。由表 7-1 知，水蒸气的凝结表面传热系数 $h = 5000 \sim 25000\text{W}/(\text{m}^2 \cdot \text{K})$ 很大，则该侧的对流传热热阻 $1/h$ 很小；金属管道壁厚几个毫米，热导率为 $30 \sim 50\text{W}/(\text{m} \cdot \text{K})$，其导热热阻也不大。而且，以上两热阻比保温层的热阻小得多。此外，因管道外有保温层，散热热流量不大。所以，在上述两热阻上的温度降很小，保温层内表面的温度可认为近似等于饱和蒸汽温度。利用式（8-19）求解。

解　按题意 $d_1 = 273\text{mm}$，$d_2 = 273\text{mm} + 2\delta$，$d_3 = 273\text{mm} + 2\delta + 15\text{mm} \times 2 = 303\text{mm} + 2\delta$。单位管长的散热量为

$$\Phi_l = \frac{t_{w1} - t_{w3}}{\dfrac{1}{2\pi\lambda_1}\ln\dfrac{d_2}{d_1} + \dfrac{1}{2\pi\lambda_2}\ln\dfrac{d_3}{d_2}} \qquad\qquad (\text{a})$$

$$= \frac{340 - 48}{\dfrac{1}{2\pi \times 0.105}\ln\dfrac{273\text{mm} + 2\delta}{273\text{mm}} + \dfrac{1}{2\pi \times 0.192}\ln\dfrac{303\text{mm} + 2\delta}{273\text{mm} + 2\delta}}\text{W/m}$$

设 $\delta = 75\text{mm}$，代入式（a），则

$$\Phi_l = \frac{292}{\dfrac{1}{0.6597}\ln\dfrac{273 + 75 \times 2}{273} + \dfrac{1}{1.2064}\ln\dfrac{303 + 75 \times 2}{273 + 75 \times 2}}\text{W/m}$$

$$= 405\text{W/m} < 442\text{W/m}$$

又设 $\delta = 66.5\text{mm}$，代入式（a），求得 $\Phi_l = 441.95\text{W/m}$，此 Φ_l 值与规定值极相近，于是可取保温层厚度 $\delta = 66.5\text{mm}$。

讨论：

1）解题中，利用热阻分析且略去次要热阻，使传热计算大大简化。本题如不忽略蒸汽凝结热阻和金属管壁热阻，传热计算将比较复杂。因此，利用热阻分析，且略去次要热阻的解题方法是一种有效的方法。

2）式（a）中只有一个未知数，似乎可以直接求解，但因 δ 出现在两个不同的对数中，无法直接求解，所以本题采用试算法。

3）第一次设 $\delta = 75\text{mm}$，求出的 Φ_l 比要求的热损失小，表明第一次假设值大，第二次假设值应小于第一次，取 $\delta = 66.5\text{mm}$。

*例 8-6 一高 30cm 的铝制圆锥台（见图 8-12），顶面直径为 8.2cm，底面直径为 13cm；底面和顶面温度各自均匀且恒定，分别为 520℃ 和 120℃，侧面（曲面）绝热。试确定通过此台的导热量［铝的热导率取为 100W/(m·K)］。

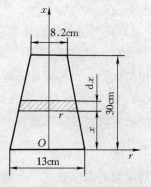

图 8-12 例 8-6 图

解 因顶面和底面温度均匀、恒定，因此本题为变截面的一维稳态导热问题。取如图 8-12 所示的坐标，在距离底面 x 处，取一层厚 dx 的微元体，对它写出傅里叶定律的表达式，即

$$\Phi = -\lambda A \frac{dt}{dx}$$

分离变量后积分，并注意到热流量 Φ 与 x 无关，得

$$\Phi \int_{x_1}^{x_2} \frac{dx}{A} = -\lambda \int_{t_1}^{t_2} dt = -\lambda(t_2 - t_1)$$

于是

$$\Phi = -\frac{\lambda(t_2 - t_1)}{\int_{x_1}^{x_2} \frac{dx}{A}} \tag{8-21a}$$

显然只要求得 A 与 x 的关系，代入式（8-21a），就可求得 Φ。依题意，有

$$r = 0.065\text{m} - \frac{0.065 - 0.041}{0.3} x = 0.065\text{m} - 0.08x$$

则

$$\int_{x_1}^{x_2} \frac{dx}{A} = \int_0^{0.3\text{m}} \frac{dx}{\pi(0.065\text{m} - 0.08x)^2} \tag{a}$$

令 $X = 0.065\text{m} - 0.08x$

显然 $X_1 = 0.065\text{m}$，$X_2 = 0.065\text{m} - 0.08 \times 0.3\text{m} = 0.041\text{m}$，$dX = -0.08dx$

代入式（a），得

$$\int_{x_1}^{x_2} \frac{dx}{A} = \int_{X_1}^{X_2} -\frac{1}{0.08} \frac{dX}{\pi X^2} = -\frac{1}{0.08\pi} \int_{0.065\text{m}}^{0.041\text{m}} \frac{dX}{X^2}$$

$$= 35.83\text{m}^{-1}$$

代入式（8-21a），得

$$\Phi = \frac{100 \times (520 - 120)}{35.83}\text{W} = 1116\text{W}$$

讨论：

1）式（8-21a）可适用于任何变截面的无内热源的、一维稳态导热的导热热流量的计算，只要把具体问题中的 A 与 x 的关系式代入该式，就可得到适用于具体情况的计算公式。

2）若是变热导率，则

$$\Phi = -A\lambda(t) \frac{dt}{dx}$$

$$\Phi \int_{x_1}^{x_2} \frac{\mathrm{d}x}{A} = -\int_{t_1}^{t_2} \lambda(t)\,\mathrm{d}t \tag{b}$$

将式（b）右边乘以 $(t_2-t_1)/(t_2-t_1)$ 得

$$\Phi \int_{x_1}^{x_2} \frac{\mathrm{d}x}{A} = -\frac{\int_{t_1}^{t_2} \lambda(t)\,\mathrm{d}t}{t_2-t_1}(t_2-t_1) \tag{c}$$

显然，式中，$\int_{t_1}^{t_2} \lambda(t)\,\mathrm{d}t / (t_2-t_1)$ 积分项是 λ 在 t_1 至 t_2 范围内的积分平均值，即 $\overline{\lambda}$。于是式（c）可写成

$$\Phi = \frac{\overline{\lambda}(t_1-t_2)}{\int_{x_1}^{x_2} \frac{\mathrm{d}x}{A}} \tag{8-21b}$$

对于 $\lambda = \lambda_0(1+bt)$ 或 $\lambda = \lambda_0 + at$，可以证明，式（8-21b）中的 $\overline{\lambda}$ 就是算术平均温度 $\overline{t}$〔即 $\overline{t}=(t_1+t_2)/2$〕下的 $\overline{\lambda}$ 值。由此可以得出前面已指出过的结论：只要把热导率取用算术平均温度下的 $\overline{\lambda}$ 值，前面导得的热导率为常数的公式就可适用于变热导率的问题。

例 8-7　在我国南方某地建一室内制冷装置，其工作温度为 $-40℃$，采用微孔硅酸钙制品作为隔热材料。该地最热月份的平均温度为 $30℃$，相对湿度为 85%。该装置的管道外径为 108mm。设计时需隔热材料层外表面温度比露点温度高 $1.5℃$。隔热材料外表面传热系数为 $8.14\text{W}/(\text{m}^2 \cdot \text{K})$。求隔热层层厚 δ。

解　根据热阻分析（同例 8-5），散热不大时，可以认为隔热层内表面温度近似等于制冷剂温度，即 $t_i = -40℃$；查湿空气 h-d 图得，空气的露点温度 $t_d = 27.4℃$，依题意，隔热层外表面温度 $t_o = 27.4℃ + 1.5℃ = 28.9℃$，则 $\overline{t} = (28.9-40)℃/2 = -5.55℃$。查得微孔硅酸钙制品 λ 值（附录 A-12）为

$$\begin{aligned}
\lambda &= (0.041 + 0.0002\{t\}_℃)\text{W}/(\text{m} \cdot \text{K}) \\
&= [0.041 + 0.0002 \times (-5.55)]\text{W}/(\text{m} \cdot \text{K}) \\
&= 0.0399\text{W}/(\text{m} \cdot \text{K})
\end{aligned}$$

根据热力学第一定律，该问题的能量平衡式为

$$\Phi_l = \frac{t_o - t_i}{\dfrac{1}{2\pi\lambda}\ln\dfrac{d_o}{d_i}} = h_0 \pi d_o(t_f - t_o)$$

即

$$\frac{28.9+40}{\dfrac{1}{2\pi \times 0.0399}\ln\dfrac{d_o}{0.108\text{m}}}\text{W/m} = 8.14\pi d_o(30-28.9)\text{W/m}^2$$

解得

$$d_o = 0.464\text{m}$$

则隔热层层厚

$$\delta = (d_o - d_i)/2 = (0.464 - 0.108)/2\mathrm{m} = 0.178\mathrm{m} = 178\mathrm{mm}$$

讨论：

热力学第一定律广泛应用于传热问题的分析中，必须牢固掌握。下述肋片的稳态导热计算公式的推导，是利用此分析方法的又一个例子。

三、通过等截面直肋的导热

工程上经常采用肋片（又叫翅片）来强化传热或降低壁温。所谓肋片，是指依附于基础表面上的扩展表面，例如插在计算机主机板上的集成电路芯片、采暖等传热设备上的散热片等都是肋片。图 8-13 所示为几种典型形状的肋片。这里先介绍一种最为简单的情况——等截面直肋的稳态导热计算，对于复杂形状肋片，将在第四篇第十四章中介绍。

授课视频——
导热的基本
定律及稳态
导热（4）

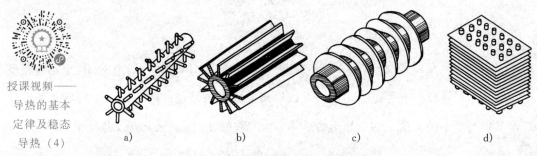

图 8-13　肋片的典型结构
a）针肋　b）直肋　c）环肋　d）大套片

图 8-14 所示是从温度为 t_0 的基础板上伸出的直肋，其横截面积为 A，周长为 P，厚度为 δ，高为 H，热导率为 λ 且为常数，周围是温度为 t_f 的流体，肋片表面复合传热表面传热系数为 h，假设 h 为常数。分析研究的目的是要确定肋片中的温度分布及通过肋片的散热量。

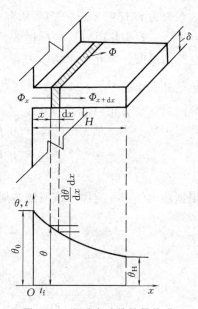

图 8-14　通过直肋的热量传递

严格地说，肋片的导热应为二维或三维导热问题。但考虑到工程上一般多用热导率大的金属材料做肋片，厚度 δ 不大，而且肋片大多用在表面传热系数 h 较小的场合，即肋片厚度方向的导热热阻 δ/λ 远远小于肋片表面上的传热热阻 $1/h$，因而在肋片厚度方向上的任一截面的温度可认为是均匀的，温度仅沿肋高方向变化，所以肋片的导热可作为一维稳态导热处理。但要注意，肋片各截面上的导热热流量均不相等，这是因为肋片导热有个特点，就是在沿高度方向导热的同时，侧面还要与周围环境进行对流传热和辐射传热，这是肋片导热区别于平壁导热及圆筒壁导热的最大不同之处。

首先建立描写沿肋片温度分布的微分方程式。如图 8-14 所示，在距肋根（肋片与基础表面相交处）x 处选取高为 $\mathrm{d}x$ 的微元体。导入微元体的热流量为 Φ_x；导出微元体的热流量

为 $\Phi_{x+\mathrm{d}x}$；从微元体外表面上的散热量为 Φ。根据能量守恒定律，稳态下微元体的能量平衡式为

$$\Phi_x = \Phi_{x+\mathrm{d}x} + \Phi \tag{a}$$

由傅里叶定律，有

$$\Phi_x = -\lambda A \frac{\mathrm{d}t}{\mathrm{d}x} \tag{b}$$

$$\Phi_{x+\mathrm{d}x} = -\lambda A \frac{\mathrm{d}}{\mathrm{d}x}\left(t + \frac{\mathrm{d}t}{\mathrm{d}x}\mathrm{d}x\right)$$
$$= -\lambda A\left(\frac{\mathrm{d}t}{\mathrm{d}x} + \frac{\mathrm{d}^2 t}{\mathrm{d}x^2}\mathrm{d}x\right) \tag{c}$$

按牛顿冷却公式，有

$$\Phi = hP\mathrm{d}x(t-t_\mathrm{f}) \tag{d}$$

式中，P 为参与传热的截面周长。将式（b）～式（d）代入式（a），整理后得

$$\frac{\mathrm{d}^2 t}{\mathrm{d}x^2} - \frac{hP}{\lambda A}(t-t_\mathrm{f}) = 0 \tag{8-22a}$$

式（8-22a）是关于温度 t 的二阶非齐次常微分方程。为了使式（8-22a）成为齐次方程，引入过余温度 $\theta = t - t_\mathrm{f}$。又令 $hP/(\lambda A) = m^2$，式（8-22a）变成

$$\frac{\mathrm{d}^2 \theta}{\mathrm{d}x^2} - m^2 \theta = 0 \tag{8-22b}$$

这就是等截面直肋的导热微分方程，其通解为

$$\theta = C_1 \mathrm{e}^{mx} + C_2 \mathrm{e}^{-mx} \tag{e}$$

若肋端绝热，其边界条件为

$$x = 0 \text{ 处}，\quad \theta|_{x=0} = \theta_0 \tag{f}$$

$$x = H \text{ 处}，\quad \left.\frac{\mathrm{d}\theta}{\mathrm{d}x}\right|_{x=H} = 0 \tag{g}$$

把式（f）、式（g）代入式（e）得

$$C_1 + C_2 = \theta_0$$
$$C_1 m \mathrm{e}^{mH} - C_2 m \mathrm{e}^{-mH} = 0$$

由以上两式解得 C_1 和 C_2，并代入式（e）得

$$\frac{\theta}{\theta_0} = \frac{t-t_\mathrm{f}}{t_0-t_\mathrm{f}} = \frac{\mathrm{ch}[m(H-x)]}{\mathrm{ch}(mH)} \tag{8-23}$$

由肋片散入外界的全部热流量都必须通过它的根部，此热流量等于 $x = 0$ 处的导热热流量，即

$$\Phi = -\lambda A\left(\frac{\mathrm{d}\theta}{\mathrm{d}x}\right)_{x=0} = \lambda A \theta_0 m \,\mathrm{th}(mH) \tag{8-24}$$

以上各式中双曲函数 $\mathrm{ch}(mH)$ 和 $\mathrm{th}(mH)$ 的值可由附录 A-19 查出。

需要指出的是，本导热问题同样可以通过求解简化的一维稳态常物性的导热微分方程式

$$\frac{\mathrm{d}^2 t}{\mathrm{d}x^2} + \frac{\dot{\Phi}}{\lambda} = 0 \tag{h}$$

>>>>>>>>

获得温度分布，进而获得热流量。只是此处的源项 $\dot{\Phi}$（单位为 W/m^3）是通过把肋片侧面与外界交换的热量折合成整个截面上的体积源项而得来。对于距肋根 x 处高为 dx 的微元体，有

$$\dot{\Phi} = -\frac{hPdx(t-t_f)}{Adx} = -\frac{hP(t-t_f)}{A} \qquad (i)$$

将式（i）代入式（h），可获得与式（8-22a）完全相同的方程式。

对于肋片端部有散热的情况，可利用工程上常采用的一种简化处理方法：把肋端的散热面积铺展到侧面上去，对直肋而言，相当于使肋的高度增加

$$\Delta H = \frac{肋端面面积}{肋周长} = \frac{\delta}{2} \qquad (8-25)$$

若以 H'（$=H+\Delta H$）代替原来的肋高 H，则仍可用式（8-24）计算考虑肋端散热时的肋片散热量。值得注意的是：这种简化处理方法只能用于计算散热量，而不能用于求肋片内的温度分布。

例 8-8 用图 8-15 所示的带套管的温度计测定管道内的水蒸气温度。测温套管是一头封闭的细长金属管，用焊接或其他方法固定在管道壁上。温度计位于测温套管内，管底有不易挥发的油或金属屑，并浸没温度计泡，温度计的指示温度接近于测温套管的端部温度。如温度计的指示温度为 250℃，水蒸气管道的壁温为 140℃，套管壁厚 $\delta = 2.5mm$，外径 $d_o = 15mm$，高 $H = 80mm$，套管壁的热导率为 40W/$(m \cdot K)$，水蒸气侧的表面传热系数 $h = 100W/(m^2 \cdot K)$，求水蒸气的实际温度和测温误差。

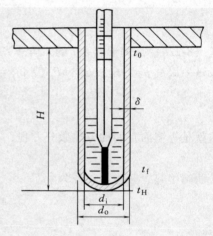

图 8-15 温度计套管

分析 安装在管道的温度计套管相当于一个从管壁上伸出去的等截面空心长杆肋片。由于套管根部的温度与被测流体的温度不等，因而沿套管的高度方向有热量传递。这部分热量是流体先以对流传热方式传给套管，然后通过套管的导热传至套管根部，再经管道管壁与周围环境以对流传热和辐射传热方式传出去。可见，套管的管壁温度必然低于流体的温度。而温度计插在套管中，考虑到温度计的感应泡与套管顶部直接接触，可认为它反映的就是套管顶端的壁面温度。可见，温度计的测量存在着测量误差，该误差就是套管顶端的过余温度 $\theta_H = t_H - t_f$。

解 根据套管结构，可认为它的顶端绝热，因此可用式（8-23）求解。套管横截面积为

$$A = \frac{\pi}{4}(d_o^2 - d_i^2)$$

$$= \frac{\pi}{4} \times [0.015^2 - (0.015 - 0.0025 \times 2)^2] \, m^2$$

$$= 9.813 \times 10^{-5} \, m^2$$

又

$$m = \sqrt{\frac{hP}{\lambda A}} = \sqrt{\frac{100\pi \times 0.015}{40 \times 9.813 \times 10^{-5}}}\,\mathrm{m}^{-1} = 34.64\,\mathrm{m}^{-1}$$

$$mH = 34.64 \times 0.08 = 2.77$$

查附录 A-19 得 ch2.77 = 8.019。由式（8-23）得

$$t_{\mathrm{H}} - t_{\mathrm{f}} = \frac{t_0 - t_{\mathrm{f}}}{\mathrm{ch}(mH)}$$

蒸汽温度为

$$t_{\mathrm{f}} = \frac{t_0 - t_{\mathrm{H}}\,\mathrm{ch}(mH)}{1 - \mathrm{ch}(mH)} = \frac{140 - 250 \times 8.019}{1 - 8.019}\,\text{℃} = 265.7\text{℃}$$

测温误差为

$$\Delta t = t_{\mathrm{H}} - t_{\mathrm{f}} = 250\text{℃} - 265.7\text{℃} = -15.7\text{℃}$$

讨论：

本题测温误差太大。怎样才能减小测温误差呢？可用两种方法来分析。

方法一：分析式（8-23）可知，要减小测温误差 θ_{H}，必须减小 θ_0 和加大 ch（mH）。要加大 ch（mH），必须增加 H 和 $m\left[m = \sqrt{hP/(\lambda A)}\right]$。因此，减小测温误差的措施如下：

1）管道外覆盖保温材料，使 t_0 增加（$t_{\mathrm{f}} < t_0$ 时，t_0 减小），而 $|t_0 - t_{\mathrm{f}}|$ 减小。

2）采用足够长的测温套管，如管道直径较小，可将套管斜装，或装在管道转弯处，如图 8-16 所示。

3）选用热导率小的材料做套管。

4）在强度允许的情况下，尽量采用薄壁套管（减小 A）。

5）强化套管与流体间的传热，增大 h。

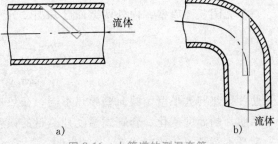

图 8-16　小管道的测温套管

方法二：从温度计套管的一维导热物理过程来分析，要减小测温误差，应尽量减小流体与套管间的传热热阻（强化套管与流体间的传热），尽量增加套管长度方向的导热热阻（选用热导率小的材料做套管，增加套管长度并减小壁厚），增加管道外表面与四周环境之间的热阻（如在管道外覆盖保温材料）。

第四节　多维稳态导热问题简介

当实际导热物体中某一个方向的温度变化率远大于其他两个方向的变化率时，导热问题的分析可以采用一维模型。但是，当物体中两个方向或三个方向的温度变化率具有相同数量级时，采用一维分析方法会带来较大的误差，这时必须采用多维导热问题的分析方法。

求解多维导热问题的方法主要有分析解法和数值解法。由于数学上的困难，分析解法仅限于几何形状及边界条件都比较简单的情形。对于某些问题，如果计算目的仅限于获得两个等温面之间的导热热流量，此时，还可以采用形状因子法。本书对多维导热问题不做详细讨论。

本章小结

本章介绍了导热问题的分析解法，即如何获得导热体温度场及热流量的方法。

热传导是物质的固有属性。导热的基本定律是傅里叶定律。

$$q = -\lambda \, n \, \frac{\partial t}{\partial n}$$

傅里叶定律是联系导热体的温度场与热流场之间的桥梁。揭示导热体内温度分布规律的基本方程是导热微分方程，直角坐标系中常物性各向同性材料的导热微分方程为

$$\frac{\partial t}{\partial \tau} = \frac{\lambda}{\rho c}\left(\frac{\partial^2 t}{\partial x^2} + \frac{\partial^2 t}{\partial y^2} + \frac{\partial^2 t}{\partial z^2}\right) + \frac{\Phi}{\rho c}$$

通过求解导热微分方程与定解条件（初始条件与边界条件）获得导热体的温度分布，再利用傅里叶定律，即可获得热流场。

通过理论分析方法求解了典型的一维稳态导热问题（无限大平壁、无限长圆筒壁与等截面直肋）温度场与热流场。

对于无限大平壁，左右两壁面已知温度分布 t_{w1} 与 t_{w2}，热流量为

$$\Phi = \frac{t_{w1} - t_{w2}}{\delta / (\lambda A)}$$

对于无限长圆筒壁，内外两壁面已知温度分布 t_{w1} 与 t_{w2}，热流量为

$$\Phi = \frac{t_{w1} - t_{w2}}{\dfrac{1}{2\pi l \lambda} \ln \dfrac{d_2}{d_1}}$$

肋片导热与大平壁、圆筒壁导热不同，在热量传递方向上，导热量处处不守恒。重点分析了沿肋片的温度变化、套管式温度计测量的误差与如何提高测量精度。

通过本章学习，要求读者：

1）掌握傅里叶导热定律。

2）掌握三维直角坐标导热微分方程。

3）掌握温度场的求解基本思路及通过平壁和圆筒壁的稳态导热计算公式。

4）掌握热阻概念及其应用。

5）掌握肋片导热特点与套管式温度计测量误差分析方法。

思考题

8-1 何谓稳态导热和非稳态导热？

8-2 傅里叶定律是否仅适用于分析稳态导热问题？

8-3 为什么许多高效能的保温材料都是蜂窝状多孔结构？

8-4 为什么我国东北地区的玻璃窗采用双层结构？

8-5 天气晴朗干燥时，晾晒后的棉衣或被褥使用时会感到暖和，如果晾晒后再拍打拍打效果会更好，为什么？

8-6　从节能考虑，为什么采用特制空心砖比采用普通实心砖好？

8-7　北极熊的毛是白色的吗？很多人都认为北极熊的毛是白色的，与冰雪同一颜色起到保护作用。然而，美国科学家马尔science·亨利用扫描电子显微镜分析，发现北极熊的毛不是白色的，而是一根中空而透明的小管，人们肉眼所见到的"白色"，是因为毛的内表面粗糙不平，把光线折射得非常凌乱而形成的。试用传热学知识分析这一现象。

8-8　推导导热微分方程所依据的基本定律是什么？

8-9　工程中什么情况的导热问题可按一维稳态问题处理？

8-10　傅里叶定律中负号与工程热力学中热量负号的规定有哪些不同？

8-11　发生在一个短圆柱中的导热问题，在哪些情况下可按一维问题处理？

8-12　对于一维平板稳态导热问题，平板两端分别维持较高温 t_{w1} 和较低温 t_{w2}，如果平板的热导率不为常数，而与温度呈线性关系，试画出平板中温度变化曲线。

8-13　对于几层不同材料叠在一起组成的复合平壁，假设不同材料的热导率均为常数，能否从复合平壁中的温度分布判断材料热导率的相对大小？

8-14　一根暖气管道需要包覆不同热导率的保温材料，假设每种材料的厚度一样，为达到最佳保温效果，热导率小的材料应该包覆在里面还是外面？

8-15　需要在蒸汽管道上加装一根测温套管，可供选作套管的材料有 $\phi10mm\times1mm$ 及 $\phi10mm\times5mm$ 的铜管、铝管和不锈钢管。试问，选用哪一种材料所引起的测温误差小？

8-16　对于矩形区域内的常物性、二维无内热源的稳态导热问题，试分析下列四种边界条件组合中，导热物体为铜或钢时，其内部的温度分布是否一样：

1）四边均为给定温度。

2）四边中有一个边绝热，其余三个边均为给定温度。

3）四边中有一个边为给定热流（不等于零），其余三个边中至少有一个边为给定温度。

4）四边中有一个边为第三类边界条件。

8-17　冬天桥面上特别容易结冰，所以车辆通过时应减速谨慎通行，试用传热学知识解释该现象。

8-18　在生物学家卡尔·伯格曼提出的伯格曼法则基础上，科学家艾伦又提出了艾伦推论：比较寒冷的地区动物躯体暴露部分（肢、尾、耳等）均较短小，是否可用传热学知识解释这一现象？

8-19　在深空探测领域，为了保证卫星中的精密仪器在设定工况下正常工作，需要在防磁、减振、隔热等环节做大量的保护设计。试从传热学的角度分析卫星内部的精密仪器会受到哪些热源的影响，存在哪些传热方式，并尝试提出防护建议。

8-20　高超声速飞行器热防护系统中常采用以碳纤维为代表的纤维增强陶瓷基复合材料作为表面热结构材料，试用传热学知识分析其中的原因。

8-21　纳米纤维气凝胶是一种以一维纳米纤维作为构筑三维气凝胶基本单元的新型气凝胶材料，具有低密度、低热导率、高孔隙率及优异的机械性能，是近年来气凝胶隔热材料领域的研究热点。常温环境下，可通过热导率仪测试纳米纤维气凝胶的热导率，然而在实验测试中发现，通过压缩的方式增加纳米纤维气凝胶的密度，其热导率测试值却越来越低，试用传热学知识分析其中的原因。

习题

8-1　两块不同材料的平板组成图 8-17 所示的大平板。两板的面积分别为 A_1 和 A_2，热导率分别为 λ_1 和 λ_2。如果该大平板的两个表面分别维持均匀温度 t_1 及 t_2，试导出通过该大平板的导热热量计算式。

8-2　一厚度为 2δ（$-\delta\leqslant x\leqslant\delta$）的导电铜板，电流通过而产生均匀内热源 Φ，某一瞬间平板中的温度分布可以表示为 $t=A-Bx^2-C\cos\dfrac{\pi x}{2\delta}$ 的形式，其中 A、B、C 为已知常数，假定铜板物性参数均已知且为常数，试：

1）确定此时刻 $x = 0$ 及 $x = \pm\delta$ 处的热流密度。

2）确定此时刻汇流铜板热力学能随时间的变化率。

3）用能量守恒定律对上述结果进行检验。

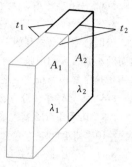

图 8-17　习题 8-1 图

8-3　有一厚为 20mm 的平面墙，热导率为 1.3W/(m·K)。为使每平方米墙的热损失不超过 1500W，在外表面上覆盖了一层热导率为 0.1W/(m·K) 的保温材料。已知复合壁两侧的温度分别为 750℃ 及 55℃，试确定此时保温层的厚度。

8-4　一钢制热风管，内径为 160mm，外径为 170mm，热导率 $\lambda_1 = 58.2$W/(m·K)。热风管外包有两层保温材料，内层厚 $\delta_2 = 30$mm，热导率 $\lambda_2 = 0.135$W/(m·K)；外层厚 $\delta_3 = 80$mm，热导率 $\lambda_3 = 0.0932$W/(m·K)。热风管内表面温度 $t_{w1} = 300$℃，外层保温材料的外表面温度 $t_{w4} = 50$℃。求热风管的热损失和各层间分界面的温度。

8-5　用比较法测定材料热导率的装置如图 8-18 所示。标准试件厚度 $\delta_1 = 16.1$mm，热导率 $\lambda_1 = 0.15$W/(m·K)。待测试件为厚 $\delta_2 = 15.6$mm 的玻璃板，且四周绝热良好。稳态时测得各壁面的温度分别为 $t_{w1} = 44.7$℃、$t_{w2} = 22.7$℃、$t_{w3} = 18.2$℃，试求玻璃板的热导率。

8-6　冷藏箱壁由两层铝板中间夹一层厚 100mm 的矿渣棉组成，内外壁面的温度分别为 -5℃ 和 25℃，矿渣棉的热导率为 0.06W/(m·K)。求散冷损失的热流密度 q。如大气温度为 30℃，相对湿度为 70%，由于水分渗透使矿渣棉变湿，且内层结冰。设含水层和结冰层的热导率分别为 0.2W/(m·K) 和 0.5W/(m·K)，冷藏箱的散冷损失增加多少？

8-7　一块 0.3cm 厚、12cm 高、18cm 长的电路板，电路板的一侧装有 80 个间隔紧密的芯片，每个芯片的热耗散功率为 0.06W。电路板填充铜填料，有效热导率为 16W/(m·K)。芯片产生的热量都会传导到电路板上并从电路板背面散发到环境空气中。请确定电路板两侧的温差。

8-8　某炉墙由耐火砖层、硅藻土焙烧板层和金属密封板所构成（见图 8-19），各层的热导率分别为 $\{\lambda_1\}_{\mathrm{W/(m\cdot K)}} = 0.7 + 0.00058\{t\}_℃$，$\{\lambda_2\}_℃ = 0.047 + 0.000201\{t\}_℃$ 和 $\lambda_3 = 45$W/(m·K)；厚度分别为 $\delta_1 = 115$mm、$\delta_2 = 185$mm 和 $\delta_3 = 3$mm；炉墙内外表面的温度分别为 $t_{w1} = 542$℃ 和 $t_{w4} = 54$℃。试求通过炉墙的热流密度。

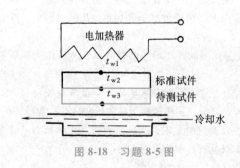

图 8-18　习题 8-5 图

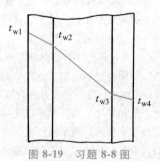

图 8-19　习题 8-8 图

8-9　用一热电偶测量管道内高温气流的温度（见图 8-20）。已知热电偶的读数为 $t_1 = 650$℃，热电偶套管的基部温度 $t_0 = 500$℃，套管插入深度 $l = 100$mm，套管壁厚 $\delta = 1$mm，套管外径 $d = 10$mm，套管材料的热导率 $\lambda = 25$W/(m·K)，套管外侧与气流的表面传热系数 $h = 50$W/(m²·K)。试求：气流的真实温度 t_f 和测量误差 θ_l。

8-10　为了增强传热，在外径为 40mm 的管道外表面上装置纵肋 12 片，如图 8-21 所示。肋厚 0.8mm，肋高 20mm，肋的热导率为 116W/(m·K)。若管道的壁温为 140℃，周围介质的温度为 20℃，表面传热系数为 20W/(m²·K)，求单位管长的散热量（本题除考虑肋片的散热以外，还要考虑肋片与肋片之间的管道外表面的散热）。

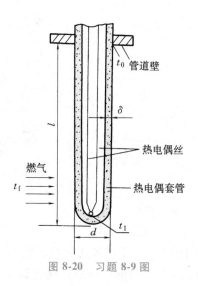

图 8-20　习题 8-9 图

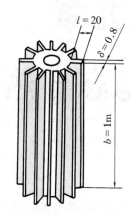

图 8-21　习题 8-10 图

8-11　一实心燃气轮机叶片，高度 $H = 6.25$cm，横截面积 $A = 4.65$cm^2，周长 $P = 12.2$cm，热导率 $\lambda = 22$W/(m·K)。燃气有效温度 $T_{ge} = 1140$K，叶根温度 $T_r = 755$K，燃气对叶片的表面传热系数 $h = 390$W/(m^2·K)。假定叶片端面绝热，求叶片的温度分布和通过叶根的热流量。

8-12　在电子器件与芯片的实际工作中，通常采用在接触表面涂抹导热硅脂的方式降低接触热阻，提高芯片的散热效果。现有一厚度极小的芯片，其与 8mm 厚的铝基体板之间涂有 0.02mm 厚的导热硅脂。假设芯片和基板的上下表面通过空气冷却，其余表面均为绝热条件。空气温度为 25℃，表面传热系数为 100W/(m^2·K)。铝基板的热导率为 239W(m·K)，涂抹导热硅脂前芯片与铝板间的接触热阻为 2.5×10^{-3}m^2·K/W，涂抹导热硅脂后接触热阻变为 5×10^{-4}m^2·K/W。如果芯片热量耗散的功率密度为 10^4W/m^2，且芯片正常工作允许的最高温度为 80℃，请问在涂抹导热硅脂前后芯片是否都能正常工作。

第九章

非稳态导热

授课视频——
非稳态导热

第一节 概 述

第八章讨论的导热问题是稳态问题，而工程实践中还经常会遇到非稳态问题。例如锅炉、蒸汽轮机、内燃机等动力机械在起动、停机和变工况运行时的导热，钢锭和铸件在加热炉中的加热，铸铁在铸型中的冷却，大地和房屋白天被太阳加热、夜晚被冷却时的导热等，都属于非稳态导热。非稳态导热物体的温度场随时间而变化，因此非稳态导热问题比稳态导热问题复杂得多。一般可以分为周期性非稳态导热与非周期性非稳态导热两大类。非周期性非稳态导热是研究重点。

为了阐明非稳态导热的特点，考察图 9-1 所示平壁的例子。设其初始温度为 t_0，令其左侧表面温度突然升高到 t_1 并保持不变，而右侧仍与温度为 t_0 的流体相接触。在这种条件下，物体的温度场要经历以下的温度变化过程。首先，物体紧挨高温表面部分的温度很快上升，而其余部分仍保持原来的温度 t_0，如图中曲线 HBD 所示。随着时间的推移，温度变化波及的范围不断扩大，以致在一定时间后，右侧表面的温度也逐渐升高，图中 HCD、HF 示意性地表示了这种变化过程。最终达到稳态，温度分布保持恒定，如曲线 HG 所示（热导率为常数时，此曲线为直线）。

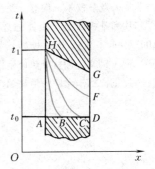

图 9-1 非稳态导热过程的温度分布

由此可见，非稳态导热和稳态导热的不同之处在于：

1）物体内各点的温度随时间而变，而且物体的温度变化明显地分为部分物体不参与变化和整个物体参与变化两个阶段。在前一个阶段，物体内的温度分布受初始温度的影响很大。在后一个阶段，物体内的温度分布不再受初始温度的影响，而只受控于非稳态导热的规律，物体内的温度变化具有一定的规律性。这后一阶段的温度变化规律将是本章讨论的主要内容。

2）在非稳态导热热量传递的路径中，每一个与热流方向垂直的截面上的热流量是处处不等的。这是由于各处本身温度变化要积蓄（或放出）热量的缘故。

另外，由图 9-1 可知，非稳态导热过程中壁面两侧的温差要比达到稳态后的温差大得多，此时一侧壁温（如内壁）远高于另一侧壁温（如外壁），因此在内、外壁将产生相应的压缩、拉伸应力。这种由于壁面温度不均匀而引起的热应力的值与壁面两侧温差成正比，当热应力过大时将会使壁面产生变形甚至裂纹。因此，非稳态导热对热力设备影响很大，为保证设备安全可靠，实际应用中，必须采取相应措施，严格控制设备内外壁温差。

对于非稳态导热过程往往要求解决以下问题：

1）物体的某一部分从初始温度上升或下降到某一确定温度所需的时间，或经某一时间后物体各部分的温度是否上升或下降到某一定值。

2）物体在非稳态导热过程中的温度分布，为求材料中的热应力提供必要的资料。

3）某一时刻物体表面的热流量或从某一时刻起经一定时间后表面传递的总热量。

要解决以上问题，必须首先应用导热微分方程式，求出物体在非稳态导热过程中的温度场，然后由傅里叶定律算出空间各点的瞬时热流量。

第二节　非稳态导热问题的求解及诺谟图

现以第三类边界条件下无限大平壁非稳态导热为例，简单介绍非稳态导热问题求解的分析方法和步骤，以及由分析解到工程应用的诺谟图的转变过程。

一、无限大平壁的分析解

设有一块厚度为 2δ 的无限大平壁，初始温度为 t_0。在初始瞬间将它置于温度为 t_f 的流体中，且 $t_f > t_0$，流体与壁面间的表面传热系数 h 为常数。下面来确定在非稳态过程中壁内的温度分布。

平壁两侧对称受热，壁内温度分布必以其中心截面为对称面，因此采用图 9-2 所示的坐标系，只要研究厚度为 δ 的半块平壁即可。对于 $x \geq 0$ 的半块平壁，完整的数学描述如下：

微分方程　$\dfrac{\partial t}{\partial \tau} = a \dfrac{\partial^2 t}{\partial x^2}$　$(0 < x < \delta,\ \tau > 0)$

初始条件　$t(x, 0) = t_0$　$(0 \leq x \leq \delta)$

边界条件　$\dfrac{\partial t(x, \tau)}{\partial x}\bigg|_{x=0} = 0$　（对称性）

$$h[t(\delta, \tau) - t_f] = -\lambda \dfrac{\partial t(x, \tau)}{\partial x}\bigg|_{x=\delta}$$

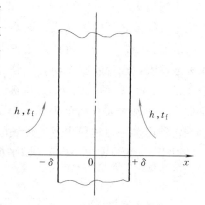

图 9-2　无限大平壁的坐标选取

引入过余温度 $\theta = t_0(x, \tau) - t_f$，上面四式化为

$$\frac{\partial \theta}{\partial \tau} = a \frac{\partial^2 \theta}{\partial x^2} \quad (0 < x < \delta, \tau < 0) \tag{a}$$

$$\theta(x, 0) = \theta_0 \quad (0 \leq x \leq \delta) \tag{b}$$

$$\frac{\partial \theta}{\partial x} = 0 \tag{c}$$

$$h\theta(\delta, \tau) = -\lambda \frac{\partial \theta(x, \tau)}{\partial x}\bigg|_{x=\delta} \tag{d}$$

应用分离变量法求解此边值问题，其解为（详见参考文献 [14]）

$$\frac{\theta(x, \tau)}{\theta_0} = 2 \sum_{n=1}^{\infty} e^{-\mu_n^2 a\tau/\delta^2} \frac{\sin\mu_n \cos\left(\mu_n \dfrac{x}{\delta}\right)}{\mu_n + \sin\mu_n \cos\mu_n} \tag{9-1}$$

式中，θ_0 为初始过余温度，$\theta_0 = t(x, 0) - t_f = t_0 - t_f$；$a\tau/\delta^2$ 是量纲一的特征数，称为傅里叶数，记为 Fo；μ_n 是方程

$$\tan\mu_n = \frac{h\delta}{\lambda\mu_n} = \frac{Bi}{\mu_n} \tag{9-2}$$

的解，其中量纲一的数 $h\delta/\lambda$ 称为毕渥数，记为 Bi。于是将式（9-1）写成量纲一的函数形式则为

$$\frac{\theta(x, \tau)}{\theta_0} = f_1\left(Fo, Bi, \frac{x}{\delta}\right) \tag{9-3}$$

式中每个量纲一的量都有一定的物理意义。毕渥数 Bi 可表示为 $(\delta/\lambda)/(1/h)$，分子是厚度为 δ 的半块平壁内的导热热阻，分母则是壁面外的对流传热热阻，所以 Bi 具有对比热阻的物理意义。傅里叶数 Fo 可表示成 $\tau/(\delta^2/a)$，分子是时间，分母也具有时间的量纲，它反映热扰动透过平壁的时间，所以 Fo 具有对比时间的物理意义。Fo 越大，热扰动就越快地传播到物体的内部。像毕渥数、傅里叶数等这一类表征某一物理现象或物理过程特征的量纲一的数称为特征数，习惯上又称准则数。出现在特征数定义式中的几何尺寸称为特征长度，一般以 l 表示。在这里以平壁的半厚度作为特征长度，即取 $l = \delta$。式中 θ/θ_0、x/δ 是两个同类量之比的量纲一的数，也称为参数特征数。

应当指出，式（9-3）表明，描述某物理现象的微分方程及其定解条件的解，可以归结成几个特征数之间的关联式，这不是偶然的，而是必然的结果。在物理现象中，物理量不是单个地起作用，而是以特征数这种量纲一的组合量发挥其作用。这种特征函数关联式可以更深刻地反映物理现象的本质，它使变量大幅度减少。如在方程组式（a）～式（d）中有八个变量 τ、a、λ、h、x、δ、θ 和 θ_0，而在特征数关联式中，变量就成为 Fo、Bi、θ/θ_0 和 x/δ 四个。这样就大大有利于表达求解的结果，也有利于对影响因素的分析。在对流传热一章中，将利用这一原理得出对流传热的特征数关联式。

对于式（9-3），当 $x = 0$（即平板中心线处）时可写成

$$\frac{\theta_m(0, \tau)}{\theta_0} = f_1(Fo, Bi) \tag{9-4}$$

式中，$\theta_m = t(0, \tau) - t_f$。

平壁中任一点的过余温度 $\theta(x, \tau)$ 与平壁中心的过余温度 $\theta_m(0, \tau)$ 之比为

$$\frac{\theta(x, \tau)}{\theta_m(0, \tau)} = f_2\left(Bi, \frac{x}{\delta}\right) \tag{9-5}$$

二、无限大平壁的诺谟图

用式（9-1）计算显得繁琐，工程上通常使用图线进行计算。图线是在满足工程计算准确度要求的条件下，事先按式（9-1）计算出有关数值，然后将这些数值以特征数为变量画出，这些图线称为诺谟图。这种诺谟图有几种不同的编排方式，这里介绍海斯勒绘制的诺谟图。它由一幅主图（见图9-3）和一幅副图（见图9-4）组成。在图9-3中，Fo（$= a\tau/\delta^2$）为横坐标，$1/Bi$ $[= \lambda/(h\delta)]$ 为参变量，Fo、Bi 的数值确定后，即可从图上查出纵坐标相应的 θ_m/θ_0 值。图9-3中纵坐标采用对数坐标。在图9-4中，以 $1/Bi$ 为横坐标，以量纲一的距离参数 x/δ 为参变量，当这两个数值确定后，即可从纵坐标上查出相应的距离校正系数 θ/θ_m。图9-4中横坐标采用对数坐标。查得 θ_m/θ_0 和 θ/θ_m 后，利用式

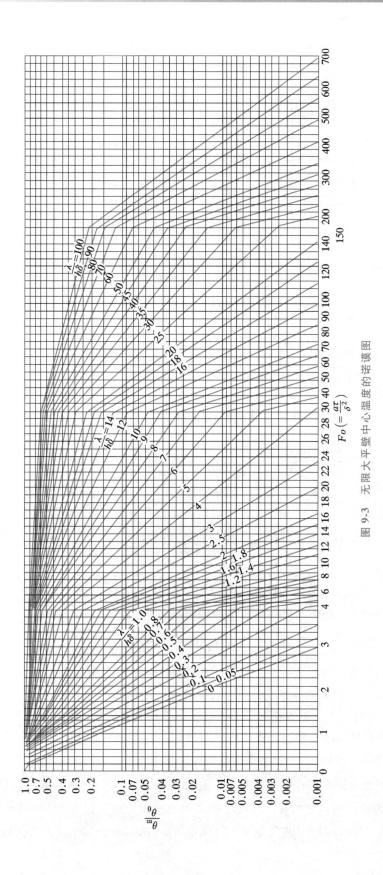

图 9-3　无限大平壁中心温度的诺谟图

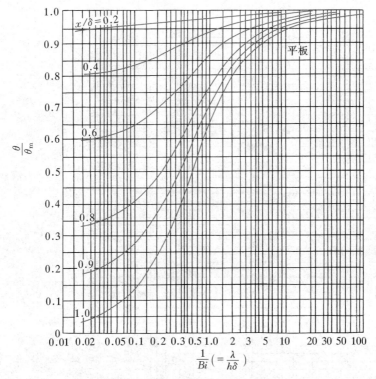

图 9-4　无限大平壁的 $\theta/\theta_{\mathrm{m}}$ 图线

$$\frac{\theta(x,\tau)}{\theta_0}=\frac{\theta(x,\tau)}{\theta_{\mathrm{m}}(0,\tau)}\frac{\theta_{\mathrm{m}}(0,\tau)}{\theta_0}=f_1(Fo,Bi)f_2\left(Bi,\frac{x}{\delta}\right) \tag{9-6}$$

即可求得无限大平壁内任一点在 τ 时刻的相对过余温度 θ/θ_0，进而求出过余温度 θ。

知道平壁内的温度分布后，就可求得 $0\sim\tau$ 时间内非稳态导热过程所传递的热量，即

$$Q=\rho cA\int_{-\delta}^{\delta}(t-t_0)\,\mathrm{d}x=\rho cA\int_{-\delta}^{\delta}(\theta-\theta_0)\,\mathrm{d}x$$

$$=\rho c\theta_0A\int_{-\delta}^{\delta}\left(\frac{\theta}{\theta_0}-1\right)\mathrm{d}x \tag{9-7}$$

将式（9-1）代入式（9-7）并积分整理可得 Q 的解析式，或

$$\frac{Q}{Q_0}=f_3(Fo,Bi) \tag{9-8}$$

式（9-8）示于图 9-5，为了读图的方便，横坐标取 $FoBi^2$ 的组合。图 9-5 中 $Q_0=\rho cV(t_{\mathrm{f}}-t_0)$ 是平壁从初始温度 t_0 变为周围流体温度 t_{f} 所吸收或放出的热量。

由于对称性，图 9-2 中平壁的中心面（$x=0$）相当于一个绝热面，因此对于厚度为 δ 的无限大平壁，当一侧绝热，另一侧被介质加热（或冷却）时，仍可采用上述方法进行计算，只不过这时的特征长度应为 δ，而不是采用原来的厚度之半 $\delta/2$ 了。

例 9-1　一火箭发动机喷管，壁厚为 9mm，初始温度为 30℃。在进行静推力试验时，温度为 1750℃ 的高温燃气送入该喷管，燃气与壁面间的表面传热系数为 1950W/（m²·K）。喷管材料的密度 $\rho=8400\mathrm{kg/m^3}$，热导率 $\lambda=24.6\mathrm{W/(m\cdot K)}$，比热容 $c=560\mathrm{J/(kg\cdot K)}$。

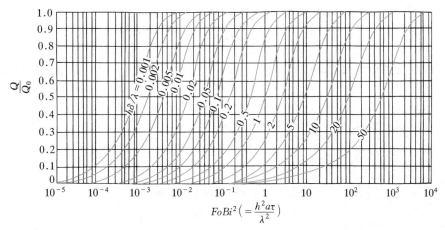

图 9-5　无限大平壁的 Q/Q_0 曲线

假设喷管因直径与厚度之比较大而视为平壁，且外侧可做绝热处理，试确定：

1）为使喷管的最高温度不超过材料允许温度（1000℃）而能允许的运行时间。

2）在所允许时间的终了时刻，壁面中的最大温差。

3）在上述时刻壁面中的平均温度梯度与最大温度梯度。

解　1）这可视为厚度为 $2\delta = 2 \times 0.009\mathrm{m}$ 的无限大平壁两侧突然受第三类边界条件作用的非稳态导热问题。最高温度发生在内侧表面上，有

$$\frac{x}{\delta} = 1.0$$

$$\frac{1}{Bi} = \frac{\lambda}{h\delta} = \frac{24.6}{1950 \times 0.009} = 1.4$$

由图 9-3 查得，在表面上 $\theta_\mathrm{w}/\theta_\mathrm{m} = 0.735$。根据已知条件，表面的相对过余温度为

$$\frac{\theta_\mathrm{w}}{\theta_0} = \frac{t_\mathrm{w} - t_\mathrm{f}}{t_0 - t_\mathrm{f}} = \frac{1000 - 1750}{30 - 1750} = 0.436$$

故得

$$\frac{\theta_\mathrm{m}}{\theta_0} = \frac{\theta_\mathrm{w}/\theta_0}{\theta_\mathrm{w}/\theta_\mathrm{m}} = \frac{0.436}{0.735} = 0.593$$

根据 $\theta_\mathrm{m}/\theta_0$ 及 $1/Bi$ 之值，由图 9-3 查得 $Fo = 1.1$，故得

$$\tau = Fo\frac{\delta^2}{a} = Fo\frac{\delta^2}{\lambda/(\rho c)}$$

$$= 1.1 \times 0.009^2 \times \frac{8400 \times 560}{24.6}\mathrm{s} = 17\mathrm{s}$$

2）壁内的最低温度发生在外侧绝热表面上。

$$t_\mathrm{m} = t_\mathrm{f} + 0.593\theta_0 = 1750℃ - 0.593 \times 1720℃ = 730℃$$

壁中的最大温差 $\Delta t_\mathrm{max} = （1000 - 730）℃ = 270℃$。

3）壁中的平均温度梯度。

$$\left(\frac{\partial t}{\partial x}\right)_{\text{m}} = \frac{\Delta t_{\text{max}}}{\delta} = \frac{270}{0.009}\text{K/m} = 30000\text{K/m}$$

最大温度梯度发生在表面上,由热平衡式

$$-\lambda\left(\frac{\partial t}{\partial x}\right)_{\text{w}} = h(t_{\text{w}} - t_{\text{f}})$$

即

$$-24.6\left(\frac{\partial t}{\partial x}\right)_{\text{w}} \text{W/(m·K)} = 1950 \times (1000-1750)\text{W/m}^2$$

则

$$\left(\frac{\partial t}{\partial x}\right)_{\text{w}} = 59.451 \times 10^3 \text{K/m}$$

例 9-2 液体火箭发动机及超燃冲压发动机中通常采用再生冷却的方式,在壁面开冷却槽通道,燃料作为冷却剂在冷却通道内对发动机壁面进行对流冷却。某一型号发动机内壁面当不采用冷却时温度为1500℃。内壁材料厚度为5mm,密度为7000kg/m³,热导率为15W/(m·K),比热容为600J/(kg·K),燃料初始温度为20℃,燃料与壁面之间表面传热系数为1500W/(m²·K)。假设燃烧室壁面直径与厚度之比较大可视为平壁,且外侧为绝热边界,求发动机内壁面冷却至1000℃时所需的时间。

解 该问题可视为厚度为 $2\delta = 2 \times 0.01\text{mm}$ 的无限大平壁两侧突然受第三类边界条件作用的非稳态导热问题,最高温度在内侧表面,即

$$\frac{x}{\delta} = 1.0$$

$$\frac{1}{Bi} = \frac{\lambda}{h\delta} = \frac{15}{1500 \times 0.005} = 2$$

查图可得表面 $\theta_{\text{w}}/\theta_{\text{m}} = 0.79$,表面相对过余温度为

$$\frac{\theta_{\text{w}}}{\theta_0} = \frac{t_{\text{w}} - t_{\text{f}}}{t_0 - t_{\text{f}}} = \frac{1000℃ - 20℃}{1500℃ - 20℃} = 0.662$$

即可得

$$\frac{\theta_{\text{m}}}{\theta_0} = \frac{\theta_{\text{w}}}{\theta_0} \cdot \frac{\theta_{\text{m}}}{\theta_{\text{w}}} = 0.838$$

根据 $\theta_{\text{m}}/\theta_0$ 及 $1/Bi$ 的值查图可得 Fo 为0.9,故可得所需时间为

$$\tau = Fo\frac{\delta^2}{a} = Fo\frac{\delta^2\rho c}{\lambda} = 6.3\text{s}$$

例 9-3 随着电子芯片性能的提升和尺寸的微型化,芯片呈现出越来越高的热流密度,这给器件散热带来了巨大的压力。现有一块厚度为2mm的主板,上面布置有一系列芯片,芯片的温度为100℃。主板初始温度为20℃,一侧受到芯片的均匀加热,另一侧可近似认为是绝热的。求主板受热表面温度达到80℃时所需要的时间。主板的热导率为24W/(m·K),热扩散系数为 $0.5 \times 10^{-5}\text{m}^2/\text{s}$,加热过程的平均表面传热系数为150W/(m²·K)。

解 对于该主板，将其作为厚度 4mm 的对称无限大平板，其毕渥数为

$$Bi = \frac{150 \times 0.002}{24} = 0.0125, \quad \frac{x}{\delta} = 1.0$$

由无限大平板的 $\dfrac{\theta}{\theta_m}$ 曲线图，查得：

$$\frac{\theta_w}{\theta_m} = 0.98$$

且平板表面的无量纲过余温度为 $\dfrac{\theta_w}{\theta_0} = \dfrac{80℃ - 100℃}{20℃ - 100℃} = 0.25$，得

$$\frac{\theta_m}{\theta_0} = \frac{\theta_w}{\theta_0} \Big/ \frac{\theta_w}{\theta_m} = 0.25/0.98 = 0.255$$

查无限大平板中心温度的诺谟图得傅里叶数 $Fo = 108$，故

$$\tau = Fo \frac{\delta^2}{a} = 108 \times \frac{0.002^2}{0.5 \times 10^{-5}} \text{s} = 86.4\text{s}$$

三、无限长圆柱体的诺谟图

圆柱体是工程中常见的另一简单的典型几何形体。对无限长圆柱体在第三类边界条件下非稳态导热问题，可进行同样的分析求解，其结果有类似于式（9-3）的特征数关联式，即

$$\frac{\theta(r,\tau)}{\theta_0} = f\left(Fo, Bi, \frac{r}{R}\right) \tag{9-9}$$

式中，R 为圆柱体的半径；r 为任意半径；$Fo = a\tau/R^2$，$Bi = hR/\lambda$，即 R 是特征长度。

在实际计算中也有按分析解绘制的诺谟图可资利用，如图 9-6～图 9-8 所示。利用这些图也可求出无限长圆柱体内的温度场和一段时间间隔内所传递的热量。

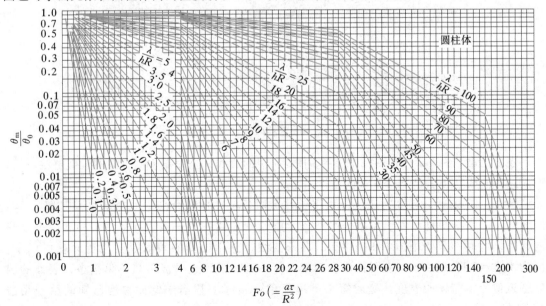

图 9-6 无限长圆柱中心温度的诺谟图

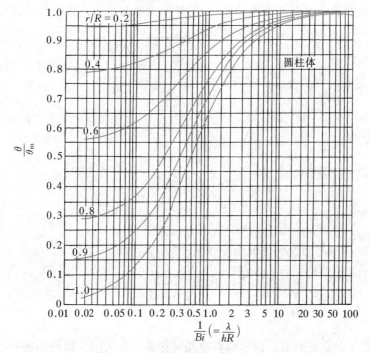

图 9-7　无限长圆柱体的 θ/θ_m 曲线

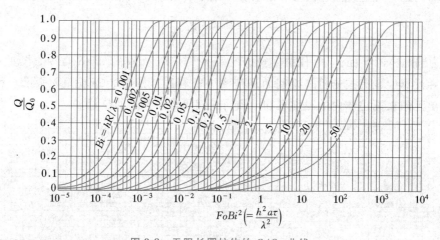

图 9-8　无限长圆柱体的 Q/Q_0 曲线

还要指出，图 9-3、图 9-4、图 9-6、图 9-7 中的曲线都是根据 $Fo \geqslant 0.2$ 的近似解绘制的，使用这些曲线必须满足 $Fo \geqslant 0.2$ 的条件。

另外，图 9-3～图 9-8 对于无限大平壁和无限长圆柱体在介质中的冷却过程（即 $t_f < t_0$）同样适用。这些图也可用于无限大平壁和无限长圆柱体在第一类边界条件下的非稳态导热的计算。此时，只要用图中 $1/Bi = 0$ 的那条曲线，并用已知的表面温度代替 t_f 就可以了。因为 $1/Bi = 0$ 即 $Bi \to \infty$，说明物体表面对流传热十分强烈，对流传热热阻很小，表面的温度就近似等于流体的温度。这时第三类边界条件实际上相当于壁面温度已知的第一类边界条件。

例 9-4 一直径为 170mm 的长轴钢锭，初温为 17℃，将它置于炉温为 850℃ 的炉中加热，取钢锭的 $\lambda = 30\text{W}/(\text{m}\cdot\text{K})$，$a = 6.2\times10^{-6}\text{m}^2/\text{s}$，并取 $h = 141\text{W}/(\text{m}^2\cdot\text{K})$。试确定：

1）使长轴的中心温度达到 800℃ 所需的时间。

2）在该时刻钢轴表面的温度。

解 1）这可视为半径为 $R = 0.085\text{m}$ 的无限长圆柱突然受第三类边界条件作用的非稳态导热问题。

$$\frac{1}{Bi} = \frac{\lambda}{hR} = \frac{30}{141\times0.085} = 2.5$$

$$\frac{\theta_\text{m}}{\theta_0} = \frac{t_\text{m}-t_\text{f}}{t_0-t_\text{f}} = \frac{800-850}{17-850} = 0.060$$

由图 9-6 查得 $Fo = \dfrac{a\tau}{R^2} = 4$，所以

$$\tau = Fo\frac{R^2}{a} = 4\times\frac{0.085^2}{6.2\times10^{-6}}\text{s} = 4661\text{s}$$

2）由 $\dfrac{r}{R} = 1$ 及 $\dfrac{1}{Bi} = 2.5$ 查图 9-7 得 $\dfrac{\theta_\text{w}}{\theta_\text{m}} = \dfrac{t_\text{w}-t_\text{f}}{t_\text{m}-t_\text{f}} = \dfrac{t_\text{w}-850℃}{800℃-850℃} = 0.83$，所以

$$t_\text{w} = (850-0.83\times50)℃ = 808.5℃$$

*四、规则二维及三维物体非稳态导热问题的求解

工程上遇到的非稳态导热不仅仅是一维的，在很多情况下是二维或三维的，而且还有一些是规则的二维、三维物体，如有限长度的圆柱体、长方体等。这些物体可以看成是由一维导热物体相交而成的。例如，无限长的长方柱体可由两个无限大平壁垂直相交而成；短圆柱可由一个无限大平壁和一个无限长圆柱体垂直相交而成（见图 9-9）；长方体可由三个无限大平壁垂直相交而成。理论上已经证明有限尺度的某些形状物体内任一点的相对过余温度，等于垂直相交的一维非稳态导热物体在该点的相对过余温度的乘积，这就是多维非稳态导热的乘积解法。如果分别用下标 p 和 c 表示无限大平壁和无限长圆柱体，则上述二维和三维非稳态导热物体的相对过余温度分布为

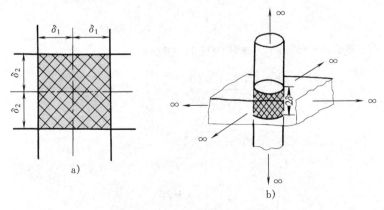

图 9-9 无限长方柱和短圆柱

无限长的长方柱体

$$\frac{\theta}{\theta_0} = \left(\frac{\theta}{\theta_0}\right)_{P_1} \left(\frac{\theta}{\theta_0}\right)_{P_2} \tag{9-10}$$

短圆柱体

$$\frac{\theta}{\theta_0} = \left(\frac{\theta}{\theta_0}\right)_{P} \left(\frac{\theta}{\theta_0}\right)_{c} \tag{9-11}$$

长方体

$$\frac{\theta}{\theta_0} = \left(\frac{\theta}{\theta_0}\right)_{P_1} \left(\frac{\theta}{\theta_0}\right)_{P_2} \left(\frac{\theta}{\theta_0}\right)_{P_3} \tag{9-12}$$

因此，可用一维非稳态导热的诺谟图求解上述二维和三维的非稳态导热问题。

例 9-5 一根长为 400mm、直径为 500mm 的圆柱体形碳钢材（碳的质量分数为 1.5%），温度为 30℃，置于炉内加热。炉温为 1200℃，总表面传热系数 $h = 150W/(m^2 \cdot K)$。求：

1）钢材进入炉内 2h 后，钢材中心的温度。

2）在 2h 加热过程中吸收的热量。

解 1）短圆柱体可看作是由厚为 400mm 的大平壁和半径为 250mm 的无限长圆柱体垂直相交而成。先分别求出无限大平壁和无限长圆柱体中心平面上的 θ/θ_0，这两个 θ/θ_0 的乘积即为圆柱体中心的 θ/θ_0。

估计加热后的温度可达 1000℃，因而热导率取加热过程的平均温度 515℃ 时的值。由附录 A-10 查得 $\lambda = 33W/(m \cdot K)$，密度和比热容取 20℃ 时的值，于是热扩散率为

$$a = \frac{\lambda}{\rho c} = \frac{33}{7750 \times 470} m^2/s = 9.06 \times 10^{-6} m^2/s = 3.26 \times 10^{-2} m^2/h$$

① 厚度为 $2\delta = 400mm$ 的无限大平壁，置于炉内 2h 后，其中心平面上的 $(\theta_m/\theta_0)_P$ 可按下法求得

$$Fo = \frac{a\tau}{\delta^2} = \frac{3.26 \times 10^{-2} \times 2}{0.2^2} = 1.63$$

$$\frac{1}{Bi} = \frac{\lambda}{h\delta} = \frac{33}{150 \times 0.2} = 1.1$$

查图 9-3 得

$$\left(\frac{\theta_m}{\theta_0}\right)_P = 0.36$$

② 同样方法求得 $R = 250mm$ 无限长圆柱的 $(\theta_m/\theta_0)_c$。

$$Fo = \frac{3.26 \times 10^{-2} \times 2}{0.25^2} = 1.04$$

$$\frac{1}{Bi} = \frac{33}{150 \times 0.25} = 0.88$$

查图 9-6 得

$$\left(\frac{\theta_m}{\theta_0}\right)_c = 0.20$$

③ 于是，加热 2h 后，钢材中心的

$$\frac{\theta_m}{\theta_0} = \left(\frac{\theta_m}{\theta_0}\right)_p \left(\frac{\theta_m}{\theta_0}\right)_c = 0.36 \times 0.20 = 0.072$$

根据过余温度的定义，$\theta = t - t_f$，$\theta_0 = t_0 - t_f$，则

$$\frac{t - 1200\,℃}{30\,℃ - 1200\,℃} = 0.072$$

钢材中心的温度为

$$t = 1116\,℃$$

2）这类物体加热或冷却时，吸收或放出的热量可用类似方法求得。本题先求组成该物体的无限大平壁和无限长圆柱的 $\dfrac{Q}{Q_0}$。

① 对厚度为 400mm 的大平壁而言，有

$$Bi = 0.91, \quad FoBi^2 = 1.63 \times 0.91^2 = 1.35$$

查图 9-5 得

$$\left(\frac{Q}{Q_0}\right)_p = 0.66$$

② 对半径为 250mm 的长圆柱体，有

$$Bi = 1.14, \quad FoBi^2 = 7.04 \times 1.14^2 = 1.35$$

查图 9-8 得

$$\left(\frac{Q}{Q_0}\right)_c = 0.75$$

③ 对长为 400mm、直径为 500mm 的钢材而言，有

$$\frac{Q}{Q_0} = \left(\frac{Q}{Q_0}\right)_p + \left(\frac{Q}{Q_0}\right)_c \left[1 - \left(\frac{Q}{Q_0}\right)_p\right] \qquad (9\text{-}13)$$

将相应的数值代入

$$\frac{Q}{Q_0} = 0.66 + 0.75 \times (1 - 0.66) = 0.92$$

又

$$Q_0 = \rho c V (t_0 - t_f)$$
$$= 7750 \times 470 \times 3.14 \times 0.25^2 \times 0.4 \times (1200 - 30)\,\text{J}$$
$$= 3.35 \times 10^8\,\text{J}$$

钢材吸收的热量为

$$Q = 0.92 Q_0 = 0.92 \times (-3.35 \times 10^8)\,\text{J} = 3.08 \times 10^8\,\text{J}$$
$$= 3.08 \times 10^5\,\text{kJ}$$

讨论：

1）如果把这一短圆柱体作为无限长圆柱体处理，则将得到钢材中心的温度为

$$t = 0.20\theta_0 + t_f = 0.20 \times (30 - 1200)\,℃ + 1200\,℃ = 966\,℃$$

这说明短圆柱体比长圆柱体被加热得快，试分析其原因。

2）短圆柱体加热（或冷却）时何处温度最高？何处温度最低？长方体加热（或冷却）时，何处温度最高？何处温度最低？请读者考虑。

3）对于三维非稳态导热，过程中所传递的热量可按下式计算，即

$$\frac{Q}{Q_0} = \left(\frac{Q}{Q_0}\right)_1 + \left(\frac{Q}{Q_0}\right)_2 \left[1 - \left(\frac{Q}{Q_0}\right)_1\right] + \left(\frac{Q}{Q_0}\right)_3 \left[1 - \left(\frac{Q}{Q_0}\right)_1\right] \left[1 - \left(\frac{Q}{Q_0}\right)_2\right]^{\ominus} \tag{9-14}$$

第三节　集总参数法

由毕渥数的定义知，当 $Bi \ll 1$ 时，物体内部的导热热阻远小于其表面的传热热阻。内部导热热阻小，边界上由对流传热传进的热量就能够很快地传至各处；外部对流传热热阻大，则从边界传进热量较少，以致可以认为整个物体在同一瞬间温度趋于一致，这时所要求解的温度仅是时间 τ 的一元函数，而与空间坐标无关，好像该物体原来连续分布的质量与热容汇总在一点上而只有一个温度值。这种忽略物体内部导热热阻的非稳态导热问题的研究方法称为集总参数法。从图 9-4 和图 9-7 看出，当 $Bi < 0.1$（即 $1/Bi > 10$）时，物体内各点温度的差别小于 5%。即，如果这时将物体内各点的温度看成是均匀一致的，则误差不超过 5%。所以，使用集总参数法的前提条件为

$$Bi < 0.1 \tag{9-15}$$

下面按集总参数法原理建立物体的导热微分方程式，从而获得温度随时间变化的规律。

如图 9-10 所示，设有一体积为 V、表面积为 A、初始温度为 t_0、常物性无内热源的任意形状的物体，突然置于温度为 t_f（恒定）的流体中被加热（或冷却），物体与流体间的表面传热系数为 h。假定此问题 $Bi < 0.1$，可应用集总参数法，则在某一时刻物体内部都具有相同的温度 t，经 $d\tau$ 时间后，温度变化了 dt。根据能量守恒定律，单位时间内物体吸收的热量，等于其热力学能的变化，即

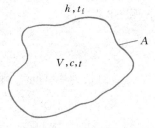

图 9-10　集总参数法

$$hA(t_f - t) = \rho V c \frac{\mathrm{d}t}{\mathrm{d}\tau}$$

需要说明的是，通过对非稳态、有内热源的导热微分方程式直接化简，把界面上交换的热量折算成整个物体的体积内热源，也可以得到上式。引入过余温度 $\theta = t - t_f$，代入上式并分离变量得

$$\frac{\mathrm{d}\theta}{\theta} = -\frac{hA}{\rho V c}\mathrm{d}\tau$$

⊖ 摘自 Langton L S. Heat Transfer from Multidimensional Objects Using One-Dimensional Solutions for Heat Loss. Int. J. Heat Mass Transfer, 1982, 25（1）：149-150.

两边积分
$$\int_{\theta_0}^{\theta} \frac{\mathrm{d}\theta}{\theta} = -\int_0^{\tau} \frac{hA}{\rho Vc} \mathrm{d}\tau$$

得
$$\frac{\theta}{\theta_0} = \frac{t-t_\mathrm{f}}{t_0-t_\mathrm{f}} = \exp\left(-\frac{hA}{\rho Vc}\tau\right) \tag{9-16}$$
$$= \exp(-Bi_V Fo_V)$$

式中，$Bi_V = h(V/A)/\lambda$，$Fo_V = [\lambda/(\rho c)]\tau/(V/A)^2 = a\tau/(V/A)^2$，这里下标 V 表示用 V/A 作为特征长度，它具有长度的量纲。总之，非稳态导热问题使用集总参数法的前提条件是 $Bi<0.1$，其中 Bi 中的特征长度对厚度为 2δ 的无限大平壁取 δ，对半径为 R 的无限长圆柱体和球体均取半径 R，对其他不规则物体取 V/A。需要注意的是，如果对无限长圆柱或球体采用 V/A 计算，则其特征长度值不为 R，但因为集总参数法为近似计算方法，其带来的误差可以忽略。

根据式（9-16）还可以求出从初始时刻到某一瞬间为止的时间间隔内物体与环境流体间所交换的总热量，即

$$Q = \int_0^{\tau} \Phi(\tau)\mathrm{d}\tau = \int_0^{\tau} hA\theta\mathrm{d}\tau = \int_0^{\tau} hA\theta_0\exp\left(-\frac{hA}{\rho Vc}\tau\right)\mathrm{d}\tau$$

$$= hA(t_0-t_\mathrm{f})\left(-\frac{\rho Vc}{hA}\right)\left[\exp\left(-\frac{hA}{\rho Vc}\tau\right)-1\right] \tag{9-17}$$

$$= \rho Vc(t_0-t_\mathrm{f})\left[1-\exp\left(-\frac{hA}{\rho Vc}\tau\right)\right]$$

例 9-6 一直径为 50mm 的钢球具有均匀温度 450℃，突然放入维持恒温 30℃ 的空气中冷却。已知钢球表面与周围环境间的表面传热系数 $h = 24\mathrm{W}/(\mathrm{m}^2 \cdot \mathrm{K})$，钢球的热容量 $\rho c = 3721\mathrm{kJ}/(\mathrm{m}^3 \cdot \mathrm{K})$，热导率 $\lambda = 35\mathrm{W}/(\mathrm{m} \cdot \mathrm{K})$。试求 10min 后钢球的温度。

解 首先检验是否可用集总参数法。对半径为 R 的球体，其特征长度为 R，为此计算 Bi，即

$$Bi = \frac{hR}{\lambda} = \frac{hd}{2\lambda}$$

$$= \frac{24 \times 0.05}{2 \times 35} = 0.01714 < 0.1$$

可用集总参数法，由

$$\frac{hA}{\rho Vc}\tau = \frac{h}{\rho c}\frac{\tau}{(V/A)} = \frac{h}{\rho c}\frac{\tau}{R/3}$$

$$= \frac{24}{3721 \times 10^3} \times \frac{10 \times 60 \times 3}{0.025} = 0.4644$$

根据式（9-16）有

$$\frac{t-t_\mathrm{f}}{t_0-t_\mathrm{f}} = \frac{t-30℃}{(450-30)℃} = \mathrm{e}^{-0.4644}$$

由此解得
$$t = 294℃$$

讨论：

本例是在已知表面传热系数的条件下来计算的，而且所设定数值的正确性对计算结果影响很大。如果为了获得钢球与冷却液体间的表面传热系数，在已知 ρ 和几何尺寸的情况下，你能否设计出一种方法，通过测定钢球非稳态导热过程中的温度从而获得所需的 h 值呢？

例 9-7　放在冰箱内的碎肉被包装成 100mm×100mm×200mm 的长方体，其整体温度为−23℃。然后从冰箱取出暴露于 21℃ 的空气中，空气与肉间的表面传热系数为 8.5W/$(m^2 \cdot K)$。把肉看作具有与冰一样的物性来处理，试计算保持肉的任何一部分都不被溶化所能够持续的时间。对冰来说，$\lambda = 2.2W/(m \cdot K)$ 和 $a = 0.0045m^2/h$。

解　首先判断是否可用集总参数法。碎肉的特征长度为

$$l = \frac{V}{A} = \frac{0.1 \times 0.1 \times 0.2 m^3}{(0.1 \times 0.2) \times 4 m^2 + (0.1 \times 0.1) \times 2 m^2} = 0.02m$$

集总参数法的判据

$$Bi = \frac{hl}{\lambda} = \frac{8.5 \times 0.02}{2.2} = 0.0773 < 0.1$$

可用集总参数法。据式（9-16）有

$$\frac{t - t_f}{t_0 - t_f} = e^{-Bi_V Fo_V} = e^{-Bi_V a\tau/l^2}$$

因溶化在 $t = 0℃$ 时开始，则上式为

$$\frac{0 - 21}{-23 - 21} = e^{-0.0773 \times 0.0045 \times \tau/0.02^2} = e^{-0.870\tau}$$

解得

$$\tau = 0.850h = 51.0min$$

讨论：

本题也可作为三维非稳态导热问题处理，读者不妨试一试，那样会比用集总参数法复杂得多。非稳态导热的集总参数法是很有效的，因为，在满足 $Bi < 0.1$ 的条件下，整个导热区的温度仅是时间的函数，与空间坐标无关，因此，可以用来求解复杂几何形状的问题，见下例。

例 9-8　一含碳量约为 0.5%（质量分数）的曲轴，加热到 600℃ 后置于 20℃ 的空气中回火。曲轴的质量为 7.84kg，表面积为 870cm²，比热容为 418.7J/$(kg \cdot K)$，密度为 7840kg/m³，热导率可按 300℃ 查取，冷却过程的平均表面传热系数为 29.1W/$(m^2 \cdot K)$。问经多长时间后，曲轴可冷却到与空气相差 10℃。

解　为估计 Bi 之值取 300℃ 下的热导率值进行计算，即

$$Bi = \frac{h(V/A)}{\lambda} = \frac{29.1 \times \dfrac{7.84/7840}{870 \times 10^{-4}}}{42} = 0.00796 < 0.1$$

可以用集总参数法。由式（9-16）有

$$\tau = \frac{\rho c V}{hA}\ln\frac{\theta_0}{\theta} = \left(\frac{7840\times418.7\times7.84/7840}{29.1\times870\times10^{-4}}\ln\frac{600-20}{10}\right)\text{s}$$

$$= 5265\text{s}$$

讨论：

分析式（9-16）看到，物体对流体温度变化响应的快慢取决于 $\rho c V/(hA)$ 的大小。此值越小，表明物体表面传热条件 hA 越好，且若本身的热容量（ρc）越小，物体升温（或降温）越快。注意到 $\rho c V/(hA)$ 具有时间 τ 的量纲，于是称 $\rho c V/(hA)$ 为**时间常数**。时间常数在工程上具有重要应用。如采用热电偶测定流体温度，热电偶的时间常数是标识热电偶对流体温度变化响应快慢的指标。时间常数越小，热电偶越能对流体温度的变化做出灵敏的反应。

本章小结

本章介绍了非稳态导热问题的特点；一维非稳态导热过程分析求解，诺谟图；简单形状物体的一维非稳态问题工程计算；集总参数法。

通过本章学习，要求读者：

1）掌握简单形状物体的非稳态问题工程计算方法。

2）掌握集总参数法。

思考题

9-1　试述非稳态导热的特点。

9-2　试说明 Bi 的物理意义。$Bi\to0$ 和 $Bi\to\infty$ 各代表什么样的传热条件？

9-3　用塑料薄膜包装的冷冻食品常常会出现食品和包装膜冻结在一起的情况。如果用水冲一冲包装膜外，就很容易将包装膜剥离，而冷冻食品内部并未融化。试解释这一现象。

9-4　炒菜的锅一般安装一个木头手柄，而不是金属手柄，分析其原因。

9-5　试说明集总参数法的物理概念及数学处理上的特点。

9-6　一初始温度为 t_0 的无限大平板，突然放入温度为 t_f 的流体中加热，试定性画出板表面温度和板内温度随时间变化的曲线。

9-7　什么是非稳态导热的乘积解法？它的使用条件是什么？

9-8　生物学家卡尔·伯格曼提出了伯格曼法则：同一种温血动物，越靠近寒冷的地方，其体形越大，而且朝着球形发展。是否可用传热学知识解释这一现象？

9-9　相变储能材料作为存储热能的功能材料在建筑节能、太阳能热利用、宇航工程隔热保温、电力系统移峰填谷、微电子芯片散热等领域有着广泛的应用前景。相较于常规相变材料，将多孔介质与相变材料进行复合是当前提高相变材料导热的一种重要方法，最常见的是利用石墨、石墨烯、碳纤维等与相变材料进行复合。试分析复合相变材料相较于传统相变材料的优势。

习题

9-1　设有一块厚度为 2δ 的金属板，初始温度为 t_0，突然将它置于温度为 t_f 的流体中进行冷却。试针对下列两种情况，画出不同时刻金属板中及板表面附近流体的温度分布曲线：

1）金属板导热热阻 $\delta/\lambda \ll 1/h$（表面传热热阻）。

2）$\delta/\lambda \gg 1/h$。

9-2 有两块同样材料的平板 A 及 B，A 的厚度为 B 的两倍，从同一高温中取出置于冷流体中淬火。流体与各表面间的表面传热系数均可视为无限大。已知板中心总的过余温度下降到初值的一半需要 20min，A 板达到同样温度工况需多少时间？

9-3 火箭发动机在瞬态燃烧过程中，燃气温度约为 2300K，燃气在钢制喷管中流过，喷管的最高允许工作温度不得超过 1500K，喷管内表面和燃气的表面传热系数为 5000W/(m²·K)。为了延长发动机的运行时间，可使用陶瓷热障涂层沉积在喷管内表面，其热导率为 10W/(m·K)，热扩散率为 6×10^{-6} m²/s。如果陶瓷涂层厚度为 10mm，初始温度为 300K，试保守估计火箭喷管的最大允许持续运行时间（喷管半径远大于喷管壁厚和涂层厚度之和）。

9-4 一块初始温度 $t_0 = 250℃$、厚度 $2\delta = 5$cm、热导率 $\lambda = 215$W/(m·K)、热扩散率 $a = 8.4 \times 10^{-5}$ m²/s、密度 $\rho = 2700$kg/m³、比热容 $c = 900$J/(kg·K) 的铝板，将其突然置入 30℃ 的冷水中冷却。若表面传热系数 $h = 350$W/(m²·K)，试求 5min 后板中心的温度，距壁面 1.5cm 深处的温度以及这段时间内平板每平方米面积的散热损失。

9-5 一根直径为 170mm 的长轴，初始温度为 17℃，后被置于炉温为 850℃ 的环境中。轴材料的热导率为 30W/(m·K)，热扩散率为 6.2×10^{-6} m²/s，加热过程中的平均表面传热系数为 141W/(m²·K)。试确定为使长轴的中心温度达到 800℃ 所需的时间，以及该时刻长轴表面的温度。

*9-6 一钢球直径为 10cm，初温为 250℃，后将其置于温度为 10℃ 的油浴中。设冷却过程中钢球的表面传热系数可取为 200W/(m²·K)，欲使球心温度降低到 150℃ 需要经过多长时间？此时钢球表面的温度为多少？钢球的热导率为 44.8W/(m·K)，热扩散率为 1.229×10^{-5} m²/s。

9-7 热电偶端部用于测量空气温度的球形焊接头直径为 0.5mm。空气气流的表面传热系数与焊接头直径 d 和平均气流速度 u 的关系为 $h = 2.2(u/d)^{0.5}$，其中，d、h 和 u 的单位分别为 m、W/(m²·K) 和 m/s。热电偶焊接头的物性参数为 $\lambda = 35$W/(m·K)、$\rho = 8500$kg/m³、$c = 320$J/(kg·K)。试确定使热电偶到达 99% 的初始温度的最大响应时间为 5s 时的空气流速。

9-8 一高 $H = 0.4$m 的圆柱体，初始温度均匀，然后将其四周表面完全绝热，而上、下底面暴露于气流中，气流与两端面间的表面传热系数均为 50W/(m²·K)，圆柱体热导率 $\lambda = 20$W/(m·K)，热扩散率 $a = 5.6 \times 10^{-6}$ m²/s。试确定圆柱体中心过余温度下降到初值一半时所需的时间。

*9-9 有一航天器，重返大气层时壳体表面温度为 1000℃，随即落入温度为 5℃ 的海洋中。设海水与壳体之间的表面传热系数为 1135W/(m²·K)，试问此航天器落入海洋后 5min 时表面温度是多少？壳体壁面中最高温度是多少？已知：壳体厚度 $\delta = 50$mm，$\lambda = 56.8$W/(m·K)，$a = 4.13 \times 10^{-6}$ m²/s，其内侧面可认为绝热。

9-10 一块厚 20mm 的钢板，加热到 500℃ 后置于 20℃ 的空气中冷却。设冷却过程中钢板两侧面的平均表面传热系数为 35W/(m²·K)，钢板的热导率为 45W/(m·K)，热扩散率为 1.37×10^{-5} m²/s。试确定使钢板冷却到与空气相差 10℃ 时所需的时间。

9-11 体温计的水银泡长 1cm，直径为 7mm。体温计自酒精溶液中取出时，由于酒精蒸发，体温计水银泡维持 18℃。护士将体温计插入病人口中，水银泡表面传热系数 $h = 100$W/(m²·K)。如果测温误差要求不超过 0.2℃，求体温计插入病人口中后，至少要多长时间才能将体温计从体温为 40℃ 的病人口中取出？水银泡的当量物性值为：$\rho = 8000$kg/m³，$c = 430$J/(kg·K)。

9-12 一金属短圆柱，半径 $R = 50$mm，长度 $L = 200$mm，热导率 $\lambda = 100$W/(m·K)，热扩散率 $a = 0.1$m²/h。短圆柱的初始温度为 550℃，突然浸入 40℃ 的液体中冷却，已知对流传热表面传热系数 $h = 200$W/(m²·K)，试求 20min 后短圆柱几何中心和曲面中心处的温度（用两种方法计算，将计算结果进行比较）。

9-13 现需对一种处理特殊材料的新型工艺进行评估。一个半径 $r = 5$mm 的球体在火炉中被加热到

400℃并且达到稳态。现在突然将球体从火炉中取出，并经历两段冷却处理。

步骤 1：在 20℃ 的空气中冷却时间 τ_1，直到球体的中心温度达到临界值 335℃。在该情况下，表面传热系数为 $h_1 = 10\mathrm{W/(m^2 \cdot K)}$。

步骤 2：当球体达到上述临界温度后，完全放入 20℃ 的水中进行水浴冷却，该步骤的表面传热系数为 $6000\mathrm{W/(m^2 \cdot K)}$。

制作球体材料的密度为 $\rho = 3000\mathrm{kg/m^3}$，热导率为 $\lambda = 20\mathrm{W/(m \cdot K)}$，比热容 $c = 1000\mathrm{J/(kg \cdot K)}$，热扩散率 $a = 6.66 \times 10^{-6}\mathrm{m^2/s}$。

试计算：

1）完成第一步冷却所用的时间 τ_1。

2）在第二步中球的中心温度从 335℃ 冷却到 50℃ 所用的时间 τ_2。

第十章

导热问题的数值求解基础

　　原则上，导热问题的求解就是对导热微分方程式在规定的边界和初始条件下求解。这种解法称为分析解法。但从前面的分析看出，分析解法只能求解一些导热体的几何形状或边界条件简单的导热问题。对于工程技术中遇到的许多几何形状或边界条件复杂的导热问题，由于数学上的困难还无法得出其分析解。这时，数值解法是求解所有上述情况下导热问题的有效方法。一般来说，根据研究对象的尺度分类，数值方法可分为宏观、介观和微观层次，宏观数值解法包括有限差分法、有限元法及边界元法等。本章着重介绍物理概念明确、实施简便的有限差分法。学习本章以后，读者应掌握导热问题数值解法的基本思想，以及从能量守恒定律出发建立离散方程的方法，同时对用迭代法求解代数方程的方法有所了解。

第一节　导热问题数值求解的基本思想

　　对物理问题进行数值求解的基本思想可以概括为：把原来在时间、空间坐标系中连续的物理量场，如导热物体的温度场，用有限个离散点上的值的集合来代替；通过求解按一定方法建立起来的关于这些值的代数方程，获得离散点上被求物理量的值。这些离散点上被求物理量值的集合称为该物理量的数值解。这一基本思想可用求解过程的框图来表示，如图 10-1 所示。下面结合稳态导热问题的数值计算，对求解过程的主要步骤做进一步讨论。

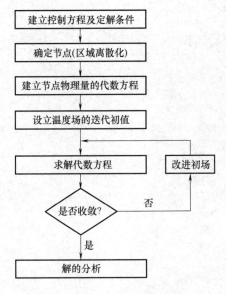

图 10-1　物理问题的数值求解过程

第二节　稳态导热问题的数值计算

以图 10-2a 所示的二维矩形域内的无内热源、常物性的稳态导热问题为例。为了数值计算，必须首先将求解区域离散化，选取离散点。如图 10-2b 所示，用一系列与坐标轴平行的网格线把求解区域划分成许多子区域，网格线交点就是所选取的需要确定温度值的离散点，称为节点。节点的位置以该点在两个方向上的标号 i、j 来表示，节点的温度表示为 $t_{i,j}$。相邻两节点间的距离称为步长，记为 Δx、Δy。根据实际需要，网格的划分可以是均匀的，也可以是不均匀的，这里为简便起见采用均分网格。

每一个节点都可以看成是以它为中心的一个小区域的代表，图 10-2b 中有阴影线的小区域即是节点 (i, j) 所代表的区域，它由相邻两节点连线的中垂线构成，称节点所代表的小区域为元体（又叫控制体积）。显然，节点的温度代表了控制体积的平均温度，这反映了有限差分法表达上的近似。一般说来，步长取得越小，数值计算的结果越准确。但是，这样做必须付出代价：步长的减小，使所需的计算机内存及计算时间大大增加，而且由于计算机运算是对有限位数数字进行的，运算次数的增加会产生舍入误差积累的副作用。因此，步长的选取除了考虑物体具体几何形状外，还应视计算要求达到的精确度和收敛性而定。

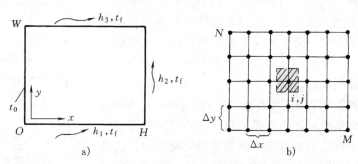

图 10-2　导热问题数值求解示例

下面用热平衡法建立节点的有限差分方程。热平衡法的基本原理就是对任一元体，根据能量守恒定律写出热平衡式。

一、内部节点的有限差分方程

对于无内热源的稳态导热，导入节点 (i, j) 的热流量的代数和等于零，即

$$\varPhi_{\mathrm{L}} + \varPhi_{\mathrm{R}} + \varPhi_{\mathrm{T}} + \varPhi_{\mathrm{B}} = 0 \tag{a}$$

图 10-3 所示为节点 (i, j) 及其相邻节点的位置和导热情况。由于是导入热流量，左侧导热温差为 $(t_{i-1,j} - t_{i,j})$，对于单元厚度的元体，根据傅里叶定律左侧导入的热流量为

$$\varPhi_{\mathrm{L}} = \lambda \Delta y \frac{t_{i-1,j} - t_{i,j}}{\Delta x} \tag{b}$$

同理右侧、上侧和下侧导入的热流量分别为

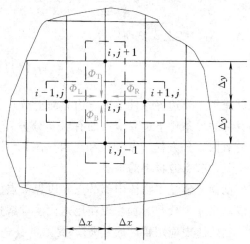

图 10-3　内节点离散方程的建立

$$\Phi_R = \lambda \Delta y \frac{t_{i+1,j} - t_{i,j}}{\Delta x} \tag{c}$$

$$\Phi_T = \lambda \Delta x \frac{t_{i,j+1} - t_{i,j}}{\Delta y} \tag{d}$$

$$\Phi_B = \lambda \Delta x \frac{t_{i,j-1} - t_{i,j}}{\Delta y} \tag{e}$$

将式（b）～式（e）代入式（a）得

$$\lambda \Delta y \frac{t_{i-1,j} - t_{i,j}}{\Delta x} + \lambda \Delta y \frac{t_{i+1,j} - t_{i,j}}{\Delta x} + \lambda \Delta x \frac{t_{i,j+1} - t_{i,j}}{\Delta y} + \lambda \Delta x \frac{t_{i,j-1} - t_{i,j}}{\Delta y} = 0$$

若 $\Delta x = \Delta y$，则上式变为

$$t_{i-1,j} + t_{i+1,j} + t_{i,j-1} + t_{i,j+1} - 4t_{i,j} = 0 \tag{10-1}$$

像式（10-1）这样的节点上物理量的代数方程称为节点有限差分方程，简称节点方程。

二、边界节点的有限差分方程

对于第一类边界条件，边界节点温度已给定，所有内节点的差分方程组成了一个封闭的代数方程组，可以立即进行求解。但对于含有第二类或第三类边界条件的导热问题，由内节点的差分方程组成的方程组是不封闭的，因为其中包含了未知的边界温度，因而还必须补充边界节点的有限差分方程，才能使方程组封闭。

以第三类边界条件下的边界节点 (i, j) 为例，如图 10-4 所示。一方面相邻节点以导热方式向边界节点导入热量；另一方面周围环境与该节点有对流传热热流量。稳态时，传给边界节点 (i, j) 的热流量之代数和等于零。对图 10-4 所示的平直边界节点 (i, j)，它的热平衡式为

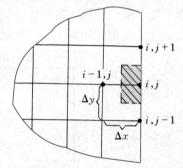

图 10-4　第三类边界条件下的
边界节点 (i, j)

$$\lambda \Delta y \frac{t_{i-1,j} - t_{i,j}}{\Delta x} + \lambda \frac{\Delta x}{2} \frac{t_{i,j-1} - t_{i,j}}{\Delta y} + \lambda \frac{\Delta x}{2} \frac{t_{i,j+1} - t_{i,j}}{\Delta y} + h \Delta y (t_f - t_{i,j}) = 0$$

若 $\Delta x = \Delta y$，则上式整理后得

$$2t_{i-1,j} + t_{i,j+1} + t_{i,j-1} - \left(4 + \frac{2h\Delta x}{\lambda}\right) t_{i,j} + \frac{2h\Delta x}{\lambda} t_f = 0 \tag{10-2}$$

这就是第三类边界条件下平直边界面上节点的有限差分方程。按照同样的方法，可以建立各种具体边界条件下边界节点的有限差分方程。表 10-1 给出了内部节点和某些情况下边界节点的有限差分方程（常物性和无内热源），供读者选用。

三、节点方程组的求解

前面已建立了物体内部节点和边界节点的有限差分方程，如有 n 个未知温度的节点，就可以写出 n 个代数方程。现在用迭代法求解这种代数方程组。

迭代法中应用较广的是高斯-赛德尔（Gauss-Seidel）迭代法，为了阐明其迭代原理，现以一简单的三元方程组为例说明其实施步骤。联立方程组为

$$\begin{cases} a_{11}t_1+a_{12}t_2+a_{13}t_3=b_1 \\ a_{21}t_1+a_{22}t_2+a_{23}t_3=b_2 \\ a_{31}t_1+a_{32}t_2+a_{33}t_3=b_3 \end{cases} \tag{a}$$

表 10-1　边界节点的有限差分方程

序号	节 点 特 征	边界节点的有限差分方程（$\Delta x=\Delta y$）
1	内部节点 	$t_{i-1,j}+t_{i+1,j}+t_{i,j-1}+t_{i,j+1}-4t_{i,j}=0$
2	对流边界节点 	$2t_{i-1,j}+t_{i,j+1}+t_{i,j-1}-\left(4+\dfrac{2h\Delta x}{\lambda}\right)t_{i,j}+\dfrac{2h\Delta x}{\lambda}t_{\mathrm{f}}=0$
3	对流边界外部拐角节点 	$t_{i-1,j}+t_{i,j-1}-\left(2+\dfrac{2h\Delta x}{\lambda}\right)t_{i,j}+\dfrac{2h\Delta x}{\lambda}t_{\mathrm{f}}=0$
4	对流边界内部拐角节点 	$t_{i,j-1}+t_{i+1,j}+2\left(t_{i-1,j}+t_{i,j+1}\right)-\left(6+\dfrac{2h\Delta x}{\lambda}\right)t_{i,j}+\dfrac{2h\Delta x}{\lambda}t_{\mathrm{f}}=0$
5	绝热边界节点 	$t_{i,j+1}+t_{i,j-1}+2t_{i-1,j}-4t_{i,j}=0$

对于导热问题，以上方程组根据表 10-1 或热平衡法写出。迭代求解的步骤如下：

1）检查方程组中 a_{ii} 是否等于零，即 a_{11}、a_{22}、a_{33} 是否等于零。如 a_{ii} 等于零，则变换节点编号，使方程次序改变，保证 $a_{ii} \neq 0$。

2）将式（a）改写成关于 t_i 的解的形式，即

$$t_1 = \frac{1}{a_{11}}(b_1 - a_{12}t_2 - a_{13}t_3) = B_1 - A_{12}t_2 - A_{13}t_3 \tag{b}$$

$$t_2 = \frac{1}{a_{22}}(b_2 - a_{21}t_1 - a_{23}t_3) = B_2 - A_{21}t_1 - A_{23}t_3 \tag{c}$$

$$t_3 = \frac{1}{a_{33}}(b_3 - a_{31}t_1 - a_{32}t_2) = B_3 - A_{31}t_1 - A_{32}t_2 \tag{d}$$

式中

$$B_i = \frac{b_i}{a_{ii}}, \quad A_{ij} = \frac{a_{ij}}{a_{ii}}$$

3）假设一组解（即迭代初场），记为 $t_1^{(0)}$、$t_2^{(0)}$ 和 $t_3^{(0)}$（t 的上标表示步骤序号，初值以 0 表示）。

4）用 $t_2^{(0)}$ 和 $t_3^{(0)}$ 值代入式（b）得到 $t_1^{(1)}$（t_1 的新值）；用 $t_1^{(1)}$ 和 $t_3^{(0)}$ 值代入式（c）得到 $t_2^{(1)}$；用 $t_1^{(1)}$ 和 $t_2^{(1)}$ 值代入式（d）得到 $t_3^{(1)}$。也就是说，依次求解节点方程时均采用节点温度的最新值代入。

5）以计算所得之值作为初场，重复上述计算，直到相邻两次迭代值之差小于允许值，此时称为迭代收敛，迭代计算终止。

判断迭代是否收敛的准则一般有以下两种，即

$$\max|t_i^{(k+1)} - t_i^{(k)}| < \delta$$

及

$$\max\left|\frac{t_i^{(k+1)} - t_i^{(k)}}{t_i^{(k)}}\right| < \varepsilon$$

允许的相对偏差 ε 之值常在 $10^{-3} \sim 10^{-6}$ 之间，δ 则视具体情况而定。

例 10-1　一矩形薄板，几何尺寸及节点布置如图 10-5 所示。已知：材料的热导率 $\lambda = 20\text{W}/(\text{m}\cdot\text{K})$；节点步长 $\Delta x = \Delta y = 10\text{cm}$；薄板上、下两侧的边界温度分别为 100℃ 和 500℃；左、右两侧都与温度为 50℃ 的流体相接触，流体与壁面间的表面传热系数为 $h = 10\text{W}/(\text{m}^2\cdot\text{K})$；其余两面绝热。试求各节点的温度。

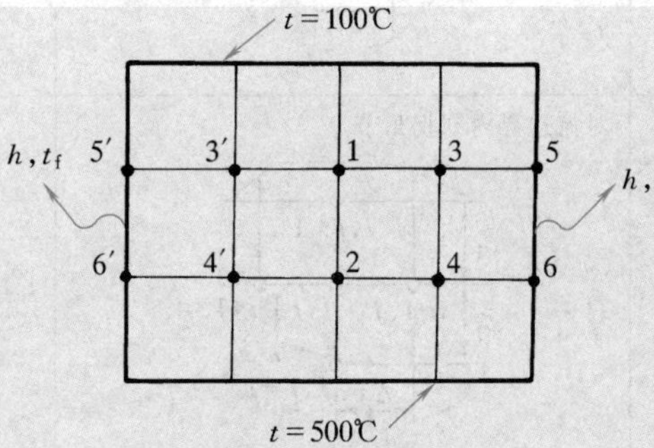

图 10-5　例 10-1 图

解　这是一个二维稳态导热问题。平面左、右两侧处于相同的对流传热环境中，因此，物体的温度对称分布，即 $t'_3 = t_3$，$t'_4 = t_4$，$t'_5 = t_5$，$t'_6 = t_6$。从而只需确定 $t_1 \sim t_6$。

按式（10-1）列出内节点温度 $t_1 \sim t_4$ 的计算式，即

$$t_1 = \frac{1}{4}(100\text{℃} + t_2 + 2t_3) = 25\text{℃} + \frac{1}{4}(t_2 + 2t_3) \tag{a}$$

$$t_2 = \frac{1}{4}(500\text{℃} + t_1 + 2t_4) = 125\text{℃} + \frac{1}{4}(t_1 + 2t_4) \tag{b}$$

$$t_3 = \frac{1}{4}(100\text{℃} + t_1 + t_4 + t_5) = 25\text{℃} + \frac{1}{4}(t_1 + t_4 + t_5) \tag{c}$$

$$t_4 = \frac{1}{4}(500\text{℃} + t_2 + t_3 + t_6) = 125\text{℃} + \frac{1}{4}(t_2 + t_3 + t_6) \tag{d}$$

按式（10-2）列出对流边界节点温度 t_5、t_6 的计算式。对于节点 5 有

$$2t_3 + 100\text{℃} + t_6 - \left(4 + \frac{2h\Delta x}{\lambda}\right)t_5 + \frac{2h\Delta x}{\lambda}t_f = 0$$

式中

$$\frac{h\Delta x}{\lambda} = \frac{10 \times 10 \times 10^{-2}}{20} = 0.05$$

代入上式经整理得

$$t_5 = \frac{52.5\text{℃} + t_3 + 0.5t_6}{2.05} \tag{e}$$

同理，对于节点 6 有

$$t_6 = \frac{252.5\text{℃} + t_4 + 0.5t_5}{2.05} \tag{f}$$

采用高斯-赛德尔迭代法求解。首先假设 $t_1 = 400\text{℃}$，$t_2 = 450\text{℃}$，$t_3 = 300\text{℃}$，$t_4 = 350\text{℃}$，$t_5 = 200\text{℃}$，$t_6 = 200\text{℃}$。把假定值代入式（a）~式（f），并按步骤 4）进行计算。第一次迭代得

$$t_1^{(1)} = 25\text{℃} + \frac{1}{4}(t_2^{(0)} + 2t_3^{(0)})$$

$$= 25\text{℃} + \frac{1}{4}(450 + 2 \times 300)\text{℃} = 287.5\text{℃}$$

$$t_2^{(1)} = 125\text{℃} + \frac{1}{4}(t_1^{(1)} + 2t_4^{(0)})$$

$$= 125\text{℃} + \frac{1}{4}(287.5 + 2 \times 350)\text{℃} = 371.9\text{℃}$$

$$t_3^{(1)} = 25\text{℃} + \frac{1}{4}(t_1^{(1)} + t_4^{(0)} + t_5^{(0)})$$

$$= 25\text{℃} + \frac{1}{4}(287.5 + 350 + 200)\text{℃} = 234.4\text{℃}$$

$$t_4^{(1)} = 125\text{℃} + \frac{1}{4}(t_2^{(1)} + t_3^{(1)} + t_6^{(0)})$$

$$= 125\text{℃} + \frac{1}{4}(371.9 + 234.4 + 200)\text{℃} = 326.6\text{℃}$$

$$t_5^{(1)} = \frac{52.5\text{℃} + t_3^{(1)} + 0.5t_6^{(0)}}{2.05}$$

$$= \frac{52.5 + 234.4 + 0.5 \times 200}{2.05}\text{℃} = 188.7\text{℃}$$

$$t_6^{(1)} = \frac{252.5℃ + t_4^{(1)} + 0.5t_5^{(1)}}{2.05}$$

$$= \frac{252.5 + 326.6 + 0.5 \times 188.7}{2.05}℃ = 328.5℃$$

依次类推，继续迭代，直到收敛为止。所求节点温度为 $t_1 = 230.2℃$，$t_2 = 363.3℃$，$t_3 = t_3' = 228.8℃$，$t_4 = t_4' = 361.5℃$，$t_5 = t_5' = 223.6℃$，$t_6 = t_6' = 354.1℃$。

本章小结

本章介绍了导热问题求解的基本思想；稳态导热问题的求解过程，包括区域离散、离散方程建立与方程组求解。

通过本章学习，要求读者：

1）了解导热问题数值求解的基本思想。

2）了解利用热平衡法建立稳态导热问题的内节点与边界节点的离散方程。

思考题

10-1 对导热问题进行有限差分计算的基本思想与步骤是什么？

10-2 什么是节点？节点有怎样的特点？

10-3 试说明热平衡法对节点建立离散方程的基本原理与思想。

10-4 利用高斯-赛德尔迭代法求解代数方程应注意什么？

习题

10-1 图 10-6 所示为常物性、无内热源的二维稳态导热问题，已知 8 个边界节点的温度（单位为℃），取 $\Delta x = \Delta y$。试用高斯-赛德尔迭代法计算内部节点 t_1、t_2、t_3、t_4 之值。

10-2 图 10-7 所示为由热导率分别为 λ_1 和 λ_2 的两种材料组成的双层大平板，按照无内热源一维稳态导热问题进行数值计算，节点 P 设置在两种材料的交界面上，忽略接触热阻。试用热平衡法建立节点 P 的离散方程式。

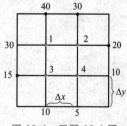

图 10-6 习题 10-1 图

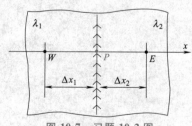

图 10-7 习题 10-2 图

10-3 如图 10-8 所示，具有内热源的二维导热区域，一个界面绝热，一个界面等温（包括节点 4），其余两个界面与温度为 t_f 的流体对流传热，h 均匀，内热源强度为 Φ。试用热平衡法列出节点 1、2、5、6、

9、10 的离散方程式。

10-4 在某二维稳态导热问题的数值解法中，边界节点的配置如图 10-9 所示。物体中无内热源，经边界传入物体的热流密度为 q_B。假定物体的物性参数已知且为常数，试：

1）由热平衡法建立边界节点 B 的有限差分方程式。

2）由边界条件的一阶差分表达式建立边界节点 B 的离散方程（有限差分方程式）。

3）从物理概念上对上述两种方法建立的边界节点的有限差分方程式的准确度进行比较。

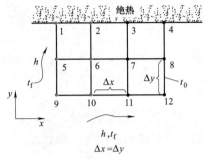

图 10-8 习题 10-3 图

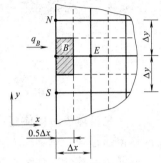

图 10-9 习题 10-4 图

10-5 如图 10-10 所示，一等截面直肋，将它均分为 4 个节点。设 $H = 45\text{mm}$，$\delta = 10\text{mm}$，$h = 50\text{W}/(\text{m}^2 \cdot \text{K})$，$\lambda = 50\text{W}/(\text{m} \cdot \text{K})$，$t_0 = 100℃$，$t_f = 20℃$。试求肋端为绝热及对流边界条件（$h$ 与侧面相同）两种条件下节点 2、3、4 的离散方程式。并计算节点 2、3、4 的温度。

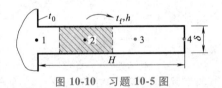

图 10-10 习题 10-5 图

第十一章

对流传热

授课视频——
对流传热（1）

第一节　对流传热概述与理论分析

对流传热是流体流过固体壁面时，由于两者温度不同所发生的热量传递过程。对流传热是常见的热传递过程，例如，人体周围的空气与人体的对流传热，空气与屋面和墙壁的对流传热，冷凝器中水蒸气凝结和冷却水被加热的对流传热等。

对流传热可分为单相流体（无相变）对流传热和有相变流体（凝结和沸腾）的对流传热。对流传热又可按流动原因分为强制对流传热和自然对流传热。无论哪一种，对流传热热流量都可用牛顿冷却公式表示。

一、牛顿冷却公式

对流传热以牛顿冷却公式为基本计算式，即

$$\Phi = hA\Delta t \tag{11-1a}$$

或

$$q = h\Delta t \tag{11-1b}$$

式中，对流传热面积 A 和流体与壁面间的温差 Δt 都比较容易确定，而反映传热强弱的表面传热系数 h，因受许多因素的影响，诸如流速、流体物性参数、固体壁面的形状和位置等，则难以确定。式（11-1）只能作为表面传热系数的定义式，它并没有揭示表面传热系数与诸影响因素之间的内在联系，只不过把传热过程的一切复杂性和计算上的困难都集中在表面传热系数上罢了。因此，求取表面传热系数成为对流传热过程研究的主要任务。

二、影响对流传热表面传热系数的主要因素

对流传热是流体流过固体壁面时的热量传递。它是由流体宏观位移的热对流和流体分子间微观的导热构成的复杂的热量传递过程。因此，影响对流传热表面传热系数的因素不外乎是影响流动的因素及流体本身的热物理性质。

1. 流动的起因

按照引起流动的原因，可将对流传热分为强制对流传热和自然对流传热两大类。强制对流传热是流体在泵和风机或其他压差作用下流过传热面时的对流传热。自然对流传热是流体在浮升力作用下流过传热面时的对流传热。一般来说，同一流体的强制对流表面传热系数比自然对流表面传热系数大。

2. 流动的速度与形态

由流体力学可知，流速增加，边界层变薄，对流传热热阻减小，对流传热表面传热系数增加。另外，流速增加时，有时会使流体由层流转变成湍流，湍流时由于流体微团的互相掺混作用，对流传热增强。

3. 流体有无相变

对流传热无相变时流体仅有显热变化，而有相变时流体吸收或放出汽化热。对于同一流体，其汽化热要比比热容大得多，所以有相变时的对流传热表面传热系数比无相变时大。此外，沸腾时液体中气泡的产生和运动增加了液体内部的扰动，也使对流传热增强。

4. 传热面的几何形状和大小及位置

在对流传热时，流体沿着壁面流动，所以壁面的几何形状、大小和位置对流体的流动有很大的影响，从而也影响对流传热表面传热系数的大小。图 11-1a~c 表示出几何形状对强制流动情况的影响，分别表示流体纵掠平壁、管内强制流动和横掠单管时的流动情况。图 11-1d~f 表示出竖直平壁、热面向上和热面向下的水平平壁上自然对流的情况。

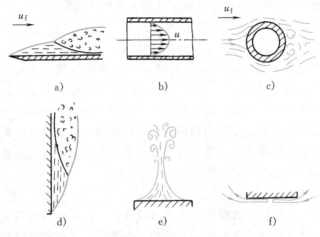

图 11-1 壁面几何因素的影响

5. 流体的热物理性质

由于对流传热是导热和流动着的流体微团携带热量的综合作用，因此，对流传热表面传热系数与反映流体导热能力的热导率 λ、反映流体携带热量能力的密度 ρ 及比热容 c 有关。流体的［动力］黏度 η（或运动黏度 ν）的变化引起流速的变化，从而影响流体流态和流动边界层的厚度 δ。体膨胀系数 $\alpha_V{}^{\ominus}$ 影响自然对流。显然，流体的这些物性值也都影响表面传热系数的大小。

综上所述，影响对流传热表面传热系数 h 的主要因素，可定性地用函数形式表示为

$$h = f(u, l, \lambda, \rho, c_p, \eta \text{ 或 } \nu, \alpha_V, \varphi) \tag{11-2}$$

式中，l 为描述传热面大小的特征长度；φ 为壁面的几何形状因素，包括形状、位置等；α_V 仅在自然对流传热中起决定作用，对强制对流传热可忽略。

由于对流传热过程比较复杂，不同情况的表面传热系数 h 的变化规律和计算式往往不同，因此，只有对各种情况分门别类地进行分析和实验，才能获得各种情况的 h 计算公式。本章将对一些常见类型的对流传热进行讨论。

$\ominus$ 根据定义 $\alpha_V = (1/v)\left(\dfrac{\partial v}{\partial t}\right)_p$，对于理想气体，$pv = R_g T$，则 $\alpha_V = 1/T$。

三、对流传热问题数学描写

1. 表面传热系数与温度梯度之间的关系

对流传热量无论是从壁面传给流体，还是从流体传给壁面，都要穿过紧贴壁面的流体层。此处，流体速度为零，热量传递完全依靠导热。因此，对流传热量就等于贴壁流体层的导热量。将傅里叶定律应用于贴壁层，可得

$$q_x = -\lambda \left(\frac{\partial t}{\partial y} \right)_{y=0}$$

式中，q_x 为沿壁面 x 处的局部热流密度；λ 为流体的热导率；$(\partial t / \partial y)_{y=0}$ 为 x 处壁面上流体的温度梯度。

与牛顿冷却公式（11-1b）联立，可确定局部表面传热系数为

$$h_x = -\frac{\lambda}{\Delta t} \left(\frac{\partial t}{\partial y} \right)_{y=0} \tag{11-3}$$

上式把表面传热系数与流体的温度场联系起来了。由该式可见，求局部表面传热系数 h_x，必须知道壁面上流体的温度梯度 $(\partial t / \partial y)_{y=0}$，为此需知道流体的温度分布，但温度分布又取决于速度分布，因此，要有一组对流传热微分方程式来描述，即描述流体内温度分布的能量微分方程式和描述流体内速度分布的动量方程式以及连续性方程式。若加上具体传热问题的定解条件，就可以求解局部表面传热系数，进而求得平均表面传热系数。这就是对流传热问题理论求解的基本途径。

2. 对流传热微分方程

在相关的流体力学及传热学教材中，读者可以找到分别满足质量守恒、动量守恒及能量守恒的连续方程、动量方程以及能量微分方程的详细推导，并可以最终获得描写对流传热的完整的微分方程组。例如，对于不可压缩、常物性、无内热源、忽略黏性耗散的二维问题，直角坐标系下的微分方程组如下：

质量守恒方程

$$\frac{\partial u}{\partial x} + \frac{\partial v}{\partial y} = 0 \tag{11-4a}$$

动量守恒方程

$$\rho \left(\frac{\partial u}{\partial \tau} + u \frac{\partial u}{\partial x} + v \frac{\partial u}{\partial y} \right) = F_x - \frac{\partial p}{\partial x} + \eta \left(\frac{\partial^2 u}{\partial x^2} + \frac{\partial^2 u}{\partial y^2} \right)$$

$$\rho \left(\frac{\partial v}{\partial \tau} + u \frac{\partial v}{\partial x} + v \frac{\partial v}{\partial y} \right) = F_y - \frac{\partial p}{\partial y} + \eta \left(\frac{\partial^2 v}{\partial x^2} + \frac{\partial^2 v}{\partial y^2} \right) \tag{11-4b}$$

能量守恒方程

$$\rho c_p \left(\frac{\partial t}{\partial \tau} + u \frac{\partial t}{\partial x} + v \frac{\partial t}{\partial y} \right) = \lambda \left(\frac{\partial^2 t}{\partial x^2} + \frac{\partial^2 t}{\partial y^2} \right) \tag{11-4c}$$

式中，F_x、F_y 是体积力在 x、y 方向的分量。

该方程组是封闭的，原则上可以求解，但是由于动量方程和能量方程的复杂性和非线性的特点，要针对实际问题在整个流场内数学上求解这一组方程却是非常困难的。直到 1904 年德国科学家普朗特提出流动边界层概念，对动量方程进行了实质性的简化后才有突破。1921 年，德国科学家波尔豪森在流动边界层概念启发下又引进了热边界层概念，使对流传

热问题的分析求解得到了很大发展。下面将简要介绍边界层的概念。

授课视频——
对流传热（2）

四、流动边界层和热边界层

由于对流传热过程与流体流动密切相关，因而分析对流传热时，首先应该分析传热面附近流体的流动规律。

1. 流动边界层

黏性流体流过固体壁面时，紧贴在固体表面上的流体被滞止，速度等于零。流体之间由于黏性（其机理为分子间的动量交换）作用而产生的黏性力使近壁处的流体速度减小。这种黏性作用逐渐向外扩展，并且离壁面越远，黏性影响越小。如果用仪器测出壁面法向即 y 方向的速度分布，将得到图 11-2 所示的速度分布曲线。从 $y=0$ 处 $u=0$ 开始，u 随着离壁面距离 y 的增加而急剧增大，经过一个薄层后 u 增长到接近主流速度 u_f。流速剧烈变化的这个薄层称为流动边界层或速度边界层。通常规定达到主流速度 u_f 的 99% 处的距离 y

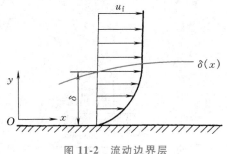

图 11-2　流动边界层

为流动边界层厚度，记为 δ。离固体壁前端越远，流动边界层 δ 越厚，但其厚度远小于流过的距离 x，即 $\delta/x \ll 1$。

根据牛顿黏性定律，黏性力 τ 与垂直于运动方向的速度变化率成正比，即

$$\tau = \eta \frac{\partial u}{\partial y} \tag{11-5}$$

式中，η 为流体的黏度（Pa·s）。

在流动边界层内因速度梯度大，即使对于黏度很低的流体，也存在着较大的黏性力，所以边界层内的黏性不容许忽视。边界层以外的区域称为主流区，其速度梯度几乎为零，所以在主流区流体的黏性不起作用。

流体纵掠平壁时，流动边界层逐渐形成和发展的过程如图 11-3 所示。在壁面前缘，边界层厚度 $\delta = 0$。随着 x 的增加，由于壁面黏性力的影响逐渐向流体内部传递，边界层逐渐加厚，但在某一距离 x_c 以前，边界层内的流体呈现成层的、有秩序的滑动状流动，各层互不干扰，一直保持层流的性质，称此层为层流边界层[⊖]。随着边界层厚度的增加，边界层内的流动变得不稳定起来，自距离前缘 x_c 处起，流动朝着湍流过渡，最终过渡到旺盛湍流。此时流体质点在沿 x 方向流动的前提下，又附加着紊乱的不规则的垂直于 x 方向的脉动，故称为湍流边界层。在湍流边界层内，紧贴壁面的极薄层内，黏性力仍占主导地位，致使层内流动状态仍维持层流，称此为层流底层，其厚度为 δ_c。

2. 热边界层

当流体与固体壁面进行对流传热时，也可用仪器测量壁面法向方向上的温度场，可得如图 11-4 所示的温度分布。从图中可知，在紧贴壁面的这一层流体中，流体的温度由 $y=0$ 处

⊖ 边界层理论于 1905 年由德国著名物理学家普朗特（L. Prandtl）提出，其将扰流物体的流动区域分为主流区和边界层区域，极大促进了流体力学与传热学理论的发展。普朗特的学生冯·卡门提出了边界层动能积分方程以计算边界层问题，可对边界层方程进行求解。我国相关领域的数位优秀科学家，如两弹一星元勋钱学森和郭永怀，流体力学家陆士嘉、范绪箕、林家翘、胡宁（两弹一星元勋于敏的导师）、钱伟长等，都曾接受过普朗特或冯·卡门的指导。

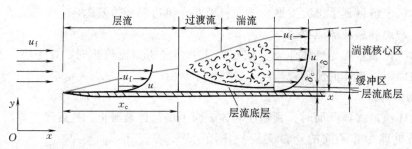

图 11-3　掠过平壁时流动边界层的形成和发展

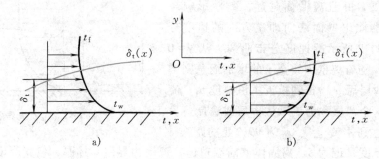

图 11-4　热边界层
a）流体被固体加热　b）流体被固体冷却

的壁面温度 t_w 变化到主流温度 t_f，温度剧烈变化的这一薄层称为热边界层或温度边界层。人们一般将流体过余温度（$t-t_w$）等于主流过余温度（t_f-t_w）的 99% 处的 y 作为热边界层的厚度，用 δ_t 表示。这样，以热边界层外缘为界将流体分为两部分：沿 y 方向有温度变化的热边界层和温度几乎不变的等温流动区。

　　流体纵掠平壁时热边界层的形成和发展与流动边界层相似。首先，在层流边界层中，流体微团在 y 方向上的分速度小到可以忽略，所以沿 y 方向的热量传递主要依靠导热。对一般流体而言，dt/dy 比较大，也就是说，在层流对流传热中，主要热阻来自热边界层。但这是对流条件下的导热，邻层流体间有相对滑动，且各层的滑动速度也不一样，所以层流边界层中的温度分布不是直线型的。其次，在湍流边界层中，层流底层在 y 方向上的热量传递也靠导热方式。由于层流底层的厚度极薄，其温度分布近似为一直线。在边界层湍流核心区，沿 y 方向的热量传递主要依靠流体微团的脉动引起的混合作用。因此，对于热导率不大的流体（液态金属除外），湍流核心区的温度变化比较平缓。湍流边界层的主要热阻在层流底层。

3. 普朗特数

　　必须指出，热边界层厚度 δ_t 和流动边界层厚度 δ 不能混淆。热边界层厚度由流体中垂直于壁面方向上的温度分布确定，而流动边界层的厚度 δ 由流体中垂直于壁面方向上的速度分布决定。当壁面温度 t_w 等于流体温度 t_f 时，流体沿壁面流动只存在流动边界层，而不存在热边界层。热边界层的厚度 δ_t 与流动边界层的厚度 δ 既有区别，又有联系。流动边界层的厚度 δ 反映流体分子动量扩散的程度，与运动黏度 ν 有关；而热边界层厚度 δ_t 反映流体分子热量扩散的程度，与热扩散率 a 有关。所以 δ/δ_t 应该与 ν/a 有关，用量纲一的物性特征数 Pr 表示，称 Pr 为普朗特数，即

$$Pr = \frac{\nu}{a} = \frac{\eta c_p}{\lambda} \tag{11-6}$$

Pr 等于 1 的流体，其流动边界层的厚度与热边界层厚度大体相等；Pr 大于 1，则前者较后者厚；Pr 小于 1，则后者厚于前者。

由于对流传热的主要热阻集中在层流热边界层中，因而可以根据层流边界层的厚度来判断表面传热系数 h 的变化趋势。以图 11-3 中的流体纵掠平板传热为例，热边界层沿流动方向逐渐增厚，表面传热系数一定是逐渐减小。因此，板前端的传热要比后端来得强烈，或者说短板的传热性能要优于长板。在工业应用中就可以将一块长板切成若干段，使段与段之间有一定的距离，用以强化对流传热。由此可见，根据热边界层厚度判断 h 的变化是很有用的，在以后的分析中，还要多次应用这一概念。

五、特征数方程式及量纲分析

目前确定表面传热系数 h 的函数关系式主要有三条途径：一是理论解法，二是数值解法，三是实验解法。根据流动边界层和热边界层的特点，将完整的对流传热微分方程组简化成边界层对流传热微分方程组，进而进行数学分析求解，即是一种理论解法，但通常求解还是十分困难的，一般只适用于简单的对流传热问题，对于复杂问题，难度较大。由于其实用价值不大，不再深入介绍。随着计算机的快速发展，对流传热的数值求解方法也得到了迅速发展，并将日益显示出其重要作用。对流传热问题的数值求解方法，既有类似于第十章介绍导热问题数值解的宏观层面求解方法，又有多种介观层面及微观层面的求解方法，本书不详细讨论。目前工程上广泛使用的表面传热系数 h 的计算式，主要还是通过实验研究获得的。根据上面分析可知，表面传热系数与许多变量有关，因而实验工作量非常大，以致难以实现。例如从式（11-2）可以看到，即使对同一形状、同一位置的物体，影响 h 的自变量仍有 7 个之多。如果每个物理量变动 10 次，则实验需进行 10^7 次，这显然是不可能的。因此，怎样尽量减少自变量的个数，从而减少实验次数，成为实验研究中首先要解决的问题。

1. 特征数方程式

在非稳态导热中，曾经将一个与 7 个物理量有关的过程转化成了 3 个量纲一的量的问题，即

$$\theta_w = f(\theta_0, a, \tau, l, h, \lambda)$$

转换成

$$\frac{\theta_w}{\theta_0} = f\left(\frac{a\tau}{l^2}, \frac{hl}{\lambda}\right) = f(Fo, Bi)$$

自变量由 6 个减为 2 个。从用图线表达分析解的角度看，大大方便了图线的制作；如果要以实验手段确定上述函数的具体形式，则大大减少了实验的次数。

上面已经讲过，对同一形状、位置的物体而言，与强制对流传热有关的变量共有 7 个，同样可以转化成 3 个量纲一的特征数间有关的问题

$$Nu = f(Re, Pr) \tag{11-7}$$

式中，$Nu = hl/\lambda$ 是一个量纲一的量，称为努塞尔特征数，或努塞尔数（也译作努塞特数），在 λ、l 相同时，它可以表征对流传热的强弱；$Re = \rho u l/\eta = ul/\nu$ 称为雷诺特征数或雷诺数，

它反映了流体强制流动时，惯性力和黏性力的相对大小，Re 大，表明惯性力相对较大，黏性力对流动的约束不显著，流动趋于紊乱，反之，由于黏性力的约束，流动比较平稳；$Pr = \eta c_p / \lambda = \nu / a$ 称为普朗特特征数或普朗特数，如前所述，它反映了流体动量扩散能力与热扩散能力的相对大小，Pr 大，意味着流体的动量扩散能力大于热扩散能力，流动边界层比热边界层厚，如各种油类，Pr 小则相反，如液态金属。

式（11-7）这种用特征数表示的函数关系式称为特征数方程式。特征数习惯上称为准则数或准则，故特征数方程式亦称为准则方程式，或特征数关联式。特征数方程式一般可以通过相似原理或者量纲分析方法导出。

在自然对流传热现象中，浮升力是运动的动力，不容忽视。反映浮升力与黏性力相对大小的特征数是格拉晓夫数（也译作格拉斯霍夫数）Gr，其作用相当于强迫对流传热中的 Re。$Gr = \alpha_V g \Delta t l^3 / \nu^2$，其中 α_V 为流体的体膨胀系数，对于理想气体，$\alpha_V = 1/T$，T 为气体的热力学温度，其他流体的 α_V 可查有关物性表；Δt 为 t_w 与 t_f 之差。$\alpha_V g \Delta t$ 反映因温差造成流体内部密度不同而引起的浮升力的大小。若设 ρ 和 ρ_1 分别代表流体温度 t 和 t_1 处的密度（$t > t_1$，$\rho < \rho_1$），则单位体积因密度差异而产生的浮升力（浮力与重力之差）为

$$(\rho_1 - \rho)g = [\rho(1 + \alpha_V \Delta t) - \rho]g = \rho \alpha_V g \Delta t \tag{11-8}$$

所以 Gr 大，表明浮升力较大，流体自然对流传热越强烈。Gr 是一个表征流体自然对流状态的特征数。适用于流体自然对流传热的特征数方程为

$$Nu = f(Gr, Pr) \tag{11-9}$$

实践表明，式（11-7）和式（11-9）两个特征数方程的具体形式可表示成

对于强制对流　　　　　　　$$Nu = C Re^m Pr^n \tag{11-10}$$

对于自然对流　　　　　　　$$Nu = C Gr^m Pr^n \tag{11-11}$$

式中的 C、m、n 由实验确定，不同类型的对流传热其值不同，同一类型的对流传热，参数范围不同，其值也不同，应用时应特别注意。

*2. 量纲分析

量纲分析法是导出量纲一的特征数的常用方法之一，下面予以介绍。

先选定一个基本量纲系统。在研究对流传热之类的问题时，为方便起见一般选以下 4 个物理量的量纲作为基本量纲：时间 [T]、长度 [L]、质量 [M] 及温度 [Θ]。在量纲分析中，方括号内的字母都表示量纲。其他物理量的量纲都可以由这些基本量纲导出，称为导出量纲。如密度 ρ 的量纲为 $[ML^{-3}]$，黏度 η 的量纲为 $[MT^{-1}L^{-1}]$，热导率的量纲为 $[MLT^{-3}\Theta^{-1}]$，它们都是导出量纲。下面用具体例子来说明如何用量纲分析法来推导特征数和特征数方程。

先以无限大平壁的稳态导热为例。经过多次对无限大平壁稳态导热过程的观察和实验，发现热流密度 q 与平壁的热导率 λ、壁的厚度 δ 及壁两端面温差 Δt 有关，即

$$q = f(\lambda, \Delta t, \delta) \tag{a}$$

假定 q 与 λ、Δt、δ 之间的关系为

$$q = \zeta \lambda^a \Delta t^b \delta^c \tag{b}$$

式中，ζ 为量纲一的系数；a、b、c 为指数。式中各量的量纲为

　　　热流密度 q：$[MT^{-3}]$　　　热导率 λ：　$[MLT^{-3}\Theta^{-1}]$

　　　温度差 Δt：$[\Theta]$　　　　　厚度 δ：$[L]$

其中共有 4 个基本量纲：长度 [L]、温度 [Θ]、时间 [T] 和质量 [M]。将式（b）中的各量用其相应的量纲代替得

$$MT^{-3} = \left[MLT^{-3}\Theta^{-1} \right]^a \Theta^b L^c = M^a L^{a+c} T^{-3a} \Theta^{b-a} \quad\quad (c)$$

因为等号两边量纲 M、L、T、Θ 应分别相等，即它们的指数应分别相等，故可得下列代数方程组，即

$$\begin{cases} a = 1 \\ a+c = 0 \\ -3a = -3 \\ b-a = 0 \end{cases}$$

解此方程组得 $a = b = 1$，$c = -1$，代入式（b）得

$$q = \zeta\lambda\frac{\Delta t}{\delta}$$

即

$$\zeta = \frac{q\delta}{\lambda\Delta t} \quad\quad (d)$$

ζ 由实验确定（不言而喻，实验结果一定是 $\zeta \equiv 1$）。$q\delta/(\lambda\Delta t)$ 显然是一个量纲一的量，方程（d）就是一个量纲一的量的方程。虽然对于平壁导热这样一个简单问题而言，量纲分析并没有揭示更多的内容，但从这个例子却可以看出量纲分析中的下述重要规律。

从这个例子可以看出，原有 4 个变量的方程（a），经过量纲分析后得到只包含 1 个量纲一的量的方程（d），即变量的个数在形式上减少了 3 个，这个数目正好等于该方程中的基本量纲个数。这一规律正是量纲分析的基本依据 Π 定理所揭示的。Π 定理的基本内容是：一个表示 n 个物理量间关系的量纲一致的方程式，一定可以转换成包含 $n-r$ 个独立的量纲一的物理量群间的关系式。r 指 n 个物理量中所涉及的基本量纲的数目。它的数学证明已超出本书范围，可参阅参考文献 [20]。本书的着眼点在于学会应用这条定理。下面再以稳态无浮升力的强制对流传热为例来详细说明。

经过前面对表面传热系数影响因素的分析，第一步可列出与现象有关的全部物理量的原则方程为

$$\varphi(h, u, l, \lambda, \eta, c_p, \rho) = 0 \quad\quad (e)$$

式中 7 个物理量涉及 4 个基本量纲：[M]、[L]、[T]、[Θ]。根据 Π 定理，式（e）必定可以用 $n-r=3$ 个特征数的关系式表示，即

$$\psi(\Pi_1, \Pi_2, \Pi_3) = 0 \qu\quad (f)$$

第二步是选定各特征数的内涵表达式，即幂指数表达式。每个特征数由 $r+1=5$ 个物理量组成。选定

$$\Pi_1 = u^{a_1} l^{b_1} \lambda^{c_1} \eta^{e_1} h$$

$$\Pi_2 = u^{a_2} l^{b_2} \lambda^{c_2} \eta^{e_2} \rho$$

$$\Pi_3 = u^{a_3} l^{b_3} \lambda^{c_3} \eta^{e_3} c_p$$

选择三个 Π 的共同项 $u^a l^b \lambda^c \eta^e$ 的原则是，它们必须包括所有 4 个基本量纲而自身不能组成量纲一的量。如果选用 $u^a l^b \rho^c \eta^e$ 就不行，因为共同项未包括 4 个基本量纲中的 [Θ] 在内。在共同项外还留下 3 个物理量，将它们分别搭配到每个 Π 表达式中，组成 5 个物理量的幂

次乘积。由于基本量纲的数目是 4 个，幂次的约束方程亦只有 4 个，有 3 个物理量的幂次可自由指定。为方便计，指定 h、ρ、c_p 的幂次均为 1，如以上表达式。把待求的物理量 h 的幂次定为 1 是特别有利的。

第三步根据 Π 必须是量纲一的原则，解出待定幂次的数值，得出特征数。为此，展开 Π_1 的量纲得

$$\Pi_1 = L^{a_1}T^{-a_1}L^{b_1}M^{c_1}L^{c_1}T^{-3c_1}\Theta^{-c_1}M^{e_1}L^{-e_1}T^{-e_1}MT^{-3}\Theta^{-1}$$

$$= [L]^{a_1+b_1+c_1-e_1}[T]^{-a_1-3c_1-e_1-3}[\Theta]^{-c_1-1}M^{e_1+e_1+1}$$

Π 是量纲一的量，因此 ［L］、［T］、［Θ］ 及 ［M］ 的指数都是零。于是解得

$$a_1 = 0, \quad b_1 = 1, \quad c_1 = -1, \quad e_1 = 0$$

代入 Π_1 表达式得

$$\Pi_1 = \frac{hl}{\lambda} = Nu$$

同理可得

$$\Pi_2 = \frac{\rho ul}{\eta} = Re$$

$$\Pi_3 = \frac{\eta c_p}{\lambda} = Pr$$

最后将 Π_i 代入式（f）即得特征数方程式

$$\psi(Nu, Re, Pr) = 0$$

或

$$Nu = f(Re, Pr)$$

3. 使用特征数方程式的注意事项

本段只介绍选择和使用最广泛的特征数方程式时应注意的事项，其他可参阅有关资料。

1）根据对流传热的类型和有关参数的范围选择所需要的特征数方程式。当有关参数已超越特征数方程式的使用范围时，原则上不能把特征数方程式外推后使用。

2）用以确定特征数中物性参数的温度称为定性温度。定性温度必须按规定选取，这是因为特征方程式中特征数的计算要用到流体的物性参数，而它们几乎都随温度变化，这就要选取一个有代表性的温度——定性温度来确定物性参数。常用的定性温度有流体的平均温度 t_f、壁面的平均温度 t_w，或流体与壁面温度的算术平均值 $t_m = (t_f + t_w)/2$。

3）包含在特征数（准则）中具有代表性的尺度称为特征长度。特征长度必须按规定选取。不同场合选取的特征长度不同，通常选取对流动情况有决定性影响的尺寸。如管内强迫对流时选管道内径 d_i；纵掠平壁时选取流动方向的壁长 l，横掠单管和管束时选用管道外径 d_o。

4）强制对流传热准则方程式中计算雷诺数所选用的流速称为特征流速。特征流速必须按规定方式选取。不同场合选用的特征流速不同：纵掠平壁时，选用主流速度 u_f；管内强制对流时，选用管内流体平均温度下的流动截面平均流速；横掠单管时，选用主流速度 u_f；横掠管束时，选用流体平均温度下的管间最大流速 u_{max}。

5）正确选用各种修正系数。由于对流传热的复杂性，实验研究时先将一些次要因素撇开，得出准则方程式，然后再由另外的实验分别单独研究这些次要因素的影响，得到各种相应的修正系数，对方程加以修正。例如，管内强迫对流湍流传热，先研究温差（$t_w - t_f$）较小时长直管的对流传热系数。当温差（$t_w - t_f$）较大时，用温度修正系数 ε_t 来考虑边界层内温度分布对 h 的影响。还有其他一些修正系数将分别在后面介绍。

授课视频——
对流传热（3）

第二节　强制对流传热及其实验关联式

一、管槽内的强制对流传热

1. 流动和传热特征

在管内做强制对流传热的流体进入管口后，在管壁周围便开始形成层流边界层并逐渐加厚。随着边界层的发展，它可以直接充满整个管道，如图 11-5a 所示；或者流态发生转变，以湍流边界层充满管道，如图 11-5b 所示。不论是层流边界层还是湍流边界层，充满管道以后，流动就已达到充分发展阶段，其中的流速分布完全定型，因此称为流动充分发展段。在流动充分发展段中，速度边界层厚度 $\delta = d/2$。从管口到速度边界层充满管道的截面为止，这段距离称为流动入口段。流动入口段，是速度边界层的形成和发展阶段。

在流动充分发展段中，管内流体究竟是层流还是湍流，可用管截面平均流速计算的 Re 来判断。当 $Re < 2200$ 时为层流，$Re > 10^4$ 时为湍流，其间为过渡流。

当流体温度 t_f 不等于管壁温度 t_w 时，流体与管壁之间会发生对流传热。流体进入管口以后，在形成流动边界层的同时，也形成热边界层，并不断发展加厚，直至充满整个管道，形成传热充分发展段。

在层流边界层中，由于流体与壁面之间的对流传热主要依靠导热，所以如图 11-5c 所示，可以用层流边界层的厚度来定性判断局部表面传热系数 h_x 沿传热面的变化。在管槽进口附近，h_x 为最大。随着边界层的加厚，导热热阻逐渐增大，h_x 逐渐减小，直至充分发展段，开始趋近于一个定值。

在湍流边界层中，由于层流底层以外强烈的湍流脉动与混合使传热强化，因此，一般来说平均表面传热系数 h 要比层流边界层的大得多。其局部表面传热系数 h_x 沿传热面的变化过程表示在图 11-5d 中。在入口段，h_x 由最大值开始一直下降到最小值，由于边界层由层流转变为湍流，于是 h_x 便迅速上升到另一较大值，然后随着湍流边界层的发展逐渐趋向稳定的过程，h_x 稍有下降，等到湍流边界层充分发展以后，h_x 不再变化。

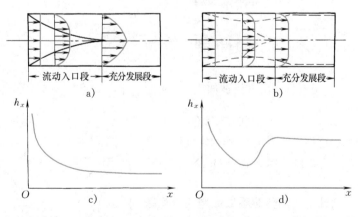

图 11-5　管道入口段速度和局部表面传热系数变化示意图

2. 管槽内强制对流传热计算

（1）湍流传热　当 $Re_f = 10^4 \sim 1.2 \times 10^5$，$Pr_f = 0.7 \sim 120$ 时，其传热实验关联式为

$$Nu_f = 0.023Re_f^{0.8}Pr_f^n \varepsilon_1 \varepsilon_t \varepsilon_R \qquad (11\text{-}12)$$

式中，下标 f 表示采用流体的平均温度［即管道进、出口两个截面平均温度的算术平均值 $t_f = (t'_f + t''_f)/2$］作为定性温度。流体被加热时，$n = 0.4$，流体被冷却时，$n = 0.3$。特征长度取管内径，对于非圆管，则用当量直径 d_e 计算。

$$d_e = \frac{4A_c}{P} \qquad (11\text{-}13)$$

式中，A_c 为通道的流动截面积（m^2）；P 为流体润湿的固体流道周长（m），即湿周。

ε_1 为考虑入口段对表面传热系数 h 影响的入口效应修正系数。若是 $l/d \geqslant 10$ 的长管，入口段对整个管子平均表面传热系数的影响不大，可以不予考虑，即 $\varepsilon_1 = 10$。但对于 $l/d < 10$ 的短管，必须用 ε_1 考虑入口段对 h 的影响，ε_1 值可采用下式来计算，即

$$\varepsilon_1 = 1 + \left(\frac{d}{l}\right)^{0.7}$$

ε_t 为考虑边界层内温度分布对表面传热系数 h 影响的温度修正系数。当流体被壁面加热或冷却时，边界层中的温度沿径向和轴向都在改变，因而物性参数 λ、ρ 和 η 等也随之而变，尤其是黏度的改变，影响着速度分布，速度分布又通过温度分布影响表面传热系数。图 11-6 所示为热流方向对速度分布的影响。图中曲线 1 为等温流时的速度分布。由于液体的黏度随温度的升高而减小，气体则反之，当液体被冷却或气体被加热时，壁面附近的黏度高于中心部分，根据黏性力与黏度成正比的关系，因而壁面附近的速度降低，使传热强度下降；由于截面上的平均流速必须保持常量，否则流量会减小，因而中心部分速度升高，这时速度分布变成曲线 2。如果液体被加热或气体被冷却，速度分布曲线变成曲线 3，传热得到强化。为了补偿上述热流方向不同的影响，用 ε_t 加以修正，不同情况下的 ε_t 值如下：

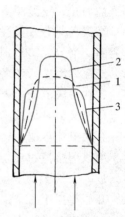

图 11-6　热流方向对速度分布的影响

$$\text{液体被加热} \qquad \varepsilon_t = \left(\frac{\eta_f}{\eta_w}\right)^{0.11} \qquad (11\text{-}14a)$$

$$\text{液体被冷却} \qquad \varepsilon_t = \left(\frac{\eta_f}{\eta_w}\right)^{0.25} \qquad (11\text{-}14b)$$

$$\text{气体被加热} \qquad \varepsilon_t = \left(\frac{T_f}{T_w}\right)^{0.55} \qquad (11\text{-}14c)$$

$$\text{气体被冷却} \qquad \varepsilon_t = 1 \qquad (11\text{-}14d)$$

这里，η_w 表示以壁面平均温度 t_w 作为定性温度时的流体黏度。当考虑温差修正时，式（11-12）中 Pr_f^n 中 n 应恒取 0.4。

ε_R 为考虑管道弯曲对表面传热系数影响的弯管修正系数。当流体在弯曲管道或螺旋管内流动时，由于离心力的作用，形成了图 11-7 所示的二次环流，增强了对流传热。此时，必须把按直管段准则实验关联式计算的 h 用大于 1 的弯管修正系数 ε_R 修正：

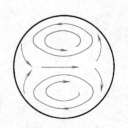

图 11-7　弯曲管道中的二次环流

$$对于气体 \quad \varepsilon_R = 1 + 1.77 \frac{d}{R} \tag{11-15a}$$

$$对于液体 \quad \varepsilon_R = 1 + 10.3 \left(\frac{d}{R} \right)^3 \tag{11-15b}$$

式中，R 为弯管的曲率半径。

（2）层流传热　当 $Re_f < 2200$，$(Re_f \, Pr_f \, d/l) > 10$，$Pr_f > 0.6$ 时，则

$$Nu_f = 1.86 \left(Re_f \, Pr_f \frac{d}{l} \right)^{1/3} \left(\frac{\eta_f}{\eta_w} \right)^{0.14}$$

式中，除 η_w 以壁面平均温度 t_w 作为定性温度外，其余均以流体的平均温度 t_f 作为定性温度。特征长度为管内径 d。另外，式中用 $(d/l)^{1/3}$ 来考虑入口效应对 h 的影响，用 $(\eta_f/\eta_w)^{0.14}$ 考虑热流方向对 h 的影响。

对于由层流转变为湍流的过渡流，可以从参考文献［12，14］中查取有关实验关联式。

例 11-1　水流入管长 $l = 10\text{m}$ 的直管，从 $t_f' = 25\text{℃}$ 被加热到 $t_f'' = 35\text{℃}$，管子内径 $d = 20\text{mm}$，水流速为 2m/s，设不考虑热流方向的影响，求表面传热系数。

解　1）求水的物性值。水的平均温度为

$$t_f = \frac{1}{2}(t_f' + t_f'') = \frac{25+35}{2}\text{℃} = 30\text{℃}$$

以此为定性温度，由附录 A-14 查得水的物性为

$$\lambda_f = 0.618\text{W/(m·K)}, \quad \nu_f = 0.805 \times 10^{-6}\text{m}^2/\text{s}, \quad Pr_f = 5.42$$

2）判断流态。

$$Re_f = \frac{ud}{\nu_f} = \frac{2 \times 0.02}{0.805 \times 10^{-6}} = 4.97 \times 10^4$$

流动属于湍流。

3）求表面传热系数。由于

$$\frac{l}{d} = \frac{10}{0.02} = 500 > 10$$

而且是直管，所以

$$\varepsilon_1 = 1, \quad \varepsilon_R = 1$$

不考虑热流方向修正，$\varepsilon_t = 1$，所以

$$Nu_f = 0.023 Re_f^{0.8} Pr_f^{0.4} = 0.023 \times (4.97 \times 10^4)^{0.8} \times 5.42^{0.4} = 258.4$$

$$h = \frac{\lambda_f}{d} Nu_f = \frac{0.618}{0.02} \times 258.4\text{W/(m}^2\text{·K)} = 7985\text{W/(m}^2\text{·K)}$$

例 11-2　两个标准大气压、温度为 200℃ 的空气，以 $u = 10\text{m/s}$ 的流速流入内径 $d = 2.54\text{cm}$ 的管内被加热。壁温比空气温度高 20℃。若管长为 3m，试求通过管子的传热量和空气出口温度。

解　1）求空气的物性值。设空气的出口温度为 240℃，则空气的平均温度为

$$t_f = \frac{1}{2}(t_f' + t_f'') = \frac{1}{2} \times (200 + 240)\,℃ = 220\,℃$$

据此由附录 A-13 查得空气的物性值为

$$\lambda_f = 0.0407\,\text{W}/(\text{m} \cdot \text{K}), \quad \eta_f = 26.56 \times 10^{-6}\,\text{kg}/(\text{m} \cdot \text{s})$$

$$c_{pf} = 1031\,\text{J}/(\text{kg} \cdot \text{K}), \quad Pr_f = 0.679$$

密度 ρ_f 由理想气体状态方程求得，即

$$\rho_f = \frac{1}{v} = \frac{p}{R_g T} = \frac{2 \times 1.01 \times 10^5}{287 \times (220 + 273)}\,\text{kg}/\text{m}^3 = 1.428\,\text{kg}/\text{m}^3$$

2）判断流态。雷诺数为

$$Re_f = \frac{ud}{\nu_f} = \frac{\rho_f ud}{\eta_f} = \frac{1.428 \times 10 \times 0.0254}{26.56 \times 10^{-6}}$$

$$= 1.366 \times 10^4$$

流动属于湍流。

3）求表面传热系数 h。由

$$\frac{l}{d} = \frac{3}{0.0254} = 118 > 10$$

所以 $\varepsilon_1 = 1$。又

$$\varepsilon_t = \left(\frac{220 + 273}{220 + 20 + 273}\right)^{0.55} \approx 1$$

所以

$$h = 0.023 \frac{\lambda_f}{d} Re_f^{0.8} Pr_f^{0.4}$$

$$= 0.023 \times \frac{0.0407}{0.0254} \times 13660^{0.8} \times 0.679^{0.4}\,\text{W}/(\text{m}^2 \cdot \text{K})$$

$$= 64.21\,\text{W}/(\text{m}^2 \cdot \text{K})$$

4）求沿管长的传热量 Φ。

$$\Phi = h\pi dl(t_w - t_f)$$

$$= 64.21 \times 3.14 \times 0.0254 \times 3 \times 20\,\text{W}$$

$$= 307.2\,\text{W}$$

5）校核空气出口温度。

由热平衡

$$\Phi = \frac{\pi}{4} d^2 u \rho_f c_{pf} (t_f'' - t_f')$$

得空气出口温度为

$$t_f'' = t_f' + \frac{\Phi}{\frac{\pi}{4} d^2 u \rho_f c_{pf}}$$

$$= 200\,℃ + \frac{307.2}{\frac{\pi}{4} \times 0.0254^2 \times 10 \times 1.428 \times 1031}\,℃$$

$$= 241.2\,℃$$

与假定值相近，以上计算有效。所以

$$\Phi = 307.2\text{W}, \quad t_f'' = 241.2\text{℃}$$

讨论：

1）流体在管内流动时，其物性值应是平均温度 t_f 下的物性值，不能用入口温度去查物性值，否则会造成较大的偏差。

2）当流体温度 t_f 和壁温 t_w 相差不大时（一般说，对于气体 $\Delta t < 50\text{℃}$，对于水 $\Delta t < 20\text{℃}$，对于油类 $\Delta t < 10\text{℃}$），可认为温度修正系数 ε_t 近似为 1。

3）对于气体，因为其密度受温度的影响较大，因此，如果气体流经管槽前后温度变化比较大时，还需考虑速度的变化，根据质量守恒原理，应该将入口温度 t_f' 下的气体流速换算成气体平均温度 t_f 下的流速。本例题没有进行该换算。

二、外掠物体时的强制对流传热

空气纵掠机翼，风吹过地面或热力管道，锅炉烟气横掠过换热器管束，各种壳管式换热器壳侧流体横掠管束等的对流传热，都属于流体外掠物体时的强制对流传热。下面分别讨论纵掠平板、横掠单管和管束时的对流传热。

1. 纵掠平板

流体纵掠温度均匀平板时的层流强制对流传热是最简单的强制对流传热，其理论解和实验测定符合得较好。取平板温度与来流温度之差作为确定表面传热系数的温差，则求取局部表面传热系数 h_x 和平均表面传热系数 h_m 的准则方程为

$$Nu_x = \frac{h_x x}{\lambda} = 0.332 Re_x^{1/2} Pr^{1/3} \tag{11-16}$$

和

$$Nu_m = \frac{h_m l}{\lambda} = \left(\frac{1}{l}\int_0^l h_x \mathrm{d}x\right)\frac{l}{\lambda} \tag{11-17}$$

$$= 0.664 Re_l^{1/2} Pr^{1/3}$$

适用范围为

$$0.6 < Pr < 50, \quad Re < 5\times10^5$$

式中，定性温度取流体与板的平均温度 t_m，$t_m = (t_f + t_w)/2$。式（11-16）、式（11-17）的特征长度分别为 x 和板长 l。

当 $Re_x = 5\times(10^5 \sim 10^7)$，边界层过渡到湍流边界层时，计算局部表面传热系数 h_x 的准则方程式为

$$Nu_x = 0.0296 Re_x^{4/5} Pr^{1/3} \tag{11-18}$$

流体纵掠长度为 l 的平板时，边界层发展的实际情况是先出现层流边界层，然后随着 x 的增大，$Re_x = ux/\nu$ 亦增大，当 $Re_x > 5\times10^5$ 后（称 $Re_{x,c} = 5\times10^5$ 为临界雷诺数），边界层内的流动转变成湍流（转折点的 x 称为临界板长 x_c）。在这种情况下，平板上的边界层一部分呈层流，一部分呈湍流，称为混合边界层。整块平板的平均表面传热系数应将上述两部分分别计算，然后再对全板长加权平均，即整块平板的平均表面传热系数 h_m 应为

$$h_m = \frac{\lambda}{l}\left[0.332\left(\frac{u}{\nu}\right)^{1/2}\int_0^{x_c}\frac{\mathrm{d}x}{x^{1/2}} + 0.0296\left(\frac{u}{\nu}\right)^{4/5}\int_{x_c}^l\frac{\mathrm{d}x}{x^{1/5}}\right]Pr^{1/3}$$

积分后得

$$Nu_m = \left[0.664Re_{x,c}^{1/2} + 0.037\left(Re_l^{4/5} - Re_{x,c}^{4/5} \right) \right] Pr^{1/3}$$

如上所述，取 $Re_{x,c} = 5 \times 10^5$，则上式可简化为

$$Nu_m = \left(0.037Re_l^{4/5} - 871 \right) Pr^{1/3}$$

此式可用来计算当流体纵掠平板出现混合边界层时的平均表面传热系数。当 $l \gg x_c$ 时，绝大部分平板上的边界层为湍流边界层，此时上式括号中的第一项远大于第二项，可将第二项舍去，得

$$Nu_m = 0.037Re_l^{4/5} Pr^{1/3} \tag{11-19}$$

适用范围为 $0.6 < Pr < 60$。式（11-19）中，定性温度为 $t_m = (t_f + t_w)/2$，特征长度为 l。

由于湍流时的传热强度较高，因此，可以采用在平板进口处安装扰动器的办法，比如说安装一根细金属丝，使整个平板上的边界层均处于湍流状态，以增强传热。

2. 横掠单管

当流体横向掠过单管时，如图 11-8 所示，流体接触管面后从上、下两侧绕过，并在管壁上形成边界层。边界层也有层流和湍流两种。但流体沿曲面流动与沿平面不同，流体沿平面流动时，平面附近静压力沿程不变，即 $dp/dx = 0$。沿曲面流动时，前半部主流速度增加（$du/dx > 0$），静压力沿程减小（$dp/dx < 0$）；后半部主流速度逐渐减小（$du/dx < 0$），压力沿程回升（$dp/dx > 0$）。在沿程压力增加（$dp/dx > 0$）的区域内，流体不能靠静压差的推动向前运动，只能依靠将本身的动能转化成静压力来克服压力的增大而向前运动。随着动能的消耗，流体的流速逐渐减小，尤以近壁处为甚，最后出现了壁面某一点处的速度梯度 $(\partial u/\partial y)_w$ 等于零，此时，壁面上的边界层就会产生脱离现象，$(\partial u/\partial y)_w = 0$ 的点称为分离点。分离点后的流体产生涡旋。分离点的位置与 Re（$Re = u_f d/\nu$，d 为圆管外径）有关。

与管周边界层的发展和分离相对应，流体局部表面传热系数也随 φ 和 Re 而变化，变化规律如图 11-9 所示。当 Re 较小时，边界层流动为层流，Nu_φ 随 φ 的增加而减小，以后由于

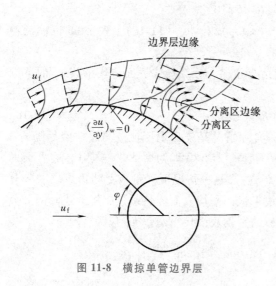

图 11-8　横掠单管边界层

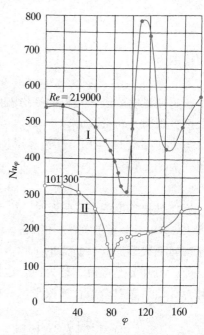

图 11-9　Nu_φ 沿周界变化

边界层分离出现涡流，Nu_φ 回升。当 Re 较大时，边界层中出现湍流，Nu_φ 将发生两次回升，一次由于层流转变成湍流，另一次由于湍流边界层发生分离。

综合整理有关气体和液体横掠单管时的试验数据，取壁面温度与来流温度之差作为确定表面传热系数的温差，得出传热试验关联式为

$$Nu_m = CRe^n Pr^{1/3} \tag{11-20}$$

式中，定性温度为流体与壁面的平均温度，即 $t_m = (t_w + t_f)/2$；特征长度为圆管外径 d；系数 C 和指数 n 见表 11-1。

表 11-1　式（11-20）中的 C 和 n 值

Re	C	n
40 ~ 4000	0.683	0.466
4000 ~ 40000	0.193	0.618
40000 ~ 400000	0.0266	0.805

3. 横掠管束

流体横掠管束时的对流传热与横掠单管时不同，除式（11-20）中的参数影响表面传热系数外，管束的排列方式、排列的紧凑程度以及管排数也都影响表面传热系数，因为以上这些管束的几何条件直接影响管束的湍流度。

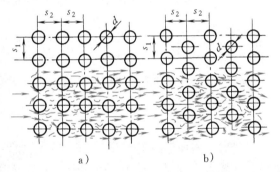

图 11-10　流体横掠管束时的流动情况
a）顺排　b）叉排

管子的排列方式有顺排和叉排两种，如图 11-10 所示，其传热既受到横向左右管排的影响，也受到纵向前后管排的影响。顺排时，第一排管束与上述的单管也有所不同。对于第一排管，正面受到主流的直接冲击，由于迎流面来流速度分布比较均匀，湍流度较小，在前驻点 $\varphi = 0°$ 处的传热较小，但随着 φ 角增加，在相邻两管之间流道截面收缩，流体速度和湍流度逐渐增加，导致边界层厚度减小，从而使传热也逐渐增强，在某个角度下达到最大。从第二排起，管束的正面和背面都处于涡流尾迹区域，流体在这里形成所谓的横向涡，与主流区流体相隔离，并且流速较低，但由于第一排扰动的影响，主流区速度很不均匀，流体扰动比较强，造成紧接着几排管子的传热要高于第一排管子。叉排时，各排管束不但都受到不同程度的冲击，而且由于流动方向不断改变，增强了冷、热流体的混合。一般来说，叉排的平均表面传热系数要比顺排大，但叉排的阻力损失也比顺排大，所以叉排、顺排的选择要全面权衡。管子之间的间距（横向节距 s_1 和纵向节距 s_2）对流动和传热情况都有影响。另外，管束中前几排管子受入口影响较大。通常，流体经过 16 排之后，扰动趋于稳定，表面传热系数也渐趋稳定。

总结试验结果，得到流体横掠管束时的传热准则方程式为

$$Nu_f = CRe_{f,max}^m Pr_f^n \left(\frac{Pr_f}{Pr_w}\right)^k \left(\frac{s_1}{s_2}\right)^p \varepsilon_z \tag{11-21}$$

式中，定性温度除 Pr_w 取壁温 t_w 外，其余都用流体在管束间的平均温度 t_f；特征长度取管外

径 d；$Re_{\mathrm{f,max}}$ 中的流速取流体的最大流速；系数 C 和指数 m、n、k、p 见表 11-2；ε_z 为管束排数修正系数，可查表 11-3。

表 11-2 式（11-21）中系数和指数

排列	$Re_{\mathrm{f,max}}$	C	m	n	k	p	备注
顺排	$10^3 \sim 2\times10^5$	0.27	0.63	0.36	0.25	0	
	$2\times10^5 \sim 2\times10^6$	0.033	0.8	0.36	0.25	0	
叉排	$10^3 \sim 2\times10^5$	0.35	0.60	0.36	0.25	0.2	$s_1/s_2 \leq 2$
	$10^3 \sim 2\times10^5$	0.40	0.60	0.36	0.25	0	$s_1/s_2 > 2$
	$2\times10^5 \sim 2\times10^6$	0.031	0.8	0.36	0.25	0.2	

表 11-3 管束排数修正系数 ε_z

总排数	1	2	3	4	5	6	7	8	9	10	11	12	13	14	15
顺排 $Re>10^3$	0.700	0.800	0.865	0.910	0.928	0.942	0.954	0.965	0.972	0.978	0.983	0.987	0.990	0.992	0.994
叉排 $Re>10^3$	0.619	0.758	0.840	0.897	0.923	0.942	0.954	0.965	0.971	0.977	0.982	0.986	0.990	0.994	0.997

u_{max} 的计算比较麻烦，如图 11-11 所示，顺排的最大流速为

$$u_{\mathrm{max}} = u_{\mathrm{f}} \frac{s_1}{s_1 - d} \tag{11-22}$$

叉排时，斜向节距 $s_2' = \sqrt{s_2^2 + (s_1/2)^2}$。如果 $s_2' - d < (s_1 - d)/2$ 时，截面 2—2（或 3—3）处的流速要大于截面 1—1 处的流速，这时最大流速为

$$u_{\mathrm{max}} = u_{\mathrm{f}} \frac{s_1}{2(s_2' - d)} \tag{11-23a}$$

相反地，如果 $s_2' - d > (s_1 - d)/2$，则最大流速为

$$u_{\mathrm{max}} = u_{\mathrm{f}} \frac{s_1}{s_1 - d} \tag{11-23b}$$

对于流体沿轴向流过管束时的传热系数，可以采用管内湍流传热公式

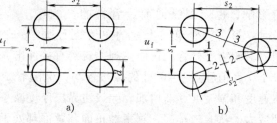

图 11-11 管束中的流动速度

a）顺排 b）叉排

（11-12）计算，但特征长度应取当量直径 d_{e}。不论管束是顺排还是叉排，d_{e} 值相同，皆为

$$d_{\mathrm{e}} = \frac{4A_{\mathrm{c}}}{P} = \frac{4(s_1 s_2 - \pi d^2/4)}{\pi d} = \frac{4 s_1 s_2}{\pi d} - d \tag{11-24}$$

式中，A_{c} 为流道截面积；P 为湿周。

例 11-3　空气横掠一光滑管束空气预热器。已知管束有 22 排，每排 24 根管；管子外径为 25mm，管长为 1.2m；管束叉排布置，管子间距 $s_1 = 50$mm，$s_2 = 38$mm；管壁温度为 100℃；空气最大流速 $u_{\mathrm{max}} = 6$m/s，平均温度为 30℃。试求表面传热系数以及热流量 Φ。

解　1）求空气的物性值。以 30℃ 为定性温度，查附录 A-13 得空气的物性参数为

$$\lambda_f = 0.0267 \mathrm{W/(m \cdot K)}, \quad \nu_f = 16.0 \times 10^{-6} \mathrm{m^2/s}, \quad Pr_f = 0.701$$

2）计算雷诺数。

$$Re_{f,\max} = \frac{u_{\max} d}{\nu_f} = \frac{6 \times 0.025}{16.0 \times 10^{-6}} = 9375$$

3）求表面传热系数。$s_1/s_2 = 50/38 = 1.32 < 2$，根据 Re_f、叉排以及 s_1/s_2 的值，查表 11-2 和表 11-3 得各系数以及指数为 $C = 0.35$，$m = 0.6$，$n = 0.36$，$k = 0.25$，$p = 0.2$，$\varepsilon_z = 1.0$。

对于空气，$(Pr_f/Pr_w)^{0.25} \approx 1$。应用式（11-21），得

$$
\begin{aligned}
Nu_f &= CRe_{f,\max}^m Pr_f^n \left(\frac{Pr_f}{Pr_w}\right)^k \left(\frac{s_1}{s_2}\right)^p \varepsilon_z \\
&= 0.35 \times 9375^{0.6} \times 0.701^{0.36} \times 1.0 \times 1.32^{0.2} \times 1.0 \\
&= 78.67
\end{aligned}
$$

$$
\begin{aligned}
h &= \frac{\lambda_f}{d} Nu_f = \frac{0.0267}{0.025} \times 78.67 \mathrm{W/(m^2 \cdot K)} \\
&= 84.02 \mathrm{W/(m^2 \cdot K)}
\end{aligned}
$$

4）求热流量。传热面积为

$$A = N_1 N_2 \pi d l = 22 \times 24 \pi \times 0.025 \times 1.2 \mathrm{m^2} = 49.76 \mathrm{m^2}$$

$$\Phi = hA(t_w - t_f) = 84.02 \times 49.76 \times (100 - 30) \mathrm{W} = 292.66 \mathrm{kW}$$

例 11-4　压力为 $1.013 \times 10^5 \mathrm{Pa}$ 的空气横向掠过叉排管束，管子外径 d 为 25mm，管子间距 $s_1 = 50$mm，$s_2 = 37.5$mm，垂直于流动方向的横向排数 $N_1 = 16$，沿空气流动方向的纵向排数 $N_2 = 5$，管壁温度为 60℃，空气流进管束时的温度 t_f' 为 10℃，流速 $u_f = 2.5$m/s，流出管束时的温度 t_f'' 为 20℃。试求管束单位长度通过的热流量 Φ_l。

解　定性温度 $t_f = (t_f' + t_f'')/2 = (10 + 20)℃/2 = 15℃$，当 $t_f = 15℃$ 时，用线性内插法查附录 A-13 得空气的物性参数 $\lambda_f = 2.55 \times 10^{-2} \mathrm{W/(m \cdot K)}$，$\nu_f = 14.61 \times 10^{-6} \mathrm{m^2/s}$，$Pr_f$ 取近似值 0.7。

为求特征速度 $u_{\max}$，先求出斜向节距

$$s_2' = \sqrt{s_2^2 + (s_1/2)^2} = \sqrt{37.5^2 + (50/2)^2} \quad \mathrm{mm} = 45.07 \mathrm{mm}$$

$$s_2' - d = 45.07 \mathrm{mm} - 25 \mathrm{mm} = 20.07 \mathrm{mm}$$

而

$$\frac{1}{2}(s_1 - d) = \frac{1}{2} \times (50 - 25) \mathrm{mm} = 12.5 \mathrm{mm}$$

由于

$$s_2' - d > \frac{1}{2}(s_1 - d)$$

所以

$$u_{\max} = u_f \frac{s_1}{s_1 - d} = 2.5 \times \frac{50}{50 - 25} \mathrm{m/s} = 5 \mathrm{m/s}$$

$$Re_{f,max} = \frac{u_{max}d}{\nu_f} = \frac{5 \times 0.025}{14.61 \times 10^{-6}} = 8555$$

由表 11-3 查得，当 $N_2 = 5$ 时，$\varepsilon_z = 0.923$，对于空气 $(Pr_f/Pr_w)^{0.25} \approx 1$；由表 11-2 查得各系数和指数。应用式（11-21）得

$$Nu_f = 0.35 Re_{f,max}^{0.6} Pr_f^{0.36} \left(\frac{s_1}{s_2}\right)^{0.2} \varepsilon_z$$

$$= 0.35 \times 8555^{0.6} \times 0.7^{0.36} \times \left(\frac{50}{37.5}\right)^{0.2} \times 0.923$$

$$= 68.7$$

平均表面传热系数

$$h = \frac{\lambda_f}{d} Nu_f = \frac{2.55 \times 10^{-2}}{25 \times 10^{-3}} \times 68.7 \, W/(m^2 \cdot K)$$

$$= 70.1 \, W/(m^2 \cdot K)$$

管数

$$N = N_1 \times N_2 = 16 \times 5 = 80$$

则

$$\Phi_l = N\pi dh(t_w - t_f) = 80 \times 3.14 \times 25 \times 10^{-3} \times 70.1 \times (60-15) \, W/m$$

$$= 19810 \, W/m$$

第三节　自然对流传热及其实验关联式

　　当流体与温度不同的壁面直接接触时，在壁面附近的流体由于传热会产生温度的变化，并进而引起密度的变化。在密度变化形成的浮升力的驱动下，流体沿壁面流动，这种流动称为自然对流。流体由于自然对流而产生的传热过程称为自然对流传热。

　　自然对流传热与流体所处的空间大小直接有关。如果空间很大，壁面上边界层的形成和发展不因空间的限制而受到干扰，这样的空间称为大空间。例如，输电线路的冷却、冰箱排热管的散热以及暖气片的散热等，都是大空间自然对流传热的应用实例。如果流体的自然对流被约束在封闭的夹层中发生相互干扰，这样的空间称为有限空间。例如，双层玻璃的空气层、平板式太阳能集热器的空气夹层等的散热，均属有限空间的自然对流传热。这里仅讨论大空间的自然对流传热。

　　图 11-12 表示流体受垂直热壁面加热时的自然对流情况。紧靠壁面的流体因受热而密度减小，与远处流体形成密度差，流体密度差将产生浮升力，在浮升力的驱动下，流体向上浮起。在上浮过程中，它还不断地从壁面吸取热量，温度继续升高，其邻近的流体受它影响，温度也将升高并向上浮起，这样就造成向上运动的流体越来越厚。由实验看出，在壁的下端，流体呈层流状态，其上为过渡流状态，再上为湍流状

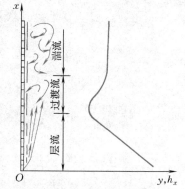

图 11-12　自然对流边界层和局部表面传热系数的情况

态。这种情况和流体受迫流过平壁时边界层发展情况相类似。流动状态对传热规律有决定性影响。从传热壁面下端开始，随着高度的增加，由于层流边界层不断增厚，对流传热热阻增加，表面传热系数 h_x 逐渐减小。此后，由于层流边界层向湍流边界层过渡，边界层内流体的掺和作用使 h_x 增加。转变成湍流边界层后，h_x 基本上不再变化。

上例是流体受热情况，若流体被冷却，也将发生上述情况，不过流体运动方向与上例相反。

大空间自然对流传热的平均表面传热系数准则方程式可整理成

$$Nu = C(Gr\ Pr)^n \tag{11-25}$$

式中，定性温度为流体与壁面的平均温度 t_m。常数 C 和 n 由实验确定，几种典型情况的数值列于表 11-4[⊖]。

表 11-4 式（11-25）中的 C 和 n 值

壁面形状及位置	流动情况示意	流动状态	C	n	特 征 长 度	适用范围	
						Gr	$Gr \cdot Pr$
垂直平壁及直圆筒		层流	0.59	$\frac{1}{4}$	高度 H	$1.43 \times 10^3 \sim 3 \times 10^9$	
		过渡	0.0292	0.39		$3 \times 10^9 \sim 2 \times 10^{10}$	
		湍流	0.11	$\frac{1}{3}$		$>2 \times 10^{10}$	
水平圆柱		层流	0.48	$\frac{1}{4}$	外直径 d	$1.43 \times 10^3 \sim 5.76 \times 10^8$	
		过渡	0.0165	0.42		$5.76 \times 10^8 \sim 4.65 \times 10^9$	
		湍流	0.11	$\frac{1}{3}$		$>4.65 \times 10^9$	
热面朝上及冷面朝下的水平壁		层流	0.54	$\frac{1}{4}$	平板传热面积与周长之比		$10^4 \sim 10^7$
		湍流	0.15	$\frac{1}{3}$			$10^7 \sim 10^{11}$
热面朝下及冷面朝上的水平壁		层流	0.27	$\frac{1}{4}$			$10^5 \sim 10^{10}$

例 11-5　室温为 10℃ 的大房间中有一个直径为 10cm 的烟筒，其竖直部分高 1.5m，水平部分长 15m。求烟筒的平均壁温为 110℃ 时的总对流散热热流量。

解　平均温度

$$t_m = \frac{1}{2}(t_f + t_w) = \frac{1}{2} \times (10 + 110)℃ = 60℃$$

⊖ 我国学者杨世铭指出采用 Gr 作为自然对流传热规律转变的判据，克服了以往采用瑞利数（Rayleigh 数，$Ra = Gr\ Pr$）时不同流体转变判据数值各异的缺陷，标志着对自然对流传热规律认识上的提高，同时也得到了多数实验结果的证实。

由附录 A-13 查得，60℃ 时空气的物性 $\rho = 1.060\text{kg/m}^3$，$c_p = 1.005\text{kJ/}(\text{kg}\cdot\text{K})$，$\lambda = 0.029\text{W/}(\text{m}\cdot\text{K})$，$\nu = 18.97\times10^{-6}\text{ m}^2/\text{s}$，$Pr = 0.696$。

（1）烟筒竖直部分的散热

$$Gr = \frac{g\alpha_V H^3 \Delta t}{\nu^2} = \frac{9.8\times1.5^3\times(110-10)}{(18.97\times10^{-6})^2\times(273+60)} = 2.76\times10^{10}$$

由表 11-4 知

$$Nu = 0.11(Gr\,Pr)^{1/3} = 0.11\times(2.76\times10^{10}\times0.696)^{1/3} = 295$$

所以

$$h = Nu\frac{\lambda}{H} = 295\times\frac{0.029}{1.5}\text{W/}(\text{m}^2\cdot\text{K}) = 5.70\text{W/}(\text{m}^2\cdot\text{K})$$

$$\begin{aligned}\Phi_1 &= \pi dHh(t_w - t_f)\\ &= 3.14\times0.1\times1.5\times5.70\times(110-10)\text{W}\\ &= 269\text{W}\end{aligned}$$

（2）烟筒水平部分的散热

$$Gr = \frac{g\alpha_V d^3 \Delta t}{\nu^2} = \frac{9.8\times0.1^3\times100}{(18.97\times10^{-6})^2\times(273+60)} = 8.2\times10^6$$

由表 11-4 知

$$Nu = 0.48(Gr\,Pr)^{1/4} = 0.48\times(8.2\times10^6\times0.696)^{1/4} = 23.5$$

所以

$$h = 23.5\times\frac{0.029}{0.1}\text{W/}(\text{m}^2\cdot\text{K}) = 6.82\text{W/}(\text{m}^2\cdot\text{K})$$

$$\begin{aligned}\Phi_2 &= 3.14\times0.1\times15\times6.82\times100\text{W}\\ &= 3214\text{W}\end{aligned}$$

烟筒的总对流散热热流量

$$\Phi = \Phi_1 + \Phi_2 = 269\text{W} + 3214\text{W} = 3483\text{W}$$

第四节　凝结和沸腾时的相变对流传热

前面介绍的对流传热是流体无相变（单相）时的对流传热。在热工设备中，还常遇到蒸气遇冷凝结和液体受热沸腾的对流传热过程。例如，水在锅炉中变成水蒸气；蒸汽轮机排出的水蒸气在冷凝器中变成凝结水；制冷剂在冰箱内蒸发为气体，经压缩冷却后又变成液体等。有相变时的传热过程不同于单相流体的传热过程，主要表现在传热时流体温度几乎不变，并且对同一种流体而言，有相变时的表面传热系数相对于无相变时的要大。

一、凝结传热

当饱和蒸气与低于饱和温度的壁面相接触时，就会放出汽化热凝结成液体而附着在壁面上。由于凝结液润湿壁面的能力不同，蒸气凝结可形成两种不同的形式：膜状凝结和珠状凝结。如果凝结液体能很好地润湿壁面（润湿角 $\theta < 90°$，见图 11-13a），它就在壁面上形成一层完整的膜，称为膜状凝结。膜状凝结时，壁面总是被一层液膜覆盖着，凝结时蒸气放出的

潜热必须穿过这层液膜才能传到冷却壁面上去。这时，液膜层就成为传热的主要热阻。如果凝结液体不能很好地润湿壁面（润湿角 $\theta > 90°$，见图 11-13b），凝结液在壁面上形成一个个的小液珠，而不形成连续的液膜，这种凝结称为珠状凝结。在非水平的壁面上，受重力作用，液珠长大至一定尺寸时就沿壁面滚下。在滚下的过程中，能将沿途的液滴带走，对壁面起"清扫"作用，使较多壁面直接暴露于蒸气中，从而使热阻大大减小。所以珠状凝结表面传热系数远大于膜状凝结表面传热系数，一般可达到膜状凝结的 5~10 倍以上。管束外的膜状和珠状凝结如图 11-14 所示。

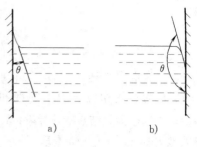

图 11-13 润湿角
a）润湿能力强 b）润湿能力差

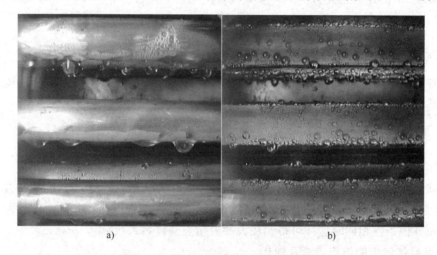

图 11-14 管束外的膜状凝结和珠状凝结
a）膜状凝结 b）珠状凝结

遗憾的是，对于如水、制冷剂和化工原料等常用工质而言，与一般工程材料间的润湿角都是小于 90° 的。只有在采取特殊措施，如在表面上涂油，在流体中加入能增大表面张力的成分，或对传热表面进行改性处理等后，才能得到珠状凝结。但是，或因其不能持久，或因其成本太高，迄今为止并未能在生产上得到实际应用。事实上，目前在工业冷凝器中都只能实现膜状凝结，所以工程上应以膜状凝结为设计依据。下面分别介绍工程上常见的蒸气在竖壁和水平圆管外膜状凝结的传热计算。

1. 竖壁膜状凝结传热

蒸气在竖壁上段液膜较薄，液膜处于层流。在液膜沿着重力方向往下流动的过程中，蒸气仍不断凝结，液膜不断加厚。当液膜的厚度达到一定值时，其流动状态由层流变为湍流。因此，局部表面传热系数的变化如图 11-15 所示。

在努塞尔理论分析解的基础上，结合实验研究，竖壁层流（$Re < 1600$）膜状凝结的平均表面传热系

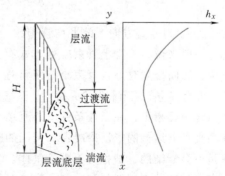

图 11-15 蒸气在竖壁上的膜流动情况及局部表面传热系数 h_x

>>>>>>>>>>

数为

$$h = 1.13\left[\frac{gr\rho_l^2\lambda_l^3}{\eta_l H(t_s-t_w)}\right]^{1/4} \tag{11-26}$$

式中，g 为重力加速度（m/s^2）；r 为汽化热（J/kg），由饱和温度 t_s 查取；H 为竖壁高度（m）；t_s 为蒸气相应压力下的饱和温度（℃）；t_w 为壁面温度（℃）；ρ_l 为凝结液的密度（kg/m^3）；λ_l 为凝结液的热导率[$W/(m \cdot K)$]；η_l 为凝结液的黏度（$Pa \cdot s$）；凝结液的物性参数按 $t_m = (t_s + t_w)/2$ 查取。

当 $Re > 1600$ 时，液膜由层流转变成湍流，整个竖壁的平均表面传热系数另有计算式，有兴趣的读者可参阅参考文献［12，19］。

竖壁液膜 Re 的计算公式为

$$Re = \frac{4hH(t_s-t_w)}{\eta_l}$$

2. 水平圆管外的膜状凝结

由于管径一般不会很大，所以蒸气在水平圆管外膜状凝结液膜一般为层流，其平均凝结表面传热系数为

$$h = 0.728\left[\frac{gr\rho_l^2\lambda_l^3}{\eta_l d(t_s-t_w)}\right]^{1/4} \tag{11-27}$$

式中，d 为圆管外径（m）。

水平圆管外膜状凝结的表面传热系数 h 与竖壁的计算式形式一样，只是将 H 改为 d，系数 1.13 改为 0.728$^{\ominus}$。由于工程上采用的管子长度 H 远大于管子外径 d，所以冷凝管一般水平放置，在其他条件相同时这样可得到较大的凝结表面传热系数。

3. 膜状凝结传热的影响因素及强化

工程上，冷凝器大多数由管束组成，蒸气在管束外凝结时，上排管的凝结液会部分地落到下排管上去，使下排管的凝结液膜增厚，表面传热系数下降；但由于液滴下落时的冲击、扰动，又会使下排管的凝结液膜产生湍动，使表面传热系数回升。实际情况比较复杂，所以管束的平均表面传热系数目前还没有简易准确的计算式，一般用 $n_m d$ 代替 d 后用式（11-27）计算，即水平管束外凝结的平均表面传热系数为

$$h = 0.728\left[\frac{gr\rho_l^2\lambda_l^3}{\eta_l n_m d(t_s-t_w)}\right]^{1/4} \tag{11-28}$$

式中，n_m 为竖直方向上的平均管排数。

一般来说，工程上管束排列方式有三种，即顺排、叉排与辐向排列，如图 11-16 所示。其中，辐向排列时上排管束凝结液膜对下排管影响最小，而顺排时影响最大。

在有些空气调节和制冷系统中，蒸气在管内凝结，这方面的计算可查阅参考文献［21，22］。

还需要指出，在工业条件下，凝结工质中可能混有一些其他饱和温度较低的气体。例如在高真空下运行的电厂冷凝器，周围的空气会渗漏到冷凝器中去，空气在冷凝器的工作温度下是不会凝结的，被称为不凝性气体。又如制冷剂中由于提纯不够，除主要成分外，也可能含有另一种沸点较低的制冷剂，在冷凝器中主要成分凝结成液体，但沸点较低的制冷剂蒸气

$\ominus$　有的文献中该系数为 0.725，起因于 1916 年努塞尔在推导过程中的数值误差。

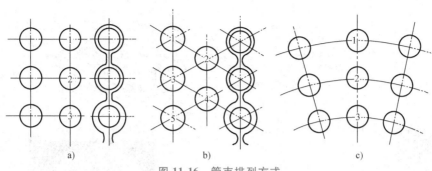

图 11-16　管束排列方式

a）顺排　b）叉排　c）辐向排列

却仍保持气态，相对主要成分而言，它也被称为不凝性气体。当蒸气中含有空气或其他不凝性气体时，在液膜表面附近将会积聚一层不凝性气体，这会大大降低凝结表面传热系数。例如，当水蒸气中即使只含有质量分数为 1% 的空气时，h 值也会下降 50% 之多。因此，在电厂冷凝设备上都装有抽气器，以避免凝结工况恶化。

另外，上面膜状凝结理论解忽略了蒸气流速的影响，故其表面传热系数计算式只适用于蒸气流速较低的情况。事实上，当蒸气流速较高时（对于水蒸气，流速大于 10m/s），蒸气流对液膜表面产生明显的黏滞切应力。若蒸气流动方向与液膜流向相同，则可加速液膜流动，使之变薄而强化凝结传热；反之，则会使液膜变厚而削弱凝结传热。但是如果蒸气流速很大，则不论流向相同还是相反，由于液膜被吹散而脱离壁面，附着在壁面上的凝结液膜就会变薄，凝结传热得到强化。因此，实际应用中须考虑蒸气流速和流动方向的影响。

尽量减薄液膜层厚度是强化膜状凝结的基本原理。如果能拉薄表面液膜或加速液膜排出，则能强化凝结传热；反之，如果使液膜增厚，凝结表面传热系数将降低。工程上，膜状冷凝传热的强化主要通过采用各种几何形状的表面来实现。冷凝液膜在表面张力的驱动下由曲率较大的区域流向曲率较小的区域，如图 11-17 所示。利用冷凝液表面张力作用使肋顶或沟槽脊背的冷凝液膜拉薄，能够非常有效地强化传热。与光滑表面相比较，传热强化远大于传

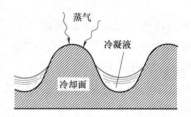

图 11-17　蒸气在非光滑表面冷凝的液膜分布示意图

热面积的增加。典型的管外传热强化有低肋管、锯齿管，管内强化传热有微肋管和微通道扁管，如图 11-18 所示的各种强化凝结传热表面。相关的传热分析和计算可参见文献 [37-39]。

二、沸腾传热

沸腾分为大容器沸腾（加热壁面沉浸在具有自由表面的液体中所发生的沸腾）和管内强制对流沸腾。大容器沸腾是讨论的重点。

1. 大容器饱和沸腾曲线 [⊖]

当液体与壁面温度超过其饱和温度的壁面接触时，随着壁面温度的升高，就会发生沸腾传热。实验表明，大容器内，随着加热面温度 t_w 与相应压力下

授课视频——
对流传热（5）

⊖ 沸腾曲线由日本学者 Nukiyama 首先阐明。2012 年日本传热学会发起的 Nukiyama 纪念奖为国际热科学的重要奖项，我国学者王如竹、杨荣贵和王钻开曾获此奖。

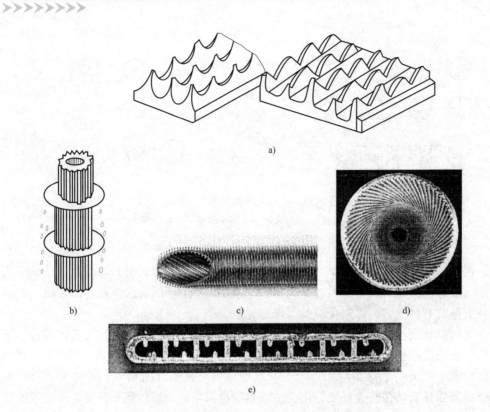

图 11-18　各种强化凝结传热表面

a）锯齿管　b）安装泄液罩的沟槽管　c）低肋管　d）微肋管　e）微通道扁管

的液体饱和温度 t_s 之差 Δt（称为过热度）的增加，会出现四个传热规律全然不同的区域。图 11-19 表示了大气压力下水发生大容器沸腾时，加热面上热流密度随壁面过热度 Δt 变化的情况。

（1）曲线上点 A 之前称为自然对流区　开始时，壁面过热度小，沸腾尚未开始，加热面上不产生汽泡，只有被加热面加热的液体向上浮起，因此，传热服从单相自然对流规律。

（2）曲线 AC 段称为核态沸腾区　从点 A 开始，加热面的某些特定点上（称汽化核心）会出现汽泡。开始时，汽化核心产生的汽泡彼此互不干扰，称孤立汽泡区，即 AB 段。随着壁面过热度的进一步增加，汽泡核心增加，汽泡互相影响，并会合成汽块及汽柱，即 BC 段。在整个 AC 段中，汽泡的扰动剧烈，表面传热系数和热流密度都急剧增大。由于汽化

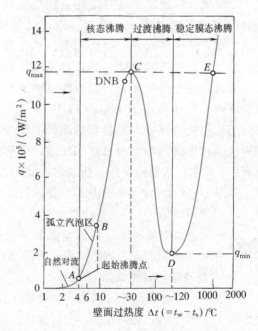

图 11-19　大气压力下饱和水沸腾时的沸腾曲线

核心对传热起着决定性影响，因此该区的沸腾称为核态沸腾（或称泡状沸腾）。

（3）曲线 CD 段称为过渡沸腾区　从峰值点进一步提高 Δt，传热规律出现异常的变化。热流密度不仅不随 Δt 的升高而提高，反而越来越低。这是因为汽泡汇聚覆盖在加热面上，而水蒸气排除过程越趋恶化。这种情况持续到达最低热流密度 q_{min} 为止。这段沸腾称为过渡沸腾，是很不稳定的过程，其 h 值远低于核态沸腾区中的 h 值。

（4）曲线 DE 段称为稳定膜态沸腾区　从 q_{min} 起传热规律再次发生转折。这时加热面上已形成稳定的水蒸气膜层，产生的水蒸气有规则地排离膜层，且热辐射的作用增大，因而 q 随 Δt 增加而增大。此段称为稳定膜态沸腾，由于气膜热阻较大，其 h 值也较核态沸腾区中的低。

工程实际中，上述热流密度的峰值 q_{max} 有重大意义，它被称为临界热流密度，点 C 称为临界点。对于热负荷一定的加热设备，如电加热的热水器、锅炉水冷壁等，必须控制热负荷小于临界热负荷 q_{max} 至核态沸腾的转折点 DNB（偏离核态沸腾）以下，或者在可能出现膜态沸腾的地区要采取特别的措施。否则，一旦热负荷超过峰值，发生膜态沸腾时，由于热负荷仍保持不变，表面传热系数剧烈下降，壁温会迅速升高至 E 点，甚至烧坏设备。所以，点 C 也称为烧毁点。

2. 沸腾传热计算及强化

沸腾换热中热流密度与传热温差之间有着相对复杂的关系，Rohsenow[12] 总结大量大容器核态沸腾换热实验数据，拟合出如下公式：

$$q = C_{wl}^{-1/3} \eta_1 r \left[\frac{g(\rho_1 - \rho_v)}{\sigma} \right]^{1/2} \left[\frac{c_{p,1}\Delta t}{r} \right]^3 Pr_1^{-s/3} \tag{11-29}$$

式中，$c_{p,1}$ 为饱和液体的比定压热容 [J/(kg·K)]；C_{wl} 为取决于加热表面和液体组合的量纲一经验常数，如水和抛光的不锈钢、水和抛光的铜表面取 0.013；r 为汽化 [潜] 热（J/kg）；g 为重力加速度（m/s^2）；Pr_1 为饱和液体的普朗特数；q 为热流密度（W/m^2）；Δt 为壁面过热度（℃）；η_1 为饱和液体的黏度（Pa·s）；ρ_1、ρ_v 为相应于饱和液体与饱和蒸气的密度（kg/m^3）；σ 为液体-气体的表面张力（N/m）；s 为经验指数，对于水 $s=1$，对于其他液体 $s=1.7$。

式中的 C_{wl} 为纯经验参数，取决于固体加热表面和沸腾换热液体的物性参数，因加热表面的材料、表面状况、压力、物性参数等差异取值不同，具体取值可见参考文献 [12]。式中 $\dfrac{c_{p,1}\Delta t}{r}$ 为液体相变时显热与潜热的比值，称 Jakob 数$^{\ominus}$。

沸腾传热是影响因素最多、最复杂的对流传热过程，不同计算式之间的分歧以及与实验数据的差别最为严重。

沸腾传热机理与汽泡动力学相关。强化沸腾传热的基本原理是尽量增加加热面上的汽化核心，产生更多的汽泡，并让汽泡长大尽快脱离加热面。通常可在加热面上进行表面结构改造以达到强化沸腾传热的目的，如图 11-20 所示。

$\ominus$　Max Jakob（1879—1955）为德裔热物理学家，是德国传热界的领袖人物，他在沸腾、凝结、传热学著作的写作以及使传热学成为美国机械工程学科的一门核心课程方面贡献突出。他在晚年指导了 3 名中国学生获得博士学位，其中就包括我国传热学奠基人之一杨世铭。美国机械工程师学会从 1960 年起设立了 Jakob 奖，该奖是国际传热学界最高学术奖之一，我国学者郑平曾获此奖。

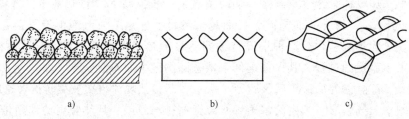

图 11-20 各种强化沸腾传热表面
a）多孔管表面 b）W-TX 管表面 c）日立 E 管表面

本章小结

热对流是对流与导热联合作用的结果。对流传热过程与流体的流动规律密切相关。对流传热的基本公式是牛顿冷却公式，即

$$q = h\Delta t$$

影响对流传热的因素非常复杂，通常将其分为单相（强制对流与自然对流）对流传热与相变（凝结与沸腾）对流传热分别研究。

对流传热研究的主要目的是获得表面传热系数 h，局部表面传热系数与流体温度场的关系为

$$h_x = -\frac{\lambda}{\Delta t}\left(\frac{\partial t}{\partial y}\right)_{y=0}$$

采用实验研究方法，通过引入特征数以及特征数方程式，对于单相对流传热，获得了管槽内部流动、纵掠平板、横掠单管与管束间强制对流的实验关联式，即

$$Nu = f(Re, Pr)$$

以及大空间自然对流传热的实验关联式

$$Nu = f(Gr, Pr)$$

对于相变对流传热，研究了凝结与沸腾传热的基本特点、影响传热的主要因素以及传热基本计算式。

通过本章学习，要求读者：

1）掌握影响对流传热的各种因素与各种对流传热过程的基本特点。

2）掌握边界层概念、准则数及准则方程式的意义和应用。

3）掌握选用合适的准则方程进行强制对流传热和自然对流传热的计算。

4）了解有相变的对流传热的基本特征及主要影响因素。

思考题

11-1 影响对流传热表面传热系数的因素有哪些？

11-2 什么是流动边界层？什么是热边界层？

11-3 摩托车骑手在冬天骑车时特别注意戴上护膝装置保护膝盖，请问为什么？

11-4 对流传热表面传热系数与壁面温度梯度之间关系方程式（11-3）在对流传热的定性和定量分析

中有怎样的意义?

11-5　努塞尔数、雷诺数和普朗特数各有怎样的物理意义?

11-6　什么是特征数方程式? 在使用时应注意什么问题?

11-7　什么是定性温度?

11-8　试说明管槽内对流传热的入口效应并解释其原因。

11-9　横掠单管与横掠管束的对流传热有哪些异同? 管束的叉排和顺排对横掠管束的对流传热有何不同影响?

11-10　什么是大空间自然对流传热? 它有怎样的传热特性?

11-11　2000 年 11 月 11 日, 奥地利滑雪胜地基茨斯泰因霍恩峰隧道发生火灾, 当时两节车厢的列车由一条钢缆牵引, 沿着 45°倾斜角的铁轨行驶, 快到山顶时发生火灾, 造成 155 人死亡, 18 名游客得以逃生。试分析游客从车厢里逃出来之后, 应该选择从隧道下部出口还是上部出口脱险? 能否用传热学知识解释?

11-12　格拉晓夫数的物理意义是什么?

11-13　为什么珠状凝结的表面传热系数比膜状凝结的高?

11-14　不凝性气体对凝结传热有怎样的影响?

11-15　试说明大容器沸腾传热的 q-Δt 曲线中各部分的传热机理。临界热流密度有怎样的工程意义?

11-16　试说明强化沸腾、凝结与单相对流传热的各自基本原理与方法。

11-17　试用传热学知识分析魔术师 "油锅捞铜钱" 的秘密。

11-18　热水为何比冰水冷却快? 姆潘巴现象是以一个名叫艾拉斯托·姆潘巴 (Erasto Mpemba) 的坦桑尼亚学生为名, 他观察到热的冰淇淋混合物比冷的冰淇淋混合物结冰更快。他与坦桑尼亚达累斯萨拉姆大学的一名物理学教授一起, 于 1969 年发表了一篇文章显示, 在相似的容器里, 相同量的沸水和冷水以不同速率结冰, 热水结冰更快。这种效应也可以解决一些实际问题, 如冬天是否应该使用沸水解冻汽车风窗玻璃上的冰霜? 热水管子是否比冷水管更容易冻结? 2012 年, 英国皇家化学学会发布公告悬赏 1000 英镑, 奖励给任何能够解释姆潘巴现象工作原理的个人或团体。有兴趣的同学可以查找相关文献分析这一现象。

 习题

11-1　水以 0.8kg/s 的流量在内径 d=2.5cm 的管内流动, 管子内表面温度为 90℃, 进口处水的温度为 20℃。试求水被加热至 40℃ 时所需的管长。

11-2　160℃ 的机油以 0.3m/s 的速度在内径为 25mm 的管内流动, 管壁温度为 150℃。试求以下两种情况的表面传热系数:

1) 管长为 2m。

2) 管长为 6m。

11-3　一冷凝器内有 1000 根内径为 0.05m、长 10m 的管子, 管子内壁温度为 39℃。初温为 10℃、流量为 6m³/s 的冷却水在管内流动。求平均对流传热表面传热系数和水的温升。

11-4　冷却水在内径 d=20mm、壁温 t_w=40℃、长 l=1.5m 的冷凝器管内流动。冷却水的入口温度 t'_f=17℃, 出口温度 t''_f=23℃, 求冷却水的平均流速及管子的热流密度。

11-5　水以 1.2m/s 的平均流速流过内径为 20mm 的长直管。

1) 管子壁温为 75℃, 水从 20℃ 加热到 70℃。

2) 管子壁温为 15℃, 水从 70℃ 冷却到 20℃。

试计算其他条件不变时, 上述两种情况下的对流传热表面传热系数, 并讨论造成差别的原因。

11-6　为了减小重油的黏度, 以降低泵的功率消耗, 让重油通过一个由 20 块空心平板组成的换热器(见图 11-21)。热水在空心平板内流动 (垂直于图面方向), 从而使平板温度均匀且等于 100℃。重油初温为 20℃，以 1m/s 的速度在平板间流动。试求在重油流动方向上全长 1/3 处的局部表面传热系数及重油出口时的温度。在 $t_m = (t_w + t_f)/2 = (100 + 20)/2℃ = 60℃$ 时，重油物性参数为：$\rho = 850 \text{kg/m}^3$，$\lambda = 0.18 \text{W/}(\text{m} \cdot \text{K})$，$\eta = 8 \times 10^{-3} \text{kg/}(\text{m} \cdot \text{K})$，$c = 1.1 \text{kJ/}(\text{kg} \cdot \text{K})$。

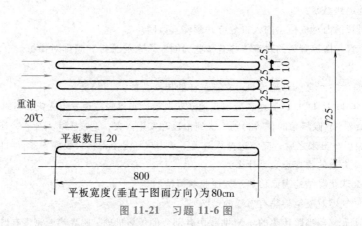

图 11-21　习题 11-6 图

11-7　在 1 个大气压下，温度为 30℃ 的空气以 45m/s 的速度掠过长为 0.6m、壁温为 250℃ 的平板。试计算单位宽度的平板传给空气的总热量、层流边界层区域的传热量和湍流边界层区域的传热量。

11-8　在速度 $u_0 = 5$m/s、温度为 20℃ 的空气流中，沿流动方向平行地放有一块长 $L = 20$cm、温度为 60℃ 的平板。如用垂直流动方向放置的周长为 20cm 的圆柱代替平板，此时的对流传热表面传热系数为平板的几倍（其他条件不变）？

11-9　平板太阳能集热器（见图 11-22）用于加热流过贴附在太阳能吸收板背面的管道。吸收板的表面积为 2m²，其发射率和吸收率均为 0.9。吸收板的表面温度为 35℃，太阳辐射入射到吸收板的功率为 500W/m²。吸收器表面的对流传热表面传热系数为 5W/$(\text{m}^2 \cdot \text{K})$。太阳能集热器吸收的净热量将水进行加热。如果水流速度为 5g/s，水比热容为 4.2kJ/$(\text{kg} \cdot \text{K})$，请确定水的温升。

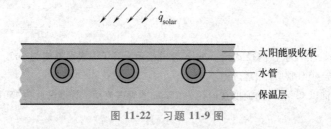

图 11-22　习题 11-9 图

11-10　在锅炉的空气预热器中，空气横向掠过一组叉排管束，$s_1 = 80$mm，$s_2 = 50$mm，外径 $d = 40$mm。空气在最小截面上的流速为 6m/s，流体温度 $t_f = 133℃$，流动方向上的排数大于 20，管壁平均温度为 165℃。试确定空气与管束间的平均表面传热系数。

11-11　油冷却器中的顺排管束由外径为 2cm 的管子组成。水横掠管束，在水流方向上管排数为 10，管束的 $s_1/d = s_2/d = 1.25$。高温油在管内流动。管子外表面温度为 -50℃，冷却水温度为 30℃，管间最窄处的质流密度为 48kg/$(\text{m}^2 \cdot \text{s})$。试求管外的对流传热表面传热系数。

11-12　空气横向掠过一外径 $d = 22$mm、$s_1 = 44$mm、$s_2 = 22$mm、$N = 12$ 排的叉排管束，空气的平均温度 $t_f = 50℃$，$u_{max} = 8$m/s。试求对流传热表面传热系数。

11-13　一外径为 110mm、内径为 100mm 的蒸汽管道，外面保温层的外径为 300mm，已知周围环境温度为 -10℃ 时其自然对流损失 $\Phi_l = 168$W/m。求保温层外表面的温度（误差不大于 1℃）。

11-14　一直径为 25mm、长 1.2m 的竖直圆管，表面温度为 60℃，试比较把它置于下列两种环境中的自然对流散热量：

1）15℃、1.013×10⁵Pa 压力下的空气。

2）15℃、2.026×10⁵Pa 压力下的空气。

11-15　一方形截面的管道输送冷空气穿过一室温为 28℃ 的房间，管道外表面平均温度为 12℃，截面尺寸为 0.3m×0.3m。试计算每米长管道上冷空气通过外表面的自然对流从房间内带走的热量。注意：冷面朝上相当于热面朝下，而冷面朝下则相当于热面朝上。

11-16　在冬季，采暖房间的顶棚表面温度为 13℃，室内空气温度为 25℃，顶棚面积为 4m×5m，求它的自然对流表面传热系数及散热量。

11-17　从大容器饱和水沸腾传热曲线（见图 11-19）可看出，在恒热流加热的情况下，水沸腾时沸腾曲线会从 C 点跃到 E 点，而常使设备烧毁。用水壶烧开水也可近似视为恒热流加热，但为什么不必担心烧干前水壶会烧毁？

11-18　大气压下的饱和水蒸气在宽 30cm、高 1.2m 的竖壁上凝结。若壁温为 70℃，求每小时的传热量及凝结水量。

11-19　一冷凝器的水平管束由直径 d=20mm 的圆管组成，管壁温度 t_w=15℃。压力为 0.045×10⁵Pa 的饱和水蒸气在管外凝结。若管束在竖直方向上共 20 排，叉排布置，求管束的平均对流传热表面传热系数。

11-20　太阳能供暖的建筑物通常在白天将吸收的太阳能储存在岩石、混凝土或水中供夜间使用。为了尽量减少空间，最好使用一种能储存大量热量而温度变化较小的材料。在室温下发生相变的材料，例如芒硝（十水硫酸钠）熔点为 32℃，熔化热为 329kJ/L，非常适合用于储能。试确定下述三种条件下，在 5m³ 的储存空间中可以储存多少热量？

1）芒硝发生相变。

2）花岗岩石比热容为 2.32kJ/(kg·K)，温度变化为 20℃。

3）比热容为 4.00kJ/(kg·K)、温度变化为 20℃ 的水。

第十二章

辐射传热

授课视频——
辐射传热（1）

第一节　热辐射的基本概念

辐射是物体通过电磁波传递能量的现象。按照产生电磁波的不同原因可以得到不同频率的电磁波。高频振荡电路产生的无线电波就是一种电磁波，此外还有红外线、可见光、紫外线、X 射线及 γ 射线等各种电磁波。人们感兴趣的是由于热的原因而产生的电磁波辐射，这种辐射称为**热辐射**。热辐射的电磁波是物体内部微观粒子热运动状态改变时激发出来的。只要温度高于绝对零度，物体总是不断地把热能变为辐射能，向外发出热辐射。同时，物体也不断地吸收周围物体投射到它上面的热辐射，并把吸收的辐射能重新转变成热能。**辐射传热**就是指物体之间相互辐射和吸收的总效果。

电磁波以波长或频率来识别。各种电磁波的波长粗略地表示在图 12-1 上。热射线包括部分紫外线、全部可见光和红外线，其波长主要位于 0.10～100μm 范围内。然而在工业上常遇到的温度范围内，即 2000K 以下，绝大部分能量（>98%）在红外线区段的 0.76～20μm 范围内，因此除了太阳能利用（太阳表面温度约 6000K，红外线仅占全部辐射能的43%）外，一般可将热辐射看作**红外线辐射**，下文中的热辐射即指红外线辐射。

当热辐射的能量投射到物体表面上时，和可见光一样，也会发生吸收、反射和穿透现象。如图 12-2 所示，在外界投射到物体表面上的总能量 Q 中，一部分 Q_α 被物体吸收，另一部分 Q_ρ 被物体反射，其余部分穿透物体。由能量守恒定律得

$$Q = Q_\alpha + Q_\rho + Q_\tau$$

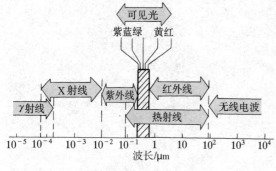

图 12-1　电磁波波谱

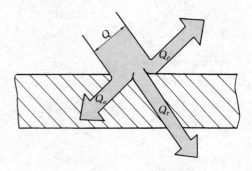

图 12-2　物体对热辐射的
吸收、反射和穿透

或
$$\frac{Q_\alpha}{Q}+\frac{Q_\rho}{Q}+\frac{Q_\tau}{Q}=1$$

其中各能量百分数 Q_α/Q、Q_ρ/Q 和 Q_τ/Q 分别称为该物体的吸收比 α、反射比 ρ 和透射比 τ。于是有

$$\alpha+\rho+\tau=1 \tag{12-1}$$

试验证明，热辐射不能穿透固体和液体，即 $\tau=0$，或 $\alpha+\rho=1$。于是，吸收能力大的固体和液体，其反射能力就小；反之，吸收能力小的固体和液体，其反射能力就大。而气体对热辐射几乎没有反射能力，即 $\rho=0$，或 $\alpha+\tau=1$。显然，吸收性大的气体，其穿透性就差。由此可知，固体和液体的辐射和吸收都是在物体表面上进行的，辐射和吸收特性主要取决于物体表面性质，而气体的辐射和吸收则在整个气体容积中进行。

自然界中所有物体的 α、ρ 和 τ 的数值均在 $0\sim1$ 之间变化，每个量的值又因具体条件不同而不同。为方便起见，总是从理想物体着手，然后再把实际物体与理想物体进行比较。把吸收比 $\alpha=1$ 的物体称为全辐射体（简称黑体）；把反射比 $\rho=1$ 的物体叫作绝对白体（简称白体）；把透射比 $\tau=1$ 的物体叫作绝对透明体（简称透明体）。显然，这些物体都是假定的理想物体。

图 12-3　人工黑体
——小孔

黑体在热辐射分析中有其特殊的重要性。根据定义，黑体的 $\alpha=1$，这意味着黑体能吸收各种波长的辐射能。尽管在自然界中并不存在黑体，但可人工制造出十分接近于黑体的模型。如图 12-3所示的空腔壁上的小孔（小孔面积与腔壁总面积之比很小），当辐射能经小孔进入空腔后经过空腔内壁面多次吸收和反射，最终离开小孔的能量将是微乎其微的，可认为全部被吸收。所以，空腔上的小孔具有黑体的性质。这种黑体模型，在黑体辐射的试验研究方面非常有用。处理实际物体辐射的思路是：先讨论黑体辐射的基本定律，在此基础上，找出实际物体辐射与黑体辐射的偏差，从而确定必要的修正系数。

第二节　热辐射的基本定律

一、斯忒藩-玻耳兹曼定律（四次方定律）

为了从数量上表示物体的辐射能力，需要引入一个称为辐射力 E 的物理量。它是指单位时间内单位面积物体表面向其上半球空间所有方向发射的全部波长的辐射能的总值，它的单位是 W/m^2。它表征了物体发射辐射能的大小。关于黑体辐射力与温度的关系，早在 100 多年前就从实验和理论的角度进行过研究并得出结论，即斯忒藩-玻耳兹曼定律。

$$E_b=\sigma T^4 \tag{12-2}$$

式中，σ 为斯忒藩-玻耳兹曼常量。

它说明黑体的辐射力与热力学温度的四次方成正比，所以又称为四次方定律。本章中凡属黑体的量均用下标"b"表示。为了计算上的方便，通常把式（12-2）改写成

$$E_b=C_0\left(\frac{T}{100}\right)^4 \tag{12-3}$$

式中，C_0 为黑体辐射系数，其值为 $5.67W/(m^2\cdot K^4)$。

黑体能吸收投射到它表面上的所有辐射能，说明在一切物体中黑体的吸收本领最大。那么它是否同时具有最大的发射辐射能的本领呢？由即将学习的基尔霍夫定律可知，与其他实际物体相比，在同样的温度下，黑体的辐射力也是最大的。

实际物体辐射不同于黑体，一切实际物体的辐射力都小于同温度下黑体的辐射力，把物体的辐射力 E 与同温度下黑体的辐射力 E_b 之比值称为该物体的发射率（习惯上称为黑度），用符号 ε 表示，即

$$\varepsilon = \frac{E(T)}{E_b(T)} \tag{12-4}$$

发射率表征物体辐射力接近黑体辐射力的程度。一般物体的发射率数值在 0 ~ 1 之间，具体由实验测定。常用材料的发射率可查附录 A-18 或有关热工手册。物体表面的发射率取决于物质种类、表面状况和表面温度，只与发射辐射的物体本身有关，而与外界条件无关。利用发射率的定义，四次方定律可用于实际物体。

$$E = \varepsilon E_b = \varepsilon \sigma T^4 = \varepsilon C_0 \left(\frac{T}{100}\right)^4 \tag{12-5}$$

授课视频——
辐射传热（2）

二、基尔霍夫定律

为使基尔霍夫定律有实际工程意义，先引入灰体的概念，然后再简要导出基尔霍夫定律。

1. 灰体

在本章第一节中已经指出，物体对投射到表面上的辐射能所吸收的百分数称为该物体的吸收比 α。该 α 是指对投入到物体表面上不同波长辐射能的总吸收比。物体对某一特定波长辐射能的吸收比称为光谱吸收比 α_λ。显然，对于黑体，$\alpha_\lambda = 1$。实验证明，实际物体对不同波长的光谱吸收比都不一样，即 $\alpha_\lambda = f(\lambda) \neq$ 常数，如图 12-4 所示，具有选择性吸收特性。在实际生活和工业中经常利用这种选择性吸收达到一定目的，如焊接工人在作业时戴一副特制眼镜、植物暖房温室效应等。从工程角度研究辐射传热，最关心的是一个表面对投入辐射的各种波长能量吸收的总效果，即总吸收比 α。如果考虑到 α_λ 随 λ 而异，那么一个实际物体的总吸收比 α 不仅与本身性质有关（主要包括物质种类、温度和表面状况），还取决于投入辐射按波长分布的情况。这就意味着，任何一个确定的表面总吸收比要随投入辐射的波长改变而有不同的 α 值。这给辐射传热工程计算带来很大的困难。

回顾引起问题变复杂的原因，全在于光谱吸收比 α_λ 随波长变化这一事实。如果物体的 α_λ 与波长无关，温度一定时等于一个常数，那么不管投入辐射的不同波长能量分布情况如何，物体对它的总吸收比总是一个常数。换言之，物体吸收比 α 只取决于本身的情况，而与投入辐射的情况无关。在热辐射理论中，把光谱吸收比 α_λ 与波长无关，即

$$\alpha_\lambda = \alpha = 常数 \tag{12-6}$$

的物体称为灰体，如图 12-5 所示的水平虚线。

像黑体一样，灰体也是理想物体，就辐射和吸收的规律而论，灰体和黑体完全相似，灰体的 ε 和 α 分别体现了它与黑体在辐射和吸收数量上的差异。

2. 基尔霍夫定律及其工程意义

物体的吸收比 α 和发射率 ε 是关系到物体之间辐射传热中能量收支的两个指标，它们之

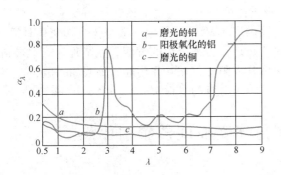

图 12-4　金属导电体在室温下的
光谱吸收比与波长的关系

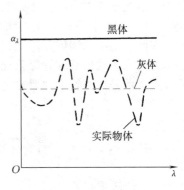

图 12-5　黑体、灰体和实际物
体吸收比的比较示意图

间的关系由基尔霍夫定律来确定。这个定律可以从研究图 12-6 所示的黑体表面 1 与任意实际物体 2 之间的辐射传热导出。因为 1 为黑体表面，其辐射力、吸收比和表面温度分别为 E_b、α_b（$\alpha_b = 1$）和 T_1。2 为任意物体的表面，其辐射力、吸收比和表面温度分别为 E、α、T_2。现在来考察表面 2 的能量收支情况。表面 2 自身单位面积在单位时间内发射出的能量为 E，这份能量投在黑体表面 1 上时全部被吸收。同时表面 1 的辐射热流密度为 E_b，这能量落到表面 2 上时，只被表面 2 吸收了 αE_b，其余部分 $(1-\alpha)E_b$ 被反射回表面 1，并被黑体表面 1 全部吸收。表面 2 支出与收入的差额即两表面间辐射传热的热流密度 q，即

$$q = E - \alpha E_b$$

当系统处于热平衡状态，即 $T_1 = T_2 = T$ 时，$q = 0$，于是上式变为

$$\frac{E}{\alpha} = E_b \qquad (12\text{-}7)$$

式（12-7）为基尔霍夫定律的数学表达式。它可以表述为：在热平衡条件下，任何物体的辐射力与它对来自黑体辐射的吸收比的比值，恒等于同温度下黑体的辐射力。显然，这个比值只与热平衡温度有关，而与物体本身性质无关。

从基尔霍夫定律可以得到如下结论：

1）因为所有实际物体的吸收比总是小于 1，所以在同温度条件下黑体的辐射力最大。

2）将式（12-7）与发射率的定义式（12-4）相对照，则有

$$\varepsilon = \alpha \qquad (12\text{-}8)$$

这是基尔霍夫定律的另一表达形式，可表述为：在与黑体处于热平衡的条件下，任何物体对黑体辐射的吸收比等于同温度下该物体的发射率。

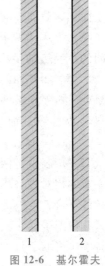

图 12-6　基尔霍夫
定律的说明图

基尔霍夫定律成立的前提是系统处于热平衡状态，既然处于热平衡状态，那辐射传热量就等于零，因而这一定律也就失去了实际意义。工程热辐射传热计算中，投入辐射既非黑体辐射，也不会处于热平衡。然而，对于灰体，根据灰体的定义式可知，灰体的吸收比只取决于本身情况，与投入辐射无关。其次，物体的发射率是物性参数，与环境无关，即不论其所

受到的辐射是否为同温度下的黑体辐射。于是，不论对于基尔霍夫定律得出的两个条件（黑体投入辐射、热平衡）是否满足，灰体的吸收比恒等于同温度下该物体的发射率。试验证明，在红外辐射范围内，即工程常见温度范围内（≤2000K），把一般物体当作灰体处理，不会引起太大的误差。这种简化处理将给辐射传热计算带来很大的方便，在工程计算中得到广泛应用。但是需要特别注意的是，在研究物体与太阳辐射相互作用时，该表面一般不能当作灰体处理，这时候物体对太阳辐射的吸收比不等于自身的发射率。

第三节　平均角系数和黑体表面间的辐射传热

一、角系数的定义

任意两个表面间的辐射传热量与两个表面之间的相对位置有很大关系。两个表面之间相对位置不同时，一个表面发出而落到另一个表面上的辐射能的百分数会相应变化，从而影响到传热量。把表面 1 发出的辐射能落在表面 2 上的百分数称为表面 1 对表面 2 的角系数，记为 $X_{1,2}$。同理，也可定义表面 2 对表面 1 的角系数 $X_{2,1}$。角系数纯系几何因子，它只取决于传热物体的几何特性（形状、尺寸及物体的相对位置），而与表面性质是实际物体或黑体以及表面温度等均无关。定义了角系数的概念之后，就可以计算表面之间的辐射传热了。

二、黑体表面间的辐射传热

任意放置的两个黑体表面，表面积分别为 A_1 和 A_2，分别维持 T_1 和 T_2 的恒温，表面之间的介质对热辐射是透明的。如图 12-7a 所示，每个表面所辐射出的能量都只有一部分能到达另一个表面，其余部分则落在表面以外的空间。由角系数的定义可知，单位时间从表面 1 发出而到达表面 2 的辐射能为 $E_{b1}A_1X_{1,2}$，而单位时间从表面 2 发出到达表面 1 的辐射能为 $E_{b2}A_2X_{2,1}$。因为两个表面都是黑体，所以落到其上的能量分别被全部吸收，于是两个表面之间的净换热量 $\Phi_{1,2}$ 为

$$\Phi_{1,2} = E_{b1}A_1X_{1,2} - E_{b2}A_2X_{2,1}$$

如果处于热平衡条件下，即 $T_1 = T_2$ 时，净换热量 $\Phi_{1,2} = 0$，而 $E_{b1} = E_{b2}$，由上式可得

$$A_1X_{1,2} = A_2X_{2,1} \qquad (12\text{-}9)$$

式（12-9）表示了两个表面在辐射传热时角系数的相对性。尽管这个关系是在热平衡条件下（$T_1 = T_2$）得出的，但因角系数纯系几何因子，它只取决于传热物体的几何特性（形状、尺寸及物体的相对位置），而与表面性质是实际物体或黑体以及表面温度等均无关，所以对非黑体及不处于热平衡条件下的情况，式（12-9）同样适用。

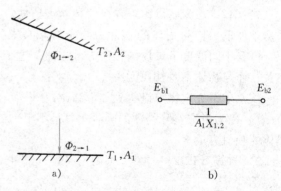

图 12-7　两黑体表面的辐射传热及空间热阻网络图

于是两个黑体表面间辐射传热的计算式为

$$\Phi_{1,2} = A_1X_{1,2}(E_{b1} - E_{b2}) = A_2X_{2,1}(E_{b1} - E_{b2}) = \frac{E_{b1} - E_{b2}}{\dfrac{1}{A_1X_{1,2}}} = \frac{C_0\left[\left(\dfrac{T_1}{100}\right)^4 - \left(\dfrac{T_2}{100}\right)^4\right]}{\dfrac{1}{A_1X_{1,2}}} \qquad (12\text{-}10)$$

式（12-10）与直流电路的欧姆定律类似，分母 $1/(A_1X_{1,2})$［或 $1/(A_2X_{2,1})$］类似电阻，完全取决于几何条件，称为空间辐射热阻。将式（12-10）表示的辐射传热过程绘成热阻网络图，如图 12-7b 所示，称为空间热阻网络单元，是辐射网络的两个基本单元之一。

从上看出，黑体辐射传热量计算式的形式很简单，这是由于计算式将许多复杂因素纳入角系数中的缘故。显然，求辐射传热量的难点是求角系数。下面将介绍角系数的特性及如何确定角系数。

三、角系数的特性

角系数的特性如下：

1. 角系数的相对性

由上述可知，对于辐射传热的两个物体，有

$$A_1X_{1,2}=A_2X_{2,1}$$

这样，如果知道其中一个角系数，由上式可以很方便地求得另一个相对的角系数。

如上所述，角系数纯系几何因子，不仅式（12-9）适用于非黑体，以下各特性也都可用于非黑体。

2. 角系数的完整性

对于由 n 个表面组成的封闭系统，根据能量守恒定律，任一表面发射的辐射能必全部落到组成封闭系统的 n 个表面（包括该表面）上。因此，任一表面 i 对各表面的角系数之间存在着下列关系，即

$$X_{i,1} + X_{i,2} + \cdots + X_{i,j} + \cdots + X_{i,n} = \sum_{j=1}^{n} X_{i,j} = 1 \tag{12-11}$$

这就是角系数的完整性。

3. 角系数的分解性

根据能量守恒定律，由图 12-8 可知，A_1 投射到表面 A_{2+3}（$A_{2+3}=A_2+A_3$）的能量等于 A_1 投射到 A_{2+3} 各部分能量的总和。由此

$$\Phi_{1\to(2+3)} = \Phi_{1\to2} + \Phi_{1\to3}$$

两边同除以 Φ_1（A_1 发出的辐射能），则得

$$X_{1,(2+3)} = X_{1,2} + X_{1,3} \tag{12-12}$$

若利用角系数的相对性，则有

$$A_{2+3}X_{(2+3),1} = A_2X_{2,1} + A_3X_{3,1} \tag{12-13}$$

式（12-12）和式（12-13）就是角系数的分解性。

四、角系数的确定

一些情况下的角系数可以通过数学分析法或实验法获得，在有关工程技术手册中可以查到。此外，利用上述角系数的特性，通过代数运算可以确定一些简单情况的角系数。

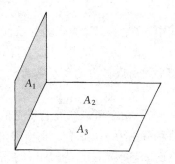

图 12-8　角系数的分解性

1）两块很接近的大平行平板，如图 12-9 所示，每一个表面的辐射能可认为全部落到另一表面，从而有

$$X_{1,2} = X_{2,1} = 1 \tag{12-14}$$

2）一非凹形表面被另一表面所包围，如图 12-10 所示。因表面 1 发出的辐射能全部投到表面 2 上，则 $X_{1,2}=1$。根据角系数的相对性，可得

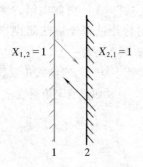

图 12-9　平行平板辐射传热

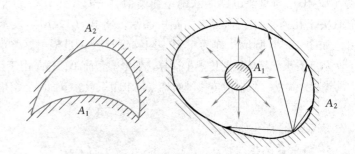

图 12-10　一表面被另一表面所包围的辐射传热

$$X_{2,1} = \frac{A_1}{A_2} \quad\quad (12\text{-}15)$$

3）由三个非凹形表面组成的系统在垂直于纸面的方向上足够长（见图 12-11），因而从系统的两端开口逸出的辐射能可略去不计（近似封闭系统）。设 3 个表面的面积为 A_1、A_2 和 A_3，由角系数的完整性和相对性可以写出

$$X_{1,2} + X_{1,3} = 1 \quad\quad (a)$$

$$X_{2,1} + X_{2,3} = 1 \quad\quad (b)$$

$$X_{3,1} + X_{3,2} = 1 \quad\quad (c)$$

$$A_1 X_{1,2} = A_2 X_{2,1} \quad\quad (d)$$

$$A_1 X_{1,3} = A_3 X_{3,1} \quad\quad (e)$$

$$A_2 X_{2,3} = A_3 X_{3,2} \quad\quad (f)$$

这是一个六元一次方程组，有 6 个未知数，可以全部解出。例如

$$X_{1,2} = \frac{A_1 + A_2 - A_3}{2A_1} = \frac{l_1 + l_2 - l_3}{2l_1} \quad\quad (12\text{-}16)$$

式中，l_1、l_2、l_3 为表面与纸面交线的长度。类似地可求得 $X_{1,3}$ 和 $X_{2,3}$。其他角系数由式（d）、式（e）和式（f）求得。由于表面都是非凹的，各表面发出的辐射能不会落到自身表面上，所以自身的角系数为

$$X_{1,1} = X_{2,2} = X_{3,3} = 0$$

4）两个可以相互看得见的非凹形表面，在垂直于纸面的方向上无限长（见图 12-12），面积分别为 A_1 和 A_2，现确定角系数 $X_{1,2}$。虽然该辐射系统不是封闭的，但可以作无限长假想面 ac 和 bd 使系统封闭。于是有

$$X_{1,2} = X_{ab,cd} = 1 - X_{ab,ac} - X_{ab,bd} \quad\quad (a)$$

作假想面 bc 和 ad，则表面 ab 和假想面 ac、bc 组成封闭系统，表面 ab 和假想面 ad、bd 组成另一个封闭系统。于是，利用式（12-16）可得到

$$X_{ab,ac} = \frac{l_{ab} + l_{ac} - l_{bc}}{2l_{ab}} \quad\quad (b)$$

$$X_{ab,bd} = \frac{l_{ab} + l_{bd} - l_{ad}}{2l_{ab}} \quad\quad (c)$$

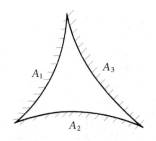

图 12-11 三个非凹表面组成
的封闭辐射系统

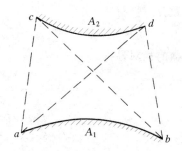

图 12-12 两个非凹表面
组成的辐射系统

将式（b）、式（c）代入式（a），得

$$X_{1,2} = X_{ab,cd} = \frac{(l_{ad} + l_{bc}) - (l_{ac} + l_{bd})}{2l_{ab}} \tag{12-17a}$$

由图 12-12 可知，ad 和 bc 为交叉线，ac 和 bd 为不交叉线，所以式（12-17a）又可写成

$$X_{1,2} = \frac{交叉线之和 - 不交叉线之和}{2 \times 表面 A_1 的断面长度} \tag{12-17b}$$

5）工程上为了计算方便起见，将常见几何形状物体在某些相对位置时的角系数绘制成
线算图，如图 12-13~图 12-15 所示。其他情况下角系数的线算图可从有关手册中查得。

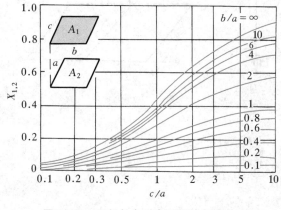

图 12-13 平行长方形表面间的角系数

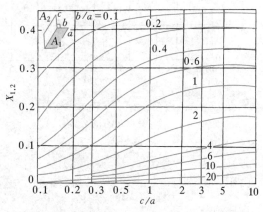

图 12-14 具有公共边且相互垂直的
两长方形表面间的角系数

例 12-1 试求如图 12-16 中的角系数 $X_{1,2}$。

解 查图 12-14 得到

$$X_{4,1} = X_{2,3} = 0.18$$

$$X_{(2+4),(1+3)} = 0.22$$

又

$$A_1 = A_2 = A_3 = A_4 = 3\text{m}^2$$

$$A_{1+3} = A_{2+4} = 6\text{m}^2$$

由角系数分解性得

$$X_{(2+4),(1+3)} = X_{(2+4),1} + X_{(2+4),3} = 0.22 \qquad (a)$$

由角系数的相对性得

$$X_{(2+4),1} = \frac{X_{1,(2+4)} A_1}{A_{2+4}} = \frac{(X_{1,2} + X_{1,4}) A_1}{A_{2+4}} \qquad (b)$$

以及

$$X_{(2+4),3} = \frac{X_{3,(2+4)} A_3}{A_{2+4}} = \frac{(X_{3,2} + X_{3,4}) A_3}{A_{2+4}} \qquad (c)$$

将式（b）和式（c）代入式（a），注意到 $X_{3,4} = X_{1,2}$，得到

$$2A_1 \frac{X_{1,2} + X_{1,4}}{A_{2+4}} = 0.22$$

代入 A_1 和 A_{2+4} 的值后，得

$$X_{1,2} + X_{1,4} = 0.22$$

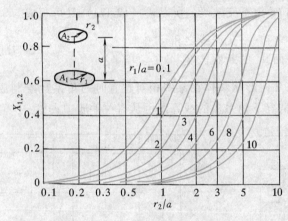

图 12-15　两个同轴平行圆
表面间的角系数

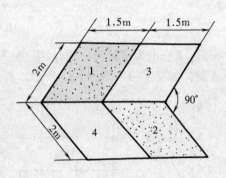

图 12-16　角系数的求解

由于

$$X_{1,4} = X_{4,1} \frac{A_4}{A_1} = 0.18$$

最后求得

$$X_{1,2} = 0.22 - X_{1,4} = 0.22 - 0.18 = 0.04$$

授课视频——
辐射传热（3）

第四节　灰体表面间的辐射传热

　　由于灰体的吸收比小于 1，因而引起辐射能的多次吸收和反射现象。如图 12-17 所示，从板 1 单位表面本身所发出的辐射能 E_1 到达板 2 被吸收了 $\alpha_2 E_1$ 后返回到板 1，板 1 吸收一部分辐射能后又反射到板 2，如此反复进行。同样，板 2 发出的辐射能也要经历无穷多次吸收、反射的过程才能被完全吸收。为了计算方便，需引

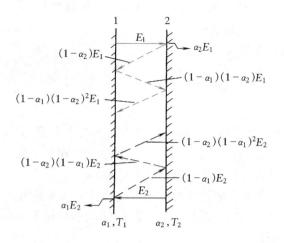

图 12-17　两灰体表面间辐射传热的特点

入"有效辐射"的概念。

一、有效辐射

把单位时间内离开单位表面积的总辐射能称为该表面的有效辐射，记为 J；而把单位时间内投射到单位表面积上的总能量称为该表面的投入辐射，记为 G。如图 12-18 所示，表面 1 的有效辐射为

$$J_1 = E_1 + \rho_1 G_1 = \varepsilon_1 E_{b1} + (1 - \alpha_1) G_1 \qquad (\text{a})$$

表面 1 以辐射方式丧失的净传热量 q_1 应为离开表面的有效辐射能 J_1 和投射于该表面的辐射能 G_1 之差，即

$$q_1 = J_1 - G_1 \qquad (\text{b})$$

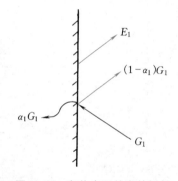

图 12-18　灰体表面的有效辐射

由式（a）和式（b），消去 G_1，设表面 1 为灰体，$\alpha_1 = \varepsilon_1$，则

$$q_1 = \frac{E_{b1} - J_1}{\dfrac{1 - \varepsilon_1}{\varepsilon_1}} \qquad (12\text{-}18\text{a})$$

或

$$\Phi_1 = \frac{E_{b1} - J_1}{\dfrac{1 - \varepsilon_1}{\varepsilon_1 A_1}} \qquad (12\text{-}18\text{b})$$

式中，$(1 - \varepsilon_1)/(\varepsilon_1 A_1)$ 称为表面辐射热阻，它是因表面不是黑体而产生的热阻，即取决于表面因素。可以看出，表面黑度越大，则表面辐射热阻越小。对于黑体来说，表面辐射热阻为零，此时 J_1 就是 E_{b1}，与式（a）一致。将式（12-18b）表示的辐射传热过程绘成热阻网络图，如图 12-19 所示，称为表面热阻网络单元，是辐射网络的另一个基本单元。值得指出的是，热阻网络一端的电位是黑体的辐射力 E_{b1}，而不是灰体的辐射力 E_1，另一端则是灰体的有效辐射 J_1。当 $E_{b1} > J_1$ 时，q_1 为正值，表示在辐射传热过程中，表面 1 的净效果是失去

热量；反之，q_1 为负值，表明表面 1 获得净热量。负号的含义恰恰与热力学中的习惯相反，必须特别注意。

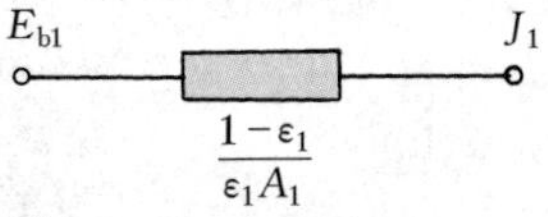

两个灰体间的辐射传热量为

$$\Phi_{1,2} = \Phi_{1\to2} - \Phi_{2\to1} = J_1 A_1 X_{1,2} - J_2 A_2 X_{2,1} = \frac{J_1 - J_2}{\dfrac{1}{A_1 X_{1,2}}} \qquad (12\text{-}19)$$

图 12-19　表面热阻网络图

式中，$1/(A_1 X_{1,2})$ 即是前面所述的空间辐射热阻。当两个表面都是黑体时，则 $J_1 = E_{b1}$，$J_2 = E_{b2}$，式（12-19）与式（12-10）一致。

二、两个灰体表面组成的封闭系统的辐射传热

图 12-20 所示为两个灰体表面组成的封闭系统及其由基本热阻组成的辐射传热网络图。图中 $(1-\varepsilon_1)/(\varepsilon_1 A_1)$、$(1-\varepsilon_2)/(\varepsilon_2 A_2)$ 分别表示 1、2 的表面辐射热阻，$1/(A_1 X_{1,2})$ 为表面辐射传热的空间辐射热阻。

根据图 12-20 中的辐射传热网络图，并应用 $\Phi_1 = -\Phi_2$，两灰体表面间的辐射传热量可表示为

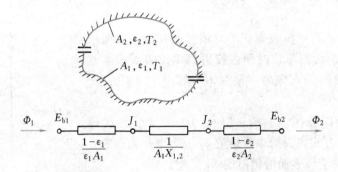

图 12-20　两灰体表面组成的封闭系统

$$\Phi_{1,2} = \Phi_1 = -\Phi_2 = \frac{E_{b1} - E_{b2}}{\dfrac{1-\varepsilon_1}{\varepsilon_1 A_1} + \dfrac{1}{A_1 X_{1,2}} + \dfrac{1-\varepsilon_2}{\varepsilon_2 A_2}} = \frac{5.67\left[\left(\dfrac{T_1}{100}\right)^4 - \left(\dfrac{T_2}{100}\right)^4\right]}{\dfrac{1-\varepsilon_1}{\varepsilon_1 A_1} + \dfrac{1}{A_1 X_{1,2}} + \dfrac{1-\varepsilon_2}{\varepsilon_2 A_2}} \qquad (12\text{-}20)$$

应该指出，在下列特殊情况下，式（12-20）还可以进一步简化。

1）当两表面为黑体时，$\varepsilon_1 = \varepsilon_2 = 1$，可得

$$\Phi_{1,2} = \frac{E_{b1} - E_{b2}}{\dfrac{1}{A_1 X_{1,2}}} = \frac{5.67\left[\left(\dfrac{T_1}{100}\right)^4 - \left(\dfrac{T_2}{100}\right)^4\right]}{\dfrac{1}{A_1 X_{1,2}}} \qquad (12\text{-}21)$$

式（12-21）与式（12-10）完全相同，亦即黑体可以看作是灰体在发射率为 1 情况下的特例。

2）表面积 A_1 和 A_2 相差很小（即 $A_1/A_2 \to 1$）的辐射传热系统是个重要的特例。实用上有意义的无限大平板间的辐射传热就属于此种特例（见图 12-9）。这时，辐射传热量 $\Phi_{1,2}$ 的计算式为

$$\Phi_{1,2} = \frac{5.67\left[\left(\dfrac{T_1}{100}\right)^4 - \left(\dfrac{T_2}{100}\right)^4\right]A_1}{\dfrac{1}{\varepsilon_1} + \dfrac{1}{\varepsilon_2} - 1} \tag{12-22}$$

3）当表面 1 为非凹表面并被表面 2 所包围时，如图 12-10 所示，因为 $X_{1,2} = 1$，可得

$$\Phi_{1,2} = \frac{5.67A_1\left[\left(\dfrac{T_1}{100}\right)^4 - \left(\dfrac{T_2}{100}\right)^4\right]}{\dfrac{1}{\varepsilon_1} + \dfrac{A_1}{A_2}\left(\dfrac{1}{\varepsilon_2} - 1\right)} \tag{12-23}$$

4）当表面 1 为非凹表面并被表面 2 所包围，并且 $A_1 \ll A_2$ 时，$A_1/A_2 \approx 0$，$X_{1,2} = 1$，式（12-23）简化为

$$\Phi_{1,2} = \varepsilon_1 A_1 \times 5.67\left[\left(\frac{T_1}{100}\right)^4 - \left(\frac{T_2}{100}\right)^4\right] \tag{12-24}$$

大空间内的小物体的辐射传热（如管道与环境间的辐射传热等），以及气体体积内（或者管道内）热电偶测温时的辐射误差等实际问题的计算都属于这种情况。

例 12-2　薄壁真空球形空腔 A_2 包围着另一球体表面 A_1，组成了封闭空间。已知两表面的发射率 $\varepsilon_1 = \varepsilon_2 = 0.8$，直径 $d_1 = 0.125\text{m}$，$d_2 = 0.5\text{m}$，A_1 的温度 $t_1 = 427\text{℃}$，A_2 外侧空气温度 $t_f = 37\text{℃}$。A_2 外侧对流传热量设为同侧的辐射传热量的 5 倍。试计算 A_1 和 A_2 之间的辐射传热量 $\Phi_{1,2}$。

解　A_2 外侧的环境构成一个大空腔 A_3，设 A_3 的温度等于空气温度 t_f，因为 $A_2/A_3 \to 0$，故辐射传热量 $\Phi_{2,3}$ 应该按式（12-24）计算，即

$$\Phi_{2,3} = A_2 \varepsilon_2 \times 5.67\left[\left(\frac{T_2}{100}\right)^4 - \left(\frac{T_f}{100}\right)^4\right]$$

A_2 与外侧空气的对流传热量为

$$\Phi_2 = 5A_2 \varepsilon_2 \times 5.67\left[\left(\frac{T_2}{100}\right)^4 - \left(\frac{T_f}{100}\right)^4\right]$$

因此，A_2 的总散热量为

$$\Phi_{2,3} + \Phi_2 = 6A_2 \varepsilon_2 \times 5.67\left[\left(\frac{T_2}{100}\right)^4 - \left(\frac{T_f}{100}\right)^4\right]$$

而 A_2 得到的热量，即辐射传热量 $\Phi_{1,2}$，按式（12-20）计算，即

$$\Phi_{1,2} = \frac{5.67\left[\left(\dfrac{T_1}{100}\right)^4 - \left(\dfrac{T_2}{100}\right)^4\right]}{\dfrac{1-\varepsilon_1}{\varepsilon_1 A_1} + \dfrac{1}{A_1 X_{1,2}} + \dfrac{1-\varepsilon_2}{\varepsilon_2 A_2}} = \frac{A_1 \times 5.67\left[\left(\dfrac{T_1}{100}\right)^4 - \left(\dfrac{T_2}{100}\right)^4\right]}{\dfrac{1}{\varepsilon_1} + \left(\dfrac{1}{\varepsilon_2} - 1\right)\dfrac{A_1}{A_2}}$$

列出 A_2 的热平衡方程式为

$$\Phi_{1,2} = \Phi_{2,3} + \Phi_2$$

或

$$\Phi_{1,2} = \frac{A_1 \times 5.67 \left[\left(\frac{T_1}{100} \right)^4 - \left(\frac{T_2}{100} \right)^4 \right]}{\frac{1}{\varepsilon_1} + \left(\frac{1}{\varepsilon_2} - 1 \right) \frac{A_1}{A_2}}$$

$$= 6 A_2 \varepsilon_2 \times 5.67 \left[\left(\frac{T_2}{100} \right)^4 - \left(\frac{T_f}{100} \right)^4 \right]$$

代入相应的数值

$$\Phi_{1,2} = \frac{4\pi \times 0.0625^2 \times 5.67 \left[\left(\frac{427+273}{100} \right)^4 - \left(\frac{T_2}{100} \right)^4 \right]}{\frac{1}{0.8} + \left(\frac{1}{0.8} - 1 \right) \times \frac{4\pi \times 0.0625^2}{4\pi \times 0.25^2}} \text{W}$$

$$= 6 \times 4\pi \times 0.25^2 \times 0.8 \times 5.67 \left[\left(\frac{T_2}{100} \right)^4 - \left(\frac{37+273}{100} \right)^4 \right] \text{W}$$

授课视频——
辐射传热（4）

由上解得

$$T_2 = 328 \text{K}$$

再代回上式，便得

$$\Phi_{1,2} = 502 \text{W}$$

*三、多个灰体表面组成系统时的辐射传热

三个或三个以上灰体表面组成封闭系统的传热，用网络法求解时要先画出辐射网络图，然后类比电学中的基尔霍夫定律（稳态时，流入某节点的热流量之和等于零）写出节点方程，得到一组线性方程组，手算或用计算机求解。现以三个灰体表面组成的封闭系统辐射传热为例予以说明。

例 12-3　有两个直径为 2m 的平行圆板，间距为 1m，温度分别为 $t_1 = 500℃$、$t_2 = 200℃$，发射率分别为 $\varepsilon_1 = 0.3$、$\varepsilon_2 = 0.6$。假定平行圆板的背面不参与传热。若把它们置于壁面 $t_3 = 20℃$ 的大房间里，试求每个圆板的辐射传热量。

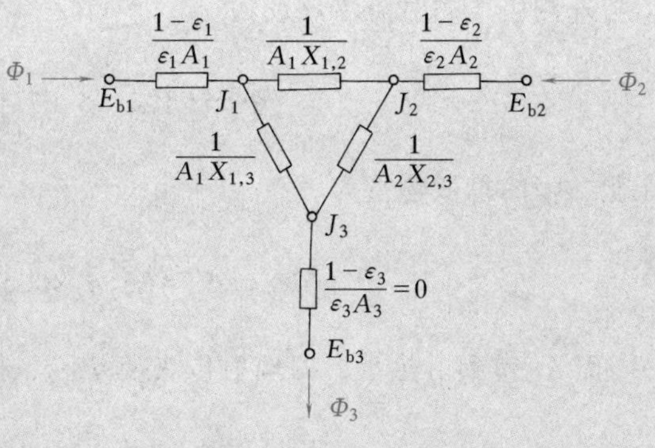

解　本题中的大房间表面积 A_3 很大，因而其表面热阻 $(1-\varepsilon_3)/(\varepsilon_3 A_3)$ 可取为零。这样一来 $J_3 = E_{b3}$ 成为已知量，简化了计算。作辐射网络图如图 12-21 所示。

对照图 12-15，得

图 12-21　例 12-3 图

$$\frac{r_1}{a} = \frac{r_2}{a} = \frac{1}{1} = 1$$

查图 12-15 得

$$X_{1,2} = X_{2,1} = 0.38$$

而

$$X_{2,3} = X_{1,3} = 1 - X_{1,2} = 1 - 0.38 = 0.62$$

由图 12-21 写出节点方程：

对节点 J_1

$$\frac{E_{b1} - J_1}{\dfrac{1-\varepsilon_1}{\varepsilon_1 A_1}} + \frac{J_2 - J_1}{\dfrac{1}{A_1 X_{1,2}}} + \frac{J_3 - J_1}{\dfrac{1}{A_1 X_{1,3}}} = 0$$

对节点 J_2

$$\frac{E_{b2} - J_2}{\dfrac{1-\varepsilon_2}{\varepsilon_2 A_2}} + \frac{J_1 - J_2}{\dfrac{1}{A_1 X_{1,2}}} + \frac{J_3 - J_2}{\dfrac{1}{A_2 X_{2,3}}} = 0$$

由已知条件，求黑体辐射力，得

$$E_{b1} = 5.67 \times \left(\frac{500 + 273}{100}\right)^4 \text{W/m}^2 = 20244 \text{W/m}^2$$

$$E_{b2} = 5.67 \times \left(\frac{200 + 273}{100}\right)^4 \text{W/m}^2 = 2838 \text{W/m}^2$$

$$E_{b3} = 5.67 \times \left(\frac{20 + 273}{100}\right)^4 \text{W/m}^2 = 417.9 \text{W/m}^2$$

又

$$A_1 = A_2 = \frac{\pi}{4} d_2^2 = \frac{\pi}{4} \times 2^2 \text{m}^2 = \pi \text{m}^2$$

把以上数据代入节点方程式得

$$\frac{20244 - J_1}{\dfrac{1-0.3}{0.3\pi}} + \frac{J_2 - J_1}{\dfrac{1}{\pi \times 0.38}} + \frac{417.9 - J_1}{\dfrac{1}{\pi \times 0.62}} = 0$$

$$\frac{2838 - J_2}{\dfrac{1-0.6}{0.6\pi}} + \frac{J_1 - J_2}{\dfrac{1}{\pi \times 0.38}} + \frac{417.9 - J_2}{\dfrac{1}{\pi \times 0.62}} = 0$$

解得

$$J_1 = 7018.8 \text{W/m}^2, \quad J_2 = 2873.3 \text{W/m}^2$$

板 1 失去的热流量为

$$\Phi_1 = \frac{E_{b1} - J_1}{\dfrac{1-\varepsilon_1}{\varepsilon_1 A_1}} = \frac{20244 - 7018.8}{\dfrac{1-0.3}{0.3\pi}} \text{W} = 17806 \text{W}$$

板 2 失去的热流量为

$$\Phi_2 = \frac{E_{b2} - J_2}{\dfrac{1-\varepsilon_2}{\varepsilon_2 A_2}} = \frac{2838 - 2873.3}{\dfrac{1-0.6}{0.6\pi}} \text{W} = -166.3 \text{W}$$

讨论：

1）Φ_2 为负值，表示板 2 得到热流量。

>>>>>>>>

2）由能量守恒定律知，房间壁面得到的热流量为

$$\Phi_3 = \Phi_1 + \Phi_2 = (17806 - 166.3)\,\mathrm{W} = 17640\,\mathrm{W}$$

Φ_3 也可以从辐射网络中得到，有

$$\Phi_3 = \frac{J_1 - J_3}{\dfrac{1}{A_1 X_{1,3}}} + \frac{J_2 - J_3}{\dfrac{1}{A_2 X_{2,3}}}$$

3）板 1 和板 2 间的直接辐射传热量为

$$\Phi_{1,2} = \frac{J_1 - J_2}{\dfrac{1}{A_1 X_{1,2}}} = \frac{7018.8 - 2873.3}{\dfrac{1}{\pi \times 0.38}}\,\mathrm{W} = 4949\,\mathrm{W}$$

而按式（12-20）计算，$\Phi_{1,2} = 9705\,\mathrm{W}$。这个数据显然是错误的，因为按式（12-20）计算的是两个物体组成封闭系统的辐射传热量，而本题中物体 1、2 并不组成封闭系统。

四、遮热板

工程上有时需要削弱辐射传热或隔绝辐射的影响，如果辐射表面的尺度、温度和黑度无法改变，这时可在辐射表面之间放置发射率很小的薄板来达到目的。这种薄板起着遮盖辐射热的作用，称为遮热板。

未加遮热板时，两个物体间的辐射热阻为两个表面辐射热阻和一个空间辐射热阻。加了遮热板后，将增加两个表面辐射热阻和一个空间辐射热阻，因此总的辐射传热热阻增加，物体间的辐射热量减少，这就是遮热板的工作原理。现以在两个大平行平板之间插入遮热板为例，说明遮热板对辐射传热的影响。大平行平板间插入薄金属板（本身导热热阻可忽略）前后的辐射网络如图 12-22 所示。

无遮热板时，$X_{1,2} = 1$，有

$$\Phi_{1,2} = \frac{5.67\left[\left(\dfrac{T_1}{100}\right)^4 - \left(\dfrac{T_2}{100}\right)^4\right]A}{\dfrac{1}{\varepsilon_1} + \dfrac{1}{\varepsilon_2} - 1}$$

加一层遮热板时，设遮热板两侧表面的发射率为 ε_{31} 和 ε_{32}，则

$$\Phi_{1,3,2} = \Phi_{1,3} = \Phi_{3,2} = \frac{5.67\left[\left(\dfrac{T_1}{100}\right)^4 - \left(\dfrac{T_2}{100}\right)^4\right]A}{\dfrac{1}{\varepsilon_1} + \dfrac{1}{\varepsilon_{31}} - 1 + \dfrac{1}{\varepsilon_{32}} + \dfrac{1}{\varepsilon_2} - 1} \tag{12-25}$$

显然 $\Phi_{1,3,2} < \Phi_{1,2}$。如 $\varepsilon_1 = \varepsilon_{31} = \varepsilon_{32} = \varepsilon_2$，则 $\Phi_{1,3,2} = \Phi_{1,2}/2$。用同样的方法可以得出，在两块大平行平板间插入 n 块发射率相同的遮热板（薄金属板）时的辐射传热量，为无遮热板时的辐射传热量的 $1/(n+1)$。

由式（12-25）可知，要提高遮热板的遮热效果，可以采用低表面黑度的遮热板。

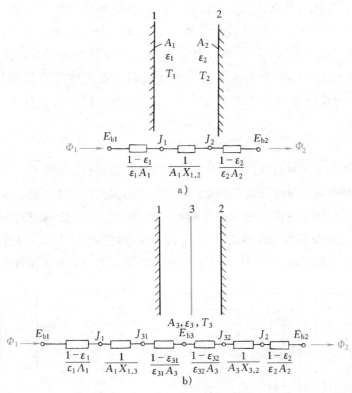

图 12-22　两块大平板间有无遮热板时的辐射传热

a）无遮热板　b）有遮热板

工程上，遮热的原理已得到广泛应用。例如，为了减少容器或管道内测量气体温度用的热电偶与周围环境间的辐射传热，可采用遮热罩式热电偶。又如，隔热材料通过采用多层铝箔作为遮热板，并使之处于真空状态，能减少导热和对流引起的传热，其表观热导率可低达 $10^{-5} \sim 10^{-4} \mathrm{W}/(\mathrm{m} \cdot \mathrm{K})$ 的数量级。

第五节　气体辐射简介

前面讨论的物体表面间的辐射传热，都是假设表面间存在的气体是热辐射的透明体，即不参与辐射与吸收。在工业上常见的温度范围内，单原子气体以及分子结构对称的双原子气体，如氢气、氧气、氮气等，其辐射和吸收能力确实微弱，可近似认为是热辐射透明体，但是二氧化碳、水蒸气、甲烷、一氧化碳等三原子、多原子以及结构不对称的双原子气体却具有相当大的辐射和吸收本领。当这类气体出现在传热场合中，就要涉及气体和固体间的辐射传热计算，不能再当作热透明体。气体的辐射和吸收特性与固体、液体有很大不同，所以必须单独进行研究，本书只简要介绍气体辐射的基本特点。

与固体、液体相比，气体辐射特性具有以下两个重要特点。

一、气体辐射对波长具有强烈的选择性

气体只能辐射和吸收某些波长范围内的能量，通常把这种有辐射能力的波长区段称为光带。在光带以外，气体既不辐射，也不吸收，呈现热透明体的性质。例如，臭氧对于波长小于 $0.3\,\mu m$ 的紫外线，几乎能够全部吸收。因此，大气层中的臭氧层能保护人类免受紫外线的伤害。如图 12-23 所示，二氧化碳以及水蒸气的光带虽然呈现出分段特性，但这些光带均位于红外线的波长范围内，地球表面的温室效应主要就是由二氧化碳与水蒸气等的这种选择性辐射与吸收特性引起的。因为气体的选择性吸收，所以，不能把气体当作灰体。

二、气体的辐射与吸收是在整个容积中进行的

固体和液体不能穿透热射线，所以其辐射与吸收都只是在表面进行。气体则不同，由于其密度很小，对热射线具有很强的穿透力，辐射能投射到气体界面上时，能穿过界面进入气体内部，并在透过气体层内部的过程中不断地被气体吸收，射线不断减弱。如图 12-24 所示，波长为 λ 的光谱投射到气体界面 $x = 0$ 处的光谱辐射强度为 $L_{\lambda,0}$，通过一段距离 x 后该辐射强度变为 $L_{\lambda,x}$。而通过微元气体层后，光谱辐射强度 $L_{\lambda,x}$ 的减小量则为 $\mathrm{d}L_{\lambda,x}$。

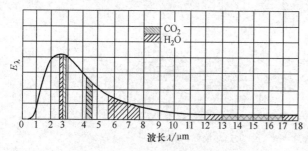

图 12-23　CO_2 和 H_2O 主要光带示意图

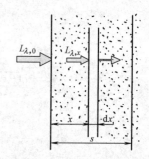

图 12-24　光谱辐射穿过气体层时的减弱示意图

对外辐射时，固体和液体内部发出的辐射能在很短的距离内就被自身吸收，所以它们对外辐射只是表面层辐射的结果，而气体内部的辐射却有一部分可以达到界面，从气体表面对外辐射的能量是整个气体层辐射的总效果。这都说明，气体的辐射和吸收是在整个容积中进行的，其发射率和吸收比不仅与气体种类、温度等因素相关，还与容积的形状和尺寸大小有关。

关于气体辐射的相关详细计算，本书不做介绍，有兴趣的读者可以参考相关著作。

随着地球温室效应加剧，世界各国相继制定了碳达峰和碳中和路线图，与气体辐射相关的太阳能辐射和环境辐射成为当前研究热点，比如太阳能光伏光热发电及综合利用、向太空大气窗口发射热量的辐射制冷等。

📖 本章小结

与导热、对流不同，热辐射具有自身的本质和特点，它通过电磁波来传递能量，不需要传播介质。本章重点介绍了斯忒藩-玻耳兹曼定律和基尔霍夫定律。斯忒藩-玻耳兹曼定律的

数学表达式为

$$E_b = \sigma T^4$$

斯忒藩-玻耳兹曼定律将物体辐射力与温度联系起来，而基尔霍夫定律将物体吸收比与发射率联系起来。

把吸收比 $\alpha = 1$ 的物体称为（绝对）黑体，实际物体的吸收与发射特性都建立在黑体辐射研究规律的基础上。把光谱吸收比 $\alpha_\lambda = \alpha =$ 常数的物体称为灰体。

角系数是计算辐射传热量的前提，角系数是一个纯粹的几何因子，与物体表面温度与特性无关。通过引入角系数的概念，先讨论了黑体表面间辐射传热计算，在引入有效辐射与投入辐射的概念后，又重点研究了两个漫射灰体表面组成封闭系统的辐射传热计算。对于气体辐射的特点也进行了简要介绍。

通过本章学习，要求读者：

1）掌握斯忒藩-玻耳兹曼定律与基尔霍夫定律。

2）掌握黑体、灰体、有效辐射、投入辐射、角系数、遮热板的基本概念。

3）掌握两个灰体表面之间的辐射传热计算。

4）了解气体辐射的基本特点。

思考题

12-1　什么是黑体？在研究辐射传热时为什么要引入黑体概念？

12-2　什么是基尔霍夫定律？在辐射传热的计算中为什么要引入灰体？

12-3　欧盟于 2001 年 6 月颁布了楼宇小区新的建筑节能标准，规定"强力推广使用由低辐射玻璃制造的中空玻璃"。试查找资料分析中空低辐射玻璃的辐射传热特性。

12-4　试述角系数的定义及其三个特性。

12-5　为什么计算一个表面与外界的净辐射传热量时要采用封闭腔模型？

12-6　什么是一个表面的有效辐射？它的引入对于辐射传热计算有什么意义？

12-7　什么是辐射表面热阻和空间热阻？

12-8　网络法在辐射传热的计算中有怎样的作用？

12-9　遮热板为什么能减少辐射传热？试举出几个应用遮热板的例子。

12-10　如果考虑遮热板的导热热阻，插入遮热板后的辐射传热网络图与不考虑遮热板的导热热阻的情况有何不同？

12-11　气体辐射的主要特点是什么？

习题

12-1　平行放置的两块钢板，温度分别保持 500℃ 和 20℃，发射率均为 0.8，钢板尺寸比两钢板间的距离大得多。求两板的辐射力、有效辐射、投入辐射以及它们之间的辐射传热量。

12-2 直径 $d = 200\text{mm}$ 的蒸汽管道，放在剖面为 400mm×500mm 的砖砌沟中，管道表面的发射率 $\varepsilon_1 = 0.74$，砖砌沟的发射率 $\varepsilon_2 = 0.92$，蒸汽管道的表面温度为 150℃，沟壁的表面温度为 50℃，求每米蒸汽管道的辐射热损失。

12-3 上题中，如果在蒸汽管道周围罩上用铝箔（$\varepsilon = 0.6$）做成直径为 280mm 的遮热管，则辐射热损失将减少多少？

12-4 求下列情况下的角系数 $X_{1,2}$（见图 12-25）：

1）等腰三角形深孔截面 300℃ 的底面 1（长 200mm）对 200℃ 的腰侧面 2（顶角 25°），如图 12-25a 所示。

2）半球空腔曲面 1 对底面的 1/4 缺口 2，如图 12-25b 所示。

3）边长为 a 的正方体盒的内表面 1 对直径为 a 的内切球面 2，如图 12-25c 所示。

4）两平行平面 1、2，如图 12-25d 所示。

5）两无限长方柱体，如图 12-25e 所示。

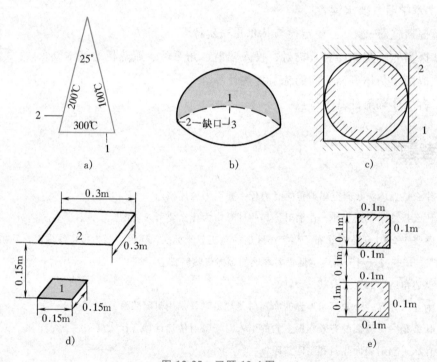

图 12-25 习题 12-4 图

a）等腰三角形深孔截面 b）半球空腔 c）正方体盒和内切球
d）两平行平面 e）两无限长方柱体

12-5 试确定图 12-26 所示图形的角系数 $X_{1,2}$。

12-6 保温（热水）瓶瓶胆是一夹层结构，且夹层表面涂水银，水银层的发射率 $\varepsilon = 0.04$。瓶内存放 $t_1 = 100℃$ 的开水，周围环境温度 $t_2 = 20℃$。设瓶胆内外层的温度分别与水和周围环境温度大致相同，求瓶胆的散热量。如用热导率 $\lambda = 0.04\text{W/(m·℃)}$ 的软木代替瓶胆夹层保温，问需用多厚的软木才能达到保温瓶原来的保温效果？

12-7 图 12-27 所示马弗炉中马弗罩的内表面面积 $A_1 = 1\text{m}^2$，温度 $t_1 = 900℃$，在炉底的架子上平行地放着间隙为 50mm 的两块相同的金属料坯，料坯的截面积为 50mm×50mm，长 1m。马弗罩及金属的发射率均为 0.8，求金属温度 $t_2 = 500℃$ 的马弗罩传给金属的净辐射传热量。

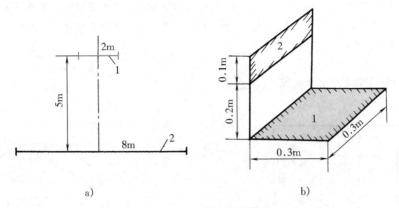

图 12-26　习题 12-5 图

a) 两平行平板　b) 两垂直平板

12-8　上题中，如两块料坯互相靠紧地放在炉子底架上，其他条件不变，求马弗罩与金属料坯间的辐射传热量，并与上题结果比较。

12-9　用单层遮热罩抽气式热电偶测量一设备中的气流温度，如图 12-28 所示。已知设备内壁温度为 90℃，热接点与遮热罩表面发射率均为 0.6，气体对热接点及遮热罩的表面传热系数分别为 40W/(m²·K) 及 25W/(m²·K)。当气流真实温度为 t_f=180℃时，热电偶的指示值为多少？

12-10　白炽灯泡是一种价格低廉但效率较低的光源，能将电能转化为光能。照明过程中灯泡的玻璃球会很快发热，这是因为玻璃球吸收了灯泡发出的热量，并通过对流和辐射将热量散发到周围环境中。将一个直径为

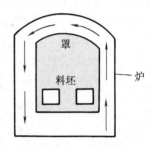

图 12-27　习题 12-7 图

8cm、功率为 60W 的灯泡放在温度为 25℃ 的房间里。玻璃的发射率为 0.9，假设 5% 的能量以光的形式穿过玻璃灯泡，其吸收可以忽略不计，而其余能量由灯泡本身通过辐射耗散。假设房间内表面温度为室温、不考虑对流换热、玻璃的厚度可忽略，试确定玻璃球的外表面温度。

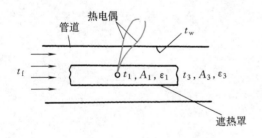

图 12-28　习题 12-9 图

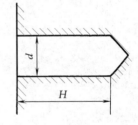

图 12-29　习题 12-11 图

12-11　在一块厚金属板上钻了一个直径为 d=2cm 的不穿透的小孔，孔深 H=4cm，锥顶角为 90°，如图 12-29 所示。设孔的表面发射率为 0.6，整个金属板处于 500℃ 的温度下，试确定从孔口向外界辐射的能量。

12-12　对于如图 12-30 所示的结构，试计算下列情形下从小孔向外辐射的能量：

1）所有内表面均是 500K 的黑体。

2）所有内表面均是 ε=0.6 的灰体，温度均为 500K。

12-13　两个面积相同的黑体表面任意地置于同一个绝热包壳中。假定黑体的温度分别为 T_1 和 T_2，试绘出该辐射传热系统的网络图，并导出绝热包壳表面温度 T_3 的计算式。

12-14 在图 12-31 所示的半球状壳体中，黑度 $\varepsilon_3 = 0.475$ 的半球表面 3 处于辐射热平衡；底部圆盘的一半——表面 1 为灰体，$\varepsilon_1 = 0.35$，$T_1 = 155K$；圆盘的另一半——表面 2 为黑体，$T_2 = 333K$。半球的半径 $R = 0.3m$。试计算：

1）表面 3 的温度。

2）表面 1 和 2 的净辐射传热量。

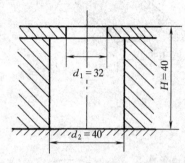

图 12-30 习题 12-12 图

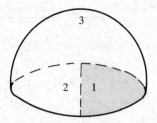

图 12-31 习题 12-14 图

第四篇

热工基础的应用

前几章的热工基础理论论述了涉及热能利用的热能转换和传递的基本规律。掌握了这些规律，就能合理而有效地利用热能。本章以工程中常见的典型热力过程和循环为主，介绍热工基础理论在实际工程中的应用。

研究热力过程和循环，就是为了合理设计和安排过程和循环，提高能量利用率（经济性）。工程中使用不同的工质，进行不同的热力过程和循环，所采用的热力设备也不同，而工质在不同的设备中所进行的热力过程也不一定相同。为此，本章首先介绍主要设备的基本结构、工作原理及工质在设备中所进行的热力过程的特点，其次对实际过程和循环进行理想化处理。由于实际过程和循环不但复杂，而且均不可逆，为了分析方便，突出能量转换的主要矛盾，在过程和循环分析中常把实际的不可逆过程和循环用一典型的可逆过程和循环来代替。这种理想化处理只要抽象、概括和简化得合理，接近实际，那么理想过程和循环的分析结果不但在理论上有指导意义，而且对实际过程和循环的改进也起着重要的指导作用，计算结果相对实际过程和循环还具有一定的精确性。所以，本章以下讨论的主要是实际设备中简化得出的理论过程和循环。在以上两步基础上，接着对过程和循环进行能量分析计算。最后，根据热力学基本原理分析提出改进过程、提高能量利用经济性的具体措施与方法。

在具体的热力过程和循环的分析中，必然涉及热量的传递问题。例如，活塞式压气机的冷却装置，蒸汽动力循环中的锅炉、回热器及冷凝器，制冷循环中的蒸发器，都属于换热器，它们的传热性能会影响过程或循环的效果。为此，对换热器的设计、校核计算做了介绍。另外，在篇幅允许的范围内，还将介绍热工基础理论在实际工程中其他方面的应用。

第十三章

喷管和扩压管

授课视频——
喷管和扩压
管（1）

在叶轮式动力机中，热能向机械能的转换是在喷管中实现的。喷管就是用于增加气体或蒸气流速的变截面短管。如图 13-1 中的 4 就是一喷管。气体或蒸气在喷管中绝热膨胀，压力降低，焓值减小，流速增加。高速流动的气流冲击叶轮机的叶片，使叶轮机旋转，气流的动能转变为叶轮机旋转的机械能，实现了热能向机械能的转换。

与喷管中的热力过程相反，在工程实际中还有另一种情况，即高速气流进入变截面短管中时，气流的速度降低，而压力升高。这种能使气流速度降低而压力升高的变截面短管称为扩压管。扩压管在叶轮式压气机中得到应用。

喷管和扩压管都是变截面的短管，本章以喷管为主分析变截面短管内气体的流动规律。掌握了喷管内的气体流动规律就很容易分析扩压管内的气体流动。

图 13-1　叶轮机工作
原理示意图
1—轴　2—叶轮
3—叶片　4—喷管

为了突出能量转换的主要矛盾，本章主要讨论比热容为定值的理想气体的可逆过程。为使分析简单起见，在气体流动过程中，仅考虑沿流动方向的状态参数和流速变化，不考虑垂直于流动方向的状态参数和流速变化，即认为流动是一维流动；同时，假定气体在喷管和扩压管中的流动是稳定流动。下面就从一维稳定流动的基本方程的分析开始展开讨论。

第一节　一维稳定流动的基本方程

一、连续性方程

根据质量守恒原理，流体在稳定流过图 13-2 所示的流道时，流经任一截面的质量流量保持不变。若任一截面的面积为 A，流体在该截面的流速为 c，比体积为 v，则质量流量

$$q_m = \frac{Ac}{v} = 常数 \qquad (13\text{-}1a)$$

对截面 1—1、2—2 和任意截面则有

$$q_{m1} = q_{m2} = \frac{A_1 c_1}{v_1} = \frac{A_2 c_2}{v_2} = \frac{Ac}{v} = 常数$$

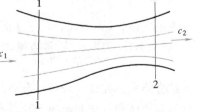

图 13-2　通过变截面管道的一维流动

式（13-1a）称为稳定流动的连续性方程。对其两边微分，得

>>>>>>>>

$$\frac{\mathrm{d}A}{A} = \frac{\mathrm{d}v}{v} - \frac{\mathrm{d}c}{c} \qquad (13\text{-}1b)$$

连续性方程式（13-1b）反映了稳定流动过程中工质流道截面积变化率、比体积变化率和流速变化率之间必须遵循且相互制约的关系。

二、能量方程

对于稳定流动系统，能量方程为

$$q = \Delta h + \frac{1}{2}\Delta c^2 + g\Delta z + w_{\mathrm{sh}} \qquad (13\text{-}2)$$

在喷管和扩压管的流动中，由于流道较短，工质流速较高，故工质与外界几乎无热交换。在流动中，工质与外界也无轴功交换，工质进出口位能差可忽略不计，因此上式变为

$$\Delta c^2 = -2\Delta h \qquad (13\text{-}3a)$$

相应的微分式为

$$c\mathrm{d}c = -\mathrm{d}h \qquad (13\text{-}3b)$$

式（13-3）说明，工质的速度升高来源于工质在流动过程中的焓降；工质的流速减小时，焓将增加。

稳定流动的能量方程在引入技术功概念后其微分形式为

$$\mathrm{d}q = \mathrm{d}h + \mathrm{d}w_{\mathrm{t}}$$

当 $q = 0$，且可逆时，有

$$v\mathrm{d}p = \mathrm{d}h \qquad (13\text{-}4)$$

比较式（13-3b）与式（13-4），则可逆过程中有

$$c\mathrm{d}c = -v\mathrm{d}p \qquad (13\text{-}5)$$

式（13-5）说明，在流动过程中欲使工质流速增加，压力必须降低，所以压差是提高工质流动速度的必要条件，也是流速增加的动力；反之，欲使工质的压力升高，工质流速必须减小。

三、过程方程

在可逆绝热（定熵）流动过程中，工质的状态参数变化遵循定熵的过程方程，对于理想气体有

$$pv^{\kappa} = 常数 \qquad (13\text{-}6)$$

两边微分整理得

$$\frac{\mathrm{d}p}{p} = -\kappa\frac{\mathrm{d}v}{v} \qquad (13\text{-}7a)$$

$$\kappa p\mathrm{d}v = -v\mathrm{d}p \qquad (13\text{-}7b)$$

对于理想气体，$\kappa = c_p/c_V$；对于水蒸气，若应用上两式，κ 仅是经验数据。

式（13-7）说明，在定熵流动过程中，若压力下降，比体积将增加；反之，比体积减小。

结合能量方程式（13-5）分析可知，工质流速与比体积是同时增加或减少的，而压力变化分别与比体积变化和流速变化相反。

上述的式（13-1）~式（13-7）是研究喷管和扩压管中一维稳定流动的基本方程。

四、声速和马赫数

在气体高速流动的分析中，声速和马赫数是十分重要的两个参数。由物理学知，声音在

气体介质中传播的速度，即声速为

$$c_a = \sqrt{\left(\frac{\partial p}{\partial \rho}\right)_s} = \sqrt{-v^2\left(\frac{\partial p}{\partial v}\right)_s} \tag{13-8}$$

对于理想气体，根据过程方程式（13-7a），有

$$\left(\frac{\partial p}{\partial v}\right)_s = -\kappa\frac{p}{v}$$

代入式（13-8）有

$$c_a = \sqrt{\kappa p v} = \sqrt{\kappa R_g T} \tag{13-9}$$

上式说明，气体的声速与气体的热力状态有关，气体的状态不同，声速也不同。在气体的流动过程中，气体的热力状态发生变化，声速也要变化。因此，声速是状态参数，即当地（某截面处）热力状态下的声速，又称当地声速。

马赫数是气体在某截面处的流速与该处声速之比，用 Ma 表示，即

$$Ma = \frac{c}{c_a} \tag{13-10}$$

根据 Ma 的大小，流动可分为

$Ma<1$　　亚声速流动

$Ma=1$　　声速流动

$Ma>1$　　超声速流动

第二节　气体在喷管和扩压管中的定熵流动

根据前述分析，在喷管和扩压管中，气体流速增加，压力必须下降；而流速减小，压力必然上升。为找出沿流动方向上气体状态的变化规律，必须根据前述的基本方程导出状态参数和流速随截面积变化的关系式。

由上面的基本方程可得到马赫数为参变量的截面积与流速变化的关系式，为此做如下的变换，即

$$\frac{dv}{v} = \frac{\kappa p dv}{\kappa p v} = -\frac{v dp}{c_a^2} = \frac{c dc}{c_a^2} = \frac{c^2}{c_a^2}\frac{dc}{c} = Ma^2\frac{dc}{c}$$

将上面的结果代入连续性方程式（13-1b）得

$$\frac{dA}{A} = (Ma^2 - 1)\frac{dc}{c} \tag{13-11}$$

式（13-11）称为管内流动的特征方程。它给出了截面积变化率、马赫数与流速变化率之间的关系。

对于喷管而言，增加气体流速是其主要目的。根据特征方程式（13-11），当气流的 $Ma<1$ 时，要使 $dc>0$，则必须使 $dA<0$。沿流动方向上流道截面逐渐减小（$dA<0$）的喷管称为渐缩喷管，如图 13-3a 所示；当流体的 $Ma>1$ 时，要使 $dc>0$，则 $dA>0$。这种喷管称为渐扩喷管，如图 13-3b 所示。

授课视频——喷管和扩压管（2）

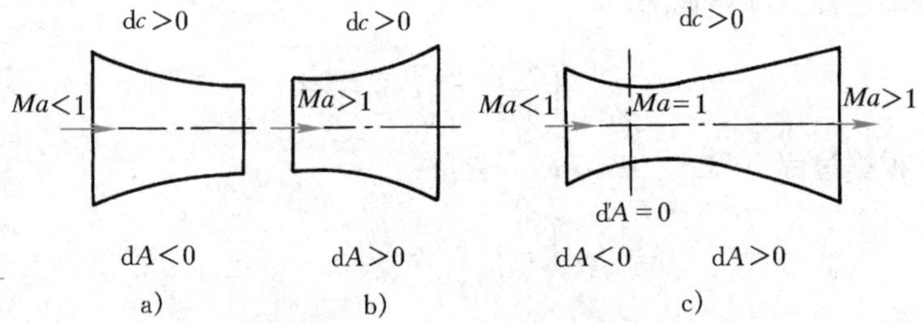
dc>0
dc>0
dc>0
Ma<1
Ma>1
Ma<1
Ma=1
Ma>1
dA=0
dA<0
dA>0
dA<0
dA>0
a)
b)
c)

图 13-3 喷管的截面积变化

a）渐缩喷管 b）渐扩喷管 c）缩放喷管

工程上许多场合要求气体从 $Ma<1$ 加速到 $Ma>1$，那么如何才能实现呢？为使气体流速增加，压力必须不断下降。气体在喷管内的绝热流动中，压力下降，温度下降，由式（13-9）可知，声速也将不断下降。这样，无论是在 $Ma<1$ 还是在 $Ma>1$ 的流动状况下，流速的不断增加和声速的不断降低，使得马赫数 Ma 不断增加。在 $Ma<1$ 的渐缩喷管内，根据特征方程式（13-11），Ma 可增加到极限值 $Ma=1$；在 $Ma>1$ 的渐扩喷管内，Ma 可以从 $Ma=1$ 开始增加。因此，为使 Ma 从 $Ma<1$ 连续增加到 $Ma>1$，在压差足够大的条件下，应采用由渐缩喷管和渐扩喷管组合而成的缩放喷管，如图 13-3c 所示，该管又称拉伐（瓦）尔喷管。在缩放喷管中，最小截面即喉部截面处的流速是 $Ma=1$ 的声速流动。该截面是 $Ma<1$ 的亚声速流动与 $Ma>1$ 的超声速流动转折点，称为临界截面。临界截面上的状态参数称为临界参数，用下标 cr 表示，如临界压力 p_{cr}、临界温度 T_{cr}、临界比体积 v_{cr} 和临界流速 c_{cr} 等。显然

$$c_{cr}=c_{a,cr}=\sqrt{\kappa p_{cr}v_{cr}} \tag{13-12}$$

渐缩喷管的出口流速在极限条件下可增加到 $c=c_a$，即 $Ma=1$，此时出口截面也是临界截面。当然，若渐缩喷管出口处的出口气体流速未能达到声速，则出口截面不能称为临界截面。另外，工程上喷管进口处气体流速一般较低，Ma 总是小于 1，而进口处 $Ma>1$ 的渐扩喷管几乎不单独使用。因此，下面的讨论不涉及渐扩喷管。

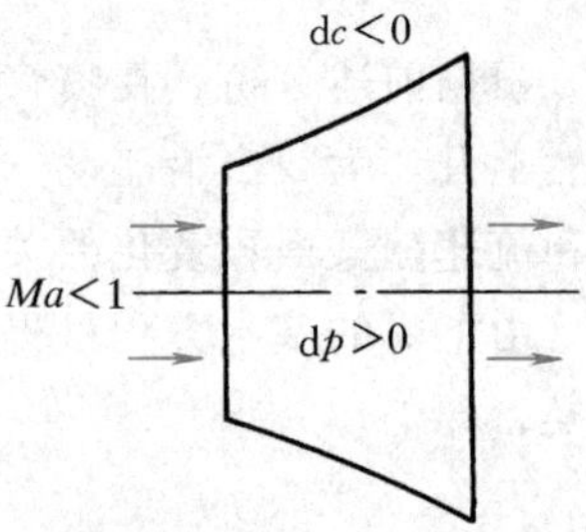
dc<0
Ma<1
dp>0

图 13-4 扩压管（$Ma<1$）

对于扩压管，使用的主要目的是升高气流的压力，即 $dp>0$。根据式（13-5）可知流动过程中 $dc<0$ 时，$dp>0$，即流速降低，压力升高。根据流动特征方程式（13-11），当 $Ma<1$ 时，$dA>0$，此种扩压管称为渐扩扩压管，如图 13-4 所示。

工程上扩压管比较简单，仅限于 $Ma<1$ 的情况，故渐扩两字通常省略。

第三节 喷管的计算

一、流速计算

由式（13-3a）的能量方程

$$c_2^2-c_1^2=-2(h_2-h_1)$$

可知，当喷管进口气体流速较小，可忽略不计时，即 $c_1\approx0$，喷管出口的气体流速为

$$c_2 = \sqrt{2(h_1 - h_2)} \qquad (13\text{-}13\text{a})$$

式中，h_1 和 h_2 分别为喷管进口和出口截面的气体比焓值。

由于该式是从能量方程直接推导得到的，故对于工质和过程是否可逆均无限制。

对于理想气体，由于 $\Delta h = c_p \Delta T$，故有

$$c_2 = \sqrt{2c_p(T_1 - T_2)} \qquad (13\text{-}13\text{b})$$

对于蒸气，h_1 和 h_2 可通过查图、查表得到。

在定熵条件下，若工质为理想气体，式（13-13b）可进一步推得

$$c_2 = \sqrt{\frac{2\kappa}{\kappa - 1} R_g (T_1 - T_2)} \qquad (13\text{-}13\text{c})$$

$$= \sqrt{\frac{2\kappa}{\kappa - 1} R_g T_1 \left[1 - \left(\frac{p_2}{p_1} \right)^{\frac{\kappa - 1}{\kappa}} \right]}$$

分析式（13-13c）可知，在喷管内的气体定熵流动中，喷管出口的气体流速取决于工质性质、进口参数和气体出口与进口的压比 p_2/p_1。在工质、气体进口状态都确定的条件下，气体出口流速仅取决于压比 p_2/p_1，其值随 p_2/p_1 的减小而增大。当 $p_2/p_1 \rightarrow 0$ 时，$c_2 \rightarrow c_{2\max}$

$$c_{2\max} = \sqrt{\frac{2\kappa}{\kappa - 1} R_g T_1}$$

然而，这一最大出口流速是达不到的。因为当 $p_2 \rightarrow 0$ 时，$v_2 \rightarrow \infty$，此时出口截面积应趋于无穷大，这显然办不到。事实上，p_2/p_1 还受到喷管形状的限制。如前所述，对于渐缩喷管，即使工作在压差十分大的条件下，气体的出口流速最大也只能达到临界流速 c_{cr}，出口压力只能达到临界压力 p_{cr}，此时喷管出口截面上的压比只能是 p_{cr}/p_1，而在出口截面后气体发生自由膨胀。

二、临界压比

临界截面上的气体压力 p_{cr} 与进口（初速 $c_1 \approx 0$）压力 p_1 之比称为临界压比，用 ν_{cr} 表示

$$\nu_{cr} = \frac{p_{cr}}{p_1} \qquad (13\text{-}14\text{a})$$

由于临界截面处气体的流速已达声速，由式（13-13c）

$$c_{cr} = \sqrt{\frac{2\kappa}{\kappa - 1} R_g T_1 \left[1 - \left(\frac{p_{cr}}{p_1} \right)^{\frac{\kappa - 1}{\kappa}} \right]}$$

和式（13-12）

$$c_{a,cr} = \sqrt{\kappa R_g T_1 \left(\frac{p_{cr}}{p_1} \right)^{\frac{\kappa - 1}{\kappa}}}$$

以及 $c_{cr} = c_{a,cr}$ 求解得

$$\nu_{cr} = \frac{p_{cr}}{p_1} = \left(\frac{2}{\kappa + 1} \right)^{\frac{\kappa}{\kappa - 1}} \qquad (13\text{-}14\text{b})$$

▶▶▶▶▶▶▶▶▶

由于 $\kappa = c_p / c_V$ 仅取决于气体热力性质，因此临界压比 ν_{cr} 是仅与气体热力性质有关的参数。气体一定，其临界压比一定。对于定值比热容的理想气体，有

$$\nu_{cr} = \begin{cases} 0.487 & \text{单原子气体} \quad \kappa = 1.67 \\ 0.528 & \text{双原子气体} \quad \kappa = 1.4 \\ 0.546 & \text{多原子气体} \quad \kappa = 1.3 \end{cases}$$

对于蒸气，κ 仅是一经验数据，从而有

$$\nu_{cr} = \begin{cases} 0.546 & \text{过热蒸气} \quad \kappa = 1.3 \\ 0.577 & \text{干饱和蒸气} \quad \kappa = 1.135 \end{cases}$$

临界压比是喷管选型和确定喷管出口压力的重要依据。

三、喷管的选型原则

在喷管的设计中，已知的是喷管进口的气体参数 p_1、T_1、c_1、质量流量 q_m 和喷管出口外界的压力——背压 p_b。设计的目的在于充分利用喷管进口压力和背压所造成的压差 $p_1 - p_b$，使气体在喷管中膨胀加速、压力下降，一直到其出口压力 p_2 等于背压 p_b，从而达到使气流的技术功完全转变为气流动能的目的。由于喷管的形状对气体的流动有制约作用，所以选型是喷管设计首先要考虑的问题。

根据前述讨论，对应于气体 $Ma < 1$、$Ma = 1$ 和 $Ma > 1$ 的流动状况，气体在喷管出口处的压力分别对应于 $p > p_{cr}$、$p = p_{cr}$ 和 $p < p_{cr}$。这三种流动状况是分别在缩放喷管的渐缩部分、渐缩喷管内临界截面和缩放喷管的渐扩部分实现的。因此，当 $p_b / p_1 \geqslant \nu_{cr}$ 时，喷管出口处气体的 $Ma \leqslant 1$，根据特征方程式（13-11），选择渐缩喷管可使出口截面处压力 $p_2 = p_b \geqslant p_{cr}$，满足气体充分膨胀和提高流速的要求。但是，当 $p_b / p_1 < \nu_{cr}$ 时，若再选择渐缩喷管，由于喷管形状的限制，p_2 只能达到极限值，$p_2 = p_{cr}$，仍有部分压差（$p_{cr} - p_b$）没能得到充分利用。因此，在这种情况下要充分利用压差（$p_1 - p_b$），只能选择缩放喷管，这样气流在临界截面达到 p_{cr}（$Ma = 1$）后，根据特征方程式（13-11），可在后面渐扩部分继续膨胀，实现 $p < p_{cr}$，即 $Ma > 1$ 的流动，使 p_2 达到 $p_2 = p_b < p_{cr}$。

综上所述：当 $p_b / p_1 \geqslant \nu_{cr}$ 时，应选择渐缩喷管；当 $p_b / p_1 < \nu_{cr}$ 时，应选择缩放喷管。

四、流量的计算与分析

气体流经喷管的质量流量可根据式（13-1a）的连续方程，由任意截面的截面积、气体流速和比体积求取。通常取最小截面或出口截面处进行计算。

若工质为理想气体，对于渐缩喷管则将式（13-13c）代入式（13-1）中，得

$$q_m = A_2 \sqrt{\frac{2\kappa}{\kappa - 1} \frac{p_1}{v_1} \left[\left(\frac{p_2}{p_1} \right)^{\frac{2}{\kappa}} - \left(\frac{p_2}{p_1} \right)^{\frac{\kappa+1}{\kappa}} \right]} = f\left(\frac{p_2}{p_1} \right) \quad (13\text{-}15)$$

分析式（13-15）可知，对于渐缩喷管在出口截面积 A_2 及进口参数 p_1、v_1 保持不变的条件下，质量流量 q_m 仅随 p_2 / p_1 而变，将 q_m 与 p_2 / p_1 的关系绘成曲线，如图 13-5 所示。从图 13-5 中看到，当 $p_2 / p_1 > \nu_{cr}$ 时，流经渐缩喷管的气体质量流量随着 p_2 的下降逐渐增加。p_2 的下降显然是由于背压 p_b 降低造成的，且在 $p_2 / p_1 > \nu_{cr}$ 的范围内保持 $p_2 = p_b$。当 $p_2 / p_1 = \nu_{cr}$ 时，q_m 达到最大值 $q_{m,\max}$，此时仍有

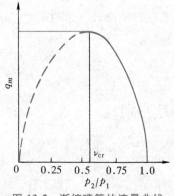

图 13-5　渐缩喷管的流量曲线

$p_2 = p_b$，且 $p_2 = p_b = p_{cr} = \nu_{cr}p_1$。从 $p_2/p_1 = \nu_{cr}$ 起，p_2 若再下降，根据式（13-15）就会出现图中虚线显示的曲线。由前面讨论知，对于渐缩喷管，当 p_b 达到 p_{cr} 后，再进一步降低 p_b，不再有 $p_2 = p_b$，只能保持 $p_2 = p_{cr}$，即 $p_2/p_1 = \nu_{cr}$。因此，气体质量流量也不能再增加，只能保持最大值 $q_{m,\max}$，如图 13-5 中直线所示，在这段直线区间 $p_2/p_1 = p_{cr}/p_1$，而横坐标应为 p_b/p_1。因此，对于渐缩喷管

$$\nu_{cr} \leqslant \frac{p_2}{p_1} \leqslant 1$$

对于缩放喷管也有类似的 q_m-p_2/p_1 曲线，但是 $0 \leqslant \dfrac{p_2}{p_1} \leqslant 1$。

五、喷管的设计与校核计算

1. 喷管设计

喷管设计的已知条件是：气体种类，气体进口的初参数 p_1、T_1 和 c_1，气体的质量流量 q_m 和背压 p_b。设计的目的是使喷管充分利用压差 $p_1 - p_b$，使气流充分膨胀，技术功全部用于增加气体的动能，从而获得最大的出口流速。设计的步骤是：

1）通过 p_b/p_1（设计背压）与临界压比 ν_{cr} 的比较，选择合理的喷管形状，选型原则如前所述。

2）根据定熵过程状态参数之间的关系，计算所选喷管主要截面（临界截面、出口截面）的热力状态参数。

3）由气体流速计算公式（13-13a）或式（13-13b）求解主要截面处的气流速度。

4）根据质量流量公式 $q_m = Ac/v$，由上两步计算所得的 c、v 及已知的 q_m 求解各主要截面积。

喷管长度的设计，尤其是缩放喷管渐扩部分长度的选择，要考虑到截面积变化对气流扩张的影响。选得过短或过长，都将引起气流内部和气流与管壁间的摩擦损失，通常依经验而定，这里不做介绍。

例 13-1 试设计一喷管实现对流体的最大加速，流体为空气，进口压力 $p_1 = 500\text{kPa}$，$t_1 = 227℃$，空气的进口流速可以忽略不计，背压 $p_b = 102\text{kPa}$。质量流量 $q_m = 1.2\text{kg/s}$。

解 对于空气有 $R_g = 0.287\text{kJ/(kg · K)}$，$\kappa = 1.4$，以及有 $c_p = 1.004\text{kJ/(kg · K)}$，$\nu_{cr} = 0.528$。

1）选择喷管。

$$\frac{p_b}{p_1} = \frac{102}{500} = 0.204 < \nu_{cr} = 0.528$$

故应选缩放喷管。

2）计算主要截面的状态参数。

临界截面

$$p_{cr} = \nu_{cr}p_1 = 0.528 \times 500\text{kPa} = 264\text{kPa}$$

$$T_{cr} = T_1 \nu_{cr}^{\frac{\kappa-1}{\kappa}} = 480 \times 0.528^{\frac{1.4-1}{1.4}}\text{K} = 399.9\text{K}$$

$$v_{cr} = \frac{R_g T_{cr}}{p_{cr}} = \frac{0.287 \times 10^3 \times 399.9}{264 \times 10^3}\text{m}^3/\text{kg} = 0.4348\text{m}^3/\text{kg}$$

出口截面
$$p_2 = p_b = 102\text{kPa}$$

$$T_2 = T_1\left(\frac{p_2}{p_1}\right)^{\frac{\kappa-1}{\kappa}} = 480 \times \left(\frac{102}{500}\right)^{\frac{1.4-1}{1.4}}\text{K} = 304.8\text{K}$$

$$v_2 = \frac{R_g T_2}{p_2} = \frac{0.287 \times 10^3 \times 304.8}{102 \times 10^3}\text{m}^3/\text{kg} = 0.8576\text{m}^3/\text{kg}$$

3）计算主要截面处流速。

$$c_{cr} = \sqrt{2c_p(T_1 - T_{cr})} = \sqrt{2 \times 1.004 \times 10^3 \times (480 - 399.9)}\ \text{m/s} = 401\text{m/s}$$

$$c_2 = \sqrt{2c_p(T_1 - T_2)} = \sqrt{2 \times 1.004 \times 10^3 \times (480 - 304.8)}\ \text{m/s} = 593.1\text{m/s}$$

4）计算主要截面的截面积。

由
$$q_m = \frac{Ac}{v}$$

则有
$$A_{cr} = \frac{q_m v_{cr}}{c_{cr}} = \frac{1.2 \times 0.4348}{401}\text{m}^2 = 0.0013\text{m}^2 = 13\text{cm}^2$$

$$A_2 = \frac{q_m v_2}{c_2} = \frac{1.2 \times 0.8576}{593.1}\text{m}^2 = 0.00174\text{m}^2 = 17.4\text{cm}^2$$

讨论：

本题是设计喷管，根据临界压比选择喷管的形式是非常关键的一步。在喷管设计中，出口压力一定要等于背压，这样才能充分利用压差加速气流。

2. 喷管校核

喷管校核计算的目的是通过对某已知喷管进行校核计算，看其形状及截面积是否满足气流膨胀的要求，以得到尽可能多的动能，并核算气流出口流速和通过喷管的质量流量。校核计算的已知条件是：喷管进口的气流参数 p_1、T_1 和 c_1，背压 p_b，喷管的类型和主要截面积尺寸。校核计算的步骤如下：

1）通过 p_b/p_1 与 ν_{cr} 的比较，确定喷管出口截面气流的压力 p_2。

对于渐缩喷管有：当 $p_b/p_1 \geqslant \nu_{cr}$ 时，$p_2 = p_b$；当 $p_b/p_1 < \nu_{cr}$ 时，$p_2 = p_{cr} = \nu_{cr} p_1$。

对于缩放喷管有：当 $p_b/p_1 < \nu_{cr}$ 时，$p_2 = p_b$。

2）和3）与喷管设计时的2）和3）相同。

4）根据公式 $q_m = Ac/v$，由最小截面处的流速、比体积和截面积，求流过喷管的气体流量。

有关喷管设计与校核计算更详细、更具体的论述，感兴趣的读者可参阅有关汽轮机和气体动力学的著作。

例 13-2　流经一渐缩喷管的水蒸气初参数为 $p_1 = 3.0\text{MPa}$、$t_1 = 420℃$，背压 $p_b = 2.0\text{MPa}$。若喷管出口截面积为 2.8cm^2，试求出口流速与质量流量。若背压 $p_b = 1.0\text{MPa}$，出口流速和质量流量为多少？

解　分析题意知，本题是校核计算。

1）确定出口压力。由题所给喷管进水蒸气参数可知，喷管进口水蒸气为过热水蒸气，$\nu_{cr} = 0.546$。

$$\frac{p_{b}}{p_{1}} = \frac{2.0}{3.0} = 0.67 > \nu_{cr} = 0.546$$

故渐缩喷管出口压力

$$p_{2} = p_{b} = 2.0 MPa$$

2）计算出口截面状态参数。

由 $p_{1} = 3.0 MPa$，$t_{1} = 420℃$ 查水蒸气表（附录 A-7）得

$$h_{1} = 3275.3 kJ/kg, \quad s_{1} = 6.9846 kJ/(kg \cdot K)$$

由 $p_{2} = 2.0 MPa$，$s_{2} = s_{1} = 6.9846 kJ/(kg \cdot K)$，查附录 A-7 得

$$h_{2} = 3155.4 kJ/kg, \quad v_{2} = 0.1409 m^{3}/kg$$

3）计算出口流速及喷管质量流量。

$$c_{2} = \sqrt{2(h_{1} - h_{2})} = \sqrt{2 \times (3275.3 - 3155.4) \times 10^{3}} \, m/s = 489.7 m/s$$

$$q_{m} = \frac{A_{2} c_{2}}{v_{2}} = \frac{2.8 \times 10^{-4} \times 489.7}{0.1409} kg/s = 0.973 kg/s$$

4）若 $p_{b} = 1.0 MPa$，则

$$\frac{p_{b}}{p_{1}} = \frac{1.0}{3.0} = 0.33 < \nu_{cr}$$

$$p_{2} = p_{cr} = \nu_{cr} p_{1} = 0.546 \times 3.0 MPa = 1.64 MPa$$

由 $p_{2} = 1.64 MPa$，$s_{2} = s_{1} = 6.9846 kJ/(kg \cdot K)$，查附录 B-5（$h$-$s$ 图）得

$$h_{2} = 3108 kJ/kg, \quad v_{2} = 0.165 m^{3}/kg$$

$$c_{2} = c_{cr} = \sqrt{2(h_{1} - h_{2})} = \sqrt{2 \times (3275.3 - 3108) \times 10^{3}} \, m/s = 578.4 m/s$$

$$q_{m} = \frac{A_{2} c_{2}}{v_{2}} = \frac{2.8 \times 10^{-4} \times 578.4}{0.165} kg/s = 0.982 kg/s$$

讨论：

1）渐缩喷管的工况有两种，一种是设计工况，此时出口压力等于背压；另一种是非设计工况，背压小于临界压力，喷管出口处的压力等于临界压力，气体在喷管外自由膨胀后压力达到背压。本题中第一种为设计工况，第二种为非设计工况。

2）本题工质为水蒸气，它的状态参数必须通过查图或查表求得，不能用理想气体的公式来计算。

第四节　喷管内有摩阻的绝热流动

在以上的分析及计算中，认为管内的流动是可逆过程。实际上，由于流动过程中工质存在内部黏性摩擦和工质与管壁的摩擦，在流动过程中，有一部分已经生成的动能重新转化为

>>>>>>>>

热能而被工质吸收，所以实际的管内流动是不可逆过程。

图 13-6 是理想气体流经喷管进行热力过程的 $T\text{-}s$ 图。其中 1—2 为可逆绝热（定熵）膨胀，1—2′是不可逆绝热膨胀，点 2 和点 2′在同一条等压线上，也就是说可逆和不可逆时，喷管出口的压力是相等的。流动过程无论可逆还是不可逆，能量方程均成立，喷管实际出口流速 $c_{2'}$ 和可逆时的出口流速 c_2 均按式（13-13a）计算。由于 $h_{2'}$ 大于 h_2，所以 $c_{2'} < c_2$。

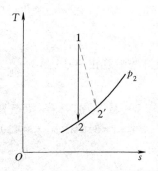

图 13-6　气体在喷管中的绝热膨胀

工程中常用速度系数 φ、喷管效率 η_N 或能量损失系数 ζ 来度量实际出口流速下降和动能的减少，即

$$\varphi = \frac{c_{2'}}{c_2} \tag{13-16}$$

$$\eta_N = \frac{\frac{1}{2}c_{2'}^2}{\frac{1}{2}c_2^2} = \frac{c_{2'}^2}{c_2^2} = \varphi^2 \tag{13-17}$$

$$\zeta = \frac{\frac{1}{2}c_2^2 - \frac{1}{2}c_{2'}^2}{\frac{1}{2}c_2^2} = 1 - \varphi^2 \tag{13-18}$$

速度系数通常由实验测定，它的大小与气体性质、喷管形式、喷管尺寸和壁面表面粗糙度等因素有关，一般在 0.92~0.98 之间。工程中常按可逆过程先求出 c_2，再由 φ 值而求得 $c_{2'}$，故

$$c_{2'} = \varphi c_2 = \sqrt{2(h_1 - h_{2'})}$$

第五节　扩压管与滞止参数

一、扩压管

扩压管内气体的热力过程与喷管内气体的热力过程恰好相反。气体在流经扩压管后，流速减小，压力升高。掌握了喷管的计算方法，也就很容易理解扩压管内气体的流动过程，并进行计算。工程中常用的是渐扩扩压管，这是因为用于扩压的常是亚声速气流（$Ma < 1$），所以在进行分析计算时无需选型。这里不再就渐扩扩压管做进一步讨论。

二、滞止参数

在前面的讨论中，无论是喷管的流速计算公式（13-13a）和临界压比计算式（13-14b），还是质量流量计算分析式（13-15），都是在喷管进口的气体流速 $c_1 \approx 0$ 的前提下得到的。当 c_1 比较小，如 $c_1 < 50\text{m/s}$ 时，利用前述公式计算所得结果误差不大；但当 $c_1 \geq 50\text{m/s}$ 时，若再不考虑初速仍利用这些公式计算，就会产生较大误差。为了使 $c_1 \neq 0$ 时这些公式仍然有效，即简化 $c_1 \neq 0$ 的计算，特引入滞止参数的概念。

对于任意速度不为零的气体，被固体壁面所阻滞或经扩压管后其速度降低为零的过程称为滞止过程。滞止过程与外界无热交换，故为绝热滞止。在不考虑气体黏性摩阻的条件下，绝热滞止为定熵滞止过程。气流速度滞止为零时的状态称为滞止状态，其状态参数称为滞止参数，用下标 0 表示。由气体流速 $c_1 \neq 0$ 的状态 1 至滞止状态 0 的定熵滞止过程如图 13-7 所示。

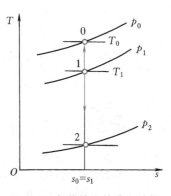

图 13-7　气体的定熵滞止过程

根据式（13-3）的能量方程有

$$h_0 = h_1 + \frac{1}{2}c_1^2 = h + \frac{1}{2}c^2 = 定值 \qquad (13-19)$$

上式说明在同一定熵过程中，无论从过程哪一点（流速为 c）开始，滞止焓都相等。对于理想气体定值比热容，$\Delta h = c_p \Delta T$，则滞止温度为

$$T_0 = T_1 + \frac{c_1^2}{2c_p} \qquad (13-20)$$

由初态的压力 p_1 和温度 T_1 及滞止温度 T_0 可求得滞止压力 p_0，即

$$p_0 = p_1 \left(\frac{T_0}{T_1} \right)^{\frac{\kappa}{\kappa-1}} \qquad (13-21)$$

对于蒸汽，滞止压力和温度可由 h_0 和 $s_0 = s_1$ 查图或查表求得。

引入滞止参数的概念后，任何初速不为零的喷管流动都可设想是从假想的滞止截面（初速为零）开始的流动，如图 13-8 所示。这样前述所有公式照样适用，只是将下标为 1 的进口参数换算为滞止参数即可。

滞止现象在工程上常可见到，例如当气流被固定壁面所阻滞，或经扩压管时，气流速度降低至零而温度和压力升高。当速度相对较高的气流被壁面所滞止时，滞止温度会很高，这将在实际工程中引起一些问题，如高速气流的温度测量会因绝热滞止产生较大误差，航天飞行器等高速飞行器的设计也应考虑滞止温度问题。

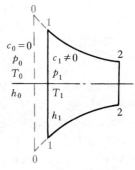

图 13-8　假想的滞止截面

本章小结

本章利用质量守恒、能量守恒和过程方程对变截面短管内可逆的一维稳定流动进行了分析研究，得到了管道截面积变化率、流体马赫数及流速变化率的特征方程。对不同马赫数时的特征方程进行分析，得到了不同管道中流体状态参数变化和管道截面积的变化规律。

本章详细分析了渐缩喷管和缩放喷管的流速和流量计算，并详细叙述了喷管的设计计算和校核计算的步骤；引入了速度系数来衡量管内不可逆因素的大小；给出了工程中常见的渐扩扩压管的分析方法，并讨论了绝热滞止过程和滞止参数。

喷管的计算包括设计计算和校核计算。喷管设计计算的原则为：当 $\dfrac{p_b}{p_0} \geqslant \nu_{cr}$ 时，选择渐缩喷管；当 $\dfrac{p_b}{p_0} < \nu_{cr}$ 时，选择缩放喷管。

喷管校核计算时，需要通过判断确定喷管出口的压力，计算喷管出口参数、流速、质量流量等。

思考题

13-1 对提高气流速度起主要作用的是通道形状还是气体本身的状态变化？

13-2 喷管的目的是使气体的流速增加，试以能量方程分析流动过程中膨胀功的具体形式。

13-3 声速与流体的状态有关，流速是反映流动状态的动力学参数，马赫数是否也可以看作是状态参数？

13-4 在定熵流动中，当气体流速分别处于亚声速和超声速时，下列形状（见图13-9）的管道宜作为喷管还是扩压管？

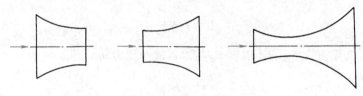

图13-9 思考题13-4图

13-5 考虑喷管内流动的摩擦损耗时，用速度系数修正出口流速，如何获得流体的出口温度？

13-6 用水银温度计测量具有一定流速的流体温度，温度计上温度的读数与实际流体的温度哪一个高一些？

习题

13-1 燃气经过燃气轮机中渐缩喷管绝热膨胀，质量流量 $q_m = 0.6\text{kg/s}$，燃气初参数 $t_1 = 600℃$、$p_1 = 0.6\text{MPa}$，燃气在喷管出口处的压力 $p_2 = 0.4\text{MPa}$，喷管进口流速及摩擦损失不计，试求燃气在喷管出口处的流速和出口截面积。设燃气的热力性质与空气相同，取定值比热容。

13-2 空气流经出口面积为 $A_2 = 10\text{cm}^2$ 的渐缩喷管，喷管进口的空气参数为 $p_1 = 2.0\text{MPa}$、$t_1 = 80℃$、$c_1 = 150\text{m/s}$，背压 $p_b = 0.8\text{MPa}$，试求喷管出口处空气的流速和流经喷管的空气流量。若喷管的速度系数为 0.96，喷管的出口流速和流量又为多少？

13-3 压力为 0.6MPa、温度为 800K 的空气，流经一渐缩喷管，射向压力为 0.35MPa 的空间。喷管出口截面积为 15cm^2。求出口截面上的压力、流速及流量。若背压变为 0.1MPa，出口截面上的压力及流速又为多少？

13-4 水蒸气经汽轮机中的喷管绝热膨胀，进入喷管的水蒸气参数 $p_1 = 0.9\text{MPa}$、$t_1 = 525℃$，喷管背压为 $p_b = 0.4\text{MPa}$，若流经喷管水蒸气的质量流量 $q_m = 6\text{kg/s}$，试进行喷管的设计计算。

13-5 压力 $p_1 = 2\text{MPa}$、温度 $t_1 = 500℃$ 的水蒸气，经渐缩喷管射入压力为 $p_b = 0.1\text{MPa}$ 的空间中，若喷管出口截面积 $A_2 = 200\text{mm}^2$，试求：喷管出口截面上蒸汽的压力、温度、比体积、焓；蒸汽射出的速度；蒸汽的质量流量。

13-6 空气以 $c = 200\text{m/s}$ 的速度在管内流动，用水银温度计测得空气的温度为 70℃，假设气流在温度计壁面得到完全滞止，试求空气的实际温度。

13-7 压力 $p_1 = 100\text{kPa}$、温度 $t_1 = 27℃$ 的空气，流经扩压管时压力提高到 $p_2 = 180\text{kPa}$。空气进入扩压管时至少有多大流速？这时进口马赫数是多少？

13-8 温度和压力分别为 35℃、0.2MPa 的氮气，以 390m/s 的速度进入一个渐缩管道，在管道内的压力将如何变化？管道出口的压力最大可能达到多少？

第十四章

换热器及其热计算

授课视频——
换热器及其
热计算（1）

用来使热量从热流体传递到冷流体，以满足规定工艺要求的装置统称为**换热器**。换热器广泛应用于动力、化工、制药、石油、冶金、建筑和轻工等部门。例如，火力发电厂中的回热加热器、凝汽器、冷油器，锅炉中的过热器、再热器、省煤器及空气预热器，房间空调器中的冷凝器、蒸发器，等等。换热器主要适用于加热、冷却、蒸发、冷凝、干燥等方面。

本章将比较详细地讨论换热器及其热计算，并对工程上常见的传热过程以及增强传热和削弱传热的有效方法等问题进行探讨。

第一节 传 热 过 程

在第七章中提到，在许多工业换热设备中，进行热量交换的冷热流体通常位于固体壁面两侧。其热量交换过程都是：热量从温度较高的流体，经过固体壁面传递给另一侧温度较低的流体，这个过程称为**传热过程**。传热过程是工程中广泛遇到的一种典型的热量传递过程，对其有所了解是非常有益的。本章将分别对平壁、圆筒壁和肋壁的传热过程进行分析。

一、通过平壁的传热

由图 14-1 看到传热过程可分为三个串联环节：

1）热量由温度较高的流体传递给固体壁的高温侧。

2）热量由固体壁的高温侧传递给低温侧。

3）热量由固体壁的低温侧传递给温度较低的流体。

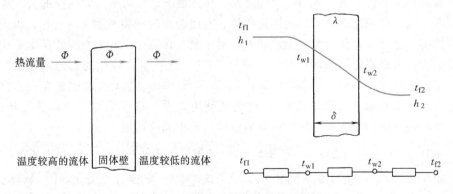

图 14-1 通过平壁的传热及热网络图

在稳定无内热源条件下，通过各环节的热流量是不变的，均为 Φ。三个环节的热流量的表达式分别为

$$\Phi = Ah_1(t_{f1} - t_{w1}) \tag{a}$$

$$\Phi = \frac{A\lambda}{\delta}(t_{w1} - t_{w2}) \tag{b}$$

$$\Phi = Ah_2(t_{w2} - t_{f2}) \tag{c}$$

由式（a）~式（c）得

$$t_{f1} - t_{w1} = \frac{\Phi}{Ah_1} \tag{d}$$

$$t_{w1} - t_{w2} = \frac{\Phi}{\lambda A/\delta} \tag{e}$$

$$t_{w2} - t_{f2} = \frac{\Phi}{Ah_2} \tag{f}$$

式（d）、式（e）、式（f）三式相加，整理后得

$$\Phi = \frac{A(t_{f1} - t_{f2})}{\dfrac{1}{h_1} + \dfrac{\delta}{\lambda} + \dfrac{1}{h_2}} \tag{14-1}$$

式（14-1）还可由传热过程三个环节的热阻串联求得。式（14-1）也可写成

$$\Phi = kA(t_{f1} - t_{f2}) = kA\Delta t \tag{14-2}$$

式（14-2）称为传热方程式，是换热器热工计算的基本公式。其中 k 称为传热系数，单位 $W/(m^2 \cdot K)$，是表征传热过程强烈程度的物理量，传热过程越强，传热系数越大，反之则越小。由式（14-1）和式（14-2）可得到通过平壁传热的传热系数为

$$k = \frac{1}{\dfrac{1}{h_1} + \dfrac{\delta}{\lambda} + \dfrac{1}{h_2}} = \frac{1}{r_k} \tag{14-3}$$

这个式子揭示了传热系数的构成，即它等于组成传热过程的诸环节热阻之和的倒数。r_k 称为单位面积的传热热阻，整个面积的传热热阻为

$$R_k = \frac{1}{h_1 A} + \frac{\delta}{\lambda A} + \frac{1}{h_2 A} \tag{14-4}$$

式中，对流传热表面传热系数 h_1 和 h_2 可以根据具体情况选用第十一章相应的公式确定。这里补充说明一点：如果流过壁面的流体是气体，有时会出现既要考虑对流传热，也要计及辐射传热的情况，这类问题称为复合传热问题。对于复合传热，工程上常采用第七章中介绍的将辐射传热折合成对流传热的处理方法，用式（7-7）计算复合传热的总传热量。如果把传热系数计算公式（14-3）中的表面传热系数 h_1 和 h_2 看作是包括对流和辐射在内的复合传热表面传热系数（又称总表面传热系数），则公式就可以推广应用到有复合传热的问题中去。有关传热系数的性质和复合传热的讨论对后面的讨论也完全适用。

例 14-1　用一外径为 25mm、壁厚为 2mm 的钢管作为传热表面。已知管外烟气侧 $h_1 = 100W/(m^2 \cdot K)$，管内水侧 $h_2 = 4000W/(m^2 \cdot K)$，烟气平均温度为 450℃，水平均温度为 50℃，钢管热导率为 40W/(m·K)。按平壁公式进行计算，求：

1）传热系数。

2）钢管两侧壁面温度。

解　1）由式（14-3），通过平壁传热的传热系数为

$$k = \cfrac{1}{\cfrac{1}{h_1}+\cfrac{\delta}{\lambda}+\cfrac{1}{h_2}}$$

$$= \cfrac{1}{\cfrac{1}{100}+\cfrac{0.002}{40}+\cfrac{1}{4000}}\text{W}/(\text{m}^2 \cdot \text{K})$$

$$= \cfrac{1}{0.01+0.00005+0.00025}\text{W}/(\text{m}^2 \cdot \text{K})$$

$$= 97.09\text{W}/(\text{m}^2 \cdot \text{K})$$

2）假设传热面积为 A（m^2），则传热热流量（W）为

$$\varPhi = kA(t_{f1}-t_{f2}) = 97.09\times(450-50)A = 38836A$$

对管外烟气对流传热环节

$$t_{f1}-t_{w1} = \frac{\varPhi}{h_1 A}$$

可得

$$t_{w1} = t_{f1}-\frac{\varPhi}{h_1 A} = \left(450-\frac{38836A}{100A}\right)\text{℃} = 61.64\text{℃}$$

同理可得

$$t_{w2} = t_{f2}+\frac{\varPhi}{h_2 A} = \left(50+\frac{38836A}{4000A}\right)\text{℃} = 59.71\text{℃}$$

讨论：

上述计算说明传热系数接近较小表面传热系数侧。管壁热导率比较大，导热热阻比较小，管内外壁温度非常接近。传热壁面温度是影响换热设备安全的重要因素。不少传热壁面两侧流体的温度相差很大。例如，电厂锅炉的过热器中，蒸汽温度为 300~500℃，烟气温度则为 800~1000℃，两者相差数百摄氏度。置于两种流体之间的管壁温度更接近哪一侧流体温度？数值是多少？诸如此类问题非常重要。由上面传热分析可知

$$\varPhi = \frac{t_{f1}-t_{w1}}{R_1} = \frac{t_{w1}-t_{w2}}{R_\lambda} = \frac{t_{w2}-t_{f2}}{R_2}$$

通常，管壁导热热阻 R_λ 很小，可以忽略，所以管内外壁温度非常接近，即有

$$\varPhi = \frac{t_{f1}-t_w}{R_1} = \frac{t_w-t_{f2}}{R_2}$$

显然，当 $R_1 > R_2$ 时，$t_{f1}-t_w > t_w-t_{f2}$；反之，当 $R_1 < R_2$ 时，$t_{f1}-t_w < t_w-t_{f2}$。可见，壁温 t_w 接近热阻较小一侧（即表面传热系数 h 较大一侧）流体的温度。

在电厂锅炉炉膛中，炉膛火焰温度达一千多摄氏度，而水冷壁管内水蒸气则为饱和温度，即为三百多摄氏度。管壁温度通常接近于管内水蒸气温度，因此，在钢材允许工作范围内，设备能够安全运行。但是如果管内结了严重水垢，读者可以分析可能引起的严重后果。

▶▶▶▶▶▶▶▶

另外，还可以通过在冷流体一侧加装肋片，以强化该侧传热的方式来降低壁温。例如，为了避免锅炉再热器管壁超温，可选用纵向内肋片管，因其布置在冷流体，即管内蒸汽侧，在一定程度上可以达到降低壁温的目的。

二、通过圆筒壁的传热

单层圆筒壁传热过程的总热阻也是由三个环节的热阻串联而成的（见图 14-2），只是由于圆筒壁内外表面积不等，热阻要按总面积计算。

单层圆筒壁的传热热阻为

$$R_k = \frac{1}{h_1 A_1} + \frac{1}{2\pi\lambda l}\ln\frac{d_2}{d_1} + \frac{1}{h_2 A_2}$$

$$= \frac{1}{h_1 \pi d_1 l} + \frac{1}{2\pi\lambda l}\ln\frac{d_2}{d_1} + \frac{1}{h_2 \pi d_2 l}$$

对外侧面积，传热系数 k 的定义式表示为

$$\Phi = kA_2(t_{f1} - t_{f2}) = k\pi d_2 l\Delta t = \frac{\Delta t}{R_k} \qquad (14\text{-}5)$$

由此可得以管外侧面积为基准（工程中习惯以管外侧为基准）的传热系数为

$$k = \frac{1}{\dfrac{d_2}{h_1 d_1} + \dfrac{d_2}{2\lambda}\ln\dfrac{d_2}{d_1} + \dfrac{1}{h_2}} \qquad (14\text{-}6)$$

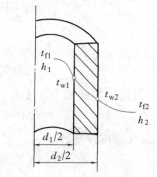

图 14-2　圆筒壁的传热及热网络图

例 14-2　压缩空气在中间冷却器的管外横掠流过，$h_2 = 90\text{W}/(\text{m}^2\cdot\text{K})$。冷却水在管内流过，$h_1 = 6000\text{W}/(\text{m}^2\cdot\text{K})$。冷却管是外径为 16mm、厚度为 1.5mm、热导率为 111W/(m·K) 的黄铜管。求：

1）此时的传热系数。

2）如管外表面传热系数增加一倍，传热系数有何变化？

3）如管内表面传热系数增加一倍，传热系数又有何变化？

解　1）由式（14-6），相对于管外表面积的传热系数为

$$k = \frac{1}{\dfrac{d_2}{h_1 d_1} + \dfrac{d_2}{2\lambda}\ln\dfrac{d_2}{d_1} + \dfrac{1}{h_2}}$$

$$= \frac{1}{\dfrac{1}{6000}\times\dfrac{16}{13} + \dfrac{0.016}{2\times111}\ln\dfrac{16}{13} + \dfrac{1}{90}}\text{W}/(\text{m}^2\cdot\text{K})$$

$$= \frac{1}{0.000205 + 0.0000419 + 0.0111}\text{W}/(\text{m}^2\cdot\text{K})$$

$$= 88.5\text{W}/(\text{m}^2\cdot\text{K})$$

比较分母中的三项热阻，管壁热阻远远小于另外两项，即使略去，对 k 的影响也极小，故以下计算略去管壁热阻。

2）管外表面传热系数增加一倍时，传热系数为

$$k = \cfrac{1}{\cfrac{d_2}{h_1 d_1}+\cfrac{1}{h_2'}} = \cfrac{1}{0.000205+\cfrac{1}{180}} \mathrm{W/(m^2 \cdot K)} = 174\mathrm{W/(m^2 \cdot K)}$$

传热系数较 1）中的计算增加了 96%。

3）管内表面传热系数增加一倍时，传热系数为

$$k = \cfrac{1}{\cfrac{d_2}{h_1' d_1}+\cfrac{1}{h_2}} = \cfrac{1}{\cfrac{1}{12000}\times\cfrac{16}{13}+0.0111} \mathrm{W/(m^2 \cdot K)} = 89.2\mathrm{W/(m^2 \cdot K)}$$

与 1）相比，传热系数的增加还不到 1%。

讨论：

上述计算说明，强化气侧传热所得的效果远较强化水侧传热的好。因此，要强化一个具体的传热过程，必须首先比较传热过程中各个环节的分热阻，抓住分热阻最大的那个环节进行强化，才能获得事半功倍的效果。

三、通过肋壁的传热

除了抓住分热阻大的环节进行强化外，从传热过程的热阻分析看，加大表面传热系数小的一侧的面积 A，也可产生同样的效果，这就是采用肋壁。所谓肋壁就是在壁的光面上增加一些延伸体（肋片或肋挂等）。在表面传热系数小的一侧采用肋壁是强化传热的一种行之有效的方法。

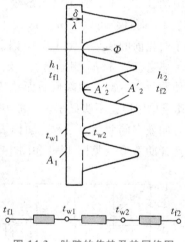

图 14-3 表示一厚度为 δ 的平壁加肋后的情况。肋壁材料的热导率为 λ。假定内侧光壁面积为 A_1，加肋后的外侧表面积为 A_2，A_2 为肋壁表面积 A_2' 与肋壁之间的光壁面积 A_2'' 之和。其他符号如图 14-3 所示。若 $t_{f1}>t_{f2}$，由于肋壁既沿高度方向导热又向温度为 t_{f2} 的流体散热，使肋片表面温度从肋基开始沿肋片高度逐渐降低，故肋面平均温度 $\bar{t}_{w2}$ 小于肋基温度 t_{w2}。因此，肋片实际散热热流量 $h_2 A_2'(\bar{t}_{w2}-t_{f2})$ 比假定整个肋片表面处于肋基温度下的理想散热热流量 $h_2 A_2'(t_{w2}-t_{f2})$ 要小，肋片实际散热热流量与假定整个肋片表面处于肋基温度下的理想散热热流量之比称为肋效率，即

$$\eta = \frac{h_2 A_2'(\bar{t}_{w2}-t_{f2})}{h_2 A_2'(t_{w2}-t_{f2})} = \frac{\bar{t}_{w2}-t_{f2}}{t_{w2}-t_{f2}} \tag{14-7}$$

图 14-3 肋壁的传热及热网络图

在稳定传热的条件下，通过肋壁的传热热流量可由下列方程式表示，即

$$\Phi = h_1 A_1 (t_{f1}-t_{w1}) \tag{a}$$

$$\Phi = \frac{\lambda}{\delta} A_1 (t_{w1}-t_{w2}) \tag{b}$$

$$\Phi = h_2 A_2''(t_{w2}-t_{f2})+h_2 A_2' \eta (t_{w2}-t_{f2}) $$
$$= h_2 (A_2''+A_2' \eta)(t_{w2}-t_{f2}) = h_2 A_2 \eta_0 (t_{w2}-t_{f2}) \tag{c}$$

式中的 $\eta_0 = (A_2''+A_2' \eta)/A_2$，称为肋面总效率，即为肋侧表面总的实际散热热流量与肋壁侧温

度均为肋基温度的理想散热热流量之比。

由式（a）、式（b）和式（c）消去 t_{w1} 和 t_{w2}，得肋壁的传热方程式为

$$\Phi = \frac{t_{f1}-t_{f2}}{\dfrac{1}{h_1 A_1}+\dfrac{\delta}{\lambda A_1}+\dfrac{1}{h_2 A_2 \eta_0}} \tag{14-8}$$

考虑到

$$\Phi = k_1 A_1\left(t_{f1}-t_{f2}\right) = k_2 A_2\left(t_{f1}-t_{f2}\right)$$

得到以光壁面表面积为基准的肋壁传热系数

$$k_1 = \frac{1}{\dfrac{1}{h_1}+\dfrac{\delta}{\lambda}+\dfrac{1}{h_2 \eta_0 \beta}} \tag{14-9a}$$

而以肋侧表面积为基准的肋壁传热系数

$$k_2 = \frac{1}{\dfrac{1}{h_1}\beta+\dfrac{\delta}{\lambda}\beta+\dfrac{1}{h_2 \eta_0}} \tag{14-9b}$$

式中的 $\beta = A_2/A_1$，称为肋化系数，即加肋后的总表面积与未加肋时的表面积之比。β 往往远大于1，而且总可以使 $\eta_0 \beta$ 远大于1。由式（14-9a）看到，肋化后传热热阻 $1/(h_2 \eta_0 \beta)$ 总小于肋化前的传热热阻 $1/h_2$。因此，在较小的 h_2 一侧设置肋片，能够有效地提高传热系数和传热量，h_1 和 h_2 相差越大，效果越显著。必须指出，β 不宜选择过大，因为过大的 β 不仅使肋效率 η 减小而降低肋面总效率 η_0，而且当热阻 $1/(h_2 \eta_0 \beta)$ 小于 $1/h_1$ 后，进一步增加 β 其强化作用就不明显了。一般 β 的选择应使 $1/(h_2 \eta_0 \beta)$ 接近 $1/h_1$ 为宜。

肋效率同肋壁热导率、肋面表面传热系数及肋壁几何尺寸等因素有关，需根据具体情况来选择肋效率（见图 14-4 和图 14-5），一般应使肋效率 $\eta > 80\%$。

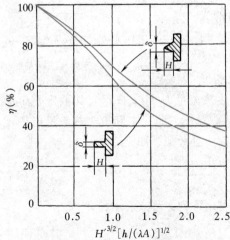

图 14-4 矩形及三角形直肋的效率曲线

H'—考虑肋端散热面积的等效肋高

A—纵截面面积

$$H'=\begin{cases} H+\dfrac{\delta}{2} & \text{矩形肋} \\ H & \text{三角形肋} \end{cases} \qquad A=\begin{cases} \delta H' & \text{矩形肋} \\ \dfrac{\delta H}{2} & \text{三角形肋} \end{cases}$$

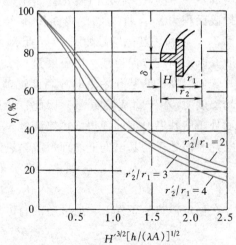

图 14-5 矩形剖面环肋的效率曲线

H'—考虑肋端散热面积的等效肋高

A—纵截面面积

$$H'=H+\frac{\delta}{2}$$
$$r_2'=r_1+H'$$
$$A=\delta(r_2'-r_1)$$

例 14-3　一热导率为 40W/(m·K) 的钢板，两侧流体分别为水和空气，水侧对流传热表面传热系数为 225W/(m²·K)，空气侧表面传热系数为 12W/(m²·K)。为增加两流体间的传热量，在钢板上敷设厚 $\delta = 2mm$、高 $H = 25mm$ 的钢肋片，两肋片的中心面相距 10mm。求以下情况下加肋后传热量提高的百分率：

1）加在空气侧。

2）加在水侧。

3）加在两侧。

解　以上三种情况下的传热温差相同，所以是否知道流体温度，并不影响问题的解答。下面取 1m×1m 的钢板来研究。

1）计算肋面总效率。

肋片数 $n = （1/0.01）$ 片 = 100 片。未装肋部分的面积为

$$A_2'' = 1 - n\delta b = 1m^2 - 100 \times 0.002 \times 1m^2 = 0.8m^2$$

肋壁表面积为

$$A_2' = n(2bH + b\delta) = 100 \times (2 \times 1 \times 0.025 + 1 \times 0.002)m^2 = 5.2m^2$$

外表面的总面积为

$$A_2 = A_2' + A_2'' = (0.8 + 5.2)m^2 = 6.0m^2$$

又

$$H' = H + \frac{\delta}{2} = (0.025 + 0.002/2)m = 0.026m$$

空气侧参量为

$$H'^{3/2}\left(\frac{h_a}{\lambda A}\right)^{1/2} = 0.026^{3/2}\left(\frac{12}{40 \times 0.002 \times 0.026}\right)^{1/2} = 0.318$$

水侧参量为

$$H'^{3/2}\left(\frac{h_w}{\lambda A}\right)^{1/2} = 0.026^{3/2}\left(\frac{255}{40 \times 0.002 \times 0.026}\right)^{1/2} = 1.47$$

据此查图 14-4 得：空气侧的肋效率 $\eta_a = 0.94$，水侧的肋效率 $\eta_w = 0.46$。空气侧加肋时肋面总效率为

$$\eta_{0a} = \frac{A_2'' + A_2'\eta_a}{A_2} = \frac{0.8 + 5.2 \times 0.94}{6.0} = 0.948$$

水侧加肋时肋面总效率为

$$\eta_{0w} = \frac{A_2'' + A_2'\eta_w}{A_2} = \frac{0.8 + 5.2 \times 0.46}{6.0} = 0.532$$

2）未加肋时的传热热流量。

$$\Phi_0 = \frac{t_{af} - t_{wf}}{\dfrac{1}{h_a} + \dfrac{1}{h_w}} = \frac{\Delta t}{\dfrac{1}{12} + \dfrac{1}{255}} = 11.46\Delta t$$

以上计算中略去了平壁本身的导热热阻，以下计算也如此处理。

3）空气侧加肋时传热热流量增加的百分率 ε_a。空气侧加肋后的传热热流量为

$$\Phi_a = \frac{\Delta t}{\dfrac{1}{h_a A_2 \eta_{0a}} + \dfrac{1}{h_w}} = \frac{\Delta t}{\dfrac{1}{12 \times 6 \times 0.948} + \dfrac{1}{255}} = 53.84 \Delta t$$

增加的百分率为

$$\varepsilon_a = \frac{\Phi_a - \Phi_0}{\Phi_0} = \frac{53.84 \Delta t - 11.46 \Delta t}{11.46 \Delta t} = 370\%$$

4）水侧加肋时传热热流量增加的百分率 ε_w。水侧加肋后的传热热流量为

$$\Phi_w = \frac{\Delta t}{\dfrac{1}{h_a} + \dfrac{1}{h_w A_2 \eta_{0w}}} = \frac{\Delta t}{\dfrac{1}{12} + \dfrac{1}{255 \times 6 \times 0.532}} = 11.83 \Delta t$$

增加的百分率为

$$\varepsilon_w = \frac{\Phi_w - \Phi_0}{\Phi_0} = \frac{11.83 \Delta t - 11.46 \Delta t}{11.46 \Delta t} = 3.2\%$$

5）两侧加肋后传热热流量增加的百分率 ε_{wa}。两侧加肋后的传热热流量为

$$\Phi_{wa} = \frac{\Delta t}{\dfrac{1}{h_a A_2 \eta_{0a}} + \dfrac{1}{h_w A_2 \eta_{0w}}} = \frac{\Delta t}{\dfrac{1}{12 \times 6 \times 0.948} + \dfrac{1}{255 \times 6 \times 0.532}} = 62.98 \Delta t$$

增加的百分率为

$$\varepsilon_{wa} = \frac{\Phi_{wa} - \Phi_0}{\Phi_0} = \frac{62.98 \Delta t - 11.46 \Delta t}{11.46 \Delta t} = 450\%$$

讨论：

计算结果证明了肋片加在表面传热系数小的一侧（即热阻大的一侧）对改善传热更有利，加在表面传热系数大的一侧时效果不大。两侧 h 相差越大，这种差异越显著。此外，从肋效率看，加在水侧的肋效率仅 46%，也说明在水侧加肋壁效果差。

第二节　换热器的种类

换热器是两种温度不同的流体进行换热的设备。由于应用场合、工艺要求和设计方案不同，工程上应用的换热器种类很多。这些换热器按工作原理、结构和流动形式分类。

一、按工作原理分类

1. 间壁式换热器

工程上，很多情况下要求将热流体的热量传给冷流体，而不允许两种流体相互混合，例如油冷却器中的油不能与水混合等。因此，在换热器中用固体壁将两种流体隔开，形成间壁式换热器。

2. 混合式换热器

在这种换热器中，两种流体相互混合，依靠直接接触交换热量。因此，这种换热器不需

要用固体壁将两种流体隔开，可以节省大量金属。

3. 回热式（或蓄热式）换热器

在这种换热器中，冷热流体交替地与固体材料接触。一段时间内热流体与固体材料接触，此时固体材料吸收热量温度升高；紧接着的一段时间内冷流体与温度升高了的固体材料接触，固体材料将所吸收的热量释放给冷流体，从而将热流体的热量传给冷流体，如此周而复始。如锅炉内的再生式空气预热器和燃气轮机的空气回热器。这种换热器的金属耗量比间壁式小，但运行麻烦且少量流体会黏附在固体材料上，造成少量的掺混。

间壁式换热器在工程上得到最广泛的应用，所以本节重点介绍间壁式换热器。

二、按结构分类

1. 壳管式换热器

这是间壁式换热器的一种主要形式。化工厂中的加热器、冷却器，电厂中的冷凝器、冷油器以及压缩机中间冷却器等都是壳管式换热器的实例。它由一个大的外壳和许多管子组成，如图 14-6 所示。在这种换热器中，一种流体在管内流动（管内流程称为管程）；另一种流体在管外（壳内）流动（壳内流程称为壳程）。为提高换热效果，在壳内常装有折流挡板，以保证管外流体的良好冲刷和提高流速。根据管程和壳程的多少，壳管式换热器有不同的形式，图 14-6a 为一壳程一管程，即 1-1 型换热器，图 14-6b、c 分别为 1-2 型和 2-4 型换

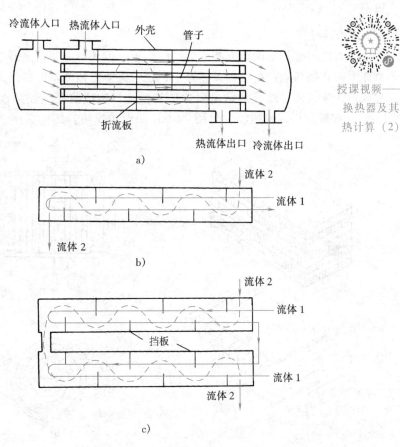

授课视频——
换热器及其
热计算（2）

图 14-6　壳管式换热器

a）1-1 型　b）1-2 型　c）2-4 型

热器。壳管式换热器中，何种流体布置在壳侧，何种流体布置在管侧，必须根据具体的情况做出选择，要综合考虑流体的黏度、结垢特性、腐蚀性以及流量、压力等因素。

2. 套管式换热器

这种换热器由两根同心圆管组成，一种流体在内管内流动，一种流体在外管与内管构成的环形通道内流动（见图14-7），这种换热器没有大直径的外壳，承压能力强，可作为高压流体的热交换器，但其换热量较少，且占地较大。

3. 肋管式换热器

这种换热器在管外加有肋片，以减少管外热阻，使传热得到强化（见图14-8）。汽车的冷却水箱就是这种换热器。

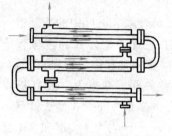

图14-7 套管式换热器

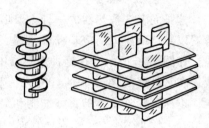

图14-8 肋管式换热器

4. 板式换热器

以上换热器的间壁都是圆形或其他形状的管子，但还有一些换热器以板作为间壁，这样的换热器称为板式换热器。在这种换热器中，由于流体沿板流动的传热系数较小，通常在板上加翅片或设法使流体做螺旋运动来强化传热，这样构成的换热器分别称为板翅式换热器（见图14-9a）和螺旋板式换热器（见图14-9b）。板式换热器结构紧凑、组装灵活、结垢易

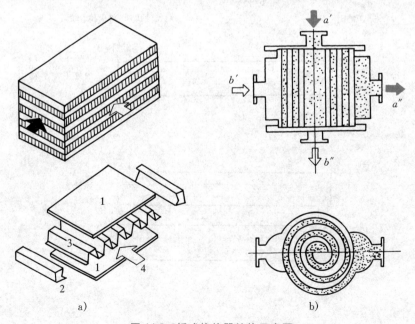

a)   b)

图14-9 板式换热器结构示意图
a) 板翅式换热器 b) 螺旋板式换热器
1—平隔板 2—侧条 3—翅片 4—流体

于清除、传热效率高，与肋管式换热器等统称为紧凑式换热器。印刷电路板换热器（PCHE）也属于板式换热器（见图 14-10），这种换热器由很多加工有微尺度流道的金属板片叠置焊接而成，板片厚度一般小于 5mm。印刷电路板换热器效率高且能承受高温、高压工况，在新型动力循环、超高温核反应堆、光热发电等领域有较大的应用前景。

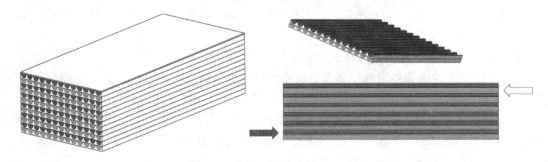

图 14-10　印刷电路板换热器

由上述可见，这些形式的换热器各有优缺点，应根据不同的实际情况选用。

三、按流动形式分类

间壁式换热器按流体流动方式不同又分为顺流、逆流和复杂流换热器三种。两种流体总体上平行流动且方向相同时称为顺流（见图 14-11a）；两种流体总体上平行流动但方向相反时称为逆流（见图 14-11b）；其他流动方式统称为复杂流（见图 14-11c~f）。

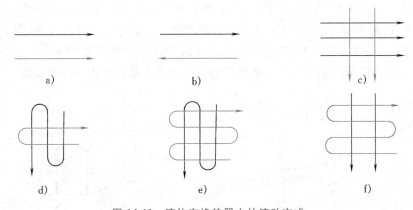

图 14-11　流体在换热器中的流动方式

金属材料的热导率大，常见的换热器多为金属材质。但在一些场合，受金属材料耐腐蚀性能差的限制，可以使用非金属材料。许多非金属材料导热性能不如金属，但具有优良的耐高温和耐腐蚀性能，且化学性质稳定。此时可采用非金属换热器，如陶瓷换热器、石墨换热器、玻璃换热器、氟塑料换热器等。

第三节　换热器的热计算

传热方程式（14-2）是换热器热计算的基本方程，它是描述冷、热流体之间传热过程的关系式，在使用它时必须首先解决传热温差 Δt 如何确定的问题。由于换热器中冷、热流体沿传热面流动时,沿途温度一般要发生变化,两者之间的温差也发生变化,且随着换热器中流动方式的不同而异。因此,当利用传热方程式来计算整个传热面上的热流量时,必须使用整个传热面上的平均温差 Δt_m。据此,传热方程式的一般形式应为

$$\Phi = kA\Delta t_m \tag{14-10}$$

下面先介绍平均温差的计算式,然后再介绍换热器的两类计算:设计计算和校核计算。

一、对数平均温差

1. 顺流和逆流的平均温差计算式

图 14-12 表示单流程顺流和单流程逆流换热器中流体的温度分布。t_1 和 t_2 分别代表热流体和冷流体的温度,上标 "'" 和 """ 用以表示流体的进口和出口。

不论顺流还是逆流,热流体温度 t_1 和冷流体温度 t_2 沿传热面 A 的变化通常是非线性的,因此,两种流体之间的平均温差 Δt_m 不能以传热面两端的温度差 Δt_1 和 Δt_2 的算术平均值计算,只能以对数平均温差公式计算。对数平均温差公式推导如下:

如图 14-12 所示,在距一种流体入口 A_x 处取一微元面积 dA,通过 dA 的热流量,应该等于流过 dA 的热流体放出的热流量或冷流体吸收的热流量,即

$$d\Phi = kdA(t_1 - t_2) = kdA\Delta t \tag{a}$$

$$d\Phi = -q_{m1}c_1 dt_1 \tag{b}$$

$$d\Phi = \pm q_{m2}c_2 dt_2 \tag{c}$$

式(b)中的负号是由于热流体流过 dA 时,不论顺流或逆流,放出了热流量 $d\Phi$ 后温度下降了 dt_1,即 dt_1 都为负。同理,式(c)中的正负号分别表示冷流体流过 dA 时,顺流时 dt_2 为正,逆流时 dt_2 为负。两式中的 q_{m1} 和 q_{m2} 各代表热流体和冷流体的质量流量,c_1 和 c_2 各表示热流体和冷流体的比热容,冷、热流体的 q_m、c 和传热系数 k 都设为定值。

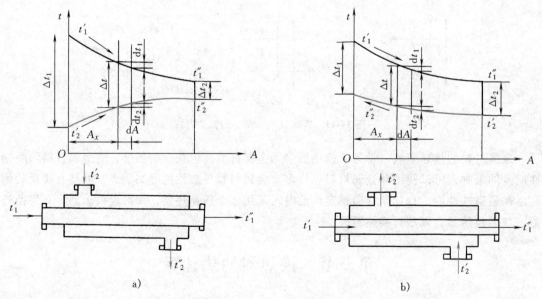

a)　　　b)

图 14-12　换热器中流体温度分布

a)顺流　b)逆流

将式（b）和式（c）改写为

$$dt_1 = -\frac{d\Phi}{q_{m1}c_1}, \quad dt_2 = \pm\frac{d\Phi}{q_{m2}c_2}$$

则

$$d(\Delta t) = dt_1 - dt_2 = -d\Phi\left(\frac{1}{q_{m1}c_1} \pm \frac{1}{q_{m2}c_2}\right) \tag{d}$$

由式（a）得

$$\Delta t = \frac{d\Phi}{k\,dA} \tag{e}$$

式（d）除以式（e），得到

$$\frac{d(\Delta t)}{\Delta t} = -\left(\frac{1}{q_{m1}c_1} \pm \frac{1}{q_{m2}c_2}\right)k\,dA \tag{f}$$

式（f）括号内，顺流取"＋"号，逆流取"－"号。对式（f）沿整个传热面由 O 至 A 进行积分，得到

$$\ln\frac{\Delta t_2}{\Delta t_1} = -\left(\frac{1}{q_{m1}c_1} \pm \frac{1}{q_{m2}c_2}\right)kA \tag{g}$$

再对式（d）自换热器的左端至右端进行积分，则得

$$\Delta t_2 - \Delta t_1 = -\Phi\left(\frac{1}{q_{m1}c_1} \pm \frac{1}{q_{m2}c_2}\right) \tag{h}$$

由式（g）和式（h）解得

$$\Phi = kA\frac{\Delta t_2 - \Delta t_1}{\ln\dfrac{\Delta t_2}{\Delta t_1}} \tag{i}$$

另外，按传热公式，通过整个传热面的热流量为

$$\Phi = kA\Delta t_m \tag{j}$$

比较式（i）和式（j），则对数平均温差 Δt_m 为

$$\Delta t_m = \frac{\Delta t_2 - \Delta t_1}{\ln\dfrac{\Delta t_2}{\Delta t_1}} = \frac{\Delta t_1 - \Delta t_2}{\ln\dfrac{\Delta t_1}{\Delta t_2}} \tag{k}$$

式（k）对于顺流和逆流都可以使用。顺流时 Δt_1 总是大于 Δt_2，但逆流时有可能出现 $\Delta t_1 <$ Δt_2 的情况，此时如果仍按式（k）计算 Δt_m，则分子分母均出现负值。为了避免这一点，可以不论顺流、逆流，统一用计算式

$$\Delta t_m = \frac{\Delta t_{max} - \Delta t_{min}}{\ln\dfrac{\Delta t_{max}}{\Delta t_{min}}} \tag{14-11}$$

式中，Δt_{max} 为传热面两端的温差 Δt_1 和 Δt_2 中之大者；Δt_{min} 为两者中之小者。式（14-11）即为对数平均温差公式。

2. 其他复杂布置时的换热器平均温差

对于复杂流换热器，其对数平均温差可按下列步骤求取：先从冷热流体进、出口温度计算出按逆流布置条件下的对数平均温差，然后乘以对数温差修正系数 ψ，写成公式为

$$\Delta t_{m} = \frac{\Delta t_{max} - \Delta t_{min}}{\ln \dfrac{\Delta t_{max}}{\Delta t_{min}}} \psi \qquad (14\text{-}12)$$

修正系数 ψ 除与流动方式有关外，还与辅助量 P 和 R 有关。P、R 的定义式为

$$\begin{cases} P = \dfrac{t_2'' - t_2'}{t_1' - t_2'} = \dfrac{\text{冷流体加热度}}{\text{两流体进口温差}} \\[3mm] R = \dfrac{t_1' - t_1''}{t_2'' - t_2'} = \dfrac{\text{热流体冷却度}}{\text{冷流体加热度}} \end{cases} \qquad (14\text{-}13)$$

ψ 的数值可查图 14-13~图 14-16，其他换热器的 ψ 可查传热手册。当 R 超出图中所给范围时，可用 $1/R$ 代替 R，PR 代替 P 查图。$\psi = 1$ 时，平均温差等于逆流时的平均温差，因而 ψ 的大小可用以反映流动形式接近逆流的程度。为经济计，设计换热器时一般应使 $\psi \geqslant 0.8$。

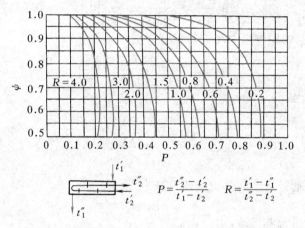

图 14-13　壳侧 1 程，管侧 2，4，6，8，…程的 ψ 值

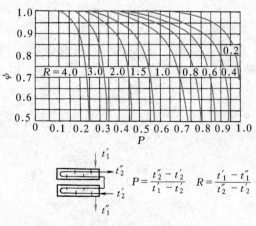

图 14-14　壳侧 2 程，管侧 4，8，12，
16，…程的 ψ 值

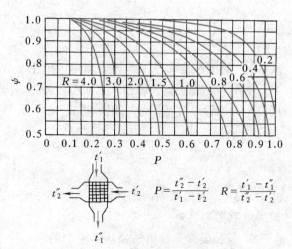

图 14-15　一次交叉流，两种流体各自都
不混合时的 ψ 值

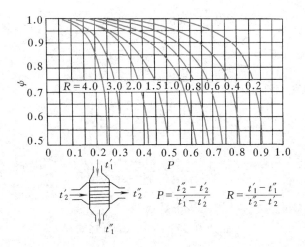

图 14-16　一次交叉流，一种流体混合、另一种流体不混合时的 ψ 值

3. 各种流动形式的比较

在各种流动形式中，顺流和逆流可以当作是两种极端情况。在相同进出口温度条件下，逆流平均温差最大，顺流平均温差最小，其他布置方式平均温差介于其间。可见，在传递相同热量情况下，采用逆流布置所需传热面积更小，而当传热面积相同时，采用逆流布置可传递更多热量。顺流布置时冷流体出口温度总是小于热流体出口温度，而逆流布置时，冷流体出口温度可能高于热流体出口温度。因此，设计换热器时均希望采用逆流布置方式。但逆流流动也有缺点，即热流体和冷流体最高温度发生在换热器同一侧，使该处壁温特别高。对于高温换热器而言，这会提高对管壁金属的耐高温要求。为了设备安全，降低造价，并同时充分利用逆流布置的优点，有时需要采用顺流与逆流组合布置的方式。电站锅炉的高温过热器就是采用该组合布置方式，如图 14-17 所示。

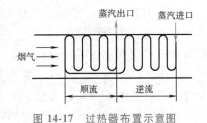

图 14-17　过热器布置示意图

在有些换热器中，冷、热流体之一发生相变，流体在整个传热面上保持其饱和温度，这类换热器无论按顺流或逆流计算，其平均温差都相同。

另外，理论分析表明，对工程上常见的流经蛇形管的传热，只要管束的曲折次数超过 4 次，即可根据总体流动方向按照纯顺流或逆流布置处理。

例 14-4　某换热器，壳侧热流体的进出口温度分别为 300℃ 和 150℃，管侧冷流体的进出口温度分别为 35℃ 和 85℃。求该换热器分别为逆流式换热器、顺流式换热器、叉流式换热器（两种流体各自都不混合）时的平均传热温差。

解　1）逆流式换热器，有

$$\Delta t_m = \frac{\Delta t_{max} - \Delta t_{min}}{\ln \frac{\Delta t_{max}}{\Delta t_{min}}} = \frac{(300-85)-(150-35)}{\ln \frac{300-85}{150-35}}℃ = 159.8℃$$

2）顺流式换热器，有

$$\Delta t_{\mathrm{m}} = \frac{\Delta t_{\max} - \Delta t_{\min}}{\ln \dfrac{\Delta t_{\max}}{\Delta t_{\min}}} = \frac{(300-35)-(150-85)}{\ln \dfrac{300-35}{150-85}} \mathrm{℃} = 142.3\mathrm{℃}$$

3）叉流式换热器，有

$$P = \frac{t_2'' - t_2'}{t_1' - t_2'} = \frac{85-35}{300-35} = 0.19$$

$$R = \frac{t_1' - t_1''}{t_2'' - t_2'} = \frac{300-150}{85-35} = 3$$

查图 14-15，得修正系数 $\psi = 0.97$，于是

$$\Delta t_{\mathrm{m}} = 0.97 \times 159.8\mathrm{℃} = 155\mathrm{℃}$$

讨论：

计算可知，如换热量相同，传热系数相同，则逆流式换热器的面积最小，叉流式换热器次之，顺流式换热器的面积最大。

二、换热器的热计算

换热器的热计算有两种方法：一种是对数平均温差法；另一种是效能-传热单元法（ε-NTU）。在此仅介绍对数平均温差法。

对数平均温差法热计算中用到的基本方程为：

传热方程式（14-10）　　　　　　　$\Phi = kA\Delta t_{\mathrm{m}}$

热平衡方程式　　　　$\Phi = q_{m1}c_1(t_1' - t_1'') = q_{m2}c_2(t_2'' - t_2')$　　　　　　　　（14-14）

在上述 3 个方程式（14-10）和式（14-14）中，k 可以根据有关公式算出，c_1、c_2 可根据流体的种类和温度查到，式（14-10）中的 Δt_{m} 可按式（14-12）计算，因此未知量有 Φ、A、t_1'、t_1''、t_2'、t_2''、q_{m1} 和 q_{m2} 共 8 个。3 个方程式 8 个未知量是不可能获解的，必须给出 8 个量中的任意 5 个量后，方能获解。

根据给定量的不同，换热器的计算可以分为两大类：一类是 A 为未知量（常称为设计计算）；另一类是 A 为给定量（常称为校核计算）。下面分别列出设计计算和校核计算的主要步骤。

1. 设计计算

在上述 8 个量中，传热面积 A 一定是未知量，因此式（14-14）中只出现 2 个未知量，在大部分情况下可容易获解。最常见的情况是：

1）未知量为冷、热流体的进口温度或出口温度。

2）未知量为 Φ 和 4 个进出口温度中的任一个。

3）未知量为任一个 q_m 和另一侧进出口温度中的任一个。

这三种情况均可按下述步骤计算：

1）根据给定条件，由热平衡方程式（14-14）求出 Φ 或 q_m，或进、出口温度中的那个未知温度。

2）确定流动方式，由冷、热流体的 4 个进、出口温度确定平均温差 Δt_{m}。

3）选定传热面的形状和尺寸（平板或圆管、圆管直径、壁厚及管间距 s_1 和 s_2），结合

质量流量，求出两侧表面传热系数，并计算出相应的传热系数 k。

4）由传热方程式（14-10）求出所需的传热面积 A，并进一步求得管长或板长 l。

5）计算换热器流动阻力 Δp，若流阻过大，则应改变方案重新设计。

2. 校核计算

在上述的 8 个量中，换热器面积 A 一定是已知量。此时 3 个未知量都集中出现在热平衡方程式中，因而无法只用热平衡方程式求解，必须与传热方程联立求解。而传热方程是一个含有自然对数项的方程，无法采用代数方法求解，只能采用试算法。现以未知量为 t_1''、t_2'' 和 Φ 为例，说明求解过程。其余情况可依次类推。步骤如下：

1）假定一种流体的出口温度 t_1''（或 t_2''），用热平衡方程式（14-14）求出另一种流体的出口温度 t_2''（或 t_1''）。

2）由 4 个进、出口温度，用热平衡方程式（14-14）求传热热流量 Φ'。

3）根据换热器的流动方式，由 4 个进、出口温度求得平均温差 Δt_m。

4）根据换热器的结构，算出相应工作条件下的对流传热表面传热系数 h 和传热系数 k。

5）求传热热流量 $\Phi'' = kA\Delta t_m$。如果 Φ'' 与步骤 2 求得的 Φ' 相等或偏差不超过 ±5%，则表明假定的流体出口温度与事实相符或相近，计算结束。否则重复上述步骤 1 至 5，直到用步骤 2 和 5 求得的传热热流量差值小于允许偏差为止。

例 14-5　一油冷却器是由外径为 15mm、壁厚为 1mm 的铜管制成的壳管式换热器，铜管叉排排列。在油冷却器中，密度为 879kg/m³，比热容为 1950J/(kg·K)，质量流量为 39m³/h 的 30 号汽轮机油，从 $t_1' = 56.9℃$ 冷却到 $t_1'' = 45℃$。冷却水在油冷却器管内流过，进口温度 $t_2' = 33℃$，温升为 4℃，两个流程，表面传热系数 $h_1 = 4480W/(m^2 \cdot K)$。油在管外的隔板间流过，对流传热表面传热系数 $h_2 = 452W/(m^2 \cdot K)$。试求所需的传热面积。

解　先分析已知量和未知量。已知量为 q_{m1}、t_1'、t_1''、t_2' 和 t_2''，未知量为 q_{m2}、A 和 Φ，可以求解。

1）冷却水出口温度 t_2'' 为

$$t_2'' = t_2' + \Delta t_2 = (33+4)℃ = 37℃$$

2）求平均传热温差 $\Delta t_{m,1-2}$。

$$P = \frac{t_2'' - t_2'}{t_1' - t_2'} = \frac{37-33}{56.9-33} = 0.17$$

$$R = \frac{t_1' - t_1''}{t_2'' - t_2'} = \frac{56.9-45}{37-33} = 3$$

查图 14-13 得对数温差修正系数 $\psi_{1-2} = 0.97$。逆流时对数平均温差为

$$\Delta t_m = \frac{\Delta t_{max} - \Delta t_{min}}{\ln \dfrac{\Delta t_{max}}{\Delta t_{min}}} = \frac{(56.9-37)-(45-33)}{\ln \dfrac{56.9-37}{45-33}}℃ = 15.6℃$$

传热温差为

$$\Delta t_{m,1-2} = \psi_{1-2} \Delta t_m = 0.97 \times 15.6℃ = 15.1℃$$

3）热流量 Φ 为

$$\Phi = q_m c_1 (t_1' - t_1'') = \frac{39 \times 879}{3600} \times 1950 \times (56.9 - 45)\,\mathrm{W} = 221 \times 10^3\,\mathrm{W}$$

4）传热系数 k 为

$$k = \frac{1}{\dfrac{d_2}{h_1 d_1} + \dfrac{d_2}{2\lambda}\ln\dfrac{d_2}{d_1} + \dfrac{1}{h_2}} \approx \frac{1}{\dfrac{0.015}{4480 \times 0.013} + \dfrac{1}{452}}\,\mathrm{W/(m^2 \cdot K)} = 405\,\mathrm{W/(m^2 \cdot K)}$$

5）传热面积 A 为

$$A = \frac{\Phi}{k \Delta t_{m,1\text{-}2}} = \frac{221000}{404.9 \times 15.1}\,\mathrm{m^2} = 36.1\,\mathrm{m^2}$$

例 14-6 100℃、$3 \times 10^5\,\mathrm{Pa}$ 的空气，以 7700kg/h 的质量流量在 1-2 型壳管式换热器的管间流动；冷却水以 7500kg/h 的质量流量流经管内，进口温度为 15℃。已知传热系数 $k = 155.8\,\mathrm{W/(m^2 \cdot K)}$，传热面积 $A = 20.3\,\mathrm{m^2}$，试求空气通过换热器后的出口温度。

解 已知量为 t_1'、q_{m1}、q_{m2}、t_2' 和 A，未知量为 t_1''、t_2'' 和 Φ，可以求解。

1）求空气的出口温度 t_1''。假设水的出口温度为 25℃，则水的平均温度为

$$t_2 = \frac{1}{2}(25 + 15)\,℃ = 20\,℃$$

据此查附录 A-14，得水的比热容 $c_2 = 4183\,\mathrm{J/(kg \cdot K)}$。冷却水的吸热热流量

$$\Phi' = q_{m2} c_2 (t_2'' - t_2') = \frac{7500}{3600} \times 4183 \times (25 - 15)\,\mathrm{W} = 87100\,\mathrm{W}$$

于是空气的出口温度为

$$t_1'' = t_1' - \frac{\Phi'}{q_{m1} c_1} = 100\,℃ - \frac{87100}{\dfrac{7700}{3600} \times 1009}\,℃ = 59.6\,℃$$

2）求传热温差 Δt_m。

$$R = \frac{t_1' - t_1''}{t_2'' - t_2'} = \frac{100 - 59.6}{25 - 15} = 4.04$$

$$P = \frac{t_2'' - t_2'}{t_1' - t_2'} = \frac{25 - 15}{100 - 15} = 0.118$$

由图 14-13 得对数温差修正系数 $\psi = 0.97$。于是传热温差为

$$\Delta t_m = \psi \frac{\Delta t_{max} - \Delta t_{min}}{\ln \dfrac{\Delta t_{max}}{\Delta t_{min}}} = 0.97 \times \frac{(100 - 25) - (59.6 - 15)}{\ln \dfrac{100 - 25}{59.6 - 15}}\,℃ = 56.7\,℃$$

3）传热热流量为

$$\Phi'' = kA\Delta t_m = 155.8 \times 20.3 \times 56.7\,\mathrm{W} = 179000\,\mathrm{W}$$

4）校核水的出口温度 t_2''，有

$$t_2'' = t_2' + \frac{\Phi''}{q_{m2}c_2} = 15℃ + \frac{179000}{\frac{7500}{3600} \times 4183}℃ = 35.6℃$$

此值与假定值 25℃相差太大，必须重新计算。

5）重新计算。以上计算表明，t_2''的假定值偏低。第二次假定 $t_2'' = 29.7℃$，用相同的方法计算，得 $t_1'' = 40.6℃$，传热温差 $\Delta t_{m,1-2} = 41.5℃$，校核水的出口温度得 $t_2'' = 29.9℃$。此值与第二次假定值 29.7℃相近。因此，可认为水的出口温度 $t_2'' = 29.9℃$。由热平衡得空气出口温度 $t_1'' = 40℃$。

第四节 传热的强化、削弱及温度控制

在换热器和热设备中，常常遇到需要强化或削弱传热以及温度控制的问题。例如，改进后的蒸汽轮机出力提高，要求冷凝器凝结更多的水蒸气，即传递更多的热流量；又如锅炉过热器出口水蒸气超温，要求过热器传递的热流量减少。前例要求强化传热，后例要求削弱传热。所谓强化传热是指采取措施提高换热设备单位面积的热流量，使换热设备达到体积小、重量轻的目的。而削弱传热则是采取措施减少换热设备的热流量以及避免热量的散失，以满足生产的要求，或减少对环境的热污染，改善工作和劳动条件。温度控制是对热量传递过程中的关键位置、核心元件进行温度调控，使其在一定温度范围内安全经济地运行，或为得到优质产品使生产过程的温度维持一定或按一定规律变化。

一、强化传热

由传热方程式

$$\Phi = kA\Delta t_m = \frac{\Delta t_m}{R_k} \tag{14-15}$$

可见，强化传热有两个基本途径：加大传热温差和减小传热面的总热阻。

1. 加大传热温差

途径有两条：一是提高热流体温度或降低冷流体温度；二是改变流体流程。由例 14-4 知，同样的流体进出口温度，逆流时平均温差最大，所以应尽量采用逆流式换热器。在复杂流的情况下应尽量选用 ψ 接近于 1（一般不允许 $\psi < 0.8$）的流动方式。

2. 减小传热面总热阻

传热面总热阻由传热过程中各串联热阻所组成，从例 14-3 中可清楚地看到，采取措施减小最大的传热分热阻收效最显著。采取的措施有：

（1）减小导热热阻 主要指传热面表面可能存在的灰垢、水垢和油垢热阻，因污垢层热导率较小，有时会成为传热过程中的主要热阻，因此，传热面应定期吹灰或清洗。

（2）减小对流传热热阻 在工程上常用方法有，在表面传热系数小的一侧加装肋壁，并注意肋基要接触良好，这是减小传热热阻最有效的方法。另外，可以适当增加流速，采用小管径，增加流体的扰动和混合以破坏边界层等措施来提高对流传热表面传热系数，如在管道内设置强化圈，则内壁面一侧的对流传热表面传热系数将会显著提高。

（3）减小辐射传热热阻 增加辐射系统的黑度，增加物体间的角系数和提高辐射源温度等，都能减小辐射热阻 $1/(h_rA)$。

二、削弱传热

1. 削弱传热的基本途径

削弱传热与强化传热正好相反，可以通过减小传热温差和增大传热过程的总热阻来削弱传热。减小传热温差比较简单，这里只介绍如何增大传热热阻。

在工程上大多数是利用在壁面上增加一层保温层来达到增加热阻的目的。敷设保温层的目的不尽相同，有的是为了节约能源，防止热力管道和设备中的热量向大气中散失；有的是为了实现生产技术过程的可能性，例如，当锅炉过热器出口水蒸气严重超温时，可采取一简便的补救办法，即用耐火泥包覆部分过热器传热面，使这部分传热面的导热热阻显著增加，从而大大减小这部分传热面的热流量，进而可使整个过热器的热流量降低，蒸汽出口温度下降；还有的是为了创造合乎卫生条件的劳动环境。敷设保温层的技术包括保温材料的选择，保温层厚度的确定，先进的保温结构及工艺、检测技术等。对保温层的选择和计算应该从经济上、技术上和卫生方面的要求综合考虑。

对于周期性工作的炉窑，用低密度、低热扩散率的新型耐火材料（如硅酸铝纤维炉衬、高铝陶瓷纤维炉衬等）代替耐火砖，可节能 15%~30%。

保温材料的表面铝层（铝板、铝箔或真空镀铝）的高反射率可降低表面的辐射黑度，减少散热；铝层的防水作用能使保温材料保持良好的保温性能。此外，当保温材料较薄时，表面铝层可使保温效率提高很多（例如，可达 50%），这对于车厢、汽车发动机舱盖的保温隔热有较大的意义。但在管道保温中，由于保温层较厚，表面铝层对保温效率的影响不显著[17]。

保冷技术（介质温度低于环境温度）与保温技术原则上相似，但有其特殊性。由于隔热材料温度低于环境温度，易结露或结冰。一方面可采用真空密封材料，另一方面可将隔热材料厚度适当增大，以弥补结露和结冰造成的隔热效果的降低。真空多层镀铝聚酯薄膜是较好的低温隔热材料，它的表观热导率为 $10^{-4}\mathrm{W}/(\mathrm{m} \cdot \mathrm{K})$ 的数量级，已广泛用于杜瓦瓶（盛低温物质如液氧、液氮等的容器）、人造卫星和深冷工程等。

2. 临界热绝缘直径

值得指出的是，在平壁上敷设保温层，热阻总是随厚度增大而增大，从而使传热削弱，这是没有疑问的。但是，在圆管上敷设保温层时，热阻并不总是随厚度增加的，相反地有时会减小，从而使传热增加。通过传热计算式的分析，可以找出产生以上情况的原因。

当圆管外包保温层后，其热流量计算式为

$$\Phi = \frac{t_{f1}-t_{f2}}{\dfrac{1}{h_1\pi d_1l}+\dfrac{1}{2\pi\lambda_w l}\ln\dfrac{d_2}{d_1}+\dfrac{1}{2\pi\lambda_a l}\ln\dfrac{d_x}{d_2}+\dfrac{1}{h_2\pi d_xl}} \tag{14-16}$$

式中，d_1、d_2、d_x 分别为管道内、外径及保温层外径；λ_w、λ_a 分别为管道材料和保温材料的热导率；h_1 为管内流体与管内壁的总表面传热系数；h_2 为保温层外表面与周围环境的总表面传热系数。

令 $\mathrm{d}\Phi/\mathrm{d}d_x=0$，可求出使传热效果发生转折的保温层外径，即

$$d_x = d_{cr} = \frac{2\lambda_a}{h_2} \tag{14-17}$$

式中，d_{cr} 称为**临界热绝缘直径**，即指管道散热量最大时的保温层的直径。

当 $d_x < d_{cr}$ 时，增大保温层厚度，散热量反而增加；只有当 $d_x > d_{cr}$ 时，散热量才会随保温层厚度的增大而减小，以达到减少热损失 Φ 的目的。圆管散热量与保温层外径的关系粗略示于图 14-18。可见，当管外直径 $d_2 < d_{cr}$ 时，为削弱传热，敷设保温层的厚度应注意使 $d_x > d_{cr}$。

在电力输送过程中，强大的电流在输电线中产生热量。由于输电线的直径一般小于临界热绝缘直径，因此，在输电线外包上一层绝缘层不仅能使电绝缘，而且有利于散热。

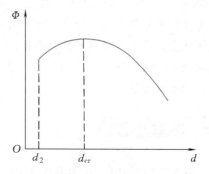

图 14-18　圆管散热量与保温层外径的关系

对于工程中的一般热力管道，其直径往往已大于临界热绝缘直径，因而敷设保温材料可减少热损失。

在进行换热器设计，以及在采取强化传热或削弱传热的措施时，对于许多换热设备，如锅炉、冷水塔等，不但要考虑传热学问题，而且还要考虑其他有关问题，如材料、强度、结构、腐蚀以及经济性等。

三、温度控制

在工业生产中，还需对生产工艺、关键设备和核心元器件的温度进行有效控制。分析影响传热过程的因素，从传热方程式或牛顿冷却定律出发，即

$$\Phi = kA\Delta t_m \text{ 或 } \Phi = hA(t_w - t_f)$$

当换热面积 A 一定时，根据热流量的大小或变化规律，可通过控制传热系数 k 或对流传热表面传热系数 h 来调节温差的大小，从而使物体或环境的温度控制在安全范围之内或按一定规律变化。

温度控制主要有以下两种情况：

1. 工艺要求

工业生产中多数生产流程都需要使温度维持或稳定在一定的数值或按一定规律变化，此时就需要对温度进行有效控制。例如钢的热处理工艺，退火、正火、淬火和回火四种基本工艺均需要将工件加热到一定温度。根据材料和工件尺寸采用不同的保温时间，以提高钢的刚度、硬度、耐磨性、疲劳强度以及韧性，满足不同机械零件和工具的使用要求。新能源汽车或储能电池均需要进行有效的热管理，根据温度对电池性能的影响，结合电池的电化学和产热特性，通过温度控制，使电池运行在最佳充放电温度区间，以提升电池整体性能。人的衣着随季节的变化而变化也是把人体的温度控制在一定范围内。

2. 安全需求

温度控制对于设备的安全经济运行、设备寿命也有重要意义。例如压缩机制冷系统中的关键部件压缩机，其在压气过程中不断产生热量，此时需要将这些热量及时排出以保证压缩机在一定温度范围内正常工作，否则会导致压缩机损坏。随着集成电路技术的发展，芯片的运行速度越快，产生的热量就越多，甚至影响到芯片正常工作，芯片寿命也随高温运行时长而缩短。一般情况下，芯片的工作温度不能超过 100℃。为提高电子系统的性能和可靠性，必须对芯片做好高效散热。目前，芯片的冷却正逐渐从风冷向液冷技术发展。液体火箭发动

机燃烧室的温度可达 3000~4500K，超出了绝大多数材料的熔点，且热流密度最高可达 160MW/m²，因此必须对推力室进行有效冷却。目前燃烧室和喷管的主流冷却方式包括再生冷却和薄膜冷却。再生冷却即在燃烧室内壁布置微细的燃料通道。薄膜冷却是在燃烧室与燃烧气体之间注入气膜或液膜，在壁面和燃烧气体之间形成隔热层以降低热流密度，维持火箭发动机壁面温度在许可范围之内。航空发动机涡轮叶片冷却、LED 灯热管理和汽车前灯热管理均属此类型。

本章小结

换热器是温度不同的流体进行传热的热工设备。换热器热计算所依据的基本方程是传热方程

$$\Phi = kA\Delta t$$

对于平壁传热系数 k 的计算式为

$$k = \cfrac{1}{\cfrac{1}{h_1} + \cfrac{\delta}{\lambda} + \cfrac{1}{h_2}}$$

换热器可以按照工作原理、结构和流动方式等进行分类。

换热器中由于冷、热流体沿传热面流动温度发生变化，在利用传热方程进行热计算时必须使用整个传热面上的平均温差——对数平均温差 Δt_m。对于逆流和顺流的换热器对数平均温差 Δt_m 可以采用统一的计算式，即

$$\Delta t_m = \frac{\Delta t_{\max} - \Delta t_{\min}}{\ln \cfrac{\Delta t_{\max}}{\Delta t_{\min}}}$$

换热器的热计算包括设计计算和校核计算，它们所依据的基本方程是：

传热方程 $\qquad\qquad \Phi = kA\Delta t_m$

热平衡方程 $\qquad \Phi = q_{m1}c_1(t_1' - t_1'') = q_{m2}c_2(t_2'' - t_2')$

根据传热方程可以得到强化传热和削弱传热的措施与方法。

通过本章学习，要求读者：

1）掌握传热过程和传热方程。

2）掌握不同壁面传热系数的计算。

3）掌握换热器热设计的基本方法。

4）了解强化传热和削弱传热的措施与方法。

思考题

14-1 复合传热和传热过程有何区别？

14-2 换热器按结构如何分类？

14-3 在换热器中，将肋装在表面传热系数小的一侧的目的是什么？

14-4 试述顺流和逆流换热器的优缺点。

14-5 何谓对数平均温差？对于不同流动方式的换热器如何进行计算？

14-6 进行换热器热计算时所依据的基本方程是哪些?

14-7 什么是换热器的设计计算?什么是换热器的校核计算?

14-8 在什么情况下要考虑临界热绝缘直径问题?

14-9 试述增强传热的基本思想。

习题

14-1 根据热阻串联规律,写出两层平壁和圆筒壁传热热流量的计算式,并写出壁面温度的计算式。

14-2 一锅炉锅筒,壁厚为20mm,外径为0.6m,热导率 $\lambda = 58$ W/(m·K),烟气温度 $t_1 = 1000$℃,水温 $t_2 = 200$℃。烟气到锅筒壁的总表面传热系数 $h_1 = 116$ W/(m²·K),锅筒壁壁面到水的表面传热系数 $h_2 = 2326$ W/(m²·K)。求以锅炉外壁为基准面的锅筒的热流密度和汽包外壁表面的温度。若锅筒内壁表面结了一层5mm的水垢,其热导率 $\lambda_2 = 1.3$ W/(m·K),假设结出水垢后水侧的表面传热系数不变,再求各值。

14-3 蒸汽管道的内外径各为200mm和216mm,为减少热损失,管外包以120mm的硅藻土石棉灰,其热导率为0.1W/(m·K);蒸汽的温度为300℃,绝热层外的空气温度为25℃,钢管的热导率为46.5W/(m·K),内外表面的对流传热表面传热系数各为516W/(m²·K)和9.9W/(m²·K)。试求单位管长的热损失和内外表面的温度。

14-4 肋管的外径为30mm,壁厚为2mm,肋为环肋,高20mm,厚0.4mm,肋与肋之间的距离为2.6mm,外侧的对流传热表面传热系数为80W/(m²·K)。肋与管子的材料相同,$\lambda = 200$W/(m·K),管内水蒸气凝结传热表面传热系数为12000W/(m²·K),试计算肋管的传热系数。

14-5 厚10mm、热导率 $\lambda = 50$ W/(m·K)的平壁,两侧表面积均为 A_1,总对流传热表面传热系数分别为 $h_1 = 200$ W/(m²·K)和 $h_2 = 10$ W/(m²·K)。一侧加肋后的肋化系数 $\beta = 13$,肋面总效率 $\eta_0 = 0.9$,两侧流体温度分别为 $t_{f1} = 75$℃,$t_{f2} = 15$℃。求以未加肋侧面积 A_1 为基准的热流密度和加肋前后热流量的变化。

14-6 一套管式换热器长2m,外壳内径为6cm,内管外径为4cm,厚3mm。内管中流过冷却水,平均温度为40℃,体积流量为0.0016m³/s。平均温度70℃的L-AN15润滑油流过环形空间,体积流量为0.005m³/s。试计算内外壁面均洁净的传热系数值。冷却水经处理的冷却塔水,管壁材料为黄铜。[油类被冷却时,层流传热可按 $Nu = 1.86 (RePrd/l)^{1/3} (\eta_f/\eta_w)^{0.14}$ 计算,定性温度为流体平均温度。]

14-7 已知 $t_1' = 300$℃,$t_1'' = 210$℃,$t_2' = 100$℃,$t_2'' = 200$℃,试计算下列流动配置时的对数平均温差:

1)逆流布置。

2)一次交叉,两种流体均不混合。

3)1-2型壳管式,热流体在壳侧。

4)2-4型壳管式,热流体在壳侧。

5)顺流布置。

14-8 一台1-2型壳管式换热器用来冷却L-AN10润滑油。冷却水在管内流动,$t_2' = 20$℃,$t_2'' = 50$℃,流量为3kg/s;热油入口温度为100℃,出口温度为60℃,$k = 350$ W/(m²·K)。试计算:

1)油的流量。

2)所传递的热量。

3)所需的传热面积。

14-9 一壳管式换热器的传热面由内、外径分别为13mm、16mm的铜管组成。管内水的流速为1m/s,进口水温 $t_2' = 25$℃,出口水温 $t_2'' = 30$℃。管外空气横向流动,在最窄处气流速度为5m/s。空气进、出口温度为 $t_1' = 100$℃、$t_1'' = 60$℃。在该壳管式换热器中,壳侧单相介质横向流动传热的准则方程式为:$Nu_f = 0.25Re_f^{0.6}Pr_f^{0.33}$,污垢热阻可取 $R = 0.0008$m²·K/W(按管子外表面计算)。若换热器的热负荷 $\Phi =$

10000W，试求下列各项：

1）管内对流传热表面传热系数。

2）管外对流传热表面传热系数。

3）传热系数。

4）平均温差（对数温差修正系数 ψ 可取为1）。

5）传热面积。

14-10 饱和苯液被水从77℃冷却到47℃，苯的质量流量为1kg/s，比热容为1758J/(kg·K)；冷却水温为13℃，质量流量为0.63kg/s。试确定下列各种流动方式的传热面积［传热系数均取为310W/(m²·K)］。

1）单行程逆流。

2）1-4型壳管式，水在壳侧流动。

3）单行程交叉流（水在壳侧混合流，苯在管内不混合流）。

14-11 管壳式热交换器将47kg/s的工艺流体从160℃冷却到100℃。该热交换器共有100根相同的管子。每根管子的内径为2.5cm，壁厚可忽略不计。工艺流体的平均热物性参数为：$\rho = 950\text{kg/m}^3$，$\lambda = 0.50\text{W/(m·K)}$，$c_p = 3.5\text{kJ/(kg·K)}$，$\mu = 0.002\text{kg/(m·s)}$。冷却剂为水，$c_p = 4.18\text{kJ/(kg·K)}$，流量为66kg/s。入口温度为10℃，已知壳侧平均表面传热系数为4000W/(m²·K)。试计算下列布置时换热器的管长：

1）一个壳程和一个管程。

2）一个壳程和四个管程。

14-12 加热器把水从17℃加热到71℃。水在管内流动，质量流量为0.76kg/s；压力为 $1.013×10^5\text{Pa}$ 的饱和水蒸气在管外凝结。管子内径为28.4mm，外径为31.8mm，管子材料为黄铜，管长为1m。蒸汽侧的对流传热表面传热系数为7950W/(m²·K)，水的流速为3m/s。试求换热器的面积和管子数目。

14-13 一干净的冷油器为套管式换热器，内径为1.27cm，壁厚为0.127cm的同心直套管，套管外绝热。油以0.063kg/s的质量流量在管间的环形空间内流动，且与水流动方向相反。油从177℃被冷却到65.5℃，冷却水的进口温度为10℃。已知油的对流传热表面传热系数为1.7kW/(m²·K)，比热容为1.675kJ/(kg·K)；水的对流传热表面传热系数为3.97kW/(m²·K)，比热容为4.19kJ/(kg·K)。忽略管壁热阻，试计算所需管长。

14-14 一交叉流换热器，空气混合，入口温度为10℃，质量流量为 $5×10^4\text{kg/h}$；水不混合，入口温度为80℃，质量流量为 $2×10^4\text{kg/h}$，传热系数 $k = 100\text{ W/(m}^2\text{·K)}$，传热面积 $A = 22.5\text{m}^2$。求水的出口温度。

14-15 1-2型壳管式换热器，管外热水被管内冷却水冷却，传热面积 $A = 5\text{m}^2$，传热系数 $k = 1400\text{ W/(m}^2\text{·K)}$，热水、冷水的质量流量分别为 $q_{m1} = 5×10^3\text{kg/h}$ 和 $q_{m2} = 10^4\text{kg/h}$，进口温度分别为 $t_1' = 100℃$，$t_2' = 20℃$。试计算热水和冷水的出口温度和传热的热流量。

14-16 在一台逆流式的水-水换热器中，$t_1' = 87.5℃$，$q_{m1} = 9000\text{kg/h}$，$t_2' = 32℃$，$q_{m2} = 13500\text{kg/h}$，传热系数 $k = 1740\text{ W/(m}^2\text{·K)}$，传热面积 $A = 3.75\text{m}^2$，试确定热水的出口温度。

14-17 一根直径为2mm的铝导线处于15℃的空气中，导线表面温度为72℃，导线与环境间的对流传热表面传热系数为9.6W/(m²·K)。在此导线上包1.2mm厚及 $\lambda = 0.14\text{W/(m·K)}$ 的橡胶层，橡胶层表面与空气间的对流传热表面传热系数为7.4 W/(m²·K)。试问：同样的电流通过时，橡胶层内的铝线表面温度为多少？并求出这时临界热绝缘直径的大小。

第十五章

压气机

授课视频——
压气机

在工程中，压缩气体被广泛地使用，它主要由压气机产生。使得气体压力升高的设备称为压气机。压气机被广泛地应用于动力、化工和制冷等工程中，压缩的介质为各种气体和蒸气。压气机按其产生压缩气体的压力范围不同，可分为通风机（<115kPa）、鼓风机（115~350kPa）和压缩机（350kPa 以上）。压气机按其构造和工作原理的不同，可分为活塞式压气机和叶轮式压气机两种。活塞式压气机和叶轮式压气机的结构和工作原理虽然不同，但从热力学的观点看，两者都是消耗机械能或电能，使气体的压力升高的热力过程。本章分析活塞式压气机和叶轮式压气机的工作过程和热力学特性。

第一节　单级活塞式压气机的工作原理及耗功计算

一、工作原理

图 15-1a 所示为单级活塞式压气机结构示意图，图 15-1b 显示了压气机工作时，活塞不同位置时气体的压力与相应的气缸体积的变化曲线（称为示功图）。

在图 15-1b 中，f—1 为进气过程：进气阀开启，排气阀关闭。活塞从左止点向右移动至右止点，气体从缸外被吸入缸内，气体热力状态没有变化。

1—2 为压缩过程：进、排气阀均关闭，活塞在外力推动下向左移动，缸内气体被压缩，其压力升高，比体积减小。热力状态发生变化。

2—g 为排气过程：进气阀关闭，排气阀开启，活塞从点 2 继续向左移动至左止点，把压缩气体排至储气罐、输气管道或其他设备中。在此过程中，气体热力状态也无变化。

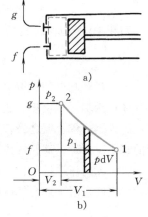

图 15-1　单级活塞式压气机
结构示意图及示功图

在这三个工作过程中，f—1 和 g—2 只是气体的移动过程，气体的热力状态不发生变化，仅压缩过程 1—2 是气体状态发生变化的热力过程。在该过程中，气体终压 p_2 与初压 p_1 之比称为增压比 π，即

$$\pi = \frac{p_2}{p_1} \tag{15-1}$$

二、耗功计算及分析

对于活塞式压气机，可以取气缸内壁和活塞端部所围成的空间为热力系统，即图 15-1a 中虚线所围空间。该系统内有工质流进流出，且系统内各点参数随工作过程而变化。因此，

▶▶▶▶▶▶▶▶

严格地讲此系统不是稳定流动系统，而仅是一个一般开口系统。然而，活塞式压气机的工作是周期性的，不同周期同一时刻系统各点参数却保持不变，且各周期与外界交换的工质质量、能量也均是恒定的。对于一个吸气、压缩、排气周期，应满足能量平衡方程。以图 15-1a 的虚线为系统，对于一个周期：

进入系统的能量 $$Q + H_1 + \frac{m}{2}c_1^2 + mgz_1$$

流出系统的能量 $$H_2 + \frac{m}{2}c_2^2 + mgz_2 + W_{sh}$$

系统能量的增加 $$\Delta E = 0$$

根据热力学第一定律，可以得到

$$Q = \Delta H + \frac{m}{2}\Delta c^2 + mg\Delta z + W_{sh}$$

$$= \Delta H + W_t$$

上式正是稳定流动系统的能量方程式，因此，对于高速运转的压气机，周期性满足稳定流动也可作为稳定流动系统处理。

对于稳定流动系统的能量方程，在不计气体进出口动能差、势能差时，$W_t = W_{sh}$，可逆过程的技术功可表示为

$$W_t = -\int_1^2 V \mathrm{d}p$$

压气机是耗功机械，压缩气体需要消耗外功。通常把压缩气体消耗功的大小（即绝对值）称作压气机所需的功（或称耗功），用符号 W_C 表示，有

$$W_C = -W_{sh} = -W_t \tag{15-2a}$$

对于单位质量工质，有

$$w_C = -w_t = \int_1^2 v \mathrm{d}p \tag{15-2b}$$

压气机耗功的多少取决于压缩过程的特性，它是压气机性能的主要指标。压缩过程的特性与气体被冷却（热交换）的情况有关。若过程进行得非常快，又未有任何冷却措施，则过程可视为绝热过程；反之，若过程进行时气体能被充分冷却，则在理论上可实现定温过程。在相等的终态压力下，理想气体的定温和可逆绝热（定熵）压缩过程如图 15-2 中的 $1—2_T$ 和 $1—2_s$ 所示。实际的压缩过程，都采用了一定冷却措施，但难以实现定温过程，过程介乎于定温和绝热过程之间。对于理想气体则是多变指数为 $1 < n < \kappa$ 的多变过程，如图 15-2 中 $1—2_n$ 所示。

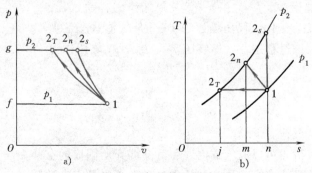

图 15-2　压气机的压缩过程

对于理想气体可逆压缩过程，单位质量工质所需的功可表示为

绝热过程
$$w_{C,s} = \frac{\kappa}{\kappa-1} R_g T_1 (\pi^{\frac{\kappa-1}{\kappa}} - 1) \tag{15-3}$$

对应为图 15-2a 中面积 $f12_sgf$。

多变过程
$$w_{C,n} = \frac{n}{n-1} R_g T_1 (\pi^{\frac{n-1}{n}} - 1) \tag{15-4}$$

对应为图 15-2a 中面积 $f12_ngf$。

定温过程
$$w_{C,T} = R_g T_1 \ln \pi \tag{15-5}$$

对应为图 15-2a 中面积 $f12_Tgf$。

从图 15-2 中可以得到

$$w_{C,s} > w_{C,n} > w_{C,T}$$
$$T_{2_T} < T_{2_n} < T_{2_s}$$

上述分析说明，定温压缩过程耗功量少，其终温最低（终温低有利于润滑），因此，定温过程是最理想的压缩过程。为此，工程上采用了加气缸散热片、冷却水套、喷雾化水等措施，使过程尽量接近于定温过程。另一个在工程上常采用的方法是：多级压缩、级间冷却。这将在本章第三节中讨论。

上面的分析结论对于工质是蒸气的压缩机原则上也适用。不同的是压气机的耗功和状态参数的确定不能再用理想气体的公式，而必须根据热力学第一定律的能量方程式和查图查表求解。

例 15-1　活塞式压气机将 27℃、0.096MPa 的空气压缩到 0.38MPa。压缩过程为 $n=1.28$ 的可逆多变过程，试求压缩 1kg 空气所消耗的功，并与可逆定温和可逆绝热压缩的耗功进行比较。

解　1）$n=1.28$ 时压缩耗功可由式（15-4）计算，即

$$w_{C,n} = \frac{n}{n-1} R_g T_1 \left[\left(\frac{p_2}{p_1} \right)^{\frac{n-1}{n}} - 1 \right]$$

$$= \frac{1.28}{1.28-1} \times 0.287 \times 300.15 \times \left[\left(\frac{0.38}{0.096} \right)^{\frac{1.28-1}{1.28}} - 1 \right] \text{kJ/kg} = 138.3 \text{kJ/kg}$$

压气机出口处空气的温度为

$$T_{2_n} = \left(\frac{p_2}{p_1} \right)^{\frac{n-1}{n}} T_1 = \left(\frac{0.38}{0.096} \right)^{\frac{1.28-1}{1.28}} \times 300.15 \text{K} = 405.55 \text{K}$$

2）定熵过程和定温过程时的耗功分别用式（15-3）和式（15-5）计算

$$w_{C,s} = \frac{\kappa}{\kappa-1} R_g T_1 \left[\left(\frac{p_2}{p_1} \right)^{\frac{\kappa-1}{\kappa}} - 1 \right]$$

$$= \frac{1.4}{1.4-1} \times 0.287 \times 300.15 \times \left[\left(\frac{0.38}{0.096} \right)^{\frac{1.4-1}{1.4}} - 1 \right] \text{kJ/kg} = 145.19 \text{kJ/kg}$$

$$w_{C,T} = R_g T_1 \ln \frac{p_2}{p_1} = 0.287 \times 300.15 \times \ln \frac{0.38}{0.096} \text{kJ/kg} = 118.52 \text{kJ/kg}$$

定熵过程和定温过程空气的出口温度分别为

$$T_{2_s} = \left(\frac{p_2}{p_1}\right)^{\frac{\kappa-1}{\kappa}} T_1 = \left(\frac{0.38}{0.096}\right)^{\frac{1.4-1}{1.4}} \times 300.15\text{K} = 444.69\text{K}$$

$$T_{2_T} = T_1 = 300.15\text{K}$$

通过比较计算结果可以得出：$n = 1.28$ 的压缩耗功小于定熵过程的耗功，而大于定温过程的耗功。$n = 1.28$ 的压气机的排气温度小于定熵过程的排气温度而大于定温过程的排气温度，这和图 15-2 中 $p\text{-}v$ 图和 $T\text{-}s$ 图中的结果是一致的。

第二节　叶轮式压气机的工作原理及耗功计算

叶轮式压气机相对于活塞式压气机的最大优点是流量大，气体能无间歇地连续流进流出。叶轮式压气机分为轴流式压气机和径流式（离心式）压气机两种。

图 15-3 所示为轴流式压气机示意图。在轴流式压气机中，气流沿轴向进入进口导向叶片 1，固定在转子 8 上的高速旋转的工作叶片 2 将气流推动，产生高速气流。高速气流流经固定在机壳 9 上的导向叶片 3（相当于扩压管）降低流速使气体压缩，压力升高。一列工作叶片和一列导向叶片构成一工作级。气流连续流过压气机的各工作级，不断压缩、升压，最后经扩压器 7（进一步利用气流余速使气流降速升压）从排气管排出。

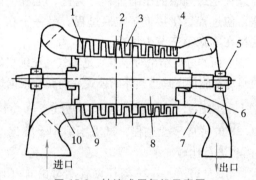

图 15-3　轴流式压气机示意图
1—进口导向叶片　2—工作叶片　3—导向叶片
4—整流装置　5—轴承　6—密封　7—扩压器
8—转子　9—机壳　10—收缩器

图 15-4 所示为单级径流式压气机示意图。在径流式压气机中，气流沿轴向进入叶轮，受高速旋转的叶轮推动，依靠离心力的作用而加速。然后在蜗壳型流道（扩压管）中降低流速提高压力，并排出压气机。

叶轮式压气机是开口系统并满足稳定流动的条件，但由于叶轮式压气机不能采用加水套和喷水等冷却措施，其压缩过程是绝热过程。根据热力学第一定律的能量方程式，压气机所耗功为

$$w_C = -w_t = h_2 - h_1 \tag{15-6a}$$

当工质是理想气体且过程可逆时，可用式（15-3）计算压气机的耗功。压缩过程在 $p\text{-}v$ 图、$T\text{-}s$ 图中如图 15-2 中 $1\text{—}2_s$ 所示。压气机耗功在 $p\text{-}v$ 图中等于面积 $f12_sgf$。

与活塞式压气机相比，叶轮式压气机的气流速度要高得多，因而黏性摩阻影响不可忽略。由于摩阻使压气机的耗功增加，摩阻消耗的功变为热量后又被气体吸收，使终温升高。图 15-5 中虚线 $1\text{—}2'$ 为实际压缩过程，$1\text{—}2$ 为可逆压缩过程。不可逆绝热压缩的压气机耗功量可根据稳定流动系统能量方程式得到。当忽略进出口的动能差和势能差时，不可逆时压气机的耗功为

$$w'_C = \Delta h = h_{2'} - h_1 \tag{15-6b}$$

可逆绝热压缩的压气机耗功与不可逆绝热压缩的压气机耗功之比称为压气机**绝热效率**

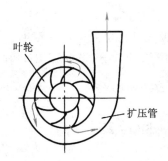

图 15-4　径流式压气机示意图

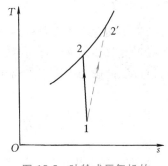

图 15-5　叶轮式压气机的
绝热压缩过程

$\eta_{C,s}$，用于衡量压气机的工作性能。

$$\eta_{C,s} = \frac{w_C}{w_C'} = \frac{h_2 - h_1}{h_{2'} - h_1} \tag{15-7}$$

绝热效率的数值能反映压缩过程不可逆因素的大小，也是衡量压气机工作完善程度的重要参数。

若压缩工质是理想气体，比热容为定值，则

$$\eta_{C,s} = \frac{T_2 - T_1}{T_{2'} - T_1} \tag{15-8}$$

在已知压气机绝热效率时，可利用下式求取不可逆绝热压缩末态温度

$$T_{2'} = T_1 + \frac{T_2 - T_1}{\eta_{C,s}} \tag{15-9}$$

例 15-2　用轴流式压气机压缩氮气，氮气的进口压力 $p_1 = 0.1\text{MPa}$，温度 $t_1 = 30℃$，出口压力 $p_2 = 0.65\text{MPa}$，压气机的绝热效率 $\eta_{C,s} = 0.84$。求：①定熵压缩时的耗功；②实际压缩时氮气流出压气机时的温度；③实际压缩过程的耗功；④由于实际不可逆而多耗的功。

解　①定熵压缩时的耗功

$$T_2 = \left(\frac{p_2}{p_1}\right)^{\frac{\kappa-1}{\kappa}} T_1 = \left(\frac{0.65}{0.1}\right)^{\frac{1.4-1}{1.4}} \times 303.15\text{K} = 515.2\text{K}$$

$$w_C = h_2 - h_1 = c_p(T_2 - T_1) = 1.038 \times (515.2 - 303.15)\text{kJ/kg} = 220.1\text{kJ/kg}$$

② 实际压缩氮气流出压气机时的温度

$$T_{2'} = T_1 + \frac{T_2 - T_1}{\eta_{C,s}} = \left(303.15 + \frac{515.2 - 303.15}{0.84}\right)\text{K} = 555.6\text{K}$$

③ 实际压缩过程的耗功

$$w_C' = \frac{w_C}{\eta_{C,s}} = \frac{h_{2_s} - h_1}{\eta_{C,s}} = h_{2'} - h_1 = c_p(T_{2'} - T_1) = 1.038 \times (555.6 - 303.15)\text{kJ/kg} = 262\text{kJ/kg}$$

④ 由于实际不可逆而多耗的功

$$\Delta w = w_C' - w_C = (262 - 220.1)\text{kJ/kg} = 41.9\text{kJ/kg}$$

讨论：

计算结果表明，由于不可逆因素的影响，轴流式压气机耗功大于可逆压缩过程的耗功，压缩终了氮气的温度也比可逆过程的终温高。若用第二定律分析这一压缩过程，还可比较不可逆过程的做功能力损失与压缩过程多耗的功的大小。

<h1 style="text-align:center">第三节　多级压缩、级间冷却</h1>

无论是活塞式压气机还是叶轮式压气机，耗功的大小是压气机的一个重要性能指标。从图 15-2 的 $p\text{-}v$ 图可得出，减小压气机的耗功，就是减小压缩过程 1—2 曲线与 p 坐标所围成的面积。当初压和终压确定后，等温压缩过程耗功最小。活塞式压气机的实际工作过程是一多变压缩过程，而叶轮式压气机则是一绝热压缩过程，两者都不能实现等温压缩。为减小压气机的耗功，采用多级压缩、级间冷却的工作方式无论对活塞式压气机，还是叶轮式压气机都是省功的重要措施，对于后者尤其如此。

图 15-6 是两级活塞式压气机装置系统简图。下面以该系统为例说明多级压缩、级间冷却省功的基本原理。为分析方便起见，假设被压缩的气体是理想气体，在两个压气机中进行的过程为多变压缩（若为叶轮式压气机，压缩过程为定熵过程），在级间冷却器中进行的是定压放热过程。

如图 15-6 所示，气体首先进入低压缸被压缩至某一压力后进入级间冷却器被冷却放热，在理想条件下可使气体温度降至初温，即 $T_{2'} = T_1$。然后气体进入高压缸继续被压缩到终压后排出。两级压缩、级间冷却热力过程的 $p\text{-}v$ 图和 $T\text{-}s$ 图分别如图 15-7a 和图 15-7b 所示。从 $p\text{-}v$ 图上可以看到，若两级压缩过程都是多变过程，采用了两级压缩、级间冷却所耗技术功为面积 $122'3ge1$，单级压缩所耗技术功为面积 $123'ge1$。后者比前者多耗的功为面积 $22'33'2$。在 $T\text{-}s$ 图上显示的两级压缩、级间冷却的高压缸排气温度 T_3 显然低于单级压缩的排气温度 $T_{3'}$（其中面积 $e22'de$ 为气体在级间冷却器中定压过程放出的热量）。因此，采用多级压缩、级间冷却确实是省功和降低排气温度的有效措施。

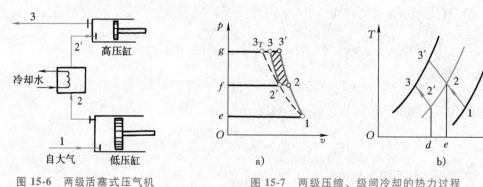

图 15-6　两级活塞式压气机　　　　图 15-7　两级压缩、级间冷却的热力过程
　　　　　　装置系统简图

假定压缩的工质是理想气体，两级压缩过程的多变指数相等，均为 n，则两级压缩、级间冷却的压气机总耗功量为

$$W_{C,n} = W_{C,nL} + W_{C,nH}$$

$$= \frac{n}{n-1}p_1 V_1 \left[\left(\frac{p_2}{p_1} \right)^{\frac{n-1}{n}} - 1 \right] + \frac{n}{n-1}p_{2'} V_{2'} \left[\left(\frac{p_3}{p_2} \right)^{\frac{n-1}{n}} - 1 \right] \tag{15-10}$$

$$= \frac{n}{n-1}p_1 V_1 \left[\left(\frac{p_2}{p_1} \right)^{\frac{n-1}{n}} + \left(\frac{p_3}{p_2} \right)^{\frac{n-1}{n}} - 2 \right]$$

式中，$T_{2'} = T_1$，$p_{2'} = p_2$，$p_{2'} V_{2'} = p_1 V_1 = m R_g T_1$。

当进入低压缸的气体的初态参数 p_1、V_1 和 T_1 一定，压气机终压 p_3 也一定时，总耗功量仅随中间压力 p_2 变化。当 p_2 太大或太小时，省功量均不大。因此，一定存在一最佳的中间压力 p_2，使得压气机耗功最小（p-v 图上面积 $122'3ge1$ 最小）。根据数学原理，取式（15-10）对 p_2 的导数为零，即

$$\frac{\mathrm{d}W_{C,n}}{\mathrm{d}p_2} = 0$$

可得

$$p_2 = \sqrt{p_1 p_3} \tag{15-11}$$

即

$$\pi_{\text{opt}} = \frac{p_2}{p_1} = \frac{p_3}{p_2} \tag{15-12}$$

可见，当各级增压比相等时，总耗功量达到最小值，且每级的耗功量相等。π_{opt} 为最佳增压比。此时的耗功量可表达为

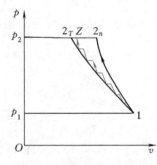

$$W_{C,n} = 2\frac{n}{n-1}p_1 V_1 (\pi_{\text{opt}}^{\frac{n-1}{n}} - 1)$$

$$w_{C,n} = 2\frac{n}{n-1}R_g T_1 (\pi_{\text{opt}}^{\frac{n-1}{n}} - 1)$$

图 15-8　多级压缩、级间冷却的 p-v 图

在总压比一定的条件下，级数越多，采用多级压缩、级间冷却的效果越明显。从理论上讲，当级数趋于无穷时，整个过程接近于定温过程，耗功最小（省功最大）。这可从图 15-8 所示的 p-v 图中分析得到：图中 $1—2_T$ 为过初态 1 点的定温压缩过程线，$1—2_n$ 为过初态 1 的多变过程线，$1—Z$ 为级数无穷多的多级压缩、级间冷却的过程线，$1—Z$ 已很接近 $1—2_T$。然而，实际中级数不可能趋于无穷，工程上通常根据增压比的大小采用 2~4 级。

在前述分析中得到了两级压缩的最佳增压比，对于级数 $N > 2$ 的多级压缩、级间冷却同样适用，即各级增压比相等时，总耗功量最少，从而有

$$\frac{p_2}{p_1} = \frac{p_3}{p_2} = \frac{p_4}{p_3} = \cdots = \frac{p_N}{p_{N-1}} = \frac{p_{N+1}}{p_N}$$

故有最佳增压比

$$\pi_{\text{opt}} = \sqrt[N]{\frac{p_{N+1}}{p_1}} \tag{15-13}$$

采用最佳增压比，不仅使各级压缩耗功量相等，还可以使各级压缩气体温升相等、各级级间冷却器的放热量相等，各级压气机的放热量相等，这对于压气机的设计和运行都很有

利。采用多级压缩、级间冷却的方式可以省功的主要原因是各级压气机间的冷却器使进入下一级压气机气体的温度降低，从而达到了省功的目的。如果只采用多级压缩而没有级间冷却，同样不能省功。

例 15-3 空气初压为 98.5kPa，初温为 20℃，经三级压气机压缩后压力提高到 6.304MPa。若采用级间冷却使空气进入各级气缸时温度相等，且各级压缩均为定熵压缩，试求生产单位质量压缩空气所耗最小功量及各级气缸的排气温度。又若采用单级压气机一次压缩至 6.304MPa，且压缩过程也为定熵压缩，则所耗功量及排气温度各为多少？

解 1）求三级压缩的最小功量及排气温度。采用三级压缩、级间冷却的压缩过程的 p-v 图和 T-s 图如图 15-9 所示，过程线为 1—2—2′—3—3′—4。同一图上还画出了单级压缩过程线 1—5。图上的虚线为过初态 1 的定温线。

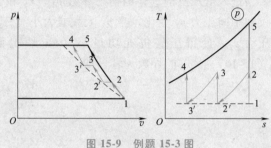

图 15-9 例题 15-3 图

三级压缩的最佳增压比为

$$\pi_{opt} = \sqrt[3]{\frac{p_4}{p_1}} = \sqrt[3]{\frac{6.304 \times 10^6}{98.5 \times 10^3}} = 4$$

取最佳增压比时各级耗功量相等，总耗功量最少。总耗功量

$$\begin{aligned} w_{C,n} &= \frac{3\kappa}{\kappa-1} R_g T_1 \left(\pi_{opt}^{\frac{\kappa-1}{\kappa}} - 1 \right) \\ &= \frac{3 \times 1.4}{1.4-1} \times 0.287 \times 293.15 \times \left(4^{\frac{1.4-1}{1.4}} - 1 \right) \text{kJ/kg} \\ &= 429.3 \text{kJ/kg} \end{aligned}$$

因 $T_1 = T_2' = T_3'$，且各级增压比相等，故各级压气机排气温度相等，即

$$T_2 = T_3 = T_4 = T_1 \pi^{\frac{\kappa-1}{\kappa}} = 293.15 \times 4^{\frac{1.4-1}{1.4}} \text{K} = 435.6 \text{K}$$

2）若单级压缩，则耗功量为

$$\begin{aligned} w'_{C,n} &= \frac{\kappa}{\kappa-1} R_g T_1 \left[\left(\frac{p_5}{p_1} \right)^{\frac{\kappa-1}{\kappa}} - 1 \right] \\ &= \frac{1.4}{1.4-1} \times 0.287 \times 293.15 \times \left[\left(\frac{6.304}{0.0985} \right)^{\frac{1.4-1}{1.4}} - 1 \right] \text{kJ/kg} \\ &= 671.28 \text{kJ/kg} \end{aligned}$$

单级压气机的排气温度为

$$T_5 = T_1 \left(\frac{p_5}{p_1} \right)^{\frac{\kappa-1}{\kappa}} = 293.15 \times \left(\frac{6.304}{0.0985} \right)^{\frac{0.4}{1.4}} \text{K} = 961.9 \text{K}$$

讨论：

1）计算结果表明，单级压气机不仅比三级压缩、级间冷却的压气机耗功量大得多，而且排气温度高达近 700℃，这是不允许的。

2）若排气温度以 180℃ 为上限，则单级压气机所能达到的终压为

$$p_5' = p_1 \left(\frac{T_5'}{T_1} \right)^{\frac{\kappa}{\kappa-1}} = 98.5 \times \left(\frac{273.15+180}{293.15} \right)^{\frac{1.4}{0.4}} \text{kPa}$$

$$= 452.3 \text{kPa} \ll 6.304 \text{MPa}$$

3）本题并没有说明采用的是活塞式压气机还是叶轮式压气机，所以本题的结论对于两者的绝热压缩过程都适用。若采用活塞式压气机，压缩过程可以是多变压缩，如图 15-7 所示，计算中只需将等熵指数 κ 换成多变指数 n 即可。

本章小结

本章详细论述了活塞式和叶轮式两种压气机的结构和工作原理，在此基础上对压气机的热力过程进行了分析计算。

1）单级活塞式压气机。等温压缩、多变压缩和等熵压缩过程的耗功各不相同，分析计算后得到了三种过程耗功的计算式。通过对压缩过程的分析可得

$$w_{C,s} > w_{C,n} > w_{C,T}, \quad T_{2_T} < T_{2_n} < T_{2_s}$$

2）叶轮式压气机。压缩过程是绝热过程，因此，压气机耗功用绝热的耗功计算式计算。压缩过程中不可逆因素的大小用压气机的绝热效率 $\eta_{C,s}$ 表示

$$\eta_{C,s} = \frac{w_C}{w_C'} = \frac{h_2 - h_1}{h_2' - h_1}$$

3）多级压缩、级间冷却。对于活塞式压气机和叶轮式压气机，采用多级压缩、级间冷却的措施，都可达到省功的目的。最佳增压比为

$$\pi_{\text{opt}} = \sqrt[N]{\frac{p_{N+1}}{p_1}}$$

思考题

15-1　从热力学观点看，为什么说活塞式压气机与叶轮式压气机压缩过程的本质是一致的？

15-2　对于叶轮式压气机，采用多级压缩、级间冷却的方法能否省功？（在 p-v 图上分析说明）

15-3　在活塞式压气机中，如果采取了有效的冷却措施，气体在压气机气缸中已经能够按定温过程压缩，这时是否还需要采用多级压缩？为什么？

15-4　如果采用多级压缩而没有中间冷却器，能否达到省功的目的？此时的压缩与单级压缩有何异同？

15-5　如图 15-10 所示，压缩过程 1—2 若是可逆的，则这一过程是什么过程？它与不可逆绝热压缩过程 1—2 的区别何在？两者之中哪一个过程消耗的功大？为什么？大多少？

15-6　叶轮式压气机不可逆绝热压缩过程如图 15-5 所示。试在图中用面积表示不可逆绝热压缩过程的有效能损失。这个有效能损失是否就是不可逆压缩过程多消耗的功？

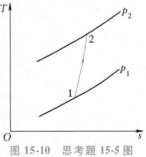

图 15-10　思考题 15-5 图

15-7 气体在压缩过程中的耗功大小与压缩过程的过程指数有关。定温压缩过程省功，过程指数 $n = 1$，那么 $n < 1$ 的压缩过程与等温压缩比较，哪个更省功？工程中能否采用压缩过程指数 $n < 1$ 的压缩过程？

🔧 习题

15-1 某单级活塞式压气机每小时吸入温度 $t_1 = 17℃$、压力 $p_1 = 0.1MPa$ 的空气 $120m^3$，输出空气的压力 $p_2 = 0.64MPa$。试按下列三种情况计算压气机所需的理想功率及气体的出口温度：

1) 定温压缩。

2) 绝热压缩。

3) 多变压缩（$n = 1.2$）。

15-2 活塞式压气机，将压力为 $0.1MPa$、温度为 $45℃$ 的 CO_2 压缩到 $0.3MPa$，压缩过程的多变指数为 1.2，压气机气体出口温度上限为 $130℃$。在此条件下压气机能否满足要求？如不能满足要求，应采取什么措施？

15-3 一台采用两级压缩间冷却的压气机，进入压气机的空气温度 $t_1 = 17℃$、压力 $p_1 = 0.1MPa$，压气机将空气压缩至 $p_3 = 2.5MPa$，压气机的生产量为 $500m^3/h$（标准状态），两级压气机中的压缩过程均按多变指数 $n = 1.25$ 进行。现以压气机耗功最小为条件，试求：

1) 空气在低压缸中被压缩后的压力 p_2。

2) 空气在气缸中压缩后的温度。

3) 压气机耗功及功率。

4) 空气在级间冷却器中放出的热量。

15-4 某轴流式压气机，每秒生产 $20kg$ 压力为 $0.5MPa$ 的压缩空气。若进入压气机的空气温度为 $t_1 = 20℃$、压力为 $p_1 = 0.1MPa$，压气机的绝热效率 $\eta_{C,s} = 0.92$，求出口处压缩空气的温度及该压气机的耗功率。

15-5 轴流式压气机吸入大气压力为 $0.1MPa$、温度为 $27℃$ 的空气，经绝热压缩后压力达到 $1.2MPa$。由于摩擦，出口温度达到 $355℃$。试求压气机的绝热效率。

15-6 一离心式压气机每分钟吸入压力 $p_1 = 100kPa$、温度 $t_1 = 20℃$ 的空气 $200m^3$。空气离开压气机的温度 $t_2 = 50℃$，出口截面上空气的流速为 $50m/s$，空气的比热容 $c_p = 1.004kJ/(kg \cdot K)$，假定与外界无热量交换，试求压气机的耗功率。

15-7 在冰箱制冷循环中，温度为 $-20℃$ 的 R134a 干饱和蒸气进入压缩机中被压缩，压缩后的压力达到 $1.15MPa$，压缩机的绝热效率为 0.93。求压缩 $1kg$ 蒸气所消耗的功，压缩机出口制冷剂的焓及温度。

15-8 对某轴流式压气机的实验测量中，测到被压缩空气的进口参数为 $0.1MPa$、$32℃$，出口参数为 $0.6MPa$、$220℃$，耗功为 $188.7kJ/kg$。若压缩过程绝热，分析测量的可靠性；若考虑实际过程中有散热，再分析过程的合理性。

第十六章

气体动力装置及循环

授课视频——
气体动力装置
及循环（1）

以气体作为工质的动力循环称为气体动力循环。本章主要讲述内燃机（汽油机及柴油机）和燃气轮机装置循环的基本结构、工作原理和分析计算。

第一节　内燃机的基本构造

内燃机的形式很多，但其基本构造大致相同。图 16-1 所示为一立式单缸四冲程内燃机的结构。它的主要部件和组件如下（见图 16-1）。

气缸体：内燃机的主体，是安装其他零件、部件和附件的支承骨架。

活塞连杆组件：活塞是内燃机的重要部件，它在气缸中做往复运动。与活塞相连接的是连杆，连杆通过与它相连的曲轴把活塞的往复直线运动变为曲轴的旋转运动。

曲轴飞轮组件：曲轴的作用是将连杆传来的作用力转变成转矩，并通过与曲轴相连的飞轮传递给传动装置。飞轮除传递曲轴的转矩外，还有储存膨胀过程机械能的重要作用。

配气机构：配气机构是为确保进、排气适时且有序进行而设置的，主要包括进、排气阀和凸轮轴，由曲轴带动工作。

除上述部件外，汽油机的气缸盖上装有火花塞。如果是柴油机，代替火花塞的是喷油器。

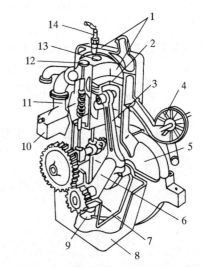

图 16-1　单缸四冲程内燃机的结构

1—气缸盖和气缸体　2—活塞　3—连杆
4—液压泵　5—飞轮　6—曲轴　7、9—润滑油泵
8—油底壳　10—化油器　11—进气管
12—进气阀　13—排气阀　14—火花塞

第二节　汽油机循环

一、汽油机的实际工作循环

汽油机是以汽油为燃料的内燃机，它的实际工作循环可以用示功图描述。图 16-2 中纵坐标是气缸内气体的压力，横坐标 V 是活塞移动到不同位置时气缸内气体的体积。汽油机的示功图可以由实验直接测得。图 16-2 描述了汽油机实际循环的工作过程：0—1′为进气过

275

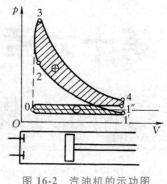

程，此过程中进气阀打开，活塞从左止点右行到右止点，吸入空气与汽油的混合物；1′—2 为压缩过程，此时进、排气阀均关闭，活塞左行压缩气缸内的混合气体；当活塞左行至左止点附近（点 2）时，电火花点燃混合气体，即为燃烧过程 2—3，由于燃烧十分迅速，而活塞在左止点附近的移动速度又很低，工质的体积变化很小，而压力和温度却急剧上升；3—4 为膨胀过程，高温高压的燃气推动活塞右行，对外膨胀做功；活塞移动到右止点时，排气阀打开，部分废气经排气阀迅速排出，气缸内压力降低，即过程 4—1″；然后活塞左行至左止点，将残余废气排出，即排气过程 1″—0，从而完成一实际工作循环。

图 16-2　汽油机的示功图

二、定容加热理想循环

汽油机的实际工作循环是开式的，在工作过程中，除气缸内气体的热力状态变化外，成分也在变化。为了使问题简化，突出热力学上的主要因素，便于分析计算，需要对实际工作循环加以合理的抽象和概括，得到闭合的、可逆的理想循环。为此假定：以热力性质与燃气相近的空气来作为循环的工质，且为理想气体和定值比热容；忽略实际进排气过程的阻力摩擦损失，这样就使 0—1′与 1″—0 两线重合，进排气的推动功相互抵消；将工质的燃烧过程视为从高温热源吸热，由于燃烧时气缸内的容积变化很小，可以认为是定容吸热；排气过程视为向低温热源定容放热；忽略压缩和膨胀过程中工质与气缸壁之间的热交换，近似认为是定熵压缩和膨胀过程。这样就可将汽油机的实际工作循环简化为定容加热的理想闭合循环，又称奥托（Otto）循环，其 p-v 图与 T-s 图如图 16-3 所示。在图示的循环中，1—2 为定熵压缩过程；2—3 为定容加热过程；3—4 为定熵膨胀过程；4—1 为定容放热过程。

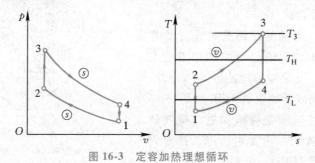

图 16-3　定容加热理想循环

定容加热，对于单位质量工质，理想循环过程 2—3 中，加入的热量为

$$q_H = c_V(T_3 - T_2)$$

在定容放热过程 4—1 中，工质放出的热量为

$$q_L = c_V(T_4 - T_1)$$

循环对外输出的净功

$$w_0 = q_H - q_L = c_V[(T_3 - T_2) - (T_4 - T_1)]$$

理想循环的热效率

$$\eta_t = \frac{w_0}{q_H} = 1 - \frac{q_L}{q_H} = 1 - \frac{c_V(T_4 - T_1)}{c_V(T_3 - T_2)} = 1 - \frac{T_4 - T_1}{T_3 - T_2} \tag{16-1a}$$

因为 1—2 与 3—4 都是定熵过程，所以

$$T_3 = \left(\frac{v_4}{v_3}\right)^{\kappa-1} T_4 , \quad T_2 = \left(\frac{v_1}{v_2}\right)^{\kappa-1} T_1$$

而 $v_1 = v_4$，$v_2 = v_3$，因此有

$$\frac{v_4}{v_3} = \frac{v_1}{v_2}$$

所以

$$\eta_t = 1 - \frac{T_4 - T_1}{T_3 - T_2} = 1 - \frac{T_4 - T_1}{(T_4 - T_1)\left(\dfrac{v_1}{v_2}\right)^{\kappa-1}} = 1 - \frac{1}{\left(\dfrac{v_1}{v_2}\right)^{\kappa-1}}$$

引入压缩比 $\varepsilon = \dfrac{v_1}{v_2}$，则

$$\eta_t = 1 - \frac{1}{\varepsilon^{\kappa-1}} \qquad (16\text{-}1\text{b})$$

式中，κ 为等熵指数。

由式（16-1b）可知，在工质确定的条件下，定容加热理想循环的热效率随着压缩比增大而增加。但在实际工作中，为了保证正常燃烧和输出功率不受影响、防止爆燃，ε 的提高受到限制，一般 $\varepsilon = 5 \sim 10$。

对于式（16-1a）还可以用平均温度来表示，如图 16-3 所示，即

$$\eta_t = \frac{w_0}{q_H} = 1 - \frac{q_L}{q_H} = 1 - \frac{\Delta s_{1,4} \overline{T}_L}{\Delta s_{2,3} \overline{T}_H} = 1 - \frac{\overline{T}_L}{\overline{T}_H} \qquad (16\text{-}1\text{c})$$

其中

$$\Delta s_{1,4} = \Delta s_{2,3}$$

式中，$\overline{T}_L$ 为平均放热温度，$\overline{T}_H$ 为平均吸热温度。由式（16-1c）可知，平均吸热温度升高，平均放热温度降低，都可使热效率提高。当 ε 增加时，图 16-4 中 2 点上移，平均吸热温度升高，热效率增加。

例 16-1　某活塞式内燃机定容加热理想循环，吸入气缸气体的温度 $t_1 = 35℃$，压力 $p_1 = 0.1\text{MPa}$，压缩比 $\varepsilon = 10$，加热过程中气体吸热 $q_H = 630\text{kJ/kg}$。假定气体比定压热容 $c_p = 1.005\text{kJ/(kg·K)}$，$\kappa = 1.4$。求：

1）循环中各点的温度和压力。

2）循环的热效率，并与同温度限的卡诺循环热效率做比较。

解　1）循环中各点的压力和温度。先画出循环的 $T\text{-}s$ 图，如图 16-4 所示。1—2—3—4—1 为定容加热理想循环。

$$p_2 = \left(\frac{v_1}{v_2}\right)^{\kappa} p_1 = 10^{1.4} \times 0.1\text{MPa} = 2.512\text{MPa}$$

$$T_2 = \left(\frac{v_1}{v_2}\right)^{\kappa-1} T_1 = 10^{1.4-1} \times (273.15 + 35)\text{K} = 774\text{K}$$

由 $q_H = c_V (T_3 - T_2)$ 得

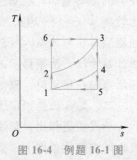

图 16-4　例题 16-1 图

$$T_3 = T_2 + \frac{q_H}{c_V} = T_2 + \frac{\kappa q_H}{c_p} = 774\text{K} + \frac{1.4 \times 630}{1.005}\text{K} = 1651.6\text{K}$$

$$p_3 = \frac{T_3}{T_2}p_2 = \frac{1651.6}{774} \times 2.512\text{MPa} = 5.36\text{MPa}$$

$$p_4 = \left(\frac{v_3}{v_4}\right)^{\kappa} p_3 = \left(\frac{v_2}{v_1}\right)^{\kappa} p_3 = \left(\frac{1}{\varepsilon}\right)^{\kappa} p_3 = 0.1^{1.4} \times 5.36\text{MPa} = 0.213\text{MPa}$$

$$T_4 = \left(\frac{v_3}{v_4}\right)^{\kappa-1} T_3 = \left(\frac{v_2}{v_1}\right)^{\kappa-1} T_3 = \left(\frac{1}{\varepsilon}\right)^{\kappa-1} T_3 = 0.1^{1.4-1} \times 1651.6\text{K} = 657.5\text{K}$$

2）循环的热效率。

$$\eta_t = 1 - \frac{q_L}{q_H} = 1 - \frac{c_V(T_4 - T_1)}{c_V(T_3 - T_2)} = 1 - \frac{1}{\varepsilon^{\kappa-1}} = 1 - \frac{1}{10^{1.4-1}} = 60.2\%$$

图 16-4 中，1—6—3—5—1 为同温度限的卡诺循环，热效率为

$$\eta_c = 1 - \frac{T_L}{T_H} = 1 - \frac{308.15}{1651.6} = 81.3\%$$

讨论：计算各点的温度和压力时，一定要利用各个过程的特点，即定温和定熵过程的特点，然后由 1 点开始逐步计算各点的压力和温度。循环中最高压力和温度出现在 3 点。温度高达 1651.6K（1378.5℃），压力可达 5.36MPa。若在最高温度和最低温度之间进行一个卡诺循环，热效率可达 81.3%，而理想定容加热循环的热效率为 60.2%。这主要是由于吸热最高温度高，而平均吸热温度比较低，放热最低温度比较低，而平均放热温度比较高而造成的。

第三节　柴油机循环

一、柴油机的实际工作循环

柴油机是以柴油为燃料的内燃机，它的实际工作过程与汽油机的工作过程基本相同，简化的方法也类似。但是，柴油机使用的燃料是柴油，它的燃油供给和燃烧过程有所不同，图 16-5 是柴油机实际工作循环的示功图。柴油机在吸气过程中吸入的是空气，在气缸盖上安装的是喷油器。压缩过程中活塞左移，当活塞向左移动接近左止点时，由于柴油机的压缩比较高（$\varepsilon = 14 \sim 20$），气缸内空气的温度超过燃油的自燃温度，这时柴油经高压油泵从喷油器以雾状形式喷入气缸，遇高温空气即自行燃烧。喷油器的喷油过程要持续一段时间，喷油开始阶段，活塞移动的距离很小（气缸的容积变化很小），气缸内压力和温度迅速升高，在活塞向右移动时，喷油维持一段时间后结束，这样整个燃烧过程在 $p\text{-}V$ 图上就是 2—3—4。

二、混合加热和定压加热理想循环

与汽油机相比，柴油机的实际工作循环只是在燃油供给和燃烧过程有所不同，在和汽油机相同的简化条件下，柴油机的实际工作循环可简化为图 16-6 所示的理想循环，由于加热过程包括两部分，2—3 简化为定容加热和 3—4 简化为定压加热，所以称为混合加热循环。

如果喷油开始的时间在活塞压缩过程结束时开始，即活塞开始右移时开始喷油，燃烧过

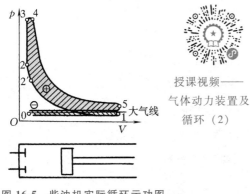

图 16-5 柴油机实际循环示功图

授课视频——
气体动力装置及
循环（2）

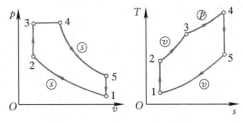

图 16-6 混合加热理想循环

程只有定压燃烧，则可得到定压加热理想循环，如图 16-7 所示，定压加热理想循环又称狄塞尔（Diesel）循环。

在混合加热理想循环中，加热过程由定容加热过程 2—3 和定压加热过程 3—4 所组成。放热过程为定容放热过程 5—1。对于单位质量工质，理想循环中，过程 2—3—4 中加入的热量为

$$q_H = c_V(T_3 - T_2) + c_p(T_4 - T_3)$$

在定容放热过程 5—1 中，工质放出的热量为

$$q_L = c_V(T_5 - T_1)$$

则循环对外输出的净功

$$w_0 = q_H - q_L = c_V(T_3 - T_2) + c_p(T_4 - T_3) - c_V(T_5 - T_1)$$

理想循环的热效率

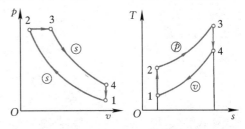

图 16-7 定压加热理想循环

$$\eta_t = \frac{w_0}{q_H} = 1 - \frac{q_L}{q_H} = 1 - \frac{c_V(T_5 - T_1)}{c_V(T_3 - T_2) + c_p(T_4 - T_3)} \tag{16-2a}$$

引入压缩比 $\varepsilon = v_1/v_2$，升压比 $\lambda = p_3/p_2$ 和预胀比 $\rho = v_4/v_3$ 后，式（16-2a）可变为

$$\eta_t = 1 - \frac{\lambda\rho^\kappa - 1}{\varepsilon^{\kappa-1}[(\lambda-1) + \kappa\lambda(\rho-1)]} \tag{16-2b}$$

分析式（16-2b）可知，混合加热理想循环的热效率随着 ε 和 λ 的增加而提高，随着 ρ 的增加而降低。

对于图 16-7 所示的定压加热理想循环，加热过程为定压过程 2—3，放热过程仍为定容过程 4—1，即 $\lambda=1$，不难分析得到其热效率为

$$\eta_t = 1 - \frac{c_V(T_4 - T_1)}{c_p(T_3 - T_2)} = 1 - \frac{\rho^\kappa - 1}{\varepsilon^{\kappa-1}\kappa(\rho-1)} \tag{16-3}$$

与式（16-2b）类似，式（16-3）中加热理想循环的热效率随着 ε 的增加而提高，随着 ρ 的增加而降低。

例 16-2 压缩比为 $\varepsilon = v_1/v_2 = 16$ 的空气的标准混合加热理想内燃机循环，如图 16-6 所示。初态参数为 $p_1 = 0.1\text{MPa}$，$t_1 = 50℃$，最高压力 $p_3 = 7.0\text{MPa}$，在定压吸热和定容吸热过程中吸热量相等，设 $c_V = 0.717\text{kJ/(kg·K)}$，$\kappa = 1.4$，试求：

1）循环各状态点的压力和温度。

2）循环过程吸热量。

3）循环的热效率。

解　1）求循环中各状态点的压力和温度。

1—2 为定熵过程

$$T_2 = T_1 \left(\frac{v_1}{v_2} \right)^{\kappa-1} = (50+273.15) \times 16^{0.4} \text{K} = 979.6 \text{K}$$

$$p_2 = p_1 \left(\frac{v_1}{v_2} \right)^{\kappa} = 0.1 \times 16^{1.4} \text{MPa} = 4.85 \text{MPa}$$

2—3 为定容过程

$$p_3 = 7.0 \text{MPa}$$

$$T_3 = T_2 \frac{p_3}{p_2} = 979.6 \times \frac{7}{4.85} \text{K} = 1413.9 \text{K}$$

3—4 为定压过程

$$p_4 = p_3 = 7.0 \text{MPa}$$

由 $q_{2,3} = q_{3,4}$ 得

$$c_V(T_3 - T_2) = c_p(T_4 - T_3)$$

$$T_4 = \frac{c_V(T_3 - T_2)}{c_p} + T_3 = \frac{0.717 \times (1413.9 - 979.6)}{1.004} \text{K} + 1413.9 \text{K} = 1724.1 \text{K}$$

4—5 为定熵过程

$$T_5 = T_4 \left(\frac{v_4}{v_5} \right)^{\kappa-1} = T_4 \left(\frac{v_2}{v_1} \frac{v_4}{v_2} \right)^{\kappa-1} = T_4 \left(\frac{v_2}{v_1} \frac{v_4}{v_3} \right)^{\kappa-1}$$

$$= T_4 \left(\frac{1}{\varepsilon} \frac{T_4}{T_3} \right)^{\kappa-1} = 1724.1 \times \left(\frac{1}{16} \times \frac{1724.1}{1413.9} \right)^{1.4-1} \text{K} = 615.7 \text{K}$$

$$p_5 = p_1 \frac{T_5}{T_1} = 0.1 \times \frac{615.7}{323.15} \text{MPa} = 0.19 \text{MPa}$$

2）计算循环吸热量。

$$q_H = q_{2,3} + q_{3,4} = 2q_{2,3} = 2c_V(T_3 - T_2)$$

$$= 2 \times 0.717 \times (1413.9 - 979.6) \text{kJ/kg} = 622.8 \text{kJ/kg}$$

3）计算循环热效率。

$$q_L = c_V(T_5 - T_1) = 0.717 \times (615.7 - 323.15) \text{kJ/kg} = 209.8 \text{kJ/kg}$$

$$\eta_t = 1 - \frac{q_L}{q_H} = 1 - \frac{209.8}{622.8} = 66.3\%$$

讨论：

混合加热理想循环有定容加热和定压加热两部分，计算各点的状态参数时，必须知道各个过程的特征，各状态点之间的相互关系式。$p\text{-}v$ 图、$T\text{-}s$ 图在循环计算中显得尤为重要，因此，分析计算此类问题时应先画出 $p\text{-}v$ 图、$T\text{-}s$ 图。

第四节　燃气轮机装置基本结构

燃气轮机装置是以燃气为工质的热动力装置，它将燃油燃烧产生的热能转换成为汽轮机旋转的机械能输出。燃气轮机装置主要由叶轮式压气机、燃烧室和燃气轮机组成，如图 16-8 所示。

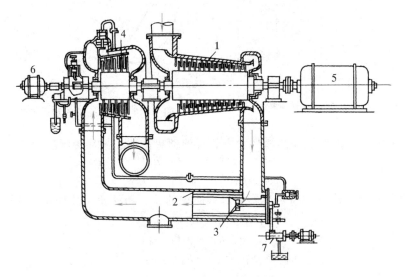

图 16-8　简单的燃气轮机装置图

1—压气机　2—燃烧室　3—喷油嘴　4—燃气轮机　5—发电机　6—起动用的电动机　7—燃料泵

在燃气轮机动力装置图 16-8 中，空气首先进入压气机 1，在压气机中空气被压缩，压力、温度升高，然后进入燃烧室 2；在燃烧室内，空气与供入的燃料（燃油）在定压下燃烧，形成该压力下的高温燃气；高温燃气与来自燃烧室夹层通道的压缩空气相混合，使混合气体的温度降到适当值后进入燃气轮机 4 中膨胀做功。在燃气轮机所做的功中，一部分带动压气机工作，其余部分（净功）对外输出；做功后的废气排入大气，从而完成一个开式循环。这就是燃气轮机装置的实际工作循环。

第五节　燃气轮机定压加热理想循环（Brayton 循环）

为了从热力学观点分析燃气轮机装置的循环，必须对上述燃气轮机装置实际工作开式循环进行简化。实际工作循环中，压气机压缩的是空气，燃烧室中加入了燃料，燃烧后燃气的成分发生了变化。由于加入燃料的质量相对于空气的质量很小，可以忽略，而燃气的热力性质与空气接近，这样就可认为循环中的工质具有空气的性质。燃烧室中的燃烧放热可视为空气在定压下从外热源吸热。实际工作循环中，做功后的乏气从燃气轮机排气口排入大气。假定出口压力可以达到大气压力，而工质已视为空气，因此，从燃气轮机排气口排出的气体与压气机进口的空气压力相同，只是温度不同。可以假想一换热器，排气口排出的气体进入换热器被冷却，向冷源放出热量，定压冷却到进气温度时再进入压气机，这样开式循环就简化成一个如图 16-9 所示的闭式循环。再假定所有过程都是可逆的，就可得到如图 16-10 所示的定压加热燃气轮机装置的理想循环 $p\text{-}v$ 图和 $T\text{-}s$ 图，也叫作布雷敦（Brayton）循环。图中 1—2 为压气机中进行的绝热压缩过程，2—3 为燃烧室中进行的定压吸热过程，3—4 为燃气轮机中进行的绝热膨胀过程，4—1 为虚拟换热器中进行的定压放热过程。

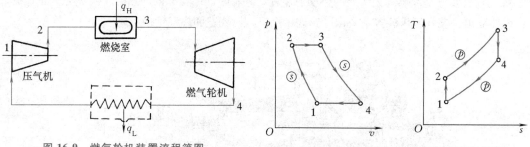

图 16-9　燃气轮机装置流程简图　　　图 16-10　燃气轮机的定压加热理想循环

对于图 16-10 所示的定压加热燃气轮机装置的理想循环，循环的吸热量、放热量为
$$q_H = h_3 - h_2 = c_p(T_3 - T_2)$$
$$q_L = h_4 - h_1 = c_p(T_4 - T_1)$$

压气机所耗的功、燃气轮机理想膨胀过程所做的功、循环净功及热效率分别为
$$w_C = h_2 - h_1 = c_p(T_2 - T_1)$$
$$w_T = h_3 - h_4 = c_p(T_3 - T_4)$$
$$w_0 = w_T - w_C = (h_3 - h_4) - (h_2 - h_1)$$

$$\eta_t = 1 - \frac{q_L}{q_H} = 1 - \frac{c_p(T_4 - T_1)}{c_p(T_3 - T_2)} = 1 - \frac{T_4 - T_1}{T_3 - T_2} = 1 - \frac{T_1}{T_2}\frac{\dfrac{T_4}{T_1} - 1}{\dfrac{T_3}{T_2} - 1} \tag{16-4a}$$

式（16-4a）中，T_1 是已知的，T_2、T_3 和 T_4 可根据过程特点和已知参数、条件逐个求出。因为 1—2 和 3—4 都是可逆的定熵过程，故有
$$\frac{T_2}{T_1} = \left(\frac{p_2}{p_1}\right)^{\frac{\kappa-1}{\kappa}}, \quad \frac{T_3}{T_4} = \left(\frac{p_3}{p_4}\right)^{\frac{\kappa-1}{\kappa}}$$

因为
$$p_4 = p_1, \quad p_3 = p_2$$

所以
$$\frac{T_2}{T_1} = \frac{T_3}{T_4}$$

因而式（16-4a）可写为
$$\eta_t = 1 - \frac{T_1}{T_2}$$

若引入循环增压比
$$\pi = \frac{p_2}{p_1}$$

则循环的热效率可表示为
$$\eta_t = 1 - \frac{1}{\pi^{\frac{\kappa-1}{\kappa}}} \tag{16-4b}$$

分析上式可知，提高增压比 π 可以提高定压加热理想燃气轮机循环的热效率。

第六节　有摩阻的燃气轮机实际循环

由于气流在压气机和燃气轮机中的流速较高，因而摩擦的影响不可忽略。图 16-11 是考虑了黏性摩阻不可逆因素后，定压加热燃气轮机循环的 T-s 图。图中 1—2 及 3—4 是可逆绝热压缩过程和可逆绝热膨胀过程，1—2′ 和 3—4′ 是相应的不可逆过程。在前面压气机一节中，定义了叶轮式压气机的绝热效率 $\eta_{C,s}$，用于衡量压缩过程中不可逆因素的大小。对于燃气轮机，用相对内效率 η_T 来描述它的不可逆程度。η_T 定义为不可逆时燃气轮机的做功 w_T' 与可逆时燃气轮机的做功 w_T 之比，即

$$\eta_T = \frac{w_T'}{w_T} = \frac{h_3 - h_{4'}}{h_3 - h_4} \tag{16-5}$$

由式（16-5）可见，η_T 越接近 1 越好，一般 $\eta_T = 0.85 \sim 0.92$。

再有压气机的绝热效率 $\qquad \eta_{C,s} = \dfrac{w_C}{w_C'} = \dfrac{h_2 - h_1}{h_{2'} - h_1} \tag{16-6}$

故不可逆时压气机和燃气轮机的功分别为

$$w_C' = \frac{w_C}{\eta_{C,s}} = \frac{h_2 - h_1}{\eta_{C,s}}$$

$$w_T' = w_T \eta_T = (h_3 - h_4)\eta_T$$

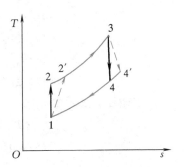

图 16-11　有摩阻的燃气轮机循环

循环净功 w_0 为

$$w_0 = w_T' - w_C' = (h_3 - h_4)\eta_T - \frac{h_2 - h_1}{\eta_{C,s}}$$

实际循环的吸热量 q_H 为

$$q_H = h_3 - h_{2'} = (h_3 - h_1) - (h_{2'} - h_1)$$

$$= (h_3 - h_1) - \frac{h_2 - h_1}{\eta_{C,s}}$$

实际循环的热效率可表示为

$$\eta_t = \frac{w_0}{q_H} = \frac{(h_3 - h_4)\eta_T - (h_2 - h_1)/\eta_{C,s}}{(h_3 - h_1) - (h_2 - h_1)/\eta_{C,s}}$$

若工质的比热容为定值，则

$$\eta_t = \frac{(T_3 - T_4)\eta_T - \dfrac{1}{\eta_{C,s}}(T_2 - T_1)}{(T_3 - T_1) - \dfrac{1}{\eta_{C,s}}(T_2 - T_1)} = \frac{\dfrac{\tau}{\pi^{(\kappa-1)/\kappa}}\eta_T - \dfrac{1}{\eta_{C,s}}}{\dfrac{\tau - 1}{\pi^{(\kappa-1)/\kappa} - 1} - \dfrac{1}{\eta_{C,s}}} \tag{16-7}$$

式中，增压比 $\pi = p_2/p_1$；循环中最高温度与最低温度之比 $\tau = T_3/T_1$；κ 为等熵指数。

由上式看出，实际循环的热效率不仅取决于 π 和 κ，而且与 τ、$\eta_{C,s}$ 和 η_T 等有关。

例 16-3　空气标准布雷敦循环如图 16-10 所示。进入压气机的空气压力 $p_1 = 0.1\text{MPa}$，温度 $t_1 = 20℃$，离开压气机的空气压力 $p_2 = 0.5\text{MPa}$，循环最高温度 $t_3 = 1000℃$。试求：

1）循环各状态点的压力和温度。

2）压气机耗功 w_C 和燃气轮机功 w_T。

3）循环热效率。

4）若燃气轮机的相对内效率为 $\eta_T = 0.9$，则循环的热效率又为多少？

解　1）求循环各状态点的压力和温度。

状态点 1：$T_1 = 293.15\text{K}$（已知），$p_1 = 0.1\text{MPa}$（已知）。

状态点 2：$p_2 = 0.5\text{MPa}$（已知）。

$$T_2 = T_1\left(\frac{p_2}{p_1}\right)^{\frac{\kappa-1}{\kappa}} = 293.15 \times \left(\frac{0.5}{0.1}\right)^{\frac{0.4}{1.4}}\text{K} = 464.3\text{K}$$

状态点 3：$p_3 = p_2 = 0.5\text{MPa}$，$T_3 = 1273.15\text{K}$（已知）。

状态点 4：$p_4 = p_1 = 0.1\text{MPa}$。

$$T_4 = T_3\left(\frac{p_4}{p_3}\right)^{\frac{\kappa-1}{\kappa}} = 1273.15 \times \left(\frac{0.1}{0.5}\right)^{\frac{0.4}{1.4}}\text{K} = 803.8\text{K}$$

2）求压气机耗功 w_C 和燃气轮机功 w_T。

$$w_C = h_2 - h_1 = c_p(T_2 - T_1) = 1.004 \times (464.3 - 293.15)\text{kJ/kg}$$
$$= 171.8\text{kJ/kg}$$
$$w_T = h_3 - h_4 = c_p(T_3 - T_4) = 1.004 \times (1273.15 - 803.8)\text{kJ/kg}$$
$$= 471.2\text{kJ/kg}$$

3）求循环的热效率 η_t。

$$q_H = c_p(T_3 - T_2) = 1.004 \times (1273.15 - 464.3)\text{kJ/kg}$$
$$= 812.1\text{kJ/kg}$$
$$w_0 = w_T - w_C = (471.2 - 171.8)\text{kJ/kg} = 299.4\text{kJ/kg}$$

$$\eta_t = \frac{w_0}{q_H} = \frac{299.4}{812.1} = 36.9\%$$

4）$\eta_T = 0.9$ 时，求热效率 η_t。

$$w_T' = w_T\eta_T = 471.2 \times 0.9\text{kJ/kg} = 424.08\text{kJ/kg}$$

$$\eta_t' = \frac{w_T' - w_C}{q_H} = \frac{424.08 - 171.8}{812.1} = 31.1\%$$

讨论：

1）循环各状态点之间有一定的关系，计算时必须清楚。本题目中主要是定压过程和定熵过程初、末态参数之间的关系。

2）压气机和燃气轮机都是开口系统，必须按稳定流动能量方程式计算压气机的耗功和燃气轮机的做功。

3）循环的净功也可用 $w_0 = q_H - q_L$ 计算，热效率也可用 $\eta_t = 1 - q_L/q_H$ 计算。

4）从计算结果可以看出，燃气轮机内的不可逆因素使循环的热效率减少了 5.8%。

5）从图 16-11 可以看出，燃气轮机实际不可逆膨胀时，排气温度要高于可逆时的排气温度。这时的排气温度如何计算？

第七节 提高燃气轮机循环热效率的措施

分析前述式（16-4b）可知，增加压缩比 π 可以提高简单燃气轮机循环的热效率，但若不降低单位质量的净功，会使循环中的最高温度增加，这将受到材料强度的限制。对于任何一个热机循环，热效率都可以用平均吸热温度和平均放热温度表示，即

$$\eta_t = \frac{w_0}{q_H} = 1 - \frac{q_L}{q_H} = 1 - \frac{\overline{T}_L}{\overline{T}_H} \qquad (16-8)$$

由式（16-8）可知，提高循环的平均吸热温度，降低循环的平均放热温度都可提高循环的热效率。图 16-10 中，由于工质在燃气轮机中膨胀做功后温度 T_4 还相当高，向冷源放热会造成很大的热损失，若在装置中增添一个回热器，利用燃气轮机排气的热量加热压缩后的空气，便可提高循环的热效率。图 16-12 是增加回热器后燃气轮机装置流程示意图，燃气轮机排出的较高温度的气体通过回热器放热，空气流出压气机后在回热器中吸热，温度升高，然后进入燃烧室吸热。其简化回热循环的 $T\text{-}s$ 图如图 16-13 所示。在理想情况下，可以把压缩后的空气加热到 $T_5 = T_4$，同时燃气轮机的排气可冷却到 $T_6 = T_2$。这样，工质自外热源吸热过程 5—3 的平均吸热温度 $\overline{T}_{5,3}$ 大于无回热时的平均吸热温度 $\overline{T}_{2,3}$，放热过程 6—1 的平均放热温度 $\overline{T}_{6,1}$ 小于无回热时的平均放热温度 $\overline{T}_{4,1}$，显然，采用回热后循环热效率将提高。采用回热措施后，循环中的吸热量减小，放热量也减小，循环的净功没有变化，但循环的热效率增加了。在定压加热简单循环的基础上采用回热，是提高燃气轮机装置热效率的一种有效措施。

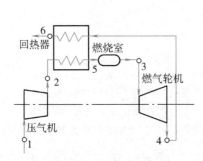

图 16-12　具有回热的燃气轮机装置流程示意图

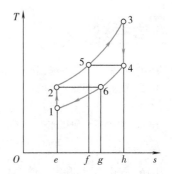

图 16-13　理想回热理论循环

对于简单燃气轮机循环，在回热的基础上，还可以采用分级压缩、级间冷却的方法对压缩过程进行改进；采用多级膨胀中间再热的方法对燃气轮机的膨胀过程进行改进，以提高燃气轮机的循环热效率。较详细的论述请看参考文献 [6，7，8]。

例 16-4　在例题 16-3 中，若空气标准布雷敦循环采用理想回热措施，其他参数相同，试求采用回热后该燃气轮机循环的热效率。

解　采用回热措施后，如图 16-13 所示，燃气轮机进入气体的温度 $T_5 = T_4 = 803.8\text{K}$，气体在燃烧室的吸热量为

$$q_H = c_p(T_3 - T_5) = 1.004 \times (1273.15 - 803.8)\text{kJ/kg}$$
$$= 471.23\text{kJ/kg}$$

采用回热后，循环的净功不变，热效率为

$$\eta_t = \frac{w_0}{q_H} = \frac{299.4}{471.23} = 63.5\%$$

循环的热效率有了很大的提高，这也是现代燃气轮机装置普遍采取回热措施的重要原因。

本章小结

本章介绍了汽油机和柴油机的构造及实际工作循环，并对实际工作循环进行了简化，得到了相应的理想循环，即定容加热循环、定压加热循环和混合加热循环，对各理想循环进行了能量分析计算：包括 q_H、q_L、w_0 和 η_t 的计算，并在 p-v 和 T-s 图上进行了定性分析。在引入压缩比 $\varepsilon = v_1/v_2$，升压比 $\lambda = p_3/p_2$ 和预胀比 $\rho = v_4/v_3$ 后，本章三个理想循环的热效率都可用 ε、λ、ρ 三个参数表示，通过三个参数，可分析其对循环热效率的影响。

本章还介绍了简单燃气轮机装置的基本结构及实际工作循环，并对实际工作循环进行了简化，得到了定压加热的理想循环（Brayton 循环），对定压加热的理想循环进行了能量分析计算：包括 q_H、q_L、w_0 和 η_t 的计算，并在 T-s 图上进行了定性分析。在对燃气轮机实际工作循环进行分析时，采用了压气机的绝热效率 $\eta_{C,s}$ 和燃气轮机的相对内效率 η_T 分析计算气体黏性摩阻引起的不可逆因素的影响；叙述了回热在燃气轮机中的应用及提高热效率的原理；简单介绍了提高燃气轮机热效率的途径与方法。

思考题

16-1　内燃机工作有哪四个工作行程？各有什么特点？

16-2　汽油机和柴油机的循环经简化后得到了哪几种理想工作循环？

16-3　在压缩比 ε 和吸热量 q_H 相同的情况下，试比较内燃机三种理想循环的热效率。

16-4　试在混合加热理想循环的 T-s 图中，用平均温度方法分析压缩比 ε 对热效率的影响。

16-5　由式（16-3）可知，预胀比 ρ 增加，热效率减小。能否在 T-s 图上用平均温度分析得到相同的结论？

16-6　如图 16-10 所示，燃气轮机理想循环的热效率可以表示为 $\eta_t = 1 - T_1/T_2$ 或 $\eta_t = 1 - 1/\pi^{\frac{\kappa-1}{\kappa}}$，它能否表示为 $\eta_t = 1 - T_L/T_H$？两者之间是否有矛盾？试说明之。

16-7　燃气轮机装置中，压缩过程采用定温压缩可减少压气机的耗功，因而增加了循环的净功，如图 16-14 所示，试比较采用定温压缩循环 1—5—3—4—1 和定熵压缩循环 1—2—3—4—1 时的热效率大小。

16-8　在燃气轮机中常在回热的基础上采用多级膨胀、中间再热的方式提高燃气轮机的热效率。如图 16-15 所示，试比较采用多级膨胀、中间再热（没有回热措施）的循环 1—2—3—a—b—c—1 和燃气轮机理想循环 1—2—3—4—1 的热效率。

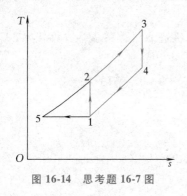

图 16-14　思考题 16-7 图

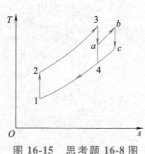

图 16-15　思考题 16-8 图

16-9 对于思考题 16-7 和 16-8 中，除采用平均吸热和平均放热温度方法分析外，能否采用其他分析方法进行比较？

 习题

16-1 定容加热汽油机的循环每千克空气加入热量 1000kJ，压缩比 $\varepsilon = v_1/v_2 = 5$，压缩过程的初参数为 100kPa、15℃。试求：

1）循环的最高压力和最高温度。

2）循环热效率。

16-2 一混合加热理想内燃机循环，工质视为空气，已知 $p_1 = 0.1\text{MPa}$、$t_1 = 50℃$、$\varepsilon = v_1/v_2 = 12$、$\lambda = p_3/p_2 = 1.8$、$\rho = v_4/v_3 = 1.3$（参看图 16-6），比热容为定值。试求在此循环中单位质量工质的吸热量、净功量和循环热效率。

16-3 在习题 16-2 中，若 $\lambda = p_3/p_2 = 1$，则循环变为定压加热理想循环。在其他条件不变的情况下，该循环热效率为多少？循环中最高温度为多少？

16-4 在初态相同及循环最高压力与最高温度相同的条件下，试在 $T\text{-}s$ 图上利用平均温度的概念比较定容加热、定压加热及混合加热的内燃机理想循环的热效率。

16-5 试证明定压加热内燃机循环的热效率为

$$\eta_t = 1 - \frac{\rho^\kappa - 1}{\kappa \varepsilon^{\kappa-1}(\rho - 1)}$$

式中，ε 为压缩比，ρ 为预胀比。

16-6 某燃气轮机装置定压加热理想循环如图 16-10 所示。压气机进口参数为 $p_1 = 0.1\text{MPa}$，$T_1 = 300\text{K}$，压气机增压比 $\pi = p_2/p_1 = 6$，燃气轮机进口处燃气温度 $T_3 = 1000\text{K}$。取空气的 $c_p = 1.004\text{kJ}/(\text{kg} \cdot \text{K})$，$\kappa = 1.4$，试求：

1）循环各点的温度和压力。

2）循环的吸热量、放热量和净功量。

3）循环的热效率。

16-7 在燃气轮机的定压加热理想循环中，工质视为空气，进入压气机的温度 $t_1 = 27℃$，压力 $p_1 = 0.1\text{MPa}$，循环增压比 $\pi = p_2/p_1 = 4$，在燃烧室中加入热量 $q_H = 733\text{kJ/kg}$，经绝热膨胀至 $p_4 = 0.1\text{MPa}$。设比热为定值，试：

1）画出循环的 $T\text{-}s$ 图。

2）求循环的最高温度。

3）求循环的净功量和热效率。

4）若燃气轮机的相对内效率为 0.91，循环的热效率为多少？

16-8 某燃气轮机装置的定压加热实际循环如图 16-9 所示。压气机进口空气 $p_1 = 0.1\text{MPa}$、$t_1 = 20℃$，$\pi = p_2/p_1 = 5$，循环最高温度 $t_3 = 1000℃$，压气机绝热效率 $\eta_{C,s} = 0.84$，燃气轮机的相对内效率 $\eta_T = 0.91$，试求：

1）循环各点的温度。

2）循环的加热量、放热量和净功。

3）压气机和燃气轮机中不可逆过程的熵产。

16-9 对于燃气轮机定压加热理想循环，若压气机进口空气参数为 $p_1 = 0.1\text{MPa}$、$t_1 = 27℃$，燃气轮机进口处燃气温度 $t_3 = 1000℃$。试问增压比 π 最高为多少时循环净功为零？从这一计算你能得到怎样的启示？

16-10 在习题 16-6 中，若空气标准布雷敦循环采用理想回热措施，其他参数相同，试求采用回热后该燃气轮机循环的吸热量、放热量及热效率，平均吸热温度和平均放热温度。

▶▶▶▶▶▶▶▶

16-11 我国东方电气生产的 F 级 50MW 重型燃气轮机 G50,其燃气进入燃气轮机的进口压力可达 1.8MPa,温度可达 1350℃。如果按图 16-10 所示的循环工作,进入压气机空气的温度为 30℃,压力为 0.1MPa。燃气可视为空气。压气机的绝热效率 $\eta_{C,s} = 0.84$,燃气轮机的相对内效率 $\eta_T = 0.90$。试求:

1)燃气轮机燃气的出口温度?

2)压气机出口空气温度?

3)单位质量循环净功?循环热效率?

4)燃气的质量流量?

5)若采用图 16-13 所示的理想回热循环,其热效率可达多少?

16-12 压缩空气储能是利用电网负荷低谷时的剩余电力压缩空气,并将其储藏在高压密封气罐内,在用电高峰释放出来驱动燃气轮机发电。若压力 7.5MPa、650℃的高压储能空气进入燃气轮机,出口处空气的压力为 0.15MPa,每千克高压空气在燃气轮机中所做的功为多少?若储气罐是有限的,100m^3 这样的高压空气能够做出的最大功为多少?(环境压力 0.1MPa,温度 27℃。)

第十七章

蒸汽动力装置及循环

授课视频——蒸汽动
力装置及循环

第一节　蒸汽动力装置

蒸汽动力装置是以水蒸气作为工质的热动力装置。工业上最早使用的动力装置就是以水蒸气作为工质的蒸汽机。由于水容易获得、无污染，并具有良好的热力学性能等许多优点，蒸汽动力装置仍然是现代电力生产最主要的热动力装置。

图 17-1 是一热力发电厂的设备布置示意图。与内燃机和燃气轮机相比，蒸汽动力装置的工质水蒸气本身不能燃烧也不能助燃，工质在循环中从锅炉中燃烧的烟气吸收热量，锅炉就是高温热源，它的热量由燃料燃烧产生。进入锅炉的水在吸热后变为水蒸气，然后高温、高压的蒸汽在汽轮机中膨胀做功，汽轮机带动发电机发电。做功后的蒸汽进入冷凝器中冷凝变为水，同时向低温热源（冷却水）放出热量。水经水泵加压后送入锅炉再加热，完成一个循环。水蒸气的动力循环是一个闭式循环。在循环中，水有相变，即汽化和凝结过程，根据水蒸气的特点组成的动力循环中，锅炉、汽轮机、冷凝器及水泵是循环的主要设备，除此之外还有很多辅助设备，它们都是实际动力循环不可缺少的，具体设备如图 17-1 所示。下面就锅炉和汽轮机的结构及其工作原理做简单介绍。

一、锅炉

在蒸汽动力循环装置中，锅炉是必不可少的设备之一。在工矿企业、交通运输以及人民生活中，锅炉也是必不可少的热工设备。锅炉的形式很多，通常把用于发电、动力方面的锅炉称为动力锅炉，把用于工业生产方面的锅炉称为工业锅炉。锅炉设备由锅炉本体和辅助设备两大部分组成。图 17-2 所示为一以煤作为燃料的工业锅炉设备示意图。

1. 锅炉本体

锅炉本体由汽锅、炉子、蒸汽过热器 12、省煤器 15 和空气预热器 16 所组成。汽锅由布置在炉膛四周的水冷壁管 8、横置的上下锅筒 13 和 17 以及连接其间的对流管束 14 构成。当燃料燃烧时，高温烟气通过汽锅的受热面对受热面内的水加热，使之沸腾汽化。

炉子类型较多，图 17-2 所示的是国内工业锅炉中较普遍的一种——链条炉排炉。它由炉膛 5、链条炉排 3 和炉排下的风室 26 所组成。燃料在炉内燃烧放热，并生成高温烟气。

饱和蒸汽流经蒸汽过热器 12 时吸热而成为过热蒸汽。省煤器 15 和空气预热器 16 均布置在尾部烟道，前者是给水预热器，后者是利用排烟余热加热进入炉内空气的热交换器。

2. 锅炉辅助设备

锅炉的辅助设备是为了维持锅炉正常运行而设置的。它主要包括通风设备、给水设备和燃料系统设备。

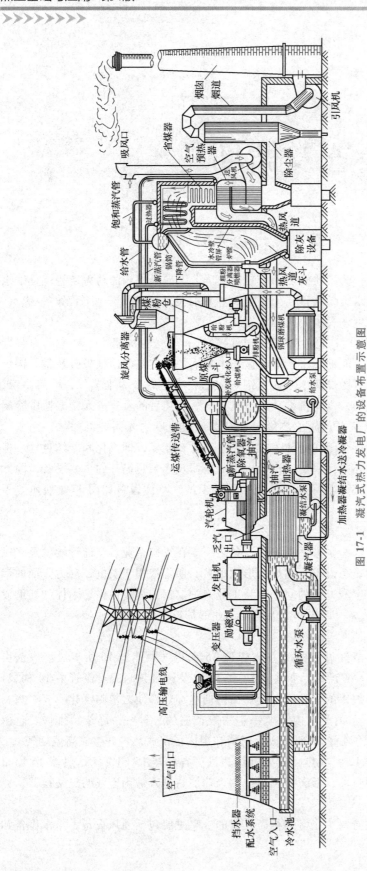

图 17-1 凝汽式热力发电厂的设备布置示意图

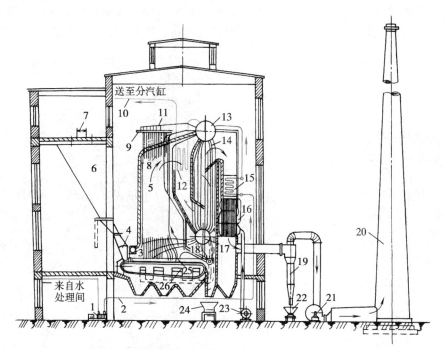

图 17-2 锅炉设备示意图

1—给水泵 2—给水管 3—链条炉排 4—煤斗 5—炉膛 6—储煤斗 7—传动带运输机

8—水冷壁管 9—侧水冷壁上集箱 10—主蒸汽管 11—汽水引出管 12—蒸汽过热器

13—上锅筒 14—对流管束 15—省煤器 16—空气预热器 17—下锅筒 18—下降管

19—除尘器 20—烟囱 21—引风机 22—除灰车 23—送风机 24—煤渣斗

25—侧水冷壁下集箱 26—风室

如图 17-2 所示，通风设备由送风机 23、引风机 21 和烟囱 20 构成；给水设备由水箱、给水泵 1 和水处理设备组成；燃料系统设备包括储煤斗 6、传动带运输机 7、除灰车 22 和除尘器 19。

除上述设备外，辅助设备还包括各种仪表控制设备和各种管道、阀门等。

在图 17-1 中，火力发电的蒸汽动力循环中的锅炉是动力锅炉。动力锅炉的炉子多是煤粉炉（悬燃炉）。燃料煤经过碎煤机、磨煤机和粗粉分离器后制成极细的煤粉（直径一般为 20~50μm），然后经过煤粉仓和给粉机由空气流携带经喷燃器喷入炉膛悬浮燃烧。在辅助设备中代替工业锅炉中除灰车的是由除灰泵等构成的除灰系统。

二、汽轮机

在蒸汽动力循环装置中，汽轮机是另一主要设备，它是蒸汽动力装置中的原动机（动力机）。汽轮机按其用途不同可分为电站汽轮机、船用汽轮机和用于工矿企业蒸汽动力装置的工业汽轮机。它们可以有不同的结构形式，但其基本工作原理相同。

图 17-3 是一单级汽轮机示意图。高温高压的蒸汽从进汽管进入汽轮机，通过喷管 4，其压力下降、膨胀增速，使蒸汽的热能转换为汽流的动能。离开喷管的高速汽流冲击叶片 3，使叶轮 2 旋转做功，蒸汽的动能转化为机械功。

工业和电站汽轮机多为多级汽轮机。所谓"级"是汽轮机的工作级，每一个工作级由一组喷管和其后的一列叶片构成。如图 17-4 是一多级冲击式汽轮机剖面图。

除上述的蒸汽动力循环装置外，地热电站、核能电站、太阳能电站以及余热利用等用以产生动力的许多装置，其工作原理大同小异，也是以蒸汽作为工质的动力循环装置。这些循环除上面所述的热工设备外，还涉及许多其他热工设备，并具有各自的特点。

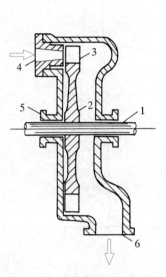

图 17-3 单级汽轮机示意图

1—轴 2—叶轮 3—叶片

4—喷管 5—机壳 6—排汽管

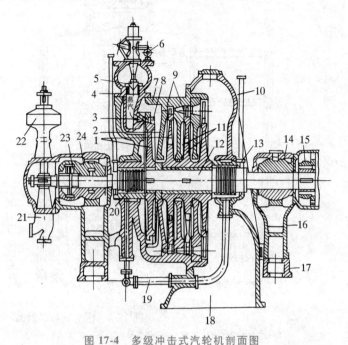

图 17-4 多级冲击式汽轮机剖面图

1—叶轮 2—隔板 3—第一级喷管 4—高压端轴封信号管 5—进汽阀

6—配汽凸轮轴 7—机壳 8—工作叶片 9—隔板上的喷管

10—低压端轴封信号管 11—隔板上的轴封 12—轴 13—低压端轴封

14—低压端的径向轴承 15—联轴器 16—轴承支架 17—基础架

18—排汽口 19—导管 20—高压端轴封 21—油泵 22—离心调速器

23—推力轴承 24—轴承

第二节 朗 肯 循 环

蒸汽动力循环中的锅炉、汽轮机、冷凝器和水泵是循环中的四大基本设备。最简单的蒸汽动力循环是利用这四个基本设备实现的朗肯循环，图 17-5 是循环的系统示意图，图 17-6 是朗肯循环的 $T\text{-}s$ 图。循环中：

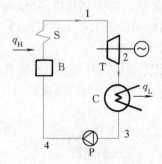

图 17-5 蒸汽动力循环的系统示意图

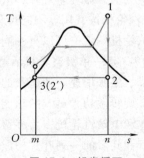

图 17-6 朗肯循环

过程4—1：水在锅炉 B 和过热器 S 中吸热，由未饱和水变为过热蒸汽。过程中工质与外界无技术功交换。忽略了工质流动过程的阻力，该过程为定压过程。

过程1—2：过热蒸汽在汽轮机中膨胀并对外输出轴功，在汽轮机出口，工质达到低压下的湿蒸汽状态，称为乏汽。忽略工质的摩擦与散热，该过程为可逆绝热过程，即定熵过程。

过程2—3：在冷凝器中乏汽放热给冷却水，凝结成为冷凝器乏汽压力下的饱和水（故图 17-6 中又用 2′表示状态 3）。该过程可视为定压过程。

过程3—4：凝结后的饱和水经水泵后压力提高，再次进入锅炉，完成一个循环。饱和水经水泵的升压过程可视为定熵过程。

一、朗肯循环的能量分析计算

在图 17-6 所示的朗肯循环中，单位质量工质在锅炉吸热过程是一定压过程，且对外无技术功交换，根据稳定流动的能量方程，工质的吸热量为

$$q_{\mathrm{H}} = h_1 - h_4$$

汽轮机中蒸汽膨胀对外所做的功（轴功）为

$$w_{\mathrm{T}} = h_1 - h_2$$

工质在冷凝器中放出的热量为

$$q_{\mathrm{L}} = h_2 - h_3 = h_2 - h_{2'}$$

冷凝水经水泵所消耗的功（轴功）为

$$w_{\mathrm{P}} = h_4 - h_3$$

循环净功为

$$w_0 = q_{\mathrm{H}} - q_{\mathrm{L}} = w_{\mathrm{T}} - w_{\mathrm{P}}$$
$$= (h_1 - h_4) - (h_2 - h_3) = (h_1 - h_2) - (h_4 - h_3)$$

循环的热效率为

$$\eta_{\mathrm{t}} = \frac{w_0}{q_{\mathrm{H}}} = \frac{(h_1 - h_2) - (h_4 - h_3)}{h_1 - h_4}$$
$$= 1 - \frac{q_{\mathrm{L}}}{q_{\mathrm{H}}} = 1 - \frac{h_2 - h_3}{h_1 - h_4} \tag{17-1a}$$

在上述热量、功量及热效率的计算中，各状态点的焓值可根据循环的已知参数（p_1，T_1，p_2 等）以及各过程的特点查表或查图求得。对于水泵的耗功，由于水的压缩性很小，可看成不可压缩流体（v 不变），进入水泵的工质为汽轮机排汽压力下的饱和水，水泵出口的压力与锅炉中工质压力相等，均为 p_1，故水泵耗功

$$w_{\mathrm{P}} = \left| -\int_3^4 v \mathrm{d}p \right| = v_3(p_4 - p_3) = v'_2(p_1 - p_2)$$

水泵耗功相对于汽轮机对外输出功非常小，即 $w_{\mathrm{P}} \ll w_{\mathrm{T}}$，可以忽略不计。这样，朗肯循环的热效率为

$$\eta_{\mathrm{t}} = \frac{w_0}{q_{\mathrm{H}}} = \frac{(h_1 - h_2) - (h_4 - h_3)}{h_1 - h_4} \approx \frac{h_1 - h_2}{h_1 - h_4} \tag{17-1b}$$

二、蒸汽参数对热效率的影响

1. 初温的影响

在相同初压 p_1 和背压（汽轮机排汽压力）p_2 下，将新汽温度从 T_1 提高到 T_{1a}，如

图 17-7 所示，使朗肯循环的平均吸热温度有所提高，由 $\overline{T}_H$ 提高到 $\overline{T}_{Ha}$，而平均放热温度不变，由平均温度表达的热效率公式（16-1c）可知，循环的热效率得以提高。而且，初温的提高可使汽轮机的排汽干度从 x_2 增加到 x_{2a}，这有利于汽轮机的安全运行。但初温的提高受到设备（锅炉、汽轮机）材料耐高温强度的限制，故初温一般不超过 650℃。

2. 初压的影响

在相同初温 T_1 和背压 p_2 条件下，将新汽的压力从 p_1 提高到 p_{1a}，如图 17-8 所示，也可使朗肯循环的平均吸热温度升高，由 $\overline{T}_H$ 提高到 $\overline{T}_{Ha}$，而保持平均放热温度不变，使循环热效率得到提高。但初压的提高同样受材料强度（耐压强度）的限制。同时，初压的提高使汽轮机排汽干度从 x_2 降到 x_{2a}，排汽干度过低（一般不应小于 0.88），会危及汽轮机的安全运行。

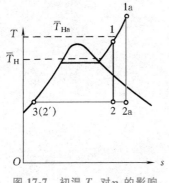

图 17-7 初温 T_1 对 η_t 的影响

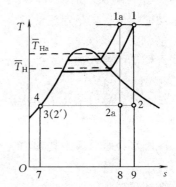

图 17-8 初压 p_1 对 η_t 的影响

3. 背压的影响

在相同初温 T_1 和初压 p_1 下，将排汽压力（背压）由 p_2 降低到 p_{2a}，如图 17-9 所示，则朗肯循环的平均放热温度有明显下降，而平均吸热温度相对下降得极少，这样使循环的热效率得以提高。但由于相应于排汽压力的蒸汽饱和温度最低只能降低到环境温度，故背压的降低是有限度的。

综上所述，提高初参数 p_1、T_1，降低乏汽压力 p_2 均可提高循环热效率，但提高初参数受到金属性能和乏汽干度等的限制。降低背压 p_2 受到环境温度的限制，因而改进的潜力不大。由于平均吸热温度与最高温度相差很大，提高平均吸热温度，有很大的潜力可挖，因而提高平均吸热温度是提高热效率的重要途径。后续的采用再热、抽汽回热措施是提高平均吸热温度的有效方法。

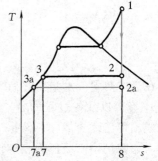

图 17-9 背压 p_2 对 η_t 的影响

第三节　有摩阻的实际循环

以上讨论的是理想的可逆循环，实际蒸汽动力装置中的过程是不可逆的，尤其是蒸汽在汽轮机中的膨胀过程。由于蒸汽在汽轮机中流速很高，汽流内部的摩擦损失及汽流与喷嘴内壁的摩擦损失不能忽略，叶片对汽流的阻力也相当大，这都使理想的可逆循环与实际循环有较大的差别。

图 17-10 是只考虑汽轮机中有摩擦损失时简单蒸汽动力循环的 T-s 图。1—2 是蒸汽在汽轮机中可逆绝热膨胀过程，1—2′ 是不可逆绝热膨胀过程。与燃气轮机一样，蒸汽轮机中也采用相对内效率 η_T 描述其内部不可逆因素的大小，表达式仍为

$$\eta_T = \frac{w'_T}{w_T} = \frac{h_1 - h_{2'}}{h_1 - h_2} \tag{17-2}$$

η_T 的大小可由实验测量或经验确定。根据式（17-2）可得到

$$h_{2'} = h_1 - (h_1 - h_2)\eta_T$$

这样，可根据 $p'_2 = p_2$ 和 h'_2 查表或查图求得 2′ 点的其他参数。有关循环的进一步计算与可逆时的计算相同。

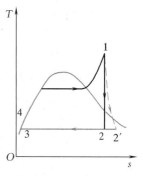

图 17-10　有摩阻的实际循环

例 17-1　我国生产的 600MW 汽轮机发电机组，其新蒸汽压力 $p_1 = 25\text{MPa}$，温度 $t_1 = 600℃$，汽轮机排汽压力 $p_2 = 0.005\text{MPa}$。若该装置实施朗肯循环，试求：

1）汽轮机对外输出功量和水泵耗功量。

2）循环中蒸汽从锅炉吸收的热量和向冷凝器中冷却水放出的热量。

3）循环的热效率。

4）若汽轮机的相对内效率为 $\eta_T = 0.88$，循环的热效率为多少？

解　1）循环 T-s 图如图 17-10 所示。由 $p_1 = 25\text{MPa}$，$t_1 = 600℃$，查附录 A-7 得

$$h_1 = 3489.6\text{kJ/kg}, \quad s_1 = 6.3678\text{kJ/(kg·K)}$$

1—2 过程是定熵过程，由 $p_2 = 0.005\text{MPa}$，查表得饱和参数为

$$h'_2 = 137.72\text{kJ/kg}, \quad h''_2 = 2560.55\text{kJ/kg}, \quad s'_2 = 0.4761\text{kJ/(kg·K)}, \quad s''_2 = 8.3930\text{kJ/(kg·K)}$$

由于 $s_2 = s_1 = 6.3678\text{kJ (kg·K)}$，则有

$$x_2 = \frac{s_2 - s'_2}{s''_2 - s'_2} = \frac{6.3678 - 0.4761}{8.3930 - 0.4761} = 0.7442$$

$$h_2 = h'_2 + (h''_2 - h'_2)x_2 = 137.72\text{kJ/kg} + (2560.55 - 137.72)$$

$$\times 0.7442\text{kJ/kg} = 1940.8\text{kJ/kg}$$

状态 3 为饱和水，查饱和水与饱和蒸汽表，当 $p_2 = 0.005\text{MPa}$ 时，有

$$h_3 = h'_2 = 137.72\text{kJ/kg}$$

$$v_3 = v'_2 = 0.0010053\text{m}^3/\text{kg}, \quad s_3 = s'_2 = 0.4761\text{kJ/(kg·K)}$$

3—4 过程为定熵过程，由 $p_4 = p_1 = 25\text{MPa}$，$s_4 = s_3$，查附录 A-7 得

$$h_4 = 163.3\text{kJ/kg}$$

$$w_T = h_1 - h_2 = (3489.6 - 1940.8)\text{kJ/kg} = 1548.8\text{kJ/kg}$$

$$w_P = h_4 - h_3 = (163.3 - 137.72)\text{kJ/kg} = 25.58\text{kJ/kg}$$

或

$$w_P = v'_2(p_1 - p_2) = 0.0010053 \times (25 - 0.005) \times 10^3\text{kJ/kg} = 25.13\text{kJ/kg}$$

2）单位质量工质在循环中吸热量和放热量分别为

$$q_H = h_1 - h_4 = (3489.6 - 163.3)\text{kJ/kg} = 3326.3\text{kJ/kg}$$

$$q_L = h_2 - h_3 = (1940.8 - 137.72)\text{kJ/kg} = 1803.1\text{kJ/kg}$$

3）循环热效率为

$$\eta_t = \frac{w_0}{q_H} = 1 - \frac{q_L}{q_H} = 1 - \frac{1803.1}{3326.3} = 45.8\%$$

4）求 $\eta_T = 0.88$ 时循环的热效率 η_t'

$$h_{2'} = h_1 - (h_1 - h_2)\ \eta_T$$

$$= 3489.6\,\text{kJ/kg} - (3489.6 - 1940.8) \times 0.88\,\text{kJ/kg} = 2126.7\,\text{kJ/kg}$$

$$q_L' = h_{2'} - h_3 = (2126.7 - 137.72)\,\text{kJ/kg} = 1989\,\text{kJ/kg}$$

$$\eta_t' = 1 - \frac{q_L'}{q_H} = 1 - \frac{1989}{3326.3} = 40.2\%$$

讨论：

对于蒸汽的热力性质必须通过查表或查图来确定。在考虑汽轮机摩擦损失后，循环的热效率有明显降低，故在实际循环计算时汽轮机的摩擦损失不能忽略。然而，水泵的耗功与汽轮机的输出功相比非常小，在实际计算中常可忽略不计。在本例中情况下，若忽略水泵功 w_P，则热效率为40.7%。

第四节 再热循环

在第二节分析蒸汽参数对热效率的影响时得到，提高蒸汽初压可使热效率提高，但汽轮机的排汽干度下降，这危及汽轮机的安全运行。为了解决这一问题，在蒸汽动力循环中常常采用中间"再热"的措施，这样形成的循环称为再热循环。

图17-11a 是一再热循环的装置流程示意图。进入汽轮机的新蒸汽先在汽轮机中膨胀至某一中间状态 a 后，被引出到再热器 R 中再次加热至状态 b（温度通常等于新蒸汽温度），然后再进入第二级汽轮机中继续膨胀至背压 p_2。从图17-11b 的 T-s 图可以看到，再热循环 1—a—b—2—3—4—1 相对于无再热的朗肯循环 1—a—c—3—4—1，汽轮机排汽干度得到了提高。

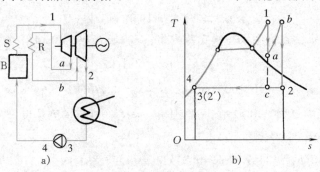

图 17-11 再热循环

对于图17-11b 所示的再热循环，在忽略水泵功的情况时，再热循环的吸热量

$$q_H = h_1 - h_4 + h_b - h_a$$

循环的净功

$$w_0 = (h_1 - h_a) + (h_b - h_2)$$

循环的热效率

$$\eta_t = \frac{w_0}{q_H} = \frac{(h_1 - h_a) + (h_b - h_2)}{(h_1 - h_4) + (h_b - h_a)} \tag{17-3}$$

只要再热循环的中间再热压力选择适当（一般为初压的 20%~30%），再热后的蒸汽循环平均吸热温度可以提高，使循环热效率得到提高。再热循环不仅使汽轮机的排汽干度增大，而且可使循环的热效率提高，因此，现代大型电站的蒸汽动力循环几乎无一例外地采用了再热循环。

第五节　抽汽回热循环

在朗肯循环中，平均吸热温度不高的主要原因是从未饱和水至饱和水的吸热过程温度较低。如能设法使工质在热源中的吸热不包括这一段，那么循环的平均吸热温度就会提高，使循环的热效率得到提高。采用抽汽加热锅炉给水正是出于这种考虑。

图 17-12a 是采用一级抽汽回热的蒸汽动力装置示意图。1kg 新蒸汽进入汽轮机膨胀做功到某一压力 p_0 时，部分蒸汽 α kg 被抽出引入到回热加热器 R，对冷凝器出来的给水加热。没有被抽出的其余蒸汽 $(1-\alpha)$ kg 在汽轮机中继续膨胀至背压 p_2。从图 17-12b 所示的回热循环的 T-s 图上不难看到，由于采用了回热，使工质在锅炉中的吸热过程从 4—1 变成了 0′—1，进入锅炉的水的温度提高了，减少了水在低温段的吸热量，显然提高了循环的平均吸热温度，从而提高了循环的热效率。

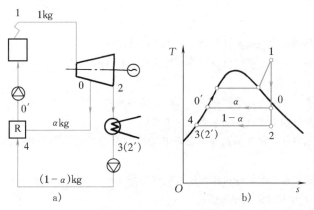

图 17-12　抽汽回热循环

从理论上讲，回热级数越多，热效率提高越多。但考虑到设备和管路的复杂性、投资及实际传热过程的不可逆，通常蒸汽动力循环的回热级数为 2~8 级。

对于图 17-12 所示的一级抽汽回热循环吸热量和放热量分别为

$$q_H = h_1 - h_{0'}$$
$$q_L = (1-\alpha)(h_2 - h_3)$$

循环净功（忽略泵功）

$$w_0 = (h_1 - h_0) + (1-\alpha)(h_0 - h_2) = q_H - q_L$$

循环的热效率

$$\eta_t = \frac{w_0}{q_H} = \frac{(h_1 - h_0) + (1-\alpha)(h_0 - h_2)}{h_1 - h_{0'}} \tag{17-4}$$

▶▶▶▶▶▶▶▶

上式中抽汽量 α 可由换热器的热平衡方程求得。换热器的能量平衡方程

$$\alpha h_0 + (1-\alpha) h_3 = h_{0'}$$

$$\alpha = \frac{h_{0'} - h_3}{h_0 - h_3} \qquad (17\text{-}5)$$

在尽可能提高蒸汽初参数、降低背压的同时，除采用再热和抽汽回热等措施以提高能量利用经济性外，还可根据实际情况采用热电循环和燃气、蒸汽两气联合循环。有关内容详情可参阅有关参考文献 [6，7，8]。

📚 本章小结

本章介绍了锅炉、汽轮机的基本构造和工作原理。对朗肯循环进行了能量分析计算，包括 q_H、q_L、w_0 和 η_t 的计算，并在 T-s 图上分析了蒸汽参数对循环热效率的影响。对于考虑了黏性摩阻的蒸汽动力循环，引入了与燃气轮机相同的蒸汽轮机相对内效率 η_T，用以表示蒸汽在汽轮机中不可逆因素的大小。

本章还提出了采用再热和抽汽回热是提高蒸汽动力循环热效率的重要方法，并对再热和抽汽回热循环进行了能量分析计算。

💭 思考题

17-1 蒸汽动力循环的四大主要部件是什么？各起什么作用？

17-2 在朗肯循环中，为什么不把汽轮机排出的蒸汽直接压缩后送入锅炉中加热，而是冷却成水后用水泵送入锅炉？

17-3 在朗肯循环中，如果考虑蒸汽在汽轮机内的黏性摩阻，排汽的参数会发生哪些变化？

17-4 提出再热对蒸汽动力循环哪些方面进行了改进？

17-5 再热和抽汽回热都是提高蒸汽动力循环热效率的有效措施，再热和抽汽点是否可以任意选取？试在 T-s 图上定性分析。

17-6 无论是内燃机循环、燃气轮机循环还是蒸汽动力循环，各种实际循环的热效率都与工质的热力性质有关，这些事实是否与卡诺定理相矛盾？

17-7 在分析动力循环中，如何理解热力学第一、第二定律的指导作用？

🛠 习题

17-1 某锅炉每小时生产 4t 水蒸气。蒸汽出口的表压 $p_{g2} = 0.9\text{MPa}$，温度 $t_2 = 350\text{℃}$。设锅炉给水温度 $t_1 = 40\text{℃}$，锅炉效率 $\eta_B = 0.8$，煤的发热量（热值）为 $q_p = 2.97 \times 10^4 \text{kJ/kg}$，试求每小时锅炉的耗煤量（大气压力 $p_b = 0.1\text{MPa}$）。

17-2 某蒸汽动力循环装置为朗肯循环。蒸汽的初压 $p_1 = 3\text{MPa}$，背压 $p_2 = 0.005\text{MPa}$，若初温分别为 300℃ 和 500℃，试求蒸汽在不同初温下的循环热效率 η_t 及蒸汽的末态干度 x_2。

17-3 某朗肯循环，水蒸气初温 $t_1 = 500\text{℃}$，背压 $p_2 = 0.005\text{MPa}$，试求当初压分别为 3.0MPa 和 5.0MPa 时的循环热效率 η_t 及排汽干度 x_2。

17-4 某蒸汽发电厂采用再热循环工作。锅炉出口蒸汽参数为 $p_1 = 10\text{MPa}$，$t_1 = 550\text{℃}$，汽轮机排汽压

力 $p_2 = 0.004$MPa。蒸汽在进入汽轮机膨胀至 2.0MPa 时，被引出到锅炉再热器中再热至 550℃，然后又回到汽轮机继续膨胀至排汽压力。设汽轮机和水泵中的过程都是理想的定熵过程，忽略泵功，试求：

1）由于再热，乏汽的干度提高到多少？

2）由于再热，循环的热效率提高了多少？

17-5　一单级抽汽回热蒸汽动力装置循环如图 17-12 所示，水蒸气进入汽轮机的状态参数为 9.0MPa、530℃，在 5kPa 下排入冷凝器。水蒸气在 1.0MPa 压力下抽出，送入混合式回热器加热给水。给水离开加热器的温度为抽汽压力下的饱和温度。若忽略水泵功，试求：①抽汽量 α；②每千克水蒸气循环的吸热量 q_H 和循环放热量 q_L；③每千克水蒸气循环的净功量 w_0；④循环热效率 η_t。

17-6　朗肯循环蒸汽的初压为 6MPa，初温为 500℃，冷凝器内维持压力为 10kPa，蒸汽质量流量为 80kg/s，锅炉中传热过程在平均温度 1400K 的热源和水之间进行。冷凝器内冷却水平均温度为 25℃。试求①水泵功；②锅炉内烟气对水的加热率（单位时间的加热量）；③汽轮机做的功；④冷凝器内乏汽的放热率；⑤循环热效率；⑥各个不可逆过程和整个循环的不可逆有效能损失。已知环境温度为 17℃。

17-7　海水表面层的温度约 30℃，深层海水的温度约为 5℃，在此条件下可以采用有机工质 R134a 实施朗肯循环。若加热和冷却过程中海水和工质的温差均为 5℃，循环中 R134a 的质量流量为 1100kg/s，试计算循环的热效率和功率。

17-8　在燃气轮机发电装置中为了提高能量利用率，常采用燃气轮机加蒸汽轮机联合循环。在习题 16-11 中，燃气轮机后面串联一蒸汽动力朗肯循环，用排气温度很高的燃气加热水产生 400℃、1MPa 过热蒸汽进入蒸汽轮机，蒸汽轮机出口的压力为 0.005MPa，蒸汽轮机的相对内效率为 0.91。试求：此蒸汽朗肯循环的热效率是多少？燃气轮机+蒸汽轮机联合循环的热效率是多少？

第十八章

制冷装置及循环

授课视频——制冷装置及循环

在人们生产和生活中，常需要某一物体或空间的温度低于周围的环境温度，而且需要在相当长的时间内维持这一温度。为了获得并维持这一温度，必须用一定的方法将热量从低温物体移至周围的高温环境，这就是**制冷**。实现制冷的设备称为制冷装置，它是通过制冷工质（又称**制冷剂**）的循环过程将热量从低温物体（如冷藏室）移至高温物体（大气环境）。根据热力学第二定律，热量从低温物体移至高温物体时，外界必须付出代价，这种代价通常是消耗机械能或热能。

制冷装置中运行的循环是逆循环，循环中单位质量制冷剂在低温下自冷藏室吸热 q_L，消耗机械功 w_0，使其温度升高向外界放出热量 q_H。根据能量守恒定律 $q_H = q_L + w_0$，循环中从低温物体吸收的热量（也称冷量）q_L 与消耗的机械功 w_0 之比称为**制冷系数** ε，（工程中常把制冷系数称为制冷装置的工作**性能系数**，用符号 COP 表示），即获得与付出之比，其表示式为

$$\varepsilon = \frac{q_L}{w_0} = \frac{q_L}{q_H - q_L} \tag{18-1}$$

第一节　逆卡诺循环

制冷装置若在环境温度 T_H 与冷藏室的温度 T_L 之间进行一个逆卡诺循环，如图 18-1 所示，它的制冷系数为

$$\varepsilon_c = \frac{q_L}{w_0} = \frac{q_L}{q_H - q_L} = \frac{T_L}{T_H - T_L} \tag{18-2}$$

卡诺循环是在同温度范围内工作的最有效循环，即逆卡诺循环的制冷系数最大。在上式中，由于 $T_H > T_L$，制冷系数恒为正，且可以大于 1（这一点要与动力循环的热效率加以区别）。当 T_H 一定时，$\Delta T = T_H - T_L$ 越小，ε 越大。为了不浪费机械能，在满足冷冻或冷藏的条件下，就不应该在冷藏库中维持比必要数值更低的温度。例如，为保存食物或药品，若 $-5℃$ 已满足要求，就不必把冷藏室的温度维持在 $-10℃$。

逆卡诺循环给人们提供了一个在一定温度范围内工作的最有效的制冷循环，整个循环是可逆的，而且制冷系数与循环中所采用的工质性质无关。但是实际制冷装置不是按逆卡诺循环工作的，而且根据所用制冷工质的性质，采用不同的循环。按制冷工质的不同，制冷装置可

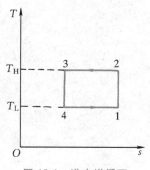

图 18-1　逆卡诺循环

分为空气制冷装置和蒸气制冷装置。由于空气制冷循环使用得较少，而蒸气制冷装置在工业和日常生活中较为普遍，下面只讨论以蒸气作为制冷工质的压缩蒸气制冷装置及循环。

第二节 压缩蒸气制冷装置及循环

压缩蒸气制冷装置广泛地应用于空气调节、食品冷藏及生产工艺中。由于要求和用途不同，压缩蒸气制冷装置的结构及工作的温度范围也不同。图 18-2 是冰箱的结构示意图，图 18-3 是空调设备与系统示意图。在这两类装置中，都有压缩机、冷凝器、节流阀（毛细管）和蒸发器，这四大部件也是其他压缩蒸气制冷装置中的基本设备。将图 18-2 和图 18-3 的设备进行简化，就可得到图 18-4a 所示的一般压缩蒸气制冷装置的简图。

压缩蒸气制冷循环中常用的工质有氨和氟利昂（$C_mH_nF_xCl_yBr_z$——饱和碳氢化合物的卤素衍生物）等制冷剂。在图 18-4a 中，处于饱和蒸气状态点 1 的制冷工质进入压缩机被压缩到过热状态点 2，压力升高，温度也增高到环境温度以上。冷凝器将过热蒸气冷却冷凝到点 3，冷却冷凝是在定压下进行的，制冷剂从过热区冷却冷凝放热到饱和液体。冷却冷凝过程放出的热量排入大气环境，故冷凝器出口处制冷剂的温度高于大气环境温度，理想的情况下等于环境温度。饱和液体经节流阀（或毛细管）进行绝热节流后，压力和温度都降低，进入两相区到达点 4，节流过程中有一小部分工质汽化。此时获得低温液体就可用于制冷。两相区的湿饱和蒸气从冷藏室吸收热量在蒸发器中汽化，汽化后的饱和蒸气再次进入压缩机，从而完成了一个循环。蒸发器中工质的汽化压力可以通过节流阀的开度（或毛细管的长度）来调节，以达到控制冷藏空间温度的目的。图 18-4b 是制冷循环的 $T\text{-}s$ 图，图中压缩、冷凝和蒸发都简化为可逆过程，3—4 是不可逆的绝热节流过程。

在上述压缩蒸气制冷循环中，对单位质量工质，蒸气在冷藏室的蒸发器内所吸取的热量（冷量）为

$$q_L = h_1 - h_4$$

在冷凝器中向环境空气（或冷却水）放出的热量为

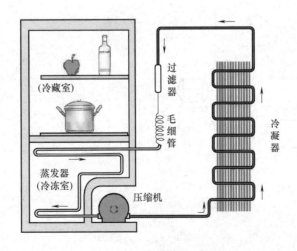

图 18-2　冰箱结构示意图

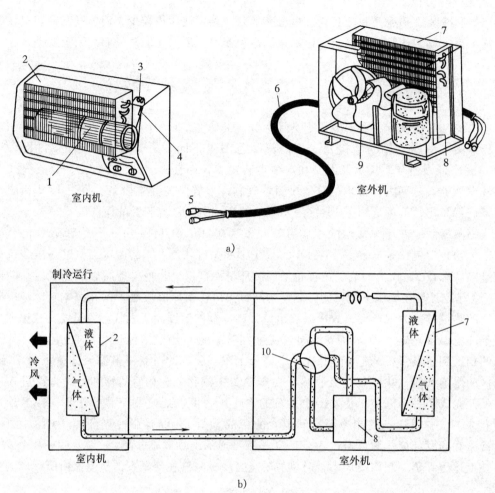

a)

b)

图 18-3 空调设备与系统示意图

1—贯流风扇 2—蒸发器 3—毛细管（或节流阀） 4—过滤器 5—快速接头 6—制冷管
7—冷凝器 8—压缩机 9—排风风扇 10—电磁四通阀

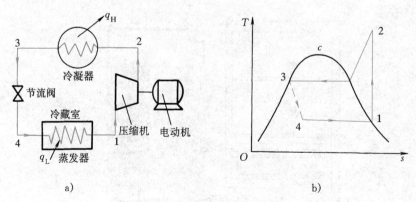

图 18-4 压缩蒸气制冷循环

$$q_H = h_2 - h_3$$

压缩蒸气制冷循环所耗净功即为压缩机的耗功量，有

$$w_0 = w_C = h_2 - h_1$$

由于过程 3—4 为绝热节流过程，有

$$h_3 = h_4$$

故

$$w_0 = h_2 - h_1 = q_H - q_L = (h_2 - h_3) - (h_1 - h_4)$$

压缩蒸气制冷循环的制冷系数为

$$\varepsilon = \frac{q_L}{w_0} = \frac{h_1 - h_4}{h_2 - h_1} \tag{18-3}$$

上述式中各状态点的焓值，可根据已知的初始状态点的参数及循环各过程的特征逐个查制冷剂的热力性质表或图求取。为工程使用方便，根据制冷工质的热力性质，绘制了制冷剂的压焓图（p-h 图，纵坐标是对数坐标，见附录 B-2~B-4），可用于制冷循环的定量计算。在 p-h 图上表示的压缩蒸气制冷循环如图 18-5 所示。定压过程 2—3 、4—1 为水平线，绝热节流过程 3—4 为垂直线，定熵压缩过程 1—2 为斜率为正的曲线。

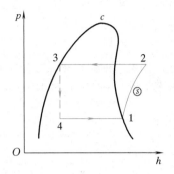

图 18-5　制冷循环在 p-h 图上的表示

例 18-1　某压缩蒸气制冷循环，用氨作为制冷剂。制冷量为 $10^6\,\mathrm{kJ/h}$，冷凝器出口氨饱和液温度为 27℃，冷藏室（蒸发器）的温度为 -13℃，试求：

1）1kg 氨的制冷量和在冷凝器放出的热量。

2）压缩机的耗功率。

3）循环的制冷系数及相同温限逆卡诺循环的制冷系数。

解　循环的 T-s 图如图 18-4b 所示，根据已知条件和图示各过程特点查氨的压焓图（附录 B-2），求取各状态点参数。

由 $h_3 = h_3\,(t_3)$，根据 $t_3 = 27$℃查得

$$h_3 = h_3' = 450\mathrm{kJ/kg}$$

根据节流过程特点

$$h_4 = h_3 = 450\mathrm{kJ/kg}$$

由蒸发器温度 $t_1 = -13$℃，查得

$$h_1 = h_1'(t_1) = 1570\mathrm{kJ/kg}, \quad s_1 = s_1'' = 6.2\mathrm{kJ/(kg \cdot K)}$$

1—2 为定熵过程，由 $p_2 = p_3$，$s_2 = s_1$ 查得

$$h_2 = 1770\mathrm{kJ/kg}$$

1）1kg 氨的制冷量（吸热量）和放热量。

$$q_L = h_1 - h_3 = (1570 - 450)\mathrm{kJ/kg} = 1120\mathrm{kJ/kg}$$

$$q_H = h_2 - h_3 = (1770 - 450)\mathrm{kJ/kg} = 1320\mathrm{kJ/kg}$$

2）压气机耗功率。压缩 1kg 氨耗功

$$w_C = h_2 - h_1 = (1770 - 1570)\mathrm{kJ/kg} = 200\mathrm{kJ/kg}$$

氨的质量流量

$$q_m = \frac{Q_L}{q_L} = \frac{10^6}{1120} \text{kg/h} = 893 \text{kg/h} = 0.248 \text{kg/s}$$

压气机消耗功率

$$P_C = q_m w_C = 0.248 \times 200 \text{kW} = 49.6 \text{kW}$$

3）循环制冷系数。

$$\varepsilon = \frac{q_L}{w_0} = \frac{q_L}{w_C} = \frac{1120}{200} = 5.6$$

同温限逆向卡诺循环的制冷系数是指热源温度是环境温度（27℃）和冷源温度是蒸发器温度（-13℃）的逆卡诺循环的制冷系数。

$$\varepsilon = \frac{T_L}{T_H - T_L} = \frac{273.15 + (-13)}{(273.15 + 27) - (273.15 - 13)} = 6.5$$

讨论：

1）本题是典型的压缩蒸气制冷循环分析计算。计算中忽略了压缩机的不可逆性。若考虑压缩机的不可逆因素后，制冷系数比计算的结果要小。

2）循环的制冷系数比同温度范围内的卡诺制冷系数小，这主要是由于压缩机出口温度比环境高、绝热节流等不可逆因素引起的。

3）3—4 为不可逆的绝热节流过程，若用膨胀机代替节流阀，可使制冷系数增加，也可提高单位工质的制冷量，但制冷系统设备增加。

图 18-2 和图 18-3 是常见的压缩蒸气制冷循环的两类装置，它们都是逆循环，都是在循环中消耗机械功，将热量从低温物体传给高温物体。但由于用途不同，两者的蒸发温度（低温热源温度）不同，冰箱的蒸发温度要比空调的蒸发温度低得多。除了压缩蒸气制冷循环外，在制冷工程中还有其他制冷循环，如喷射式制冷装置和吸收式制冷循环装置。有兴趣的读者可参阅参考文献 [6-8, 25]。

第三节 热 泵

在室外温度低于室内温度时，如果将大气环境作为逆循环的低温热源，将室内空间作为高温热源，则循环的目的是将热量从低温的大气环境传给高温的室内空间，这种装置称为热泵，相应的循环称为热泵循环。

热泵循环和制冷循环都是逆循环，两者的 $T\text{-}s$ 图相同，不同的是工作温度范围，若热泵循环中消耗的机械功为 w_0，获得的热量为 q_H，从大气中吸收的热量为 q_L。根据热力学第一定律，$q_H = q_L + w_0$，热泵循环的热力学指标用供热系数（或供暖系数）表示，定义为

$$\varepsilon' = \frac{q_H}{w_0} = \frac{q_L + w_0}{w_0} = \varepsilon + 1 \tag{18-4}$$

由式（18-4）可见，制冷系数越高，供热系数也高，热泵优于其他供暖装置（如用电加热器供暖），这是因为 q_H 中不仅包含有消耗的功 w_0 变成的热量，而且还有从环境吸得的热量 q_L，因而热泵是一种比较合理的供热装置。

经合理设计，同一装置可以轮换用来供热和制冷。在图 18-3 所示的空调系统中增加换

向阀门后，就能控制工质在装置内的流动方向，冬季用来供热，夏季用来制冷，这样的空调称为双制式空调（冷暖空调）。图 18-6 是它的系统简图，当工质按虚线箭头方向流动时为供热循环；工质按实线箭头方向流动时为制冷循环。

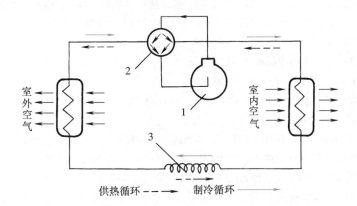

图 18-6　双制式空调（冷暖空调）系统简图
1—压缩机　2—四通换向阀　3—毛细管节流装置

📑 本章小结

本章以冰箱和空调为例，讨论了压缩蒸气制冷装置及循环的基本结构和工作原理，讨论了制冷循环的能量分析计算的一般方法，包括 q_H、q_L、w_0 和制冷系数 ε 的计算，并在 $T\text{-}s$ 图上进行了定性分析。简单介绍了热泵的工作原理，表示热泵的性能热力学指标是供热系数 ε'。

🔎 思考题

18-1　为什么实际制冷循环的制冷系数与制冷剂的热力性质有关，而逆卡诺循环的制冷系数与工质的热力性质无关？

18-2　实际压缩蒸气制冷循环为什么不按湿蒸气区的逆卡诺循环工作？实际压缩蒸气制冷循环与逆卡诺循环有什么不同？

18-3　如图 18-7 所示，设想当压缩蒸气制冷循环按 1—2—3—4′—1 运行时，循环的耗功未变，仍为 h_2-h_1，而制冷剂吸取的热量（即制冷量）增加了 $h_4-h_{4'}$，这显然是有利的。这种考虑有什么不妥？

18-4　热泵供热循环与制冷循环有何异同？试在同一 $T\text{-}s$ 图上把两者表示出来。

18-5　双制式空调夏天制冷和冬天供暖时，各个部件的功能有何变化？

18-6　压缩蒸气制冷循环中，节流阀（或毛细管）的采用带来了较大的不可逆因素，而工程中为什么还使用节流阀？

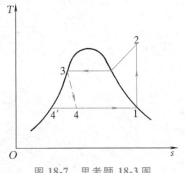

图 18-7　思考题 18-3 图

习题

18-1 一逆卡诺循环，工作在−15℃和30℃之间，循环的制冷系数为多少？供暖时供热系数是多少？

18-2 某压缩蒸气制冷循环如图18-4所示。制冷剂为R134a，蒸发器出口制冷剂的温度为$t_1 = -15$℃，在冷凝器中冷凝后的R134a为饱和液，温度$t_3 = 25$℃，试求：

1）蒸发器中R134a的压力和冷凝器中R134a的压力。

2）循环的制冷量q_L、循环净功w_0和制冷系数ε。

3）若该制冷装置的制冷能力为$Q_L = 42 \times 10^4$kJ/h，R134a的质量流量为多大？

18-3 习题18-2中，若环境温度为25℃，1kg制冷剂在节流过程中的熵产有多大？做功能力损失为多少？并把做功能力损失在$T\text{-}s$图上用面积表示。若节流阀用可逆的膨胀机代替，制冷量会增加多少？

18-4 冬天室内取暖利用热泵。将氟利昂R134a蒸气压缩式制冷机改为热泵，此时蒸发器放在室外，冷凝器放在室内。制冷机工作时可从室外大气环境吸收热量q_L，R134a蒸气经压缩后在冷凝器中凝结为液体放出热量q_H，供室内取暖。设蒸发器中R134a的温度为−10℃，冷凝器中R134a蒸气温度为30℃，试求：

1）热泵的供热系数。

2）室内供热100000kJ/h时，带动热泵所需的理论功率。

3）当用电炉直接供给室内相同热量时，电炉的功率应为多少？

18-5 氨蒸气压缩制冷装置中，蒸发温度为−15℃，冷凝温度为35℃，压缩机的绝热效率为0.86。求该制冷装置的制冷量、压缩机耗功和制冷系数。

第十九章

其他应用简介

第一节　核　能　发　电

重原子铀或钚在核裂变时可释放出大量的热量，1kg 核燃料完全裂变可以放出的热量相当于 3200t 标准煤燃烧放出的热量。核能动力装置就是利用这些热量进行发电的能量转换装置。

图 19-1 所示为核能动力装置示意图。该装置由核反应堆 2、蒸汽发生器 3、汽轮机 4、发电机 5、冷凝器 6、水泵 7 及稳压器 10 等组成。核燃料（可裂变元素）1 在反应堆内发生裂变，释放出大量热量，由载热工质将热量传递给蒸汽发生器内的水，然后按一般的蒸汽动力循环将热能转换为功。因此，核能动力装置与一般蒸汽动力装置的区别仅在于，前者用反应堆和蒸汽发生器代替了后者的蒸汽锅炉，用核燃料代替了常规的矿物燃料。

在核反应堆中，重元素如铀-235 的核受到一个自由中子的撞击时，就能发生核裂变。此时核分裂成两个高速飞离的碎片（飞离的碎片是比铀轻一些的元素），同时放出两个或三个新的中子。飞行的裂变碎片同周围的原子碰撞时把动能转变为热能，而释放出的中子又引起其余铀-235 的裂变，从而形成链式反应。这种反应是较容易控制的，也称可控核裂变反应。

核裂变和燃料燃烧反应有着本质区别，燃烧反应时，只在原子的电子层内发生变化，原子核内部没有发生

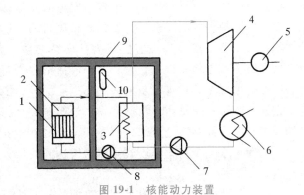

图 19-1　核能动力装置

1—核燃料　2—核反应堆　3—蒸汽发生器
4—汽轮机　5—发电机　6—冷凝器　7—水泵
8—载热工质泵　9—防护层　10—稳压器

任何结构变化；在原子核反应中，原子核本身发生裂变。由于组成原子核的粒子之间结合的紧密程度远远大于外层电子与原子核之间的结合程度，因此，核裂变释放出来的能量比燃烧反应时要大几百万倍。

在图 19-1 所示的装置中，由核反应堆 2、蒸汽发生器 3、稳压器 10 和载热工质泵 8 组成一回路系统或主回路系统；由蒸汽发生器 3、汽轮机 4、冷凝器 6 及水泵 7 组成二回路系统。核裂变反应在核反应堆中进行。用于动力系统的核反应堆有压水堆、沸水堆、重水堆、气冷堆及钠冷中子堆等。在压水堆和沸水堆中，流经堆芯将热量导出堆外的工质是水（轻水）。

压水堆中，流经堆芯被加热后的水在蒸汽发生器中将热量传递给二回路系统；而沸水堆则使水在堆芯中沸腾，所产生的蒸汽直接引入汽轮机，省去了一个回路和蒸汽发生器。但这种系统的安全性较差，因为核燃料表面产生蒸汽，可能会导致核燃料过热，此外，带有放射性的蒸汽直接进入汽轮机可能造成核泄漏，因而很少使用。在一回路系统中采用重水和液态金属钠作为载热工质的反应堆分别称为重水堆、气冷堆和钠冷中子堆，这些堆型技术要求高，迄今较少采用。

压水堆是当今用于动力系统比较成熟的堆型，世界上绝大多数核电站均采用压水堆。在压水堆中水为液态。一回路系统中水的出口温度越高，二回路系统中蒸汽发生器所产生的蒸汽温度就会越高，越有利于二回路系统中的蒸汽动力循环，但堆芯的压力必须提高。一般压水堆回路水的出口温度为300℃左右，为了确保水在这一温度下不沸腾，必须把压力提高到饱和压力以上，一般在14MPa左右，并需要有一个耐高压的压力容器来放置堆芯。一回路系统中的压力由稳压器来调节和控制。

由于蒸汽发生器的结构限制，蒸汽发生器中汽水共存，因而产生的蒸汽为饱和蒸汽。如果将饱和蒸汽引入汽轮机中，膨胀到汽轮机的出口压力，汽轮机出口蒸汽的干度 x 就会很小。为了提高汽轮机的相对内效率和减轻由于干度小湿蒸汽中液滴引起的低压汽轮机叶片的冲蚀损伤，解决的方案通常是采用多级膨胀、中间去湿的汽轮机装置。中间去湿由汽水分离器完成，分离后的饱和蒸汽进入下一级继续膨胀做功，分离后的液体由水泵送回蒸汽发生器。另一种解决方案是：将蒸汽发生器中产生的饱和蒸汽经过一个常规的燃烧有机燃料的过热器过热后送入蒸汽轮机。

尽管核能发电有许多优点，但核能发电的安全性非常重要。核能发电的安全性可分为两个方面。一是核电站的安全运行，二是核废料的处理。为了使核电站安全运行，核反应堆设计中都采用多重屏障：第一层屏障为核燃料芯块，它能留住98%以上的放射性裂变产物；第二层屏障为核燃料元件包壳管，它一般由锆合金制成，可以防止气体裂变产物以及在燃料芯表面产生的裂变碎片进一步外逸；第三层屏障为压力容器与一回路管道组成的压力边界，这个密封屏障可进一步防止放射性物质外逸；安全防护层是第四道屏障，由预应力混凝土结构制成，整个一回路系统全部包容在安全壳之中，安全壳必须保证在发生冷却水供应中断事故时，一回路水完全汽化释放到壳体内所达到的最大压力和温度的强度要求，确保核电站安全运行。

放射性核废料的处理一般采用尽可能将全部放射性物质储存到密封的系统中，不让它们与环境接触。这种方法要求复杂的设备使放射性物质浓缩，将其转变为难以外逸的形式，而后将其安全地贮存起来，而使它们不致威胁人类及其环境。

核能发电作为新型的能源正在迅速发展，但核电站的安全运行和放射性核废料的处理是核能发展中必须解决的重要课题。

第二节　磁流体发电

磁流体发电是将热能直接转变成电能的一项新技术。在磁流体发电装置中，流动着的极高温气体已等离子化，故具有导电性，导电的气流在磁场中切割磁力线产生感应电动势，在成对的电极组成的回路中可获得感应电流，如图19-2原理图所示。

图 19-3 所示为磁流体发电装置示意图，它主要由通道、磁极和电极组成。空气经过压气机压缩后压力升高，在燃烧室中与燃油混合并燃烧产生高温高压的燃气，燃气的温度可达 2500～2800℃。在燃气中加入少量易电离的添加剂（碱金属钾 K、铯 Cs 的化合物），高温燃气便电离而变成导电的等离子体。这里所谓等离子体，就是由热电离产生的电离气体。高温燃气在喷管中膨胀获得极高的流速，由于压力梯度而沿着通道流动。外加电流流过磁场线圈建立起磁场，在通道两侧形成磁极。高温导电燃气在通道内切割磁力线而产生的感

图 19-2 磁流体发电原理示意图

应电流由成对的电极（安装在通道上下两侧，与气流、磁场方向垂直）引出，完成了热能到电能的转换。在磁流体发电装置中，热能转变为电能的过程中并无处于温度很高、机械应力很大的运动机件，而这些机件的尺寸公差往往极为严格，冷却又十分困难，这是磁流体发电装置最主要的特点。磁流体发电装置中气体温度可达 2500～2800℃，而一般的蒸汽轮机的蒸汽只有 650℃左右，燃气轮机中燃气的温度最高也只有 1300℃左右。由于磁流体发电装置的热源温度很高，这为大幅度提高装置热效率创造了条件。然而，磁流体发电装置本身的热电转换效率并不高，目前世界上研制成功的各种不同类型的试验机组，效率最高也不超过15%。效率低的主要原因在于磁流体发电机的运行初温尽管高，但排气温度也很高，大约为1700～1800℃。为了有效地利用磁流体发电的高温排气热量，提高热效率，磁流体发电的高温排气常作为蒸汽动力装置的高温热源，组成磁流体-蒸汽联合装置，如图 19-4 所示，这样的联合装置热效率可达 46%～48%。

在图 19-4 中，压气机、燃烧室、磁流体通道、回热器组成了磁流体发电装置；蒸汽发生器、汽轮机、冷凝器、水泵、发电机组成了蒸汽动力发电系统。整个装置中，吸入的是大气中的空气，排出的是废气，消耗燃料产生的热量。

普通火力发电厂造成环境污染的主要是排烟中的氧化硫和氧化氮造成的大气污染。磁流体发电由于技术本身要求在燃气中加进一定质量分数的钾盐作为添加剂，钾与硫有很强烈的

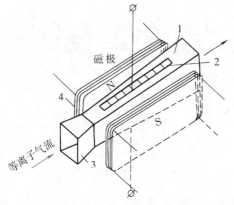

图 19-3 磁流体发电装置示意图
1—通道 2—电极 3—喷管 4—磁场线

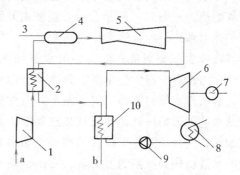

图 19-4 磁流体-蒸汽联合装置
1—压气机 2—回热器 3—燃料 4—燃烧室
5—磁流体通道 6—汽轮机 7—发电机
8—冷凝器 9—水泵 10—蒸汽发生器
a—大气 b—废气

>>>>>>>>

化学亲和力，因此，燃气在经过通道发电后进入下一级蒸汽锅炉时，随着温度的降低，燃气中的添加剂逐渐形成硫酸钾，最后被添加剂回收装置所收集。这样，就对原来燃料中的硫成分起到了自动脱硫的作用。但是，由于磁流体发电要求很高的燃烧温度，燃气中可能含有比一般燃烧情况下高得多的 NO_x，如果不做适当的处理，自然要增加氧化氮污染。不少磁流体-蒸汽联合电站的概念设计中，提出和化肥厂结合生产氮肥，以降低氧化氮污染。

　　磁流体发电毕竟是将热能直接转变成电能的一项新技术，很多关键技术还未能取得最终的解决，特别是燃煤磁流体-蒸汽联合电站的研究能否取得技术上的突破，从某种意义上说，是决定这项新技术能否大规模工业应用的关键。磁流体发电机的主要特点是联合循环系统的效率高，污染少，单位输出功率所占的空间体积小，单机容量原则上不受限制等。但磁流体发电是必须应用其他尖端科学技术领域的最新成就，才能体现出它本身优越性的一项综合性技术。譬如说，采用超导磁体，可提高磁流体发电的效率；采用性能优异的高温材料，可延长设备的寿命；采用高效率的添加剂回收装置和其他的相应措施，可以减少环境污染。所有这些，十分清楚地说明，磁流体发电技术的发展，不完全取决于它本身技术的进程，还要取决于其他科学技术领域的发展。

第三节　太阳能热利用

　　太阳是一颗表面温度高达 6000K 的恒星，它通过辐射将能量传递到地球。太阳辐射由不同波长的电磁波组成，太阳辐射能量随波长的分布称为太阳光谱。当太阳辐射尚未进入地球大气时，能量集中在 $0.15 \sim 4\mu m$ 波段，它占太阳辐射总能量的 99%。在可见光波长（$0.38 \sim 0.76\mu m$）范围内，其能量占太阳辐射总能量的 46%。由于太阳辐射在大气层的吸收、散射等作用的影响，在地球上利用太阳能，仅需考虑波长为 $0.29 \sim 2.5\mu m$ 的太阳辐射。

　　太阳能热利用是当前开发利用太阳能的重要方向之一。太阳能的热利用领域很广，如太阳能热水、供暖、制冷及空调、太阳能干燥、太阳能蒸馏、太阳能发电等。这里仅介绍较普遍使用的太阳能热水系统及太阳能热力发电系统。

　　太阳能热水系统不仅能供各种生活用水、工业生产用热水，还可作为低温热动力装置的热源。图 19-5 所示为一普遍使用的太阳能热水系统，为自然循环式热水系统。集热器吸收太阳辐射能，使其中的水被加热，吸热后的水由于密度变小而上升进入上循环管，进入储水箱的上部。储水箱下部温度较低的水进入下循环管，补充到集热器中，并被加热，这样靠温差形成自然循环。储水箱中的水被加热到所需的温度后，可由供热水管提供热水。

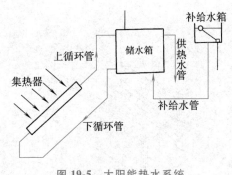

图 19-5　太阳能热水系统

　　如果将太阳能集热器所得到的热量作为太阳能热发电系统的热源，就构成了太阳能热力发电系统。图 19-6 所示为太阳能热力发电系统简图。与核能发电系统相比，太阳能热力发电系统中的集热器、蓄热-热交换器及载热工质泵相当于核能发电系统中的一回路系统。太阳能集热器中载热流体吸收太阳能后，在蓄热-热交换器中将热量放给工质与蓄热物质。吸热后的工质按朗肯循环工作。蓄热装置利用物质熔解-凝固的物性来达到蓄热、放热的目的，是为在阴雨天或黑夜时使工质仍能正常工作而设置的。蓄热物质常采用低熔点的盐类混合物。此外，太阳能发电站要求有极庞大的太阳能集热器面积，因而没有火力发电站紧凑。在太阳能热力发电系统中，由于发电的工质温度较低，应采用低沸点的工质，如氟利昂等。

太阳能集热器是太阳能热利用的重要部件，它是把太阳的辐射能转变成热能的设备，是太阳能热利用的核心部件。平板式太阳能集热器是太阳能转换成热能的一种常用装置，它广泛应用于太阳能热水、供暖、空调、干燥等许多方面。平板式太阳能集热器的传热流体为液体（水），其结构如图 19-7 所示。它主要由五个部分组成：吸热体 1 是一块带有传热流体流动通道的金属薄板，板上涂有吸收涂层，用以吸收太阳能，转换成热能，并传给传热液体；壳体 2 由金属薄

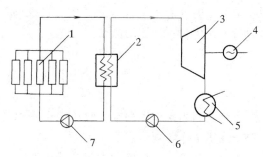

图 19-6 太阳能热力发电系统
1—集热器 2—蓄热-热交换器 3—汽轮机
4—发电机 5—冷凝器 6—水泵 7—载热工质泵

板、塑料或玻璃钢等材料制成，用来封装和保护吸热体，并与透明盖层和隔热材料一起形成密封的扁盒；透明盖层 5 在吸热体上方，壳体的顶部，有一层或若干层，能透过太阳的辐射，用来减少对流和辐射热损失；隔热材料 3 在吸热体的背部和侧面，以减少吸热体对周围环境的导热损失；管道 4 与吸热体紧密接触，将吸热体的热量传给管内流动的液体，液体被加热。

真空管集热器是近年来应用较广的又一种新型集热器。图 19-8 是一真空太阳能集热管。真空太阳能集热管的基本原件——集热管是由直径不同的高强度硼硅硬玻璃罩管 2 和吸热管 1 组成的。两管的一端熔焊在一起，另一端则分别密闭。两管之间的环形空间抽成真空，其内部压力 $p \leqslant 0.0133Pa$。太阳辐射透过玻璃罩管，投射到吸热管表面。吸热管外表面镀有选择性吸收涂层，可有效地吸收太阳辐射，涂层的吸收比高而发射率小，因而，投射到吸热管表面的太阳辐射大部分被吸收后传递给吸热管内的工作流体。由于吸热管采用真空绝热，可防止对流散热，降低导热损失，使工作流体可达到较高温度。

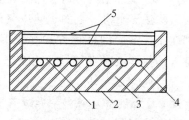

图 19-7 平板式太阳能集热器
1—吸热体 2—壳体 3—隔热材料
4—管道 5—透明盖层

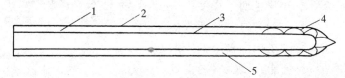

图 19-8 真空太阳能集热管
1—吸热管 2—罩管 3—吸热涂层 4—支承弹簧 5—真空层

在使用真空太阳能集热管时，开口端与水箱连接，管内被加热的水密度减小而上升进入

水箱。也可在集热管内放置盘管，实行强制对流。通过采用不同数量的吸热管，可组成串联、并联等不同循环系统的真空太阳能集热器。这种集热器对环境温度、风速及运行温度的变化不敏感，在散射辐射及低日照条件下也具有良好性能，是一种高温高效集热器，目前已大批量生产用于太阳能集热器。

尽管太阳能是一种无污染而廉价的能源，在太阳能利用技术上无多大困难，但由于太阳能在地面上的辐射密度低，受气候、昼夜的影响大，且在经济上还不能和普通的能源相竞争，目前只作为一种辅助能源。

第四节　除湿干燥装置

干燥是利用未饱和湿空气吹过被干燥物体，吸收其中水分的过程。图 19-9 所示为一个除湿干燥机工作原理示意图。

除湿干燥机的工作可分成两个循环系统，即除湿机内部制冷工质的循环及除湿干燥机外部的空气干燥循环系统。在除湿机内部，高压的液态制冷液经膨胀阀 3 节流降压后进入除湿蒸发器 2，低温低压的制冷液在此吸收湿空气的热量，由液态变为气态后进入压缩机 1，经压缩机升压进入冷凝器 4，气态制冷剂在冷凝器内被外部的空气冷却成为液态制冷剂，完成一个工作循环。

在除湿干燥机制冷系统外部，从干燥室排出含湿量 d 较大的湿空气 5，流经除湿蒸发器 2 时，因降温冷却而析出湿空气中的水分，变为含湿量 d 较小的湿空气，此时湿空气为相对湿度 $\varphi=100\%$ 的饱和湿空气。当饱和湿空气流经冷凝器 4 时，因吸收高温冷凝器的热量而变为相对湿度较小且含湿量 d 也较小的干热空气 7，若有必要可经电加热器（或其他辅助热源）进一步升温后再送干燥室继续加热和干燥被干燥的物体，完成一个空气干燥循环。

除湿干燥与一般的加热空气干燥的最大区别在于，空气的循环方式与排湿的方式不同。空气加热干燥时空气是开式循环，定时排出湿空气，同时吸入外界的冷空气，加热后再送入干燥室干燥物体。除湿干燥时空气是闭式循环，利用制冷降温的脱湿原理来降低干燥室内空气的相对湿度。除湿干燥比加热空气干燥节能，其原因在于它利用制冷工质在除湿蒸发器处回收湿空气中水蒸气的汽化热（也包括部分显热），而在冷凝器处又将它回收的热量连同压缩机消耗的功都还给了空气并送回干燥室。一般情况下，从湿空气中脱去 1kg 的水所回收的热量约为 0.67kW·h，所以在除湿量大的干燥初期，即使不从外界补充热能，干燥室的温度还可能略有上升，因此除湿干燥比一般加热空

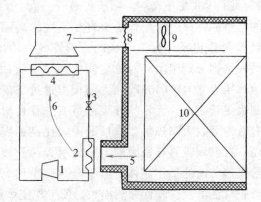

图 19-9　除湿干燥机工作原理示意图
1—压缩机　2—除湿蒸发器　3—膨胀阀
4—冷凝器　5—湿空气　6—干冷空气
7—干热空气　8—辅助电热器　9—风机
10—被干燥物体

气干燥更节能。然而除湿干燥机比一般加热空气干燥设备复杂，整个系统消耗的是电能，而一般加热空气干燥既可以使用电加热，也可使用一般燃料。所以干燥设备的选用要根据实际情

况来确定。除湿机还可单独使用，用以调节室内空气的相对湿度。

第五节　热　　管

热管是 20 世纪 60 年代发展起来的一种高效传热元件，它具有轻小、无运动部件、简单可靠等许多优点，所以，迅速用于多种技术领域。

图 19-10 所示为热管原理图。壳体 1 一般采用金属制成。在壳体内壁贴附多孔的吸液芯4（如金属或塑料丝网、多孔陶瓷等），吸液芯可以利用毛细作用使工作液体在芯内不受热管位置的限制而移动。待壳体抽成真空后充入适量的工作液体，密封壳体即构成一支热管。当热管的一端被热流体加热时，工作液在加热段吸热而汽化；蒸气在压差的作用下，经过绝热段流向另一端，在冷却段蒸气放出潜热而凝结；凝结液在吸液芯毛细吸力作用下，从冷源端返回热源端完成连续循环。如此往复，便把热量不断地从热端传至冷端。

从以上的简明描述中可以看出，热管由三个部件构成一体，四个内部过程组成一个工作循环。工作时沿壳体轴向分为加热段、绝热段和冷却段三个工作段，将热流体放出的热量传递到冷流体。

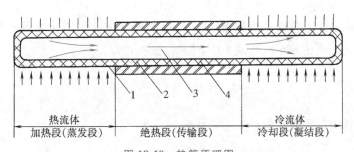

图 19-10　热管原理图
1—壳体　2—液体　3—蒸气　4—吸液芯

从热管内部各处的传热方式来看，以上三个工作段又分别称为蒸发段、传输段和凝结段。在加热段，从热流体吸收的热量被内壁吸液芯中的饱和液体作为汽化热吸收后，液态介质即蒸发变成蒸气跃入热管内腔，于是这一工作段又称为蒸发段；在冷却段内，蒸气放出汽化热凝结成液体，因而冷却段又称为凝结段或冷凝段；绝热段内腔传送蒸气，吸液芯层内输送回流凝结液，所以，绝热段又称为传输段。蒸发段和凝结段在一般情况下并无不同的内部结构，仅随外界环境热状况而定。这样，蒸发、凝结两个工作段在外界热状况变化时，完全可以互换，这就从结构上提供了热管传热方向互换的可能性。从热管的工作过程可以看出，它实现了一种特殊的传热过程——热量从热管一端的热流体通过热管传递给位于热管另一端的冷流体。

热管内部的流动阻力非常小，加热段和冷却段的温差不大，这使得热管具有特别优良的导热性能。一个钢-水热管与相同尺寸的铜棒相比，热管的导热能力大约是铜棒的 1500 倍。热管的这种特别优良的导热性能又被称为"超导热性"，它实现了几乎没有温差的导热。热管的优良特性在工程中及科学研究中获得了应用。工程中常利用热管的超导热性能制成热管式换热器，热管式空气预热器已在电站得到应用。热管的蒸发段可用来冷却电子元件。热管通过工作液的相变及流动实现管内热传递，热管内部受到传热介质及流动规律的制约，所以

第六节 燃料电池

燃料电池是燃料的化学能不经过热机，而利用化学反应直接转变为电能的一种能量转换器。为了有效地利用能量，人们很久以前就设想把燃料的化学能直接变成电能。这个设想，实际上早就实现了。比如铜锌原电池就是以锌为燃料，把锌的化学能直接变成电能的。锌在铜锌原电池中被消耗掉了，正和燃料在燃烧过程中被消耗掉一样。受铜锌原电池的启发，人们就联想到利用氢的化学能直接转换成电能，这是燃料电池被发明的由来。

氢燃料（或称氢能）就是人们所熟悉的氢气。氢燃料电池是把氢气的化学能直接转换成为电能的发电装置。氢燃料电池主要由氢燃料、氧化剂、阳极、阴极和电解液五个部分组成。图19-11所示为氢-氧燃料电池工作原理图。燃料为氢气，氧化剂为氧气，分别进入燃料电池，并与多孔电极接触。两电极间为电解液（如氢氧化钾水溶液）。氢气通过多孔阴极（或称为燃料电极）扩散，被吸附在电极表面上，与电解液中的 OH^- 离子起反应形成 H_2O 并产生自由电子，反应式为

$$H_2 + OH^- \longrightarrow 2H_2O + 2e^-$$

电子由电池流出经过负载回到阳极。O_2 通过阳极（或称为氧化电极）扩散，被吸附在电极表面上，与电解液中的水反应成 OH^- 离子，反应式为

$$\frac{1}{2}O_2 + H_2O + 2e^- \longrightarrow 2OH^-$$

因此，氢气和氧气在燃料电池中总的化学反应为

$$H_2 + \frac{1}{2}O_2 \longrightarrow H_2O$$

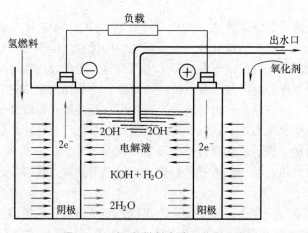

图 19-11　氢-氧燃料电池工作原理图

水在阴极不断形成而在阳极不断分解，反应速度由 OH^- 离子在溶液中克服阻滞的移动速度来控制。氢-氧燃料电池产生的最大电动势约1V。在一定程度上电动势的大小与所采用的反应剂成分有关。

以氢作为燃料而组成的电池叫氢燃料电池。燃料电池采用的燃料种类是很多的，除氢以外，还有甲烷、甲醇、氨和天然气等，因此，相应地又有甲烷燃料电池、甲醇燃料电池、液氨燃料电池和天然气燃料电池等。

氢燃料电池的优点很多：它结构简单，使用维护方便，不需要锅炉、汽轮机、发电机等设备，燃料的利用率较高，一般可达 50% ~ 70%；它工作时没有噪声，不会污染环境；它可以连续地、大功率地供电。由于燃料电池是化学能与电能之间的直接转换，所以它不受卡诺循环热效率的限制。许多工业先进国家已将氢燃料电池应用于宇航、潜艇、汽车和无线电通信等。氢燃料电池大规模的广泛应用还有许多技术问题需要解决，但展望未来，二次能源氢燃料很可能处于优先发展的地位。

第七节　半导体制冷

当由两种不同的金属或半导体的线组成一个闭合环路，把它的两个接头分别放到两个温度不同的地方，回路中便产生了由于温差而引起的电动势（称之温差电动势），这种现象称为塞贝克效应，如图 19-12a 所示。A、B 分别表示两种不同的金属或半导体，温度高的一端称为热端，温度较低另一端称为冷端。回路中的热电动势大小可由电压表测出，温差电动势的大小与两焊接点的温度和导体的性质有关。当冷端温度一定时，电动势的大小只与热端的温度有关。这就是人们熟悉和常用来测量温度的热电偶的测温原理。这种热电效应又称为温差电效应。在图 19-12b 中，如果用两种不同导体连成闭合环路，并在此环路中接入一直流电源时，则一个接点的温度就降低成为吸热端，另一个接点的温度就升高为放热端，这种现象叫作珀尔帖效应或称为热电制冷（制热）。

利用珀尔帖效应可以实现制冷，这一现象在 100 多年前就被珀尔帖发现了，但是由于金属的珀尔帖效应很弱，也就是说在各接点处吸热和放热的作用十分微弱，因而在制冷或制热上没有什么实用价值。1838 年赫兹为了生产冰，用锑和铋组成热电偶，由于锑铋热电偶有较大的珀尔帖效应，终于使水结冰，首创热电直接制冷获得成功。热电制冷真正得到应用还是在半导体技术得到发展以后，这是因为半导体材料珀尔帖效应较为显著。目前，采用半导体作为热电制冷材料的制冷设备已在国防、工业生产、医疗及畜牧等方面得到应用。

图 19-13 是一对 P 型和 N 型半导体组成的制冷电偶，电偶之间利用铜或铝连接片焊接而成。当直流电从 N 型半导体流向 P 型半导体时，则在连接片（2，3）上产生吸热的现象，此端就被称为冷端；而在连接片（1，4）上产生放热现象，此端就被称为热端，这样冷端便实现了制冷的目的。如果电流方向反

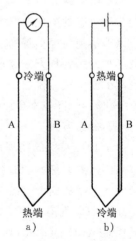

图 19-12　热电制冷原理图

过来，则冷、热端就会互换，原来的冷端变为热端，原来的热端变为冷端。由于一个热电偶所产生的电热效应较小，所以实用上都是将很多个这样的热电偶串联而成，将冷端排在一起，热端排在一起组成电堆，如图 19-14 所示。目前人们已制成了各种各样的半导体冷器件或装置。

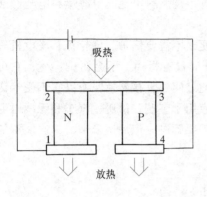

图 19-13　半导体制冷原理图

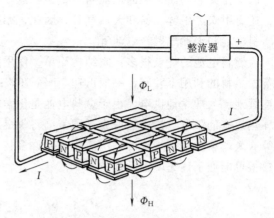

图 19-14　半导体制冷元件布置

半导体制冷和蒸气压缩式等其他制冷方式比较，它的优点是：无机械传动部分，因而无噪声，设备的体积较小，操作方便，不需要大量的运行管理人员，便于温度的自动控制等。但是目前半导体制冷装置的制冷系数，在大容量的情况下比压缩式制冷装置低，并且价格较昂贵，在技术方面还存在一些问题。在小冷量的情况下，它却往往起着压缩式机械制冷和喷射式、吸收式制冷所不能起的作用。随着电子技术的发展，半导体制冷的应用将展示出广阔的前景。

第八节　二氧化碳捕集、封存及资源化利用

燃料燃烧就会向大气中释放二氧化碳（CO_2），而 CO_2 的聚集产生的温室效应会导致全球变暖和海水的酸化等严重的全球灾难性问题。

碳捕集与封存（简称 CCS）是指将大型发电厂、钢铁厂、化工厂等排放源产生的 CO_2 收集起来，用各种方法储存，以避免其排放到大气中的一种技术，这种技术被认为是未来大规模减少温室气体排放、减缓全球变暖最经济、可行的方法。可以使单位发电碳排放减少 85%~90%。CCS 技术可以分为捕集、运输及封存三个步骤。

一、捕集方式

由于 CO_2 特殊的物理化学性质，要从气体（主要是氮气）中捕集 CO_2 非常困难，成本相当高，还需要额外的能量。由于传统的火电站是在大气压力下燃烧煤炭或天然气，在清洁的惰性气体排放到大气以前，CO_2 必须在非常困难的条件下分离出来，以得到浓缩的易于传输的高压 CO_2 气流。CO_2 的捕集方式主要有三种：燃烧前捕集（Pre-Combustion）、富氧燃烧（Oxy-fuel Combustion）和燃烧后捕集（Post-Combustion）。

燃烧前捕集主要是指在燃料燃烧前，将碳从燃料中分离出去，参与燃烧的燃料主要是氢气（H_2），从而使燃料在燃烧过程中不产生 CO_2。燃烧前捕集主要应用于整体煤气化联合循环（IGCC）系统中，将煤高压富氧气化变成煤气，再经过水煤气变换后产生 CO_2 和 H_2，气体压力和 CO_2 浓度都很高，将很容易对 CO_2 进行捕集。剩下的 H_2 可以被当作燃料使用。该技术的捕集系统小，能耗低，在效率以及对污染物的控制方面有很大的潜力，因此受到广泛关注。然而，IGCC 发电技术仍面临着投资成本太高、可靠性还有待提高等问题。

燃烧后捕集即在燃烧排放的烟气中捕集 CO_2，目前常用的 CO_2 分离技术主要有化学吸收法（利用酸碱性吸收）和物理吸收法（变温或变压吸附），此外还有膜分离法技术。膜分离法技术正处于发展阶段，但却是公认的在能耗和设备紧凑性方面具有非常大潜力的技术。理论上，燃烧后捕集技术适用于任何一种火力发电厂，然而，普通烟气的压力小，体积大，CO_2 浓度低，而且含有大量的氮气（N_2），因此捕集系统庞大，耗费大量的能源。

富氧燃烧采用传统燃煤电站的技术流程，但通过制氧技术，将空气中大比例的 N_2 脱除，直接采用高浓度的氧气（O_2）与抽回的部分烟气（烟道气）的混合气体来替代空气，这样得到的烟气中含有高浓度的 CO_2，可以直接进行处理和封存。欧洲已经有在小型电厂进行改造的富氧燃烧项目。该技术路线面临的最大难题是制氧技术的投资和能耗太高，现在还没找到一种廉价低耗的技术。

二、运输方式

捕集到的二氧化碳必须运输到合适的地点进行封存，可以使用铁路罐车、船舶和公路车辆，以及管道来进行运输。一般说来，管道是最经济的运输方式。2008 年，美国约有5800km 的 CO_2 管道，这些管道大都用来将 CO_2 运输到油田，注入地下油层，以提高石油采收率（Enhanced Oil Recovery，EOR）

三、封存方法

CO_2 封存的方法有很多种，一般说来可分为地质封存（Geological Storage）和海洋封存（Ocean Storage）两类。

1. 地质封存

地质封存一般是将超临界状态（气态及液态的混合体）的 CO_2 注入地质结构中，这些地质结构可以是油田、气田、咸水层和无法开采的煤矿等。研究表明，CO_2 性质稳定，可以在相当长的时间内被封存。若地质封存点经过谨慎的选择、设计与管理，注入其中的 CO_2有 99% 都可封存 1000 年以上。

把 CO_2 注入油田或气田用以驱油或驱气可以提高采收率（使用 EOR 技术可提高 30%～60%的石油产量）；注入无法开采的煤矿可以把煤层中的煤层气驱出来，即所谓的提高煤层气采收率（Enhanced Coal Bed Methane Recovery，ECBM）。

然而，若要封存大量的 CO_2，最适合的地点是咸水层。咸水层一般在地下深处，富含不适合农业或饮用的咸水，这类地质结构较为常见，同时拥有巨大的封存潜力。不过与油田相比，人们对这类地质结构的认识还较为有限。

2. 海洋封存

海洋封存是指通过轮船或管道运输将 CO_2 注入到深海海底进行封存。深海埋存目前主要有两种方式：一是使用陆上的管线或移动船舶把 CO_2 注入 15000m 深度，这是 CO_2 具有浮力的临界深度，在这个深度 CO_2 能有效地被溶解和被驱散；二是使用垂直的管线将 CO_2 注入 30000m 深度，由于 CO_2 的密度比海水大，CO_2 不能溶解，只能沉入海底，形成 CO_2 液体湖。然而，海洋封存的办法也许会对环境造成负面的影响，比如过高的 CO_2 含量将杀死深海的生物、使海水酸化等，对海洋生态系统产生危害。此外，封存在海底的 CO_2 也有可能会再次逃逸到大气中。

另外，还有一种封存方式叫矿物封存，矿物封存是利用含镁和钙的硅酸盐矿物（如玄武岩、橄榄石、蛇纹石等）与 CO_2 反应，将气态的 CO_2 转化为可在地质时期内长期保存的碳酸盐矿物。其预期成本远高于地质存储方法。

CCS 技术仍然处于早期阶段。一些公司和国家正启动一些项目展示 CCS 技术，同时等待政府的支持和资金投入。

四、资源化利用

目前全世界也更加重视 CO_2 资源化利用技术的研发，用 CCUS（碳捕集再利用与封存）代替 CCS（碳捕集与封存）。碳元素是化学工业的重要原料，大量化工产品的主要成分是碳元素，通过合理途径用二氧化碳替代石油和天然气作为未来的"碳源"，实现 CO_2 的资源化利用无疑具有重要意义。

目前 CO_2 工业利用是直接或者以生产各种含碳化学物填料形式加以利用，包括 CO_2 作为反应物的生化过程。例如，在尿素和甲醇生产中利用 CO_2 的生化过程，各种直接利用 CO_2 的技术应用，以及作为萃取溶剂、制冷剂、中和剂、干洗剂、饮料和灭火材料等应用。

CO_2 是处于燃烧过程链条中的最后一个环节，其化学性质非常稳定，一般条件下很难分解，且自身含能很少，因此必须开发出高性能的催化剂才能实现 CO_2 的转化，并且需要大量的能量供给。因此，CO_2 的资源化利用必须与可再生能源的利用紧密结合，才能实现环境友好且可持续发展的目标。报道显示德国在利用可再生能源转化 CO_2 技术上已取得重大进展，即利用太阳能和风能进行水的电解，产生 H_2，再用所获得的 H_2 与 CO_2 作用使其转化成甲烷，而甲烷是天然气的主要成分，可直接输入天然气管道作为燃料，也可以直接作为化学工业的重要原料。该项技术简称为"电能-天然气"技术，既可实现可再生能源的储存，又可实现 CO_2 的资源化利用。

第九节 储   能

为了应对全球气候变化形势，习近平总书记在第七十五届联合国大会一般性辩论上宣布中国二氧化碳排放力争于 2030 年前达到峰值，努力争取 2060 年前实现碳中和。"碳达峰、碳中和"目标愿景的提出将我国的绿色发展之路提升到新的高度，将成为未来数十年我国经济社会高质量发展的主基调。

风电、光伏发电、水电等可再生能源，既不排放污染物，也不排放温室气体，是天然的绿色能源。但风电、光伏等可再生能源具有间歇性、不确定性，调节能力弱，传统电力系统难以适应新能源的大规模、高比例发展，须因地制宜配置新型储能及储热型光热。

储能简而言之是指通过介质或设备把能量存储起来，并在有需求时再释放出来的过程。能量形式发生变化，但是能量守恒。现有储能技术种类较多，主要可分为物理储能、电化学储能、储热储氢和电场储能等。

一、物理储能

物理储能是一种利用物理量的变化，以实现能量储存与释放的过程，如抽水储能、压缩空气储能、飞轮储能等。

1. 抽水储能

抽水储能是利用电能和水势能的相互转化对能量进行存储，具有系统效率高、储能容量大、运行寿命长、响应快速、工况灵活等优点，是目前技术最成熟、应用最广泛的储能技术。但是，抽水储能需要建造水库和水坝，其应用受地理条件的限制。

2. 压缩空气储能

压缩空气储能是通过压缩空气储存多余的能量，在需要时，将高压空气释放、膨胀做功。压缩空气储能具有相对投资小、容量较大、寿命长等特点。传统压缩空气储能系统是基于燃气轮机技术，利用电能和空气内能进行能量储存的系统。

3. 飞轮储能

飞轮储能是利用电能和飞轮动能相互转化，以实现能量的存储，具有单机功率大、效率高、循环寿命长、响应速度快等优点。

二、电化学储能

电化学储能是一种通过氧化还原反应，以实现电能与化学能相互转化的过程，主要包括锂离子电池、钠基电池、液流电池、铅炭电池等。

1. 锂离子电池

锂离子电池由正极、负极、隔膜和电解液构成。在充放电过程中，Li^+在正负极间来回穿梭，往复循环，实现电池的充放电过程。锂离子电池的种类很多，如以锰酸锂、钴酸锂、磷酸铁锂、镍钴锰三元材料、镍钴铝三元材料为正极的电池体系。

2. 钠基电池

由于钠价格低、还原电势高且储量大，研究者致力于构建以钠为电极的可充电电池。钠基电池主要包括高温钠硫电池、Zebra 电池和室温钠离子电池等。其中，高温钠硫电池是一种适用于大规模固定式储能的技术。

3. 液流电池

液流电池是通过电解液中活性物质在电极上发生电化学氧化还原反应来实现电能和化学能的相互转化。根据正负极活性物质不同，可分为铁铬液流电池、多硫化钠-溴液流电池、全钒液流电池、锌溴液流电池等体系。

4. 铅炭电池

铅炭电池是对传统铅酸电池的升级，通过在负极加入特种碳材料，其循环寿命可达到铅酸电池的 4 倍以上，有效弥补了铅酸电池循环寿命短的缺点，具有成本低等显著特点。

三、储热储氢

储热主要分为显热储热、潜热储热与热化学储热。储热是以储热材料为介质，将各种热能储存起来，在需要的时候，将能量释放。

（1）显热储热 显热储热材料可分为低温、中温和中高温储热材料。比如水，其比热容大，可用于低温储热；导热油、硝酸盐等沸点高，多用于中温储热；镁砖、混凝土、熔融盐等，主要用于中高温储热。

（2）潜热储热 潜热储热材料可分为常低温、中温和中高温相变材料。比如，聚乙二醇、石蜡和脂肪酸等有机物及无机水合盐，多用于常低温储热；硝酸盐等无机盐和有机糖醇等有机材料，常用于中温相变材料；氟化物、氯化物和盐酸盐等无机盐，以及部分金属和合金等，主要用于中高温相变材料。

（3）热化学储热 热化学储热主要是基于一种可逆的热化学反应，通过可逆反应的吸热和放热进行能量的存储和释放。热化学储能主要有金属氢化物储能体系、碳酸盐储能体系、氢氧化物储能体系、金属氧化物储能体系、氨储能体系和有机物储能体系等。

氢能作为一种储量丰富、来源广泛、能量密度高的绿色能源及能源载体，正受到各国重视。氢储能既可以促进可再生能源的高效储存利用，又能够促进能源结构调整，成为发展氢能经济的重要方向。

四、电场储能

1. 物理电容器

电容器利用两个导体之间的电场来储存能量，两个导体带有等值的异号电荷。

2. 电化学电容器

它是一种介于电池和传统电容器之间的储能元件。根据储存电能的机理的不同，可以分为双电层电容器和赝电容器。双电层电容器的原理是利用电极和电解质之间形成的界面双电层来存储能量。赝电容，也称法拉第准电容，是在电极表面或体相中的二维或准二维空间上，电活性物质进行欠电位沉积，发生高度可逆的化学吸附/脱附或氧化/还原反应，产生和电极充电电位有关的电容。

3. 超导储能

超导储能是利用超导线圈将电磁能直接储存起来，需要时再将电磁能回馈电网或其他负载等，是目前唯一能将电能直接存储为电流的储能系统。

本章小结

为了开拓读者的视野，扩大知识面，本章简述了热工基础在核能发电、磁流体发电、太阳能热利用和热管等其他领域的应用，以及二氧化碳捕集、封存及资源化利用和储能等新技术、新成果。

思考题

19-1 在核能发电装置中，蒸汽发生器产生的蒸汽是干饱和蒸汽，直接引入汽轮机膨胀做功后，会使汽轮机出口处蒸汽的干度降低而影响汽轮机正常工作。若将干饱和蒸汽进行节流，可使蒸汽进入过热区，这时引入汽轮机膨胀做功后，会使汽轮机出口处蒸汽的干度增加，试分析这种方案的可行性。

19-2 核能发电的安全性历来备受关注，可以从哪些方面采取措施保障核能发电的安全性？

19-3 磁流体发电燃气温度很高，但热效率并不高，只有磁流体与蒸汽动力循环相结合形成磁流体-蒸汽联合循环时（见图19-4），热效率才能提高，试将图19-4所示的联合循环表示在 T-s 图上。

19-4 图19-7所示为平板式太阳能集热器，试分析透明盖层5的作用。

19-5 简述太阳能热力发电的优缺点。

19-6 除湿干燥与一般加热空气干燥的优缺点何在？试说明之。

19-7 在图19-10的热管中，热量从热流体传给冷流体的过程中热阻非常小，因此具有优良的导热性能，为什么？

19-8 能否用卡诺循环来分析氢-氧燃料电池的热效率？

19-9 试述半导体制冷的优缺点。

19-10 试述二氧化碳捕集、封存及资源化利用的意义。

19-11 试述储能的意义。

参 考 文 献

[1] 黄素逸. 能源科学导论 [M]. 北京：中国电力出版社，1999.

[2] 中华人民共和国自然资源部. 中国矿产资源报告：2021 [M]. 北京：地质出版社，2021.

[3] 郝玉福，吴淑美，邓先琛. 热工理论基础 [M]. 北京：高等教育出版社，1993.

[4] 赵玉珍. 热工原理 [M]. 哈尔滨：哈尔滨工业大学出版社，1990.

[5] 蒋汉文. 热工学 [M]. 北京：人民教育出版社，1994.

[6] 刘桂玉，刘志刚，阴建民，等. 工程热力学 [M]. 北京：高等教育出版社，1998.

[7] 沈维道，郑佩芝，蒋淡安. 工程热力学 [M]. 北京：高等教育出版社，1983.

[8] 曾丹苓，敖越，朱克雄. 工程热力学 [M]. 北京：高等教育出版社，1986.

[9] 傅秦生. 工程热力学 [M]. 北京：机械工业出版社，2012.

[10] 严家𬒊，余晓福. 水和水蒸气热力性质图表 [M]. 北京：高等教育出版社，1995.

[11] 刘志刚，刘咸定，赵冠春. 工质热物理性质计算程序的编制及应用 [M]. 北京：科学出版社，1992.

[12] 陶文铨. 传热学 [M]. 5版. 北京：高等教育出版社，2019.

[13] 傅秦生，何雅玲. 热工基础 [M]. 西安：西安交通大学出版社，1995.

[14] 俞佐平. 传热学 [M]. 2版. 北京：高等教育出版社，1988.

[15] HOLMAN J P. Heat Transfer [M]. 8th ed. New York：McGraw-Hill Book Company，1997.

[16] 蒋汉文，邱信立. 热力学原理及应用 [M]. 上海：同济大学出版社，1990.

[17] 戴锅生. 传热学 [M]. 2版. 北京：高等教育出版社，1999.

[18] 钱壬章，俞昌铭，林文贵. 传热分析与计算 [M]. 北京：高等教育出版社，1987.

[19] 章熙民，任泽霈，梅飞鸣，等. 传热学 [M]. 北京：中国建筑工业出版社，1985.

[20] LANGHAAR H L. Dimensional Analysis and Theory of Models [M]. New York：John Wiley & Sons，Inc，1967.

[21] SHAH M M. A General Correlation for Heat Transfer [M]. New York：John Wiley & Sons，Inc，1979.

[22] ZEMANSKY M W. Heat and Thermodynamics [M]. 5th ed. New York：McGraw-Hill Book Company，1968.

[23] 罗森诺，等. 传热学手册 [M]. 李阴亭，等译. 北京：科学出版社，1987.

[24] 吴业正，韩宝琦，等. 制冷原理及设备 [M]. 西安：西安交通大学出版社，1987.

[25] 张祉祐，石秉三. 制冷及低温技术 [M]. 北京：机械工业出版社，1981.

[26] 赵兆颐，朱瑞安. 反应堆热工流体力学 [M]. 北京：清华大学出版社，1992.

[27] 曹栋兴. 核反应堆设计原理 [M]. 北京：原子能出版社，1992.

[28] 雷德尔. 磁流体发电若干问题 [M]. 刘鉴民，译. 北京：科学出版社，1983.

[29] 刘鉴民. 磁流体发电 [M]：北京：机械工业出版社，1984.

[30] 李亭寒，华诚生. 热管设计与应用 [M]. 北京：化学工业出版社，1984.

[31] 吴存真. 热管在热能工程中的应用 [M]. 北京：水利电力出版社，1993.

[32] 庄骏编. 热管与热管换热器 [M]. 上海：上海交通大学出版社，1989.

[33] 张壁光，赵忠信，霍光表. 除湿干燥的节能分析 [J]. 林产工业，1995（6）：35-38.

[34] 李锦堂，等. 太阳能——21世纪的重要资源 [J]. 太阳能，1991（1）：4-22.

[35] 胡子君，李俊宁，孙陈诚，等. 纳米超级隔热材料及其最新研究进展 [J]. 中国材料进展，2012，

31 (8)：25-31.

[36] BI C, TANG G H, HU Z J. Heat Conduction Modeling in 3-D Ordered Structures for Prediction of Aerogel Thermal Conductivity [J]. International Journal of Heat and Mass Transfer, 2014, 73：103-109.

[37] ROSE J W. An Approximate Equation for the Vapour-side Heat-transfer Coefficient for Condensation on Low-finned Tubes [J]. International Journal of Heat and Mass Transfer, 1994, 37 (5)：865-875.

[38] WANG H S, HONDA H, NOZU S. Modified theoretical Models of Film Condensation in Horizontal Micro-fin Tubes [J]. International Journal of Heat and Mass Transfer, 2002, 45 (7)：1513-1523.

[39] WANG H S, ROSE J W. Theory of Heat Transfer During Condensation in Microchannels [J]. International Journal of Heat and Mass Transfer, 2011, 54 (11-12)：2525-2534.

[40] 陈海生，吴玉庭. 储能技术发展及路线图 [M]. 北京：化学工业出版社，2020.

[41] 陈海生，凌浩恕，徐玉杰. 能源革命中的物理储能技术 [J]. 中国科学院院刊，2019，34 (4)：450-459.

[42] 李先锋. 张洪章，郑琼，等. 能源革命中的电化学储能技术 [J]. 中国科学院院刊，2019，34 (4)：443-449.

附录

附　录　A

附录 A-1　常用单位换算表

（一）压力单位换算

Pa	bar	at(kgf/cm²)	atm	mmHg	mmH₂O (kgf/m²)
帕	巴	工程大气压	标准大气压	毫米汞柱	毫米水柱
1×10^5	1	1.0197	9.8692×10^{-1}	7.5006×10^2	1.0197×10^4
1	1×10^{-5}	1.0197×10^{-5}	9.8692×10^{-6}	7.5006×10^{-3}	1.0197×10^{-1}
9.8067×10^4	9.8067×10^{-1}	1	9.6784×10^{-1}	7.3556×10^2	1×10^4
1.0133×10^5	1.0133	1.0332	1	7.6000×10^2	1.0332×10^4
1.3332×10^2	1.3332×10^{-3}	1.3595×10^{-3}	1.3158×10^{-3}	1	1.3595×10^1
9.8067	9.8067×10^{-5}	1×10^{-4}	9.6784×10^{-5}	7.3556×10^{-2}	1

（二）功、热量、能量单位换算

kJ	kgf·m	kcal	kW·h	
千焦	千克力·米	千卡	千瓦·时	马力·时
1	1.0197×10^2	2.3885×10^{-1}	2.7778×10^{-4}	3.7767×10^{-4}
9.8067×10^{-3}	1	2.3423×10^{-3}	2.7241×10^{-6}	3.7037×10^{-6}
4.1868	4.2694×10^2	1	1.163×10^{-3}	1.5812×10^{-3}
3.6007×10^3	3.671×10^5	8.5985×10^2	1	1.3596
2.6478×10^3	2.7005×10^5	6.3242×10^2	7.355×10^{-1}	1

（三）功率单位换算

W	kcal/h	kgf·m/s	
瓦	千卡/时	千克力·米/秒	马力
1	8.5985×10^{-1}	1.0197×10^{-1}	1.3596×10^{-3}
1.163	1	1.1859×10^{-1}	1.5812×10^{-3}
9.8065	8.4322	1	1.3333×10^{-2}
7.355×10^2	6.3242×10^2	75	1

（四）其他单位换算

热流密度	W/m²	kcal/(m²·h)	热导率	W/(m·K)	kcal/(m·h·℃)
	1	8.5985×10⁻¹		1	8.5985×10⁻¹
	1.163	1		1.163	1
表面传热系数 传热系数	W/(m²·K)	kcal/(m²·h·℃)	比热容	kJ/(kg·K)	kcal/(kg·℃)
	1	8.5985×10⁻¹		1	2.3885×10⁻¹
	1.163	1		4.1868	1
[动力]黏度	kg/(m·s)	kgf·s/m²	运动黏度 热扩散率	m²/s	m²/h
	1	1.0197×10⁻¹		1	3600
	9.8067	1		2.7778×10⁻⁴	1

注：本表引自参考文献［5］。

附录 A-2　常用气体的热力特性

物　　质		$M/$ (g/mol)	$c_p/$ [kJ/(kg·K)]	$C_{p,m}/$ [J/(mol·K)]	$c_V/$ [kJ/(kg·K)]	$C_{V,m}/$ [J/(mol·K)]	$R_g/$ [kJ/(kg·K)]	κ
氩	Ar	39.94	0.523	20.89	0.315	12.57	0.208	1.67
氦	He	4.003	5.200	20.81	3.123	12.50	2.077	1.67
氢	H₂	2.016	14.32	28.86	10.19	20.55	4.124	1.40
氮	N₂	28.02	1.038	29.08	0.742	20.77	0.297	1.40
氧	O₂	32.00	0.917	29.34	0.657	21.03	0.260	1.39
一氧化碳	CO	28.01	1.042	29.19	0.745	20.88	0.297	1.40
空气		28.97	1.004	29.09	0.718	20.78	0.287	1.40
水蒸气	H₂O	18.016	1.867	33.64	1.406	25.33	0.461	1.33
二氧化碳	CO₂	44.01	0.845	37.19	0.656	28.88	0.189	1.29
二氧化硫	SO₂	64.07	0.644	41.26	0.514	32.94	0.130	1.25
甲烷	CH₄	16.04	2.227	35.72	1.709	27.41	0.518	1.30
丙烷	C₃H₈	44.09	1.691	74.56	1.502	66.25	0.189	1.13

附录 A-3　理想气体的摩尔定压热容公式

$$C_{p,m} = a_0 + a_1 T + a_2 T^2, \quad \text{J/(mol·K)}, \quad 298 \sim 1500\text{K}$$

气体		$a_0/$ [J/(mol·K)]	$a_1 \times 10^3/$ [J/(mol·K²)]	$a_2 \times 10^6/$ [J/(mol·K³)]
氢	H₂	29.0856	-0.8373	2.0138
氮	N₂	27.3146	5.2335	-0.0042
氧	O₂	25.8911	12.9874	-3.8644
氯	Cl₂	31.7191	10.1488	-4.0402
一氧化碳	CO	26.8742	6.9710	-0.8206
二氧化碳	CO₂	26.0167	43.5259	-14.8422
二氧化硫	SO₂	29.7932	39.8248	-14.6998[①]
水蒸气	H₂O	30.3794	9.6212	1.1848
甲烷	CH₄	14.1555	75.5466	-18.0032
乙烷	C₂H₅	9.4007	159.9399	-46.2599
丙烷	C₃H₈	10.0901	239.464	-73.4071
丁烷	C₄H₁₀	16.0940	307.1017	-94.8519
氨	NH₃	25.4808	36.8940	-6.3053
乙烯	C₂H₄	11.8486	119.7466	-36.5340
一氧化氮	NO	29.3913	-1.5491	10.6595
乙炔	C₂H₂	30.6934	52.8457	-16.2824
硫化氢	H₂S	27.8924	21.4950	-3.5755

注：本表摘引自 Richard E. Balzhiser, Michael R. Samuels, John, D, Eliassen, *Chemical Engineering Thermodynamics*, 1972。

① 原文无负号。加负号后与统计计算结果才相符。

附录 A-4a　气体的平均比定压热容 $c_p \mid_{0°C}^{t}$

[单位：kJ/(kg·K)]

温度/℃	O_2	N_2	CO	CO_2	H_2O	SO_2	空气
0	0.915	1.039	1.040	0.815	1.859	0.607	1.004
100	0.923	1.040	1.042	0.866	1.873	0.636	1.006
200	0.935	1.043	1.046	0.910	1.894	0.662	1.012
300	0.950	1.049	1.054	0.949	1.919	0.687	1.019
400	0.965	1.057	1.063	0.983	1.948	0.708	1.028
500	0.979	1.066	1.075	1.013	1.978	0.724	1.039
600	0.993	1.076	1.086	1.040	2.009	0.737	1.050
700	1.005	1.087	1.098	1.064	2.042	0.754	1.061
800	1.016	1.097	1.109	1.085	2.075	0.762	1.071
900	1.026	1.108	1.120	1.104	2.110	0.775	1.081
1000	1.035	1.118	1.130	1.122	2.144	0.783	1.091
1100	1.043	1.127	1.140	1.138	2.177	0.791	1.100
1200	1.051	1.136	1.149	1.153	2.211	0.795	1.108
1300	1.058	1.145	1.158	1.166	2.243	—	1.117
1400	1.065	1.153	1.166	1.178	2.274	—	1.124
1500	1.071	1.160	1.173	1.189	2.305	—	1.131
1600	1.077	1.167	1.180	1.200	2.335	—	1.138
1700	1.083	1.174	1.187	1.209	2.363	—	1.144
1800	1.089	1.180	1.192	1.218	2.391	—	1.150
1900	1.094	1.186	1.198	1.226	2.417	—	1.156
2000	1.099	1.191	1.203	1.233	2.442	—	1.161
2100	1.104	1.197	1.208	1.241	2.466	—	1.166
2200	1.109	1.201	1.213	1.247	2.489	—	1.171
2300	1.114	1.206	1.218	1.253	2.512	—	1.176
2400	1.118	1.210	1.222	1.259	2.533	—	1.180
2500	1.123	1.214	1.226	1.264	2.554	—	1.184
2600	1.127	—	—	—	2.574	—	—
2700	1.131	—	—	—	2.594	—	—
2800	—	—	—	—	2.612	—	—
2900	—	—	—	—	2.630	—	—
3000	—	—	—	—	—	—	—

注：本表引自参考文献 [8]。

附录 A-4b　气体的平均比定容热容 $c_V\big|_{0℃}^{t}$

[单位：kJ/(kg·K)]

温度/℃	O_2	N_2	CO	CO_2	H_2O	SO_2	空气
0	0.655	0.742	0.743	0.626	1.398	0.477	0.716
100	0.663	0.744	0.745	0.677	1.411	0.507	0.719
200	0.675	0.747	0.749	0.721	1.432	0.532	0.724
300	0.690	0.752	0.757	0.760	1.457	0.557	0.732
400	0.705	0.760	0.767	0.794	1.486	0.578	0.741
500	0.719	0.769	0.777	0.824	1.516	0.595	0.752
600	0.733	0.779	0.789	0.851	1.547	0.607	0.762
700	0.745	0.790	0.801	0.875	1.581	0.624	0.773
800	0.756	0.801	0.812	0.896	1.614	0.632	0.784
900	0.766	0.811	0.823	0.916	1.648	0.645	0.794
1000	0.775	0.821	0.834	0.933	1.682	0.653	0.804
1100	0.783	0.830	0.843	0.950	1.716	0.662	0.813
1200	0.791	0.839	0.857	0.964	1.749	0.666	0.821
1300	0.798	0.848	0.861	0.977	1.781	—	0.829
1400	0.805	0.856	0.869	0.989	1.813	—	0.837
1500	0.811	0.863	0.876	1.001	1.843	—	0.844
1600	0.817	0.870	0.883	1.011	1.873	—	0.851
1700	0.823	0.877	0.889	1.020	1.902	—	0.857
1800	0.829	0.883	0.896	1.029	1.929	—	0.863
1900	0.834	0.889	0.901	1.037	1.955	—	0.869
2000	0.839	0.894	0.906	1.045	1.980	—	0.874
2100	0.844	0.900	0.911	1.052	2.005	—	0.879
2200	0.849	0.905	0.916	1.058	2.028	—	0.884
2300	0.854	0.909	0.921	1.064	2.050	—	0.889
2400	0.858	0.914	0.925	1.070	2.072	—	0.893
2500	0.863	0.918	0.929	1.075	2.093	—	0.897
2600	0.868	—	—	—	2.113	—	—
2700	0.872	—	—	—	2.132	—	—
2800	—	—	—	—	2.151	—	—
2900	—	—	—	—	2.168	—	—
3000	—	—	—	—	—	—	—

注：本表引自参考文献 [8]。

附录 A-5　气体的平均比热容（直线关系式）

$$c\big|_{t_1}^{t_2}=a+bt,\ kJ/(kg·K),\ 0\sim1500℃$$

气体	平均比定容热容	平均比定压热容
空气	$0.7088+0.000093t$	$0.9956+0.000093t$
H_2	$10.12+0.0005945t$	$14.33+0.0005945t$
N_2	$0.7304+0.00008955t$	$1.032+0.00008955t$
O_2	$0.6594+0.0001065t$	$0.919+0.0001065t$
CO	$0.7331+0.00009681t$	$1.035+0.00009681t$
H_2O	$1.372+0.0003111t$	$1.833+0.0003111t$
CO_2	$0.6837+0.0002406t$	$0.8725+0.0002406t$

附录 A-6a　饱和水与饱和水蒸气热力性质表（按温度排列）

温度	压力	比体积		比焓		汽化热	比熵	
t/ ℃	p/ MPa	v'/ （m³/kg）	v''/ （m³/kg）	h'/ （kJ/kg）	h''/ （kJ/kg）	r/ （kJ/kg）	s'/ [kJ/(kg·K)]	s''/ [kJ/(kg·K)]
0.00	0.0006112	0.00100022	206.154	−0.05	2500.51	2500.6	−0.0002	9.1544
0.01	0.0006117	0.00100021	206.012	0.00	2500.53	2500.5	0.0000	9.1541
1	0.0006571	0.00100018	192.464	4.18	2502.35	2498.2	0.0153	9.1278
2	0.0007059	0.00100013	179.787	8.39	2504.19	2495.8	0.0306	9.1014
4	0.0008135	0.00100008	157.151	16.82	2507.87	2491.1	0.0611	9.0493
5	0.0008725	0.00100008	147.048	21.02	2509.71	2488.7	0.0763	9.0236
6	0.0009352	0.00100010	137.670	25.22	2511.55	2486.3	0.0913	8.9982
8	0.0010728	0.00100019	120.868	33.62	2515.23	2481.6	0.1213	8.9480
10	0.0012279	0.00100034	106.341	42.00	2518.90	2476.9	0.1510	8.8988
12	0.0014025	0.00100054	93.756	50.38	2522.57	2472.2	0.1805	8.8504
14	0.0015985	0.00100080	82.828	58.76	2526.24	2467.5	0.2098	8.8029
15	0.0017053	0.00100094	77.910	62.95	2528.07	2465.1	0.2243	8.7794
16	0.0018183	0.00100110	73.320	67.13	2529.90	2462.8	0.2388	8.7562
18	0.0020640	0.00100145	65.029	75.50	2533.55	2458.1	0.2677	8.7103
20	0.0023385	0.00100185	57.786	83.86	2537.20	2453.3	0.2963	8.6652
22	0.0026444	0.00100229	51.445	92.23	2540.84	2448.6	0.3247	8.6210
24	0.0029846	0.00100276	45.884	100.59	2544.47	2443.9	0.3530	8.5774
25	0.0031687	0.00100302	43.362	104.77	2546.29	2441.5	0.3670	8.5560
26	0.0033625	0.00100328	40.997	108.95	2548.10	2439.2	0.3810	8.5347
28	0.0037814	0.00100383	36.694	117.32	2551.73	2434.4	0.4089	8.4927
30	0.0042451	0.00100442	32.899	125.68	2555.35	2429.7	0.4366	8.4514
35	0.0056263	0.00100605	25.222	146.59	2564.38	2417.8	0.5050	8.3511
40	0.0073811	0.00100789	19.529	167.50	2573.36	2405.9	0.5723	8.2551
45	0.0095897	0.00100993	15.2636	188.42	2582.30	2393.9	0.6386	8.1630
50	0.0123446	0.00101216	12.0365	209.33	2591.19	2381.9	0.7038	8.0745
55	0.015752	0.00101455	9.5723	230.24	2600.02	2369.8	0.7680	7.9896
60	0.019933	0.00101713	7.6740	251.15	2608.79	2357.6	0.8312	7.9080
65	0.025024	0.00101986	6.1992	272.08	2617.48	2345.4	0.8935	7.8295
70	0.031178	0.00102276	5.0443	293.01	2626.10	2333.1	0.9550	7.7540
75	0.038565	0.00102582	4.1330	313.96	2634.63	2320.7	1.0156	7.6812
80	0.047376	0.00102903	3.4086	334.93	2643.06	2308.1	1.0753	7.6112
85	0.057818	0.00103240	2.8288	355.92	2651.40	2295.5	1.1343	7.5436
90	0.070121	0.00103593	2.3616	376.94	2659.63	2282.7	1.1926	7.4783

（续）

温度	压力	比体积		比焓		汽化热	比熵	
$t/$ °C	$p/$ MPa	$v'/$ (m³/kg)	$v''/$ (m³/kg)	$h'/$ (kJ/kg)	$h''/$ (kJ/kg)	$r/$ (kJ/kg)	$s'/$ [kJ/(kg·K)]	$s''/$ [kJ/(kg·K)]
95	0.084533	0.00103961	1.9827	397.98	2667.73	2269.7	1.2501	7.4154
100	0.101325	0.00104344	1.6736	419.06	2675.71	2256.6	1.3069	7.3545
110	0.143243	0.00105156	1.2106	461.33	2691.26	2229.9	1.4186	7.2386
120	0.198483	0.00106031	0.89219	503.76	2706.18	2202.4	1.5277	7.1297
130	0.270018	0.00106968	0.66873	546.38	2720.39	2174.0	1.6346	7.0272
140	0.361190	0.00107972	0.50900	589.21	2733.81	2144.6	1.7393	6.9302
150	0.47571	0.00109046	0.39286	632.28	2746.35	2114.1	1.8420	6.8381
160	0.61766	0.00110193	0.30709	657.62	2757.92	2082.3	1.9429	6.7502
170	0.79147	0.00111420	0.24283	719.25	2768.42	2049.2	2.0420	6.6661
180	1.00193	0.00112732	0.19403	763.22	2777.74	2014.5	2.1396	6.5852
190	1.25417	0.00114136	0.15650	807.56	2785.80	1978.2	2.2358	6.5071
200	1.55366	0.00115641	0.12732	852.34	2792.47	1940.1	2.3307	6.4312
210	1.90617	0.00117258	0.10438	897.62	2797.65	1900.0	2.4245	6.3571
220	2.31783	0.00119000	0.086157	943.46	2801.20	1857.7	2.5175	6.2846
230	2.79505	0.00120882	0.071553	989.95	2803.00	1813.0	2.6096	6.2130
240	3.34459	0.00122922	0.059743	1037.2	2802.88	1765.7	2.7013	6.1422
250	3.97351	0.00125145	0.050112	1085.3	2800.66	1715.4	2.7926	6.0716
260	4.68923	0.00127579	0.042195	1134.3	2796.14	1661.8	2.8837	6.0007
270	5.49956	0.00130262	0.035637	1184.5	2789.05	1604.5	2.9751	5.9292
280	6.41273	0.00133242	0.030165	1236.0	2779.08	1543.1	3.0668	5.8564
290	7.43746	0.00136582	0.025565	1289.1	2765.81	1476.7	3.1594	5.7817
300	8.58308	0.00140369	0.021669	1344.0	2748.71	1404.7	3.2533	5.7042
310	9.8597	0.00144728	0.018343	1401.2	2727.01	1325.9	3.3490	5.6226
320	11.278	0.00149844	0.015479	1461.2	2699.72	1238.5	3.4475	5.5356
330	12.851	0.00156008	0.012987	1524.9	2665.30	1140.4	3.5500	5.4408
340	14.593	0.00163728	0.010790	1593.7	2621.32	1027.6	3.6586	5.3345
350	16.521	0.00174008	0.008812	1670.3	2563.39	893.0	3.7773	5.2104
360	18.657	0.00189423	0.006958	1761.1	2481.68	720.6	3.9155	5.0536
370	21.033	0.00221480	0.004982	1891.7	2338.79	447.1	4.1125	4.8076
372	21.542	0.00236530	0.004451	1936.1	2282.99	346.9	4.1796	4.7173
373.99	22.064	0.003106	0.003106	2085.9	2085.87	0.0	4.4092	4.4092

注：本表引自参考文献 [10]。

附录 A-6b　饱和水与饱和水蒸气热力性质表（按压力排列）

压　力	温　度	比体积		比　焓		汽化热	比　熵	
$p/$ MPa	$t/$ ℃	$v'/$ （m³/kg）	$v''/$ （m³/kg）	$h'/$ （kJ/kg）	$h''/$ （kJ/kg）	$r/$ （kJ/kg）	$s'/$ [kJ/(kg·K)]	$s''/$ [kJ/(kg·K)]
0.001	6.95	0.0010001	129.185	29.21	2513.29	2484.1	0.1056	8.9735
0.002	17.54	0.0010014	67.008	73.58	2532.71	2459.1	0.2611	8.7220
0.003	24.11	0.0010028	45.666	101.07	2544.68	2443.6	0.3546	8.5758
0.004	28.95	0.0010041	34.796	121.30	2553.45	2432.2	0.4221	8.4725
0.005	32.88	0.0010053	28.191	137.72	2560.55	2422.8	0.4761	8.3930
0.006	36.17	0.0010065	23.738	151.47	2566.48	2415.0	0.5208	8.3283
0.007	39.00	0.0010075	20.528	163.31	2571.56	2408.3	0.5589	8.2737
0.008	41.51	0.0010085	18.102	173.81	2576.06	2402.3	0.5924	8.2266
0.009	43.79	0.0010094	16.204	183.36	2580.15	2396.8	0.6226	8.1854
0.010	45.80	0.0010103	14.673	191.76	2583.72	2392.0	0.6490	8.1481
0.015	53.97	0.0010140	10.022	225.93	2598.21	2372.3	0.7548	8.0065
0.020	60.07	0.0010172	7.6497	251.43	2608.90	2357.5	0.8320	7.9068
0.025	64.97	0.0010198	6.2047	271.96	2617.43	2345.5	0.8932	7.8298
0.030	69.10	0.0010222	5.2296	289.26	2624.56	2335.3	0.9440	7.7671
0.040	75.87	0.0010264	3.9939	317.61	2636.10	2318.5	1.0260	7.6688
0.050	81.34	0.0010299	3.2409	340.55	2645.31	2304.8	1.0912	7.5928
0.060	85.95	0.0010331	2.7324	359.91	2652.97	2293.1	1.1454	7.5310
0.070	89.96	0.0010359	2.3654	376.75	2659.55	2282.8	1.1921	7.4789
0.080	93.51	0.0010385	2.0876	391.71	2665.33	2273.6	1.2330	7.4339
0.090	96.71	0.0010409	1.8698	405.20	2670.48	2265.3	1.2696	7.3943
0.100	99.63	0.0010432	1.6943	417.52	2675.14	2257.6	1.3028	7.3589
0.120	104.81	0.0010473	1.4287	439.37	2683.26	2243.9	1.3609	7.2978
0.140	109.32	0.0010510	1.2368	458.44	2690.22	2231.8	1.4110	7.2462
0.150	111.38	0.0010527	1.15953	467.17	2693.35	2226.2	1.4338	7.2232
0.160	113.33	0.0010544	1.09159	475.42	2696.29	2220.9	1.4552	7.2016
0.180	116.94	0.0010576	0.97767	490.76	2701.69	2210.9	1.4946	7.1623
0.200	120.24	0.0010605	0.88585	504.78	2706.53	2201.7	1.5303	7.1272
0.250	127.44	0.0010672	0.71879	535.47	2716.83	2181.4	1.6075	7.0528
0.300	133.56	0.0010732	0.60587	561.58	2725.26	2163.7	1.6721	6.9921
0.350	138.89	0.0010786	0.52427	584.45	2732.37	2147.9	1.7278	6.9407
0.400	143.64	0.0010835	0.46246	604.87	2738.49	2133.6	1.7769	6.8961

（续）

压 力	温 度	比体积		比 焓		汽化热	比 熵	
$p/$ MPa	$t/$ ℃	$v'/$ (m³/kg)	$v''/$ (m³/kg)	$h'/$ (kJ/kg)	$h''/$ (kJ/kg)	$r/$ (kJ/kg)	$s'/$ [kJ/(kg·K)]	$s''/$ [kJ/(kg·K)]
0.450	147.94	0.0010882	0.41396	623.38	2743.85	2120.5	1.8210	6.8567
0.500	151.87	0.0010925	0.37486	640.35	2748.59	2108.2	1.8610	6.8214
0.600	158.86	0.0011006	0.31563	670.67	2756.66	2086.0	1.9315	6.7600
0.700	164.98	0.0011079	0.27281	697.32	2763.29	2066.0	1.9925	6.7079
0.800	170.44	0.0011148	0.24037	721.20	2768.86	2047.7	2.0464	6.6625
0.900	175.39	0.0011212	0.21491	742.90	2773.59	2030.7	2.0948	6.6222
1.00	179.92	0.0011272	0.19438	762.84	2777.67	2014.8	2.1388	6.5859
1.10	184.10	0.0011330	0.17747	781.35	2781.21	1999.9	2.1792	6.5529
1.20	188.00	0.0011385	0.16328	798.64	2784.29	1985.7	2.2166	6.5225
1.30	191.64	0.0011438	0.15120	814.89	2786.99	1972.1	2.2515	6.4944
1.40	195.08	0.0011489	0.14079	830.24	2789.37	1959.1	2.2841	6.4683
1.50	198.33	0.0011538	0.13172	844.82	2791.46	1946.6	2.3149	6.4437
1.60	210.41	0.0011586	0.12375	858.69	2793.29	1934.6	2.3440	6.4206
1.70	204.35	0.0011633	0.11668	871.96	2794.91	1923.0	2.3716	6.3988
1.80	207.15	0.0011679	0.11037	884.67	2796.33	1911.7	2.3979	6.3781
1.90	209.84	0.0011723	0.104707	896.88	2797.58	1900.7	2.4230	6.3583
2.00	212.42	0.0011767	0.099588	908.64	2798.66	1890.0	2.4471	6.3395
2.50	223.99	0.0011973	0.079949	961.93	2802.14	1840.2	2.5543	6.2559
3.00	233.89	0.0012166	0.066662	1008.2	2803.19	1794.9	2.6454	6.1854
3.50	242.60	0.0012348	0.057054	1049.6	2802.51	1752.9	2.7250	6.1238
4.00	250.39	0.0012524	0.049771	1087.2	2800.53	1713.4	2.7962	6.0688
4.50	257.48	0.0012694	0.044052	1121.8	2797.51	1675.7	2.8607	6.0187
5.00	263.98	0.0012862	0.039439	1154.2	2793.64	1639.5	2.9201	5.9724
6.00	275.63	0.0013190	0.032440	1213.3	2783.82	1570.5	3.0266	5.8885
7.00	285.87	0.0013515	0.027371	1266.9	2771.72	1504.8	3.1210	5.8129
8.00	295.05	0.0013843	0.023520	1316.5	2757.70	1441.2	3.2066	5.7430
9.00	303.39	0.0014177	0.020485	1363.1	2741.92	1378.9	3.2854	5.6771
10.0	311.04	0.0014522	0.018026	1407.2	2724.46	1317.2	3.3591	5.6139
12.0	324.72	0.0015260	0.014263	1490.7	2684.50	1193.8	3.4952	5.4920
14.0	336.71	0.0016097	0.011486	1570.4	2637.07	1066.7	3.6220	5.3711
16.0	347.40	0.0017099	0.009311	1649.4	2580.21	930.8	3.7451	5.2450
18.0	357.03	0.0018402	0.007503	1732.0	2509.45	777.4	3.8715	5.1051
20.0	365.79	0.0020379	0.005870	1827.2	2413.05	585.9	4.0153	4.9322
22.0	373.75	0.0027040	0.003684	2013.0	2084.02	71.0	4.2969	4.4066
22.064	373.99	0.003106	0.003106	2085.9	2085.87	0.0	4.4092	4.4092

注：本表引自参考文献［10］。

附录 A-7 未饱和水与过热蒸汽热力性质表

p	0.002MPa			0.006MPa			0.01MPa		
饱和参数	$t_s = 17.54℃$ $v' = 0.0010014 m^3/kg$ $v'' = 67.007 m^3/kg$ $h' = 73.58 kJ/kg$ $h'' = 2532.7 kJ/kg$ $s' = 0.2611 kJ/(kg \cdot K)$ $s'' = 8.7220 kJ/(kg \cdot K)$			$t_s = 35.17℃$ $v' = 0.0010065 m^3/kg$ $v'' = 23.738 m^3/kg$ $h' = 151.47 kJ/kg$ $h'' = 2566.5 kJ/kg$ $s' = 0.5208 kJ/(kg \cdot K)$ $s'' = 8.3283 kJ/(kg \cdot K)$			$t_s = 45.80℃$ $v' = 0.0010103 m^3/kg$ $v'' = 14.673 m^3/kg$ $h' = 191.76 kJ/kg$ $h'' = 2583.7 kJ/kg$ $s' = 0.6490 kJ/(kg \cdot K)$ $s'' = 8.1481 kJ/(kg \cdot K)$		
$t/℃$	$v/(m^3/kg)$	$h/(kJ/kg)$	$s/[kJ/(kg \cdot K)]$	$v/(m^3/kg)$	$h/(kJ/kg)$	$s/[kJ/(kg \cdot K)]$	$v/(m^3/kg)$	$h/(kJ/kg)$	$s/[kJ/(kg \cdot K)]$
0	0.0010002	-0.05	-0.0002	0.0010002	-0.05	-0.0002	0.0010002	-0.04	-0.0002
10	0.0010003	42.00	0.1510	0.0010003	42.01	0.1510	0.0010003	42.01	0.1510
20	67.578	2537.3	8.7378	0.0010018	83.87	0.2963	0.0010018	83.87	0.2963
40	72.212	2574.9	8.8617	24.036	2573.8	8.3517	0.0010079	167.51	0.5723
50	74.526	2593.7	8.9207	24.812	2592.7	8.4113	14.869	2591.8	8.1732
60	76.839	2612.5	8.9780	25.587	2611.6	8.4690	15.336	2610.8	8.2313
80	81.462	2650.1	9.0878	27.133	2649.5	8.5794	16.268	2648.9	8.3422
100	86.083	2687.9	9.1918	28.678	2687.4	8.6838	17.196	2686.9	8.4471
120	90.703	2725.8	9.2909	30.220	2725.4	8.7831	18.124	2725.1	8.5466
140	95.321	2763.9	9.3854	31.762	2763.6	8.8778	19.050	2763.3	8.6414
150	97.630	2783.0	9.4311	32.533	2782.7	8.9235	19.513	2782.5	8.6873
160	99.939	2802.2	9.4759	33.303	2801.9	8.9684	19.976	2801.7	8.7322
180	104.556	2840.7	9.5627	34.843	2840.5	9.0553	20.901	2840.2	8.8192
200	109.173	2879.4	9.6463	36.384	2879.2	9.1389	21.826	2879.0	8.9029
250	120.714	2977.1	9.8425	40.233	2976.9	9.3353	24.136	2976.8	9.0994
300	132.254	3076.2	10.0235	44.080	3076.1	9.5164	26.448	3078.0	9.2805
350	143.794	3176.8	10.1918	47.928	3176.7	9.6847	28.755	3176.6	9.4488
400	155.333	3278.9	10.3493	51.775	3278.8	9.8422	31.063	3278.7	9.0064
450	166.872	3382.4	10.4977	55.622	3382.3	9.9906	33.372	33382.3	9.7548
500	178.410	3487.5	10.6382	59.468	3487.5	10.1311	35.680	3487.4	9.8953
550	189.949	3594.4	10.7722	63.315	3594.4	10.2651	37.988	3594.3	10.0293
600	201.487	3703.4	10.9008	67.161	3703.4	10.3937	40.296	3703.4	10.1579
700	224.564	3928.8	11.1451	74.854	3928.8	10.6380	44.912	3928.8	10.4022
800	247.640	4162.8	11.3739	82.546	4162.8	10.8668	49.527	4162.8	10.6311

（续）

p	0.02MPa			0.06MPa			0.10MPa		
饱和参数	$t_s = 60.07℃$ $v' = 0.0010172 \mathrm{m^3/kg}$ $v'' = 7.6497 \mathrm{m^3/kg}$ $h' = 251.43 \mathrm{kJ/kg}$ $h'' = 2608.9 \mathrm{kJ/kg}$ $s' = 0.8320 \mathrm{kJ/(kg \cdot K)}$ $s'' = 7.9068 \mathrm{kJ/(kg \cdot K)}$			$t_s = 85.95℃$ $v' = 0.0010331 \mathrm{m^3/kg}$ $v'' = 2.7324 \mathrm{m^3/kg}$ $h' = 359.91 \mathrm{kJ/kg}$ $h'' = 2653.0 \mathrm{kJ/kg}$ $s' = 1.1454 \mathrm{kJ/(kg \cdot K)}$ $s'' = 7.5310 \mathrm{kJ/(kg \cdot K)}$			$t_s = 99.63℃$ $v' = 0.0010431 \mathrm{m^3/kg}$ $v'' = 1.6943 \mathrm{m^3/kg}$ $h' = 417.52 \mathrm{kJ/kg}$ $h'' = 2675.1 \mathrm{kJ/kg}$ $s' = 1.3028 \mathrm{kJ/(kg \cdot K)}$ $s'' = 7.3589 \mathrm{kJ/(kg \cdot K)}$		
$t/℃$	$v/$ $(\mathrm{m^3/kg})$	$h/$ $(\mathrm{kJ/kg})$	$s/$ $[\mathrm{kJ/(kg \cdot K)}]$	$v/$ $(\mathrm{m^3/kg})$	$h/$ $(\mathrm{kJ/kg})$	$s/$ $[\mathrm{kJ/(kg \cdot K)}]$	$v/$ $(\mathrm{m^3/kg})$	$h/$ $(\mathrm{kJ/kg})$	$s/$ $[\mathrm{kJ/(kg \cdot K)}]$
0	0.0010002	−0.03	−0.0002	0.0010002	0.01	−0.0002	0.0010002	0.05	−0.0002
10	0.0010003	42.02	0.1510	0.0010003	42.06	0.1510	0.0010003	42.10	0.1510
20	0.0010018	83.88	0.2963	0.0010018	83.92	0.2963	0.0010018	83.96	0.2963
40	0.0010079	167.52	0.5723	0.0010079	167.55	0.5723	0.0010078	167.59	0.5723
50	0.0010122	209.34	0.7038	0.0010121	209.37	0.7037	0.0010121	209.40	0.7037
60	0.0010171	251.15	0.8312	0.0010171	251.19	0.8312	0.0010171	251.22	0.8312
80	8.1181	2647.4	8.0189	0.0010290	334.94	1.0753	0.0010290	334.97	1.0753
100	8.5855	2685.8	8.1246	2.8446	2680.9	7.6073	1.6961	2675.9	7.3609
120	9.0514	2724.1	8.2248	3.0030	2720.3	7.7101	1.7931	2716.3	7.4665
140	9.5163	2762.5	8.3201	3.1602	2759.4	7.8072	1.8889	2756.2	7.5654
150	9.7484	2781.8	8.3661	3.2385	2778.9	7.8539	1.9364	2776.0	7.6128
160	9.9804	2801.0	8.4111	3.3167	2798.4	7.8995	1.9838	2795.8	7.6590
180	10.4439	2839.7	8.4984	3.4726	2837.5	7.9877	2.0783	2835.3	7.7482
200	10.9071	2878.5	8.5822	3.6281	2876.7	8.0722	2.1723	2874.8	7.8334
250	12.0639	2976.5	8.7790	4.0157	2975.1	8.2701	2.4061	2973.8	8.0324
300	13.2197	3075.8	8.9602	4.4023	3074.8	8.4519	2.6388	3073.8	8.2148
350	14.3748	3176.5	9.1287	4.7883	3175.7	8.6207	2.8709	3174.9	8.3840
400	15.5296	3278.6	9.2863	5.1739	3278.0	8.7786	3.1027	3277.3	8.5422
450	16.6842	3382.2	9.4347	5.5592	3381.7	8.9272	3.3342	3381.2	8.6909
500	17.8386	3487.3	9.5753	5.9444	3486.9	9.0679	3.5656	3486.5	8.8317
550	18.9928	3594.2	9.7093	6.3294	3593.9	9.2020	3.7968	3593.5	8.9659
600	20.1470	3703.3	9.8379	6.7144	3703.0	9.3306	4.0279	3702.7	9.0946
700	22.4552	3928.7	10.0823	7.4842	3928.5	9.5750	4.4900	3928.2	9.3391
800	24.7632	4162.7	10.3111	8.2538	4162.6	9.8040	4.9519	4162.4	9.5681

（续）

p	0.20MPa			0.50MPa			1.0MPa		
饱和参数	$t_s = 120.24℃$ $v' = 0.0010605 \text{m}^3/\text{kg}$ $v'' = 0.88590 \text{m}^3/\text{kg}$ $h' = 504.78 \text{kJ/kg}$ $h'' = 2706.5 \text{kJ/kg}$ $s' = 1.5303 \text{kJ}/(\text{kg} \cdot \text{K})$ $s'' = 7.1272 \text{kJ}/(\text{kg} \cdot \text{K})$			$t_s = 151.87℃$ $v' = 0.0010925 \text{m}^3/\text{kg}$ $v'' = 0.37490 \text{m}^3/\text{kg}$ $h' = 640.55 \text{kJ/kg}$ $h'' = 2748.6 \text{kJ/kg}$ $s' = 1.8610 \text{kJ}/(\text{kg} \cdot \text{K})$ $s'' = 6.8214 \text{kJ}/(\text{kg} \cdot \text{K})$			$t_s = 179.92℃$ $v' = 0.0011272 \text{m}^3/\text{kg}$ $v'' = 0.19440 \text{m}^3/\text{kg}$ $h' = 762.84 \text{kJ/kg}$ $h'' = 2777.7 \text{kJ/kg}$ $s' = 2.1388 \text{kJ}/(\text{kg} \cdot \text{K})$ $s'' = 6.5859 \text{kJ}/(\text{kg} \cdot \text{K})$		
$t/℃$	$v/$ (m^3/kg)	$h/$ (kJ/kg)	$s/$ $[\text{kJ}/(\text{kg} \cdot \text{K})]$	$v/$ (m^3/kg)	$h/$ (kJ/kg)	$s/$ $[\text{kJ}/(\text{kg} \cdot \text{K})]$	$v/$ (m^3/kg)	$h/$ (kJ/kg)	$s/$ $[\text{kJ}/(\text{kg} \cdot \text{K})]$
0	0.0010001	0.15	-0.0002	0.0010000	0.46	-0.0001	0.0009997	0.97	-0.0001
10	0.0010002	42.20	0.1510	0.0010001	42.49	0.1510	0.0009999	42.98	0.1509
20	0.0010018	84.05	0.2963	0.0010016	84.33	0.2962	0.0010014	84.80	0.2961
40	0.0010078	167.67	0.5722	0.0010077	167.94	0.5721	0.0010074	168.38	0.5719
50	0.0010121	209.49	0.7037	0.0010119	209.75	0.7035	0.0010117	210.18	0.7033
60	0.0010170	251.31	0.8311	0.0010169	251.56	0.8310	0.0010167	251.98	0.8307
80	0.0010290	335.05	1.0752	0.0010288	335.29	1.0750	0.0010286	335.69	1.0747
100	0.0010434	419.14	1.3068	0.0010432	419.36	1.3066	0.0010430	419.74	1.3062
120	0.0010603	503.76	1.5277	0.0010601	503.97	1.5275	0.0010599	504.32	1.5270
140	0.93511	2748.0	7.2300	0.0010796	589.30	1.7392	0.0010793	589.62	1.7386
150	0.95968	2768.6	7.2793	0.0010904	632.30	1.8420	0.0010901	632.61	1.8414
160	0.98407	2789.0	7.3271	0.38358	2767.2	6.8647	0.0011017	675.84	1.9424
180	1.03241	2829.6	7.4187	0.40450	2811.7	6.9651	0.19443	2777.9	6.5864
200	1.08030	2870.0	7.5058	0.42487	2854.9	7.0585	0.20590	2827.3	6.6931
250	1.19878	2970.4	7.7076	0.47432	2960.0	7.2697	0.23264	2941.8	6.9233
300	1.31617	3071.2	7.8917	0.52255	3063.6	7.4588	0.25793	3050.4	7.1216
350	1.43294	3172.9	8.0618	0.57012	3167.0	7.6319	0.28247	3157.0	7.2999
400	1.54932	3275.8	8.2205	0.61729	3271.1	7.7924	0.30658	3263.1	7.4638
450	1.66546	3379.9	8.3697	0.66420	3376.0	7.9428	0.33043	3369.6	7.6163
500	1.78142	3485.4	8.5108	0.71094	3482.2	8.0848	0.35410	3476.8	7.7597
550	1.89726	3592.6	8.6452	0.75755	3589.9	8.2198	0.37764	3585.4	7.8958
600	2.01301	3701.9	8.7740	0.80408	3699.6	8.3491	0.40109	3695.7	8.0259
700	2.24433	3927.7	9.0187	0.89694	3925.9	8.5944	0.44781	3923.0	8.2722
800	2.47549	4161.9	9.2478	0.98965	4160.5	8.8239	0.49436	4158.2	8.5023

（续）

p	2.0MPa			3.0MPa			4.0MPa		
饱和参数	$t_s = 212.42℃$ $v' = 0.0011767m^3/kg$ $v'' = 0.099600m^3/kg$ $h' = 908.64kJ/kg$ $h'' = 2798.7kJ/kg$ $s' = 2.4471kJ/(kg \cdot K)$ $s'' = 6.3395kJ/(kg \cdot K)$			$t_s = 233.89℃$ $v' = 0.0012166m^3/kg$ $v'' = 0.066700m^3/kg$ $h' = 1008.2kJ/kg$ $h'' = 2803.2kJ/kg$ $s' = 2.6454kJ/(kg \cdot K)$ $s'' = 6.1854kJ/(kg \cdot K)$			$t_s = 250.39℃$ $v' = 0.0012524m^3/kg$ $v'' = 0.049800m^3/kg$ $h' = 1087.2kJ/kg$ $h'' = 2800.5kJ/kg$ $s' = 2.7962kJ/(kg \cdot K)$ $s'' = 6.0688kJ/(kg \cdot K)$		
$t/$ ℃	$v/$ (m^3/kg)	$h/$ (kJ/kg)	$s/$ $[kJ/(kg \cdot K)]$	$v/$ (m^3/kg)	$h/$ (kJ/kg)	$s/$ $[kJ/(kg \cdot K)]$	$v/$ (m^3/kg)	$h/$ (kJ/kg)	$s/$ $[kJ/(kg \cdot K)]$
0	0.0009992	1.99	0.0000	0.0009987	3.01	0.0000	0.0009982	4.03	0.0001
10	0.0009994	43.95	0.1508	0.0009989	44.92	0.1507	0.0009984	45.89	0.1507
20	0.0010009	85.74	0.2959	0.0010005	86.68	0.2957	0.0010000	87.62	0.2955
40	0.0010070	169.27	0.5715	0.0010066	170.15	0.5711	0.0010061	171.04	0.5708
50	0.0010113	211.04	0.7028	0.0010108	211.90	0.7024	0.0010104	212.77	0.7019
60	0.0010162	252.82	0.8302	0.0010158	253.66	0.8296	0.0010153	254.50	0.8291
80	0.0010281	336.48	1.0740	0.0010276	337.28	1.0734	0.0010272	338.07	1.0727
100	0.0010425	420.49	1.3054	0.0010420	421.24	1.3047	0.0010415	421.99	1.3039
120	0.0010593	505.03	1.5261	0.0010587	505.73	1.5252	0.0010582	506.44	1.5243
140	0.0010787	590.27	1.7376	0.0010781	590.92	1.7366	0.0010774	591.58	1.7355
150	0.0010894	633.22	1.8403	0.0010888	633.84	1.8392	0.0010881	634.46	1.8381
160	0.0011009	676.43	1.9412	0.0011002	677.01	1.9400	0.0010995	677.60	1.9389
180	0.0011265	763.72	2.1382	0.0011256	764.23	2.1369	0.0011248	764.74	2.1355
200	0.0011560	852.52	2.3300	0.0011549	852.93	2.3284	0.0011539	853.31	2.3268
250	0.111412	2901.5	6.5436	0.070564	2854.7	6.2855	0.0012514	1085.3	2.7925
300	0.125449	3022.6	6.7648	0.081126	2992.4	6.5371	0.058821	2959.5	6.3595
350	0.138564	3136.2	6.9550	0.090520	3114.4	6.7414	0.066436	3091.5	6.5805
400	0.151190	3246.8	7.1258	0.099352	3230.1	6.9199	0.073401	3212.7	6.7677
450	0.163523	3356.4	7.2828	0.107864	3343.0	7.0817	0.080016	3329.2	6.9347
500	0.175666	3465.9	7.4293	0.116174	3454.9	7.2314	0.086417	3443.6	7.0877
550	0.187679	3576.2	7.5675	0.124349	3566.9	7.3718	0.092676	3557.5	7.2304
600	0.199598	3687.8	7.6991	0.132427	3679.9	7.5051	0.098836	3671.9	7.3653
700	0.223245	3917.0	7.9476	0.148388	3911.1	7.7557	0.110956	3905.1	7.6181
800	0.246726	4153.6	8.1790	0.164180	4149.0	7.9884	0.122907	4144.3	7.8521

（续）

p	5.0MPa			6.0MPa			7.0MPa		
饱和参数	$t_s = 263.98℃$ $v' = 0.0012861 m^3/kg$ $v'' = 0.039400 m^3/kg$ $h' = 1154.2 kJ/kg$ $h'' = 2793.6 kJ/kg$ $s' = 2.9200 kJ/(kg \cdot K)$ $s'' = 5.9724 kJ/(kg \cdot K)$			$t_s = 275.63℃$ $v' = 0.0013190 m^3/kg$ $v'' = 0.032400 m^3/kg$ $h' = 1213.3 kJ/kg$ $h'' = 2783.8 kJ/kg$ $s' = 3.0266 kJ/(kg \cdot K)$ $s'' = 5.8885 kJ/(kg \cdot K)$			$t_s = 285.87℃$ $v' = 0.0013515 m^3/kg$ $v'' = 0.027400 m^3/kg$ $h' = 1266.9 kJ/kg$ $h'' = 2771.7 kJ/kg$ $s' = 3.1210 kJ/(kg \cdot K)$ $s'' = 5.8129 kJ/(kg \cdot K)$		
$t/℃$	$v/$ (m^3/kg)	$h/$ (kJ/kg)	$s/$ $[kJ/(kg \cdot K)]$	$v/$ (m^3/kg)	$h/$ (kJ/kg)	$s/$ $[kJ/(kg \cdot K)]$	$v/$ (m^3/kg)	$h/$ (kJ/kg)	$s/$ $[kJ/(kg \cdot K)]$
0	0.0009977	5.04	0.0002	0.0009972	6.05	0.0002	0.0009967	7.07	0.0003
10	0.0009979	46.87	0.1506	0.0009975	47.83	0.1505	0.0009970	48.80	0.1504
20	0.0009996	88.55	0.2952	0.0009991	89.49	0.2950	0.0009986	90.42	0.2948
40	0.0010057	171.92	0.5704	0.0010052	172.81	0.5700	0.0010048	173.69	0.5696
50	0.0010099	213.63	0.7015	0.0010095	214.49	0.7010	0.0010091	215.35	0.7005
60	0.0010149	255.34	0.8286	0.0010144	256.18	0.8280	0.0010140	257.01	0.8275
80	0.0010267	338.87	1.0721	0.0010262	339.67	1.0714	0.0010258	340.46	1.0708
100	0.0010410	422.75	1.3031	0.0010404	423.50	1.3023	0.0010399	424.25	1.3016
120	0.0010576	507.14	1.5234	0.0010571	507.85	1.5225	0.0010565	508.55	1.5216
140	0.0010768	592.23	1.7345	0.0010762	592.88	1.7335	0.0010756	593.54	1.7325
150	0.0010874	635.09	1.8370	0.0010868	635.71	1.8359	0.0010861	636.34	1.8348
160	0.0010988	678.19	1.9377	0.0010981	678.78	1.9365	0.0010974	679.37	1.9353
180	0.0011240	765.25	2.1342	0.0011231	765.76	2.1328	0.0011223	766.28	2.1315
200	0.0011529	853.75	2.3253	0.0011519	854.17	2.3237	0.0011510	854.59	2.3222
250	0.0012496	1085.2	2.7901	0.0012478	1085.2	2.7877	0.0012460	1085.2	2.7853
300	0.045301	2923.3	6.2064	0.036148	2883.1	6.0656	0.029457	2837.5	5.9291
350	0.051932	3067.4	6.4477	0.042213	3041.9	6.3317	0.035225	3014.8	6.2265
400	0.057804	3194.9	6.6448	0.047382	3176.4	6.5395	0.039917	3157.3	6.4465
450	0.063291	3315.2	6.8170	0.052128	3300.9	6.7179	0.044143	3286.2	6.6314
500	0.068552	3432.2	6.9735	0.056632	3420.6	6.8781	0.048110	3408.9	6.7954
550	0.073664	3548.0	7.1187	0.060983	3538.4	7.0257	0.051917	3528.7	6.9456
600	0.078675	3663.9	7.2553	0.065228	3665.7	7.1640	0.055617	3647.5	7.0857
700	0.088494	3899.0	7.5102	0.073515	3892.9	7.4212	0.062811	3886.7	7.3451
800	0.098142	4139.6	7.7456	0.081630	4134.9	7.6579	0.069833	4130.1	7.5831

（续）

p	8.0MPa			9.0MPa			10.0MPa		
饱和参数	$t_s = 295.05℃$ $v' = 0.0013843 \text{m}^3/\text{kg}$ $v'' = 0.023520 \text{m}^3/\text{kg}$ $h' = 1316.5 \text{kJ/kg}$ $h'' = 2757.7 \text{kJ/kg}$ $s' = 3.2066 \text{kJ/(kg·K)}$ $s'' = 5.7430 \text{kJ/(kg·K)}$			$t_s = 303.39℃$ $v' = 0.0014177 \text{m}^3/\text{kg}$ $v'' = 0.020500 \text{m}^3/\text{kg}$ $h' = 1363.1 \text{kJ/kg}$ $h'' = 2741.9 \text{kJ/kg}$ $s' = 3.2854 \text{kJ/(kg·K)}$ $s'' = 5.6771 \text{kJ/(kg·K)}$			$t_s = 311.04℃$ $v' = 0.0014522 \text{m}^3/\text{kg}$ $v'' = 0.018000 \text{m}^3/\text{kg}$ $h' = 1407.2 \text{kJ/kg}$ $h'' = 2724.5 \text{kJ/kg}$ $s' = 3.3591 \text{kJ/(kg·K)}$ $s'' = 5.6139 \text{kJ/(kg·K)}$		
$t/$ ℃	$v/$ (m^3/kg)	$h/$ (kJ/kg)	$s/$ $[\text{kJ/(kg·K)}]$	$v/$ (m^3/kg)	$h/$ (kJ/kg)	$s/$ $[\text{kJ/(kg·K)}]$	$v/$ (m^3/kg)	$h/$ (kJ/kg)	$s/$ $[\text{kJ/(kg·K)}]$
0	0.0009962	8.08	0.0003	0.0009957	9.08	0.0004	0.0009952	10.09	0.0004
10	0.0009965	49.77	0.1502	0.0009961	50.74	0.1501	0.0009956	51.70	0.1500
20	0.0009982	91.36	0.2946	0.0009977	92.29	0.2944	0.0009973	93.22	0.2942
40	0.0010044	174.57	0.5692	0.0010039	175.46	0.5688	0.0010035	176.34	0.5684
50	0.0010086	216.21	0.7001	0.0010082	217.07	0.6996	0.0010078	217.93	0.6992
60	0.0010136	257.85	0.8270	0.0010131	258.69	0.8265	0.0010127	259.53	0.8259
80	0.0010253	341.26	1.0701	0.0010248	342.06	1.0695	0.0010244	342.85	1.0688
100	0.0010395	425.01	1.3008	0.0010390	425.76	1.3000	0.0010385	426.51	1.2993
120	0.0010560	509.26	1.5207	0.0010554	509.97	1.5199	0.0010549	510.68	1.5190
140	0.0010750	594.19	1.7314	0.0010744	594.85	1.7304	0.0010738	595.50	1.7294
150	0.0010855	636.96	1.8337	0.0010848	637.59	1.8327	0.0010842	638.22	1.8316
160	0.0010967	679.97	1.9342	0.0010960	680.56	1.9330	0.0010953	681.16	1.9319
180	0.0011215	766.80	2.1302	0.0011207	767.32	2.1288	0.0011199	767.84	2.1275
200	0.0011500	855.02	2.3207	0.0011490	855.44	2.3191	0.0011481	855.88	2.3176
250	0.0012443	1085.2	2.7829	0.0012425	1085.3	2.7806	0.0012408	1085.3	2.7783
300	0.024255	2784.5	5.7899	0.0014018	1343.5	3.2514	0.0013975	1342.3	3.2469
350	0.029940	2986.1	6.1282	0.025786	2955.3	6.0342	0.022415	2922.1	5.9423
400	0.034302	3137.5	6.3622	0.029921	3117.1	6.2842	0.026402	3095.8	6.2109
450	0.038145	3271.3	6.5540	0.033474	3256.0	6.4835	0.029735	3240.5	6.4184
500	0.041712	3397.0	6.7221	0.036733	3385.0	6.6560	0.032750	3372.8	6.5954
550	0.045113	3518.8	6.8749	0.039817	3509.0	6.8114	0.035582	3499.1	6.7537
600	0.048403	3639.2	7.0168	0.042789	3630.8	6.9552	0.038297	3622.5	6.8992
700	0.054778	3880.5	7.2784	0.048526	3874.1	7.2190	0.043522	3867.7	7.1652
800	0.060982	4125.2	7.5178	0.054096	4120.2	7.4596	0.048584	4115.1	7.4072

（续）

p	15.0MPa			20.0MPa			30.0MPa		
饱和参数	$t_s = 342.20℃$ $v' = 0.0016571\,m^3/kg$ $v'' = 0.010300\,m^3/kg$ $h' = 1609.8\,kJ/kg$ $h'' = 2610.0\,kJ/kg$ $s' = 3.6836\,kJ/(kg \cdot K)$ $s'' = 5.3091\,kJ/(kg \cdot K)$			$t_s = 365.79℃$ $v' = 0.0020379\,m^3/kg$ $v'' = 0.0058702\,m^3/kg$ $h' = 1827.2\,kJ/kg$ $h'' = 2413.1\,kJ/kg$ $s' = 4.0153\,kJ/(kg \cdot K)$ $s'' = 4.9322\,kJ/(kg \cdot K)$					
$t/$ $℃$	$v/$ (m^3/kg)	$h/$ (kJ/kg)	$s/$ $[kJ/(kg \cdot K)]$	$v/$ (m^3/kg)	$h/$ (kJ/kg)	$s/$ $[kJ/(kg \cdot K)]$	$v/$ (m^3/kg)	$h/$ (kJ/kg)	$s/$ $[kJ/(kg \cdot K)]$
0	0.0009928	15.10	0.0006	0.0009904	20.08	0.0006	0.0009857	29.92	0.0005
10	0.0009933	56.51	0.1494	0.0009911	61.29	0.1488	0.0009866	70.77	0.1474
20	0.0009951	97.87	0.2930	0.0009929	102.50	0.2919	0.0009887	111.71	0.2895
40	0.0010014	180.74	0.5665	0.0009992	185.13	0.5645	0.0009951	193.87	0.5606
50	0.0010056	222.22	0.6969	0.0010035	226.50	0.6946	0.0009993	235.05	0.6900
60	0.0010105	263.72	0.8233	0.0010084	267.90	0.8207	0.0010042	276.25	0.8156
80	0.0010221	346.84	1.0656	0.0010199	350.82	1.0624	0.0010155	358.78	1.0562
100	0.0010360	430.29	1.2955	0.0010336	434.06	1.2917	0.0010290	441.64	1.2844
120	0.0010522	514.23	1.5146	0.0010496	517.79	1.5103	0.0010445	524.95	1.5019
140	0.0010708	598.80	1.7244	0.0010679	602.12	1.7195	0.0010622	608.82	1.7100
150	0.0010810	641.37	1.8262	0.0010779	644.56	1.8210	0.0010719	651.00	1.8108
160	0.0010919	684.16	1.9262	0.0010886	687.20	1.9206	0.0010822	693.36	1.9098
180	0.0011159	770.49	2.1210	0.0011121	773.19	2.1147	0.0011048	778.72	2.1024
200	0.0011434	858.08	2.3102	0.0011389	860.36	2.3029	0.0011303	865.12	2.2890
250	0.0012327	1085.6	2.7671	0.0012251	1086.2	2.7564	0.0012110	1087.9	2.7364
300	0.0013777	1337.3	3.2260	0.0013605	1333.4	3.2072	0.0013317	1327.9	3.1742
350	0.011469	2691.2	5.4403	0.0016645	1645.3	3.7275	0.0015522	1608.0	3.6420
400	0.015652	2974.6	5.8798	0.0099458	2816.8	5.5520	0.0027929	2150.6	4.4721
450	0.018449	3156.5	6.1408	0.0127013	3060.7	5.9025	0.0067363	2822.1	5.4433
500	0.020797	3309.0	6.3449	0.0147681	3239.3	6.1415	0.0086761	3083.3	5.7934
550	0.022913	3448.3	6.5195	0.0165471	3393.7	6.3352	0.0101580	3276.6	6.0359
600	0.024882	3580.7	6.6757	0.0181655	3536.3	6.5035	0.0114310	3442.9	6.2321
700	0.028558	3836.2	6.9529	0.0211259	3805.1	6.7951	0.0136544	3739.8	6.5545
800	0.032064	4089.3	7.2004	0.0238669	4065.1	7.0494	0.0156431	4016.4	6.8251

注：本表引自参考文献［10］。

附录 A-8a R134a 饱和性质表（按温度排列）

$t/$ ℃	$p_s/$ kPa	$v''/$ $(m^3/kg\times10^{-3})$	$v'/$ $(m^3/kg\times10^{-3})$	$h''/$ (kJ/kg)	$h'/$ (kJ/kg)	$s''/$ $[kJ/(kg\cdot K)]$	$s'/$ $[kJ/(kg\cdot K)]$	$e''_x/$ (kJ/kg)	$e'_x/$ (kJ/kg)
-85.00	2.56	5899.997	0.64884	345.37	94.12	1.8702	0.5348	-112.877	34.014
-80.00	3.87	4045.366	0.65501	348.41	99.89	1.8535	0.5668	-104.855	30.243
-75.00	5.72	2816.477	0.66106	351.48	105.68	1.8379	0.5974	-97.131	26.914
-70.00	8.27	2004.070	0.66719	354.57	111.46	1.8239	0.6272	-89.867	23.818
-65.00	11.72	1442.296	0.67327	357.68	117.38	1.8107	0.6562	-82.815	21.091
-60.00	16.29	1055.363	0.67947	360.81	123.37	1.7987	0.6847	-76.104	18.584
-55.00	22.24	785.161	0.68583	363.95	129.42	1.7878	0.7127	-69.740	16.266
-50.00	29.90	593.412	0.69238	367.10	135.54	1.7782	0.7405	-63.706	14.122
-45.00	39.58	454.926	0.69916	370.25	141.72	1.7695	0.7678	-57.971	12.145
-40.00	51.69	353.529	0.70619	373.40	147.96	1.7618	0.7949	-52.521	10.329
-35.00	66.63	278.087	0.71348	376.54	154.26	1.7549	0.8216	-47.328	8.671
-30.00	84.85	221.302	0.72105	379.67	160.62	1.7488	0.8479	-42.382	7.168
-25.00	106.86	177.937	0.72892	382.79	167.04	1.7434	0.8740	-37.656	5.815
-20.00	133.18	144.450	0.73712	385.89	173.52	1.7387	0.8997	-33.138	4.611
-15.00	164.36	118.481	0.74572	388.97	180.04	1.7346	0.9253	-28.847	3.528
-10.00	201.00	97.832	0.75463	392.01	186.63	1.7309	0.9504	-24.704	2.614
-5.00	243.71	81.304	0.76388	395.01	193.29	1.7276	0.9753	-20.709	1.858
0.00	293.14	68.164	0.77365	397.98	200.00	1.7248	1.0000	-16.915	1.203
5.00	349.96	57.470	0.78384	400.90	206.78	1.7223	1.0244	-13.258	0.701
10.00	414.88	48.721	0.79453	403.76	213.63	1.7201	1.0486	-9.740	0.331
15.00	488.60	41.532	0.80577	406.57	220.55	1.7182	1.0727	-6.363	0.091
20.00	571.88	35.576	0.81762	409.30	227.55	1.7165	1.0965	-3.120	-0.018
25.00	665.49	30.603	0.83017	411.96	234.63	1.7149	1.1202	-0.001	0.000
30.00	770.21	26.424	0.84347	414.52	241.80	1.7135	1.1437	2.995	0.148
35.00	886.87	22.899	0.85768	416.99	249.07	1.7121	1.1672	5.868	0.419
40.00	1016.32	19.893	0.87284	419.34	256.44	1.7108	1.1906	8.629	0.828
45.00	1159.45	17.320	0.88919	421.55	263.94	1.7093	1.2139	11.274	1.364
50.00	1317.19	15.112	0.90694	423.62	271.57	1.7078	1.2373	13.795	2.031
55.00	1490.52	13.203	0.92634	425.51	279.36	1.7061	1.2607	16.195	2.834
60.00	1680.47	11.538	0.94775	427.18	287.33	1.7041	1.2842	18.471	3.780
65.00	1888.17	10.080	0.97175	428.61	295.51	1.7016	1.3080	20.612	4.869
70.00	2114.81	8.788	0.99902	429.70	303.94	1.6986	1.3321	22.609	6.119
75.00	2361.75	7.638	1.03073	430.38	312.71	1.6948	1.3568	24.440	7.539
80.00	2630.48	6.601	1.06869	430.53	321.92	1.6898	1.3822	26.073	9.158
85.00	2922.80	5.647	1.11621	429.86	331.74	1.6829	1.4089	27.454	11.014
90.00	3240.89	4.751	1.18024	427.99	342.54	1.6732	1.4379	28.483	13.189
95.00	3587.80	3.851	1.27926	423.70	355.23	1.6574	1.4714	28.900	15.883
100.00	3969.25	2.779	1.53410	412.19	375.04	1.6230	1.5234	27.656	20.192
101.00	4051.31	2.382	1.96810	404.50	392.88	1.6018	1.5707	26.276	23.917
101.15	4064.00	1.969	1.96850	393.07	393.07	1.5712	1.5712	23.976	23.976

注：本表引自朱明善等等著《绿色环保制冷剂 HFC-134a 热物理性质》，科学出版社，1995。

附录 A-8b R134a 饱和性质表（按压力排列）

$p_s/$ kPa	$t/$ ℃	$v''/$ ($m^3/kg×10^{-3}$)	$v'/$ ($m^3/kg×10^{-3}$)	$h''/$ (kJ/kg)	$h'/$ (kJ/kg)	$s''/$ [kJ/(kg·K)]	$s'/$ [kJ/(kg·K)]	$e''_x/$ (kJ/kg)	$e'_x/$ (kJ/kg)
10.00	−67.32	1676.284	0.67044	356.24	114.63	1.8166	0.6428	−86.039	22.331
20.00	−56.74	868.908	0.68352	362.86	127.30	1.7915	0.7030	−71.922	17.053
30.00	−49.94	591.338	0.69247	367.14	135.62	1.7780	0.7408	−63.631	14.095
40.00	−44.81	450.539	0.69942	370.37	141.95	1.7692	0.7688	−57.762	12.074
50.00	−40.64	364.782	0.70527	373.00	147.16	1.7627	0.7914	−53.199	10.553
60.00	−37.08	306.836	0.71041	375.24	151.64	1.7577	0.8105	−49.457	9.342
80.00	−31.25	234.033	0.71913	378.90	159.04	1.7503	0.8414	−43.593	7.528
100.00	−26.45	189.737	0.72667	381.89	165.15	1.7451	0.8665	−39.050	6.157
120.00	−22.37	159.324	0.73319	384.42	170.43	1.7409	0.8875	−35.262	5.165
140.00	−18.82	137.972	0.73920	386.63	175.04	1.7378	0.9059	−32.146	4.306
160.00	−15.64	121.490	0.74461	388.58	179.20	1.7351	0.9220	−29.390	3.654
180.00	−12.79	108.637	0.74955	390.31	182.95	1.7328	0.9364	−26.969	3.130
200.00	−10.14	98.326	0.75438	391.93	186.45	1.7310	0.9497	−24.813	2.636
250.00	−4.35	79.485	0.76517	395.41	194.16	1.7273	0.9786	−20.221	1.750
300.00	0.63	66.694	0.77492	398.36	200.85	1.7245	1.0031	−16.447	1.132
350.00	5.00	57.477	0.78383	400.90	206.77	1.7223	1.0244	−13.260	0.701
400.00	8.93	50.444	0.79220	403.16	212.16	1.7206	1.0435	−10.478	0.399
450.00	12.44	45.016	0.79992	405.14	217.00	1.7191	1.0604	−8.064	0.205
500.00	15.72	40.612	0.80744	406.96	221.55	1.7180	1.0761	−5.892	0.066
550.00	18.75	36.955	0.81461	408.62	225.79	1.7619	1.0906	−3.914	−0.003
600.00	21.55	33.870	0.82129	410.11	229.74	1.7158	1.1038	−2.104	0.006
650.00	24.21	31.327	0.82813	411.54	233.50	1.7152	1.1164	−0.483	−0.012
700.00	26.72	29.081	0.83465	412.85	237.09	1.7144	1.1283	1.045	0.038
800.00	31.32	25.428	0.84714	415.18	243.71	1.7131	1.1500	3.771	0.208
900.00	35.50	22.569	0.85911	417.22	249.80	1.7120	1.1695	6.154	0.459
1000.00	39.39	20.228	0.87091	419.05	255.53	1.7109	1.1877	8.303	0.773
1200.00	46.31	16.708	0.89371	422.11	265.93	1.7089	1.2201	11.948	1.526
1400.00	52.48	14.130	0.91633	424.58	275.42	1.7069	1.2489	15.002	2.413
1600.00	57.94	12.198	0.93864	426.52	284.01	1.7049	1.2745	17.547	3.371
1800.00	62.92	10.664	0.96140	428.04	292.07	1.7027	1.2981	19.737	4.396
2000.00	67.56	9.398	0.98526	429.21	299.80	1.7002	1.3203	21.656	5.490
2200.00	71.74	8.375	1.00948	429.99	306.95	1.6974	1.3406	23.265	6.592
2400.00	75.72	7.482	1.03576	430.45	314.01	1.6941	1.3604	24.689	7.761
2600.00	79.42	6.714	1.06391	430.54	320.83	1.6904	1.3792	25.896	8.960
2800.00	82.93	6.036	1.09510	430.28	327.59	1.6861	1.3977	26.919	10.214
3000.00	86.25	5.421	1.13032	429.55	334.34	1.6809	1.4159	27.752	11.525
3200.00	89.39	4.860	1.17107	428.32	341.14	1.6746	1.4342	28.381	12.900
3400.00	92.33	4.340	1.21992	426.45	348.12	1.6670	1.4527	28.784	14.357
4064.00	101.15	1.969	1.96850	393.07	393.07	1.5712	1.5712	23.976	23.976

注：本表来源同附录 A-8a。

附录 A-9　R134a 过热蒸气热力性质表

t/℃	$p=0.05\text{MPa}(t_s=-40.64℃)$			$p=0.10\text{MPa}(t_s=-26.45℃)$			$p=0.15\text{MPa}(t_s=-17.20℃)$			$p=0.20\text{MPa}(t_s=-10.14℃)$		
℃	v/(m³/kg)	h/(kJ/kg)	s/[kJ/(kg·K)]	v/(m³/kg)	h/(kJ/kg)	s/[kJ/(kg·K)]	v/(m³/kg)	h/(kJ/kg)	s/[kJ/(kg·K)]	v/(m³/kg)	h/(kJ/kg)	s/[kJ/(kg·K)]
-20.0	0.40477	388.69	1.8282	0.19379	383.10	1.7510						
-10.0	0.42195	396.49	1.8584	0.20742	395.08	1.7975	0.13584	393.63	1.7607	0.09998	392.14	1.7329
0.0	0.43898	404.43	1.8880	0.21633	403.20	1.8282	0.14203	401.93	1.7916	0.10486	400.63	1.7646
10.0	0.45586	412.53	1.9171	0.22508	411.44	1.8578	0.14813	410.32	1.8218	0.10961	409.17	1.7953
20.0	0.47273	420.79	1.9458	0.23379	419.81	1.8868	0.15410	418.81	1.8512	0.11426	417.79	1.8252
30.0	0.48945	429.21	1.9740	0.24242	428.32	1.9154	0.16002	427.42	1.8801	0.11881	426.51	1.8545
40.0	0.50617	437.79	2.0019	0.25094	436.98	1.9435	0.16586	436.17	1.9085	0.12332	435.34	1.8831
50.0	0.52281	446.53	2.0294	0.25945	445.79	1.9712	0.17168	445.05	1.9365	0.12775	444.30	1.9113
60.0	0.53945	455.43	2.0565	0.26793	454.76	1.9985	0.17742	454.08	1.9640	0.13215	453.39	1.9390
70.0	0.55602	464.50	2.0833	0.27637	463.88	2.0255	0.18313	463.25	1.9911	0.13652	462.62	1.9663
80.0	0.57258	473.73	2.1098	0.28477	473.15	2.0521	0.18883	472.57	2.0179	0.14086	471.98	1.9932
90.0	0.58906	483.12	2.1360	0.29313	482.58	2.0784	0.19449	482.04	2.0443	0.14516	481.50	2.0197
100.0							0.20016	491.66	2.0704	0.14945	491.15	2.0460

t/℃	$p=0.25\text{MPa}(t_s=-4.35℃)$			$p=0.30\text{MPa}(t_s=-0.63℃)$			$p=0.40\text{MPa}(t_s=8.93℃)$			$p=0.50\text{MPa}(t_s=15.72℃)$		
℃	v/(m³/kg)	h/(kJ/kg)	s/[kJ/(kg·K)]	v/(m³/kg)	h/(kJ/kg)	s/[kJ/(kg·K)]	v/(m³/kg)	h/(kJ/kg)	s/[kJ/(kg·K)]	v/(m³/kg)	h/(kJ/kg)	s/[kJ/(kg·K)]
0.0	0.08253	399.30	1.7427									
10.0	0.08647	408.00	1.7740	0.07103	406.81	1.7560						
20.0	0.09031	416.76	1.8044	0.07434	415.70	1.7868	0.05433	413.51	1.7578	0.01227	411.22	1.7336
30.0	0.09406	425.58	1.8340	0.07756	424.64	1.8168	0.05689	422.70	1.7886	0.04445	420.68	1.7653
40.0	0.09777	434.51	1.8630	0.08072	433.66	1.8461	0.05939	431.92	1.8185	0.04656	430.12	1.7960
50.0	0.10141	443.54	1.8914	0.08381	442.77	1.8747	0.06183	441.20	1.8477	0.04860	439.58	1.8257
60.0	0.10498	452.69	1.9192	0.08688	451.99	1.9028	0.06420	450.56	1.8762	0.05059	449.09	1.8547
70.0	0.10854	461.98	1.9467	0.08989	461.33	1.9305	0.06655	460.02	1.9042	0.05253	458.68	1.8830
80.0	0.11207	471.39	1.9738	0.09288	470.80	1.9576	0.06886	469.59	1.9316	0.05444	468.36	1.9108
90.0	0.11557	480.95	2.0004	0.09583	480.40	1.9844	0.07114	479.28	1.9587	0.05632	478.14	1.9382
100.0	0.11904	490.64	2.0268	0.09875	490.13	2.0109	0.07341	489.09	1.9854	0.05817	488.04	1.9651
110.0	0.12250	500.48	2.0528	0.10168	500.00	2.0370	0.07564	499.03	2.0117	0.06000	498.05	1.9915
120.0							0.07786	509.11	2.0376	0.06183	508.19	2.0177
130.0							0.08006	519.31	2.0632	0.06363	518.46	2.0435

（续）

t/°C	p=0.60MPa (t_s=21.55°C) v/(m³/kg)	h/(kJ/kg)	s/[kJ/(kg·K)]	p=0.70MPa (t_s=26.72°C) v/(m³/kg)	h/(kJ/kg)	s/[kJ/(kg·K)]	t/°C	p=0.80MPa (t_s=31.32°C) v/(m³/kg)	h/(kJ/kg)	s/[kJ/(kg·K)]	p=0.90MPa (t_s=35.50°C) v/(m³/kg)	h/(kJ/kg)	s/[kJ/(kg·K)]
30.0	0.03613	418.58	1.7452	0.03013	416.37	1.7270							
40.0	0.03798	428.26	1.7766	0.03183	426.32	1.7593	40.0	0.02718	424.31	1.7435	0.02355	422.19	1.7287
50.0	0.03977	437.91	1.8070	0.03344	436.19	1.7904	50.0	0.02867	434.41	1.7753	0.02494	432.57	1.7613
60.0	0.04149	447.58	1.8364	0.03498	446.04	1.8204	60.0	0.03009	444.45	1.8059	0.02626	442.81	1.7925
70.0	0.04317	457.31	1.8652	0.03648	455.91	1.8496	70.0	0.03145	454.47	1.8355	0.02752	453.00	1.8227
80.0	0.04482	467.10	1.8933	0.03794	465.82	1.8780	80.0	0.03277	464.52	1.8644	0.02874	463.19	1.8519
90.0	0.04644	476.99	1.9209	0.03936	475.81	1.9059	90.0	0.03406	474.62	1.8926	0.02992	473.40	1.8804
100.0	0.04802	486.97	1.9480	0.04076	485.89	1.9333	100.0	0.03531	484.79	1.9202	0.03106	483.67	1.9083
110.0	0.04959	497.06	1.9747	0.04213	496.06	1.9602	110.0	0.03654	495.04	1.9473	0.03219	494.01	1.9375
120.0	0.05113	507.27	2.0010	0.04348	506.33	1.9867	120.0	0.03775	505.39	1.9740	0.03329	504.43	1.9625
130.0	0.05266	517.59	2.0270	0.04483	516.72	2.0128	130.0	0.03895	515.84	2.0002	0.03438	514.95	1.9889
140.0	0.05417	528.04	2.0526	0.04615	527.23	2.0385	140.0	0.04013	526.40	2.0261	0.03544	525.57	2.0150

t/°C	p=1.0MPa (t_s=39.39°C) v/(m³/kg)	h/(kJ/kg)	s/[kJ/(kg·K)]	p=1.1MPa (t_s=42.99°C) v/(m³/kg)	h/(kJ/kg)	s/[kJ/(kg·K)]	t/°C	p=1.2MPa (t_s=46.31°C) v/(m³/kg)	h/(kJ/kg)	s/[kJ/(kg·K)]	p=1.3MPa (t_s=49.44°C) v/(m³/kg)	h/(kJ/kg)	s/[kJ/(kg·K)]
40.0	0.02061	419.97	1.7145	0.01947	428.64	1.7355	50.0	0.01739	426.53	1.7233	0.01559	424.30	1.7113
50.0	0.02194	430.64	1.7481	0.02066	439.37	1.7682	60.0	0.01854	437.55	1.7569	0.01673	435.65	1.7459
60.0	0.02319	441.12	1.7800	0.02178	449.93	1.7994	70.0	0.01962	448.33	1.7888	0.01778	446.68	1.7785
70.0	0.02437	451.49	1.8107	0.02285	460.42	1.8296	80.0	0.02064	458.99	1.8194	0.01875	457.52	1.8096
80.0	0.02551	461.82	1.8404	0.02388	470.89	1.8588	90.0	0.02161	469.60	1.8490	0.01968	468.28	1.8397
90.0	0.02660	472.16	1.8692	0.02488	481.37	1.8873	100.0	0.02255	480.19	1.8778	0.02057	478.99	1.8688
100.0	0.02766	482.53	1.8974	0.02584	491.89	1.9151	110.0	0.02346	490.81	1.9059	0.02144	489.72	1.8972
110.0	0.02870	492.96	1.9250	0.02679	502.48	1.9424	120.0	0.02434	501.48	1.9334	0.0X27	500.47	1.9249
120.0	0.02971	503.46	1.9520	0.02771	513.14	1.9692	130.0	0.02521	512.21	1.9603	0.02309	511.28	1.9520
130.0	0.03071	514.05	1.9787	0.02862	523.88	1.9955	140.0	0.02606	523.02	1.9868	0.02388	522.16	1.9787
140.0	0.03169	524.73	2.0048	0.02951	534.72	2.0214	150.0	0.02689	533.92	2.0129	0.02467	533.12	2.0049
150.0	0.03265	535.52	2.0306										

（续）

t/°C	p=1.4MPa (t_s=52.48°C)			p=1.5MPa (t_s=55.23°C)			p=1.6MPa (t_s=57.94°C)			p=1.7MPa (t_s=60.45°C)		
	v/(m³/kg)	h/(kJ/kg)	s/[kJ/(kg·K)]	v/(m³/kg)	h/(kJ/kg)	s/[kJ/(kg·K)]	v/(m³/kg)	h/(kJ/kg)	s/[kJ/(kg·K)]	v/(m³/kg)	h/(kJ/kg)	s/[kJ/(kg·K)]
60.0	0.01516	433.66	1.7351	0.01379	431.57	1.7245	0.01256	429.36	1.7139			
70.0	0.01618	444.96	1.7685	0.01479	443.17	1.7588	0.01356	441.32	1.7493	0.01247	439.37	1.7398
80.0	0.01713	456.01	1.8003	0.01572	454.45	1.7912	0.01447	452.84	1.7824	0.01336	451.17	1.7738
90.0	0.01802	466.92	1.8308	0.01658	465.54	1.8222	0.01532	464.11	1.8139	0.01419	462.65	1.8058
100.0	0.01888	477.77	1.8602	0.01741	476.52	1.8520	0.01611	475.25	1.8441	0.01497	473.94	1.8365
110.0	0.01970	488.60	1.8889	0.01819	487.47	1.8810	0.01687	486.31	1.8734	0.01570	485.14	1.8661
120.0	0.02050	499.45	1.9168	0.01895	498.41	1.9092	0.01760	497.36	1.9018	0.01641	496.29	1.8948
130.0	0.02127	510.34	1.9442	0.01969	509.38	1.9367	0.01831	508.41	1.9296	0.01709	507.43	1.9228
140.0	0.02202	521.28	1.9710	0.02041	520.40	1.9637	0.01900	519.50	1.9568	0.01775	518.60	1.9502
150.0	0.02276	532.30	1.9973	0.02111	531.48	1.9902	0.01966	530.65	1.9834	0.01839	529.81	1.9770

t/°C	p=2.0MPa (t_s=67.57°C)			p=3.0MPa (t_s=86.26°C)		
	v/(m³/kg)	h/(kJ/kg)	s/[kJ/(kg·K)]	v/(m³/kg)	h/(kJ/kg)	s/[kJ/(kg·K)]
70.0	0.00975	432.85	1.7112			
80.0	0.01065	445.76	1.7483			
90.0	0.01146	457.99	1.7824	0.00585	436.84	1.7011
100.0	0.01219	469.84	1.8146	0.00669	452.92	1.7448
110.0	0.01288	481.47	1.8454	0.00737	467.11	1.7824
120.0	0.01352	492.97	1.8750	0.00796	480.41	1.8166
130.0	0.01415	504.40	1.9037	0.00850	493.22	1.8488
140.0	0.01474	515.82	1.9317	0.00899	505.72	1.8794
150.0	0.01532	527.24	1.9590	0.00946	518.04	1.9089

t/°C	p=4.0MPa (t_s=100.35°C)			p=5.0MPa		
	v/(m³/kg)	h/(kJ/kg)	s/[kJ/(kg·K)]	v/(m³/kg)	h/(kJ/kg)	s/[kJ/(kg·K)]
60.0				0.00092	285.68	1.2700
70.0				0.00096	301.31	1.3163
80.0				0.00100	317.85	1.3638
90.0				0.00108	335.94	1.4143
100.0				0.00122	357.51	1.4728
110.0	0.00424	445.56	1.7112	0.00171	394.74	1.5711
120.0	0.00498	463.93	1.7586	0.00289	437.91	1.6825
130.0	0.00554	479.52	1.7977	0.00363	461.41	1.7416
140.0	0.00603	493.90	1.8330	0.00417	479.51	1.7859
150.0	0.00647	507.59	1.8657	0.00462	495.48	1.8241
160.0	0.00687	520.87	1.8967	0.00502	510.34	1.8588
170.0	0.00725	533.88	1.9264	0.00537	524.53	1.8912

注：本表来源同附录 A-8a。

附录 A-10　金属材料的密度、比热容及热导率

材料名称	20℃ 密度 ρ/(kg/m³)	20℃ 比热容 c/[J/(kg·K)]	20℃ 热导率 λ/[W/(m·K)]	热导率 λ/[W/(m·K)]　温度/℃ −100	0	100	200	300	400	600	800	1000	1200
纯铝	2710	902	236	243	236	240	238	234	228	215			
杜拉铝（96Al-4Cu，微量 Mg）	2790	881	169	124	160	188	188	193					
铝合金（92Al-8Mg）	2610	904	107	86	102	123	148						
铝合金（87Al-13Si）	2660	871	162	139	158	173	176	180					
铍	1850	1758	219	382	218	170	145	129	118				
纯铜	8930	386	398	421	401	393	389	384	379	366	352		
铝青铜（90Cu-10Al）	8360	420	56		49	57	66						
青铜（89Cu-11Sn）	8800	343	24.8		24	28.4	33.2						
黄铜（70Cu-30Zn）	8440	377	109	90	106	131	143	145	148				
铜合金（60Cu-40Ni）	8920	410	22.2	19	22.2	23.4							
黄金	19300	127	315	331	318	313	310	305	300	287			
纯铁	7870	455	81.1	96.7	83.5	72.1	63.5	56.5	50.3	39.4	29.6	29.4	31.6
阿姆口铁	7860	455	73.2	82.9	74.7	67.5	61.0	54.8	49.9	38.6	29.3	29.3	31.1
灰铸铁（$w_C \approx 3\%$）	7570	470	39.2		28.5	32.4	35.8	37.2	36.6	20.8	19.2		
碳钢（$w_C \approx 0.5\%$）	7840	465	49.8		50.5	47.5	44.8	42.0	39.4	34.0	29.0		
碳钢（$w_C \approx 1.0\%$）	7790	470	43.2		43.0	42.8	42.2	41.5	40.6	36.7	32.2		
碳钢（$w_C \approx 1.5\%$）	7750	470	36.7		36.8	36.6	36.2	35.7	34.7	31.7	27.8		
铬钢（$w_{Cr} = 5\%$）	7830	460	36.1		36.3	35.2	34.7	335	31.4	28.0	27.2	27.2	
铬钢（$w_{Cr} = 13\%$）	7740	460	26.8		26.5	27.0	27.0	27.0	27.6	28.4	29.0	29.0	
铬钢（$w_{Cr} = 17\%$）	7710	460	22		22	22.2	22.2	22.6	23.3	24.0	24.8	25.5	
铬钢（$w_{Cr} = 26\%$）	7650	460	22.6		22.6	23.8	25.5	27.2	28.5	31.8	35.1	38	27.2
铬镍钢（18-20Cr/8-12Ni）	7820	460	15.2	12.2	14.7	16.6	18.0	19.4	20.8	23.5	26.3		
铬镍钢（17-19Cr/9-13Ni）	7830	460	14.7	11.8	14.3	16.1	17.5	18.8	20.2	22.8	25.5	28.2	30.9

（续）

热导率 λ/[W/(m·K)]，温度/℃

材料名称	密度 ρ/(kg/m³)（20℃）	比热容 c/[J/(kg·K)]（20℃）	热导率 λ/[W/(m·K)]（20℃）	−100	0	100	200	300	400	600	800	1000	1200
镍钢（$w_{Ni}\approx1\%$）	7900	460	45.5	40.8	45.2	46.8	46.1	44.1	41.2	35.7			
镍钢（$w_{Ni}\approx3.5\%$）	7910	460	36.5	30.7	36.0	38.8	39.7	39.2	37.8				
镍钢（$w_{Ni}\approx25\%$）	8030	460	13.0	—									
镍钢（$w_{Ni}\approx35\%$）	8110	460	13.8	10.9	13.4	15.4	17.1	18.6	20.1	23.1			
镍钢（$w_{Ni}\approx44\%$）	8190	460	15.8		15.7	16.1	16.5	16.9	17.1	17.8	18.4		
镍钢（$w_{Ni}\approx50\%$）	8260	460	19.6	17.3	19.4	20.5	21.0	21.1	21.3	22.5			
锰钢（$w_{Mn}\approx12\%\sim13\%$，$w_{Ni}\approx3\%$）	7800	487	13.6			14.8	16.0	17.1	18.3				
锰钢（$w_{Mn}\approx0.4\%$）	7860	440	51.2			51.0	50.0	47.0	43.5	35.5	27		
钨钢（$w_{W}\approx5\%\sim6\%$）	8070	436	18.7	18.4		19.7	21.0	22.3	23.6	24.9	26.3		
铅	11340	128	35.3	37.2	35.5	34.3	32.8	31.5					
镁	1730	1020	156	160	157	154	152	150					
钼	9590	255	138	146	139	135	131	127	123	116	109	103	93.7
镍	8900	444	91.4	144	94	82.8	74.2	67.3	64.6	69.0	73.3	77.6	81.9
铂	21450	133	71.4	73.3	71.5	71.6	72.0	72.8	73.6	76.6	80.0	84.2	88.9
银	10500	234	427	431	428	422	415	407	399	384			
锡	7310	228	67	75	68.2	63.2	60.9						
钛	4500	520	22	23.3	22.4	20.7	19.9	19.5	19.4	19.9			
铀	19070	116	27.4	24.3	27	29.1	31.1	33.4	35.7	40.6	45.6		
锌	7140	388	121	123	122	117	112						
锆	6570	276	22.9	26.5	23.2	21.8	21.2	20.9	21.4	22.3	24.5	26.4	28.0
钨	19350	134	179	204	182	166	153	142	134	125	119	114	110

注：本表引自参考文献 [12]。

附录 A-11　保温、建筑及其他材料的密度和热导率

材料名称	温度 t/℃	密度 ρ/（kg/m³）	热导率 λ/［W/(m·K)］
膨胀珍珠岩散料	25	60~300	0.021~0.062
沥青膨胀珍珠岩	31	233~282	0.069~0.076
磷酸盐膨胀珍珠岩制品	20	200~250	0.044~0.052
水玻璃膨胀珍珠岩制品	20	200~300	0.056~0.065
岩棉制品	20	80~150	0.035~0.038
膨胀蛭石	20	100~130	0.051~0.07
沥青蛭石板管	20	350~400	0.081~0.10
石棉粉	22	744~1400	0.099~0.19
石棉砖	21	384	0.099
石棉绳		590~730	0.10~0.21
石棉绒		35~230	0.055~0.077
石棉板	30	770~1045	0.10~0.14
碳酸镁石棉灰		240~490	0.077~0.086
硅藻土石棉灰		280~380	0.085~0.11
粉煤灰砖	27	458~589	0.12~0.22
矿渣棉	30	207	0.058
玻璃丝	35	120~492	0.058~0.07
玻璃棉毡	28	18.4~38.3	0.043
软木板	20	105~437	0.044~0.079
木丝纤维板	25	245	0.048
稻草浆板	20	325~365	0.068~0.084
麻秆板	25	108~147	0.056~0.11
甘蔗板	20	282	0.067~0.072
葵芯板	20	95.5	0.05
玉米梗板	22	25.2	0.065
棉花	20	117	0.049
丝	20	57.7	0.036
锯木屑	20	179	0.083
硬泡沫塑料	30	29.5~56.3	0.041~0.048
软泡沫塑料	30	41~162	0.043~0.056
铝箔间隔层（5层）	21		0.042
红砖（营造状态）	25	1860	0.87
红砖	35	1560	0.49
松木（垂直木纹）	15	496	0.15
松木（平行木纹）	21	527	0.35
水泥	30	1900	0.30
混凝土板	35	1930	0.79
耐酸混凝土板	30	2250	1.5~1.6
黄砂	30	1580~1700	0.28~0.34
泥土	20		0.83
瓷砖	37	2090	1.1
玻璃	45	2500	0.65~0.71
聚苯乙烯	30	24.7~37.8	0.04~0.043
花岗石		2643	1.73~3.98
大理石		2499~2707	2.70
云母		290	0.58
水垢	65		1.31~3.14
冰	0	913	2.22
黏土	27	1460	1.3

附录 A-12 几种保温和耐火材料的热导率与温度的关系

材料名称	材料最高允许温度/ ℃	密度 ρ/ (kg/m^3)	热导率 λ/ [$W/(m \cdot K)$]
超细玻璃棉毡、管	400	18～20	$0.033+0.000230t$ [1]
矿渣棉	550～600	350	$0.0674+0.000215t$
水泥蛭石制品	800	420～450	$0.103+0.000198t$
水泥珍珠岩制品	600	300～400	$0.0651+0.000105t$
粉煤灰泡沫砖	300	500	$0.099+0.0002t$
岩棉玻璃布缝板	600	100	$0.0314+0.000198t$
A级硅藻土制品	900	500	$0.0395+0.00019t$
B级硅藻土制品	900	550	$0.0477+0.0002t$
膨胀珍珠岩	1000	55	$0.0424+0.000137t$
微孔硅酸钙制品	650	≤250	$0.041+0.0002t$
耐火黏土砖	1350～1450	1800～2040	$(0.7～0.84)+0.00058t$
轻质耐火黏土砖	1250～1300	800～1300	$(0.29～0.41)+0.00026t$
超轻质耐火黏土砖	1150～1300	540～610	$0.093+0.00016t$
超轻质耐火黏土砖	1100	270～330	$0.058+0.00017t$
硅砖	1700	1900～1950	$0.93+0.0007t$
镁砖	1600～1700	2300～2600	$2.1+0.00019t$
铬砖	1600～1700	2600～2800	$4.7+0.00017t$

[1] t 表示材料的平均温度。

附录 A-13 干空气的热物理性质 ($p = 1.01325 \times 10^5 Pa$)

$t/℃$	ρ/ (kg/m^3)	c_p/ [$kJ/(kg \cdot ℃)$]	$\lambda \times 10^2$/ [$W/(m \cdot ℃)$]	$a \times 10^6$/ (m^2/s)	$\eta \times 10^6$/ [$kg/(m \cdot s)$]	$\nu \times 10^6$/ (m^2/s)	Pr
-50	1.584	1.013	2.04	12.7	14.6	9.23	0.728
-40	1.515	1.013	2.12	13.8	15.2	10.04	0.728
-30	1.453	1.013	2.20	14.9	15.7	10.80	0.723
-20	1.395	1.009	2.28	16.2	16.2	11.61	0.716
-10	1.342	1.009	2.36	17.4	16.7	12.43	0.712
0	1.293	1.005	2.44	18.8	17.2	13.28	0.707
10	1.247	1.005	2.51	20.0	17.6	14.16	0.705
20	1.205	1.005	2.59	21.4	18.1	15.06	0.703
30	1.165	1.005	2.67	22.9	18.6	16.00	0.701
40	1.128	1.005	2.76	24.3	19.1	16.96	0.699
50	1.093	1.005	2.83	25.7	19.6	17.95	0.698
60	1.060	1.005	2.90	27.2	20.1	18.97	0.696
70	1.029	1.009	2.96	28.6	20.6	20.02	0.694
80	1.000	1.009	3.05	30.2	21.1	21.09	0.692
90	0.972	1.009	3.13	31.9	21.5	22.10	0.690
100	0.946	1.009	3.21	33.6	21.9	23.13	0.688
120	0.898	1.009	3.34	36.8	22.8	25.45	0.686
140	0.854	1.013	3.49	40.3	23.7	27.80	0.684
160	0.815	1.017	3.64	43.9	24.5	30.09	0.682
180	0.779	1.022	3.78	47.5	25.3	32.49	0.681
200	0.746	1.026	3.93	51.4	26.0	34.85	0.680
250	0.674	1.038	4.27	61.0	27.4	40.61	0.677
300	0.615	1.047	4.60	71.6	29.7	48.33	0.674
350	0.566	1.059	4.91	81.9	31.4	55.46	0.676
400	0.524	1.068	5.21	93.1	33.0	63.09	0.678
500	0.456	1.093	5.74	115.3	36.2	79.38	0.687
600	0.404	1.114	6.22	138.3	39.1	96.89	0.699
700	0.362	1.135	6.71	163.4	41.8	115.4	0.706
800	0.329	1.156	7.18	188.8	44.3	134.8	0.713
900	0.301	1.172	7.63	216.2	46.7	155.1	0.717
1000	0.277	1.185	8.07	245.9	49.0	177.1	0.719
1100	0.257	1.197	8.50	276.2	51.2	199.3	0.722
1200	0.239	1.210	9.15	316.5	53.5	233.7	0.724

附录 A-14　饱和水的热物理性质

$t/℃$	$p×10^{-5}$ /Pa	$\rho/$ (kg/m³)	$h'/$ (kJ/kg)	$c/$ [kJ/ (kg·K)]	$\lambda×10^{2}/$ [W/ (m·K)]	$a×10^{8}/$ (m²/s)	$\eta×10^{6}/$ [kg/ (m·s)]	$\nu×10^{6}/$ (m²/s)	$\alpha_V×10^{4}/$ K⁻¹	$\gamma×10^{4}/$ (N/m)	Pr
0	0.00611	999.9	0	4.212	55.1	13.1	1788	1.789	−0.81	756.4	13.67
10	0.01227	999.7	42.04	4.191	57.4	13.7	1306	1.306	+0.87	741.6	9.52
20	0.02338	998.2	83.91	4.183	59.9	14.3	1004	1.006	2.09	726.9	7.02
30	0.04241	995.7	125.7	4.174	61.8	14.9	801.5	0.805	3.05	712.2	5.42
40	0.07375	992.2	167.5	4.174	63.5	15.3	653.3	0.659	3.86	696.5	4.31
50	0.12335	988.1	209.3	4.174	64.8	15.7	549.4	0.556	4.57	676.9	3.54
60	0.19920	983.1	251.1	4.179	65.9	16.0	469.9	0.478	5.22	662.2	2.99
70	0.3116	977.8	293.0	4.187	66.8	16.3	406.1	0.415	5.83	643.5	2.55
80	0.4736	971.8	355.0	4.195	67.4	16.6	355.1	0.365	6.40	625.9	2.21
90	0.7011	965.3	377.0	4.208	68.0	16.8	314.9	0.326	6.96	607.2	1.95
100	1.013	958.4	419.1	4.220	68.3	16.9	282.5	0.295	7.50	588.6	1.75
110	1.43	951.0	461.4	4.233	68.5	17.0	259.0	0.272	8.04	569.0	1.60
120	1.98	943.1	503.7	4.250	68.6	17.1	237.4	0.252	8.58	548.4	1.47
130	2.70	934.8	546.4	4.266	68.6	17.2	217.8	0.233	9.12	528.8	1.36
140	3.61	926.1	589.1	4.287	68.5	17.2	201.1	0.217	9.68	507.2	1.26
150	4.76	917.0	632.2	4.313	68.4	17.3	186.4	0.203	10.26	486.6	1.17
160	6.18	907.0	675.4	4.346	68.3	17.3	173.6	0.191	10.87	466.0	1.10
170	7.92	897.3	719.3	4.380	67.9	17.3	162.8	0.181	11.52	443.4	1.05
180	10.03	886.9	763.3	4.417	67.4	17.2	153.0	0.173	12.21	422.8	1.00
190	12.55	876.0	807.8	4.459	67.0	17.1	144.2	0.165	12.96	400.2	0.96
200	15.55	863.0	852.8	4.505	66.3	17.0	136.4	0.158	13.77	376.7	0.93
210	19.08	852.3	897.7	4.555	65.5	16.9	130.5	0.153	14.67	354.1	0.91
220	23.20	840.3	943.7	4.614	64.5	16.6	124.6	0.148	15.67	331.6	0.89
230	27.98	827.3	990.2	4.681	63.7	16.4	119.7	0.145	16.80	310.0	0.88
240	33.48	813.6	1037.5	4.756	62.8	16.2	114.8	0.141	18.08	285.5	0.87
250	39.78	799.0	1085.7	4.844	61.8	15.9	109.9	0.137	19.55	261.9	0.86
260	46.94	784.0	1135.7	4.949	60.5	15.6	105.9	0.135	21.27	237.4	0.87
270	55.05	767.9	1185.7	5.070	59.0	15.1	102.1	0.133	23.31	214.8	0.88
280	64.19	750.7	1236.8	5.230	57.4	14.6	98.1	0.131	25.79	191.3	0.90
290	74.45	732.3	1290.0	5.485	55.8	13.9	94.2	0.129	28.84	168.7	0.93
300	85.92	712.5	1344.9	5.736	54.0	13.2	91.2	0.128	32.73	144.2	0.97
310	98.70	691.1	1402.2	6.071	52.3	12.5	88.3	0.128	37.85	120.7	1.03
320	112.90	667.1	1462.1	6.574	50.6	11.5	85.3	0.128	44.91	98.10	1.11
330	128.65	640.2	1526.2	7.244	48.4	10.4	81.4	0.127	55.31	76.71	1.22
340	146.08	610.1	1594.8	8.165	45.7	9.17	77.5	0.127	72.10	56.70	1.39
350	165.37	574.4	1671.4	9.504	43.0	7.88	72.6	0.126	103.7	38.16	1.60
360	186.74	528.0	1761.5	13.984	39.5	5.36	66.7	0.126	182.9	20.21	2.35
370	210.53	450.5	1892.5	40.321	33.7	1.86	56.9	0.126	676.7	4.709	6.79

注：本表引自参考文献［12］。

附录 A-15　干饱和水蒸气的热物理性质

$t/℃$	$p×10^{-5}/$ Pa	$ρ''/$ (kg/m^3)	$h''/$ (kJ/kg)	$r/$ (kJ/kg)	$c/$ [kJ/(kg·℃)]	$λ×10^2/$ [W/(m·℃)]	$a×10^3/$ (m^2/h)	$η×10^6/$ [kg/(m·s)]	$ν×10^6/$ (m^2/s)	Pr
0	0.00611	0.004847	2501.6	2501.6	1.8543	1.83	7313.0	8.022	1655.01	0.815
10	0.01227	0.009396	2520.0	2477.7	1.8594	1.88	3881.3	8.424	896.54	0.831
20	0.02338	0.01729	2538.0	2454.3	1.8661	1.94	2167.2	8.840	509.90	0.847
30	0.04241	0.03037	2556.5	2430.9	1.8744	2.00	1265.1	9.218	303.53	0.863
40	0.07375	0.05116	2574.5	2407.0	1.8853	2.06	768.45	9.620	188.04	0.883
50	0.12335	0.08302	2592.0	2382.7	1.8987	2.12	483.59	10.022	120.72	0.896
60	0.19920	0.1302	2609.6	2358.4	1.9155	2.19	315.55	10.424	80.07	0.913
70	0.3116	0.1982	2626.8	2334.1	1.9364	2.25	210.57	10.817	54.57	0.930
80	0.4736	0.2933	2643.5	2309.0	1.9615	2.33	145.53	11.219	38.25	0.947
90	0.7011	0.4235	2660.3	2283.1	1.9921	2.40	102.22	11.621	27.44	0.966
100	1.0130	0.5977	2676.2	2257.1	2.0281	2.48	73.57	12.023	20.12	0.984
110	1.4327	0.8265	2691.3	2229.0	2.0704	2.56	53.83	12.425	15.03	1.00
120	1.9854	1.122	2705.9	2202.3	2.1198	2.65	40.15	12.798	11.41	1.02
130	2.7013	1.497	2719.7	2173.1	2.1763	2.76	30.46	13.170	8.80	1.04
140	3.614	1.967	2733.1	2144.1	2.2408	2.85	23.28	13.543	6.89	1.06
150	4.760	2.548	2745.3	2113.1	2.3145	2.97	18.10	13.896	5.45	1.08
160	6.181	3.260	2756.6	2081.3	2.3974	3.08	14.20	14.249	4.37	1.11
170	7.920	4.123	2767.1	2047.8	2.4911	3.21	11.25	14.612	3.54	1.13
180	10.027	5.160	2776.3	2013.0	2.5958	3.36	9.03	14.965	2.90	1.15
190	12.551	6.397	2784.2	1976.6	2.7126	3.51	7.29	15.298	2.39	1.18
200	15.549	7.864	2790.9	1938.5	2.8428	3.68	5.92	15.651	1.99	1.21
210	19.077	9.593	2796.4	1898.3	2.9877	3.87	4.86	15.995	1.67	1.24
220	23.198	11.62	2799.7	1856.4	3.1497	4.07	4.00	16.338	1.41	1.26
230	27.976	14.00	2801.8	1811.6	3.3310	4.30	3.32	16.701	1.19	1.29
240	33.478	16.76	2802.2	1764.7	3.5366	4.54	2.76	17.073	1.02	1.33
250	39.776	19.99	2800.6	1714.4	3.7723	4.84	2.31	17.446	0.873	1.36
260	46.943	23.73	2796.4	1661.3	4.0470	5.18	1.94	17.848	0.752	1.40
270	55.058	28.10	2789.7	1604.8	4.3735	5.55	1.63	18.280	0.651	1.44
280	64.202	33.19	2780.5	1543.7	4.7675	6.00	1.37	18.750	0.565	1.49
290	74.461	39.16	2767.5	1477.5	5.2528	6.55	1.15	19.270	0.492	1.54
300	85.927	46.19	2751.1	1405.9	5.8632	7.22	0.96	19.839	0.430	1.61
310	98.700	54.54	2730.2	1327.6	6.6503	8.06	0.80	20.691	0.380	1.71
320	112.89	64.60	2703.8	1241.0	7.7217	8.65	0.62	21.691	0.336	1.94
330	128.63	76.99	2670.3	1143.8	9.3613	9.61	0.48	23.093	0.300	2.24
340	146.05	92.76	2626.0	1030.8	12.2108	10.70	0.34	24.692	0.266	2.82
350	165.35	113.6	2567.8	895.6	17.1504	11.90	0.22	26.594	0.234	3.83
360	186.75	144.1	2485.3	721.4	25.1162	13.70	0.14	29.193	0.203	5.34
370	210.54	201.1	2342.9	452.6	76.9157	16.60	0.04	33.989	0.169	15.7
374.15	221.20	315.5	2107.2	0.0	∞	23.79	0.0	44.992	0.143	∞

附录 A-16　几种饱和液体的热物理性质

液体	$t/℃$	$\rho/$ (kg/m^3)	$c/$ $[kJ/(kg \cdot K)]$	$\lambda/$ $[W/(m \cdot K)]$	$a \times 10^8/$ (m^2/s)	$\nu \times 10^6/$ (m^2/s)	$\alpha_V \times 10^3/$ K^{-1}	$r/$ (kJ/kg)	Pr
NH_3	−50	702.0	4.354	0.6207	20.31	0.4745	1.69	1416.34	2.337
	−40	689.9	4.396	0.6014	19.83	0.4160	1.78	1388.81	2.098
	−30	677.5	4.448	0.5810	19.28	0.3700	1.88	1359.74	1.919
	−20	664.9	4.501	0.5607	18.74	0.3328	1.96	1328.97	1.776
	−10	652.0	4.556	0.5405	18.20	0.3018	2.04	1296.39	1.659
	0	638.6	4.617	0.5202	17.64	0.2753	2.16	1261.81	1.560
	10	624.8	4.683	0.4998	17.08	0.2522	2.28	1225.04	1.477
	20	610.4	4.758	0.4792	16.50	0.2320	2.42	1185.82	1.406
	30	595.4	4.843	0.4583	15.89	0.2143	2.57	1143.85	1.348
	40	579.5	4.943	0.4371	15.26	0.1988	2.76	1098.71	1.303
	50	562.9	5.066	0.4156	14.57	0.1853	3.07	1049.91	1.271
R12	−50	1544.3	0.863	0.0959	7.20	0.2939	1.732	173.91	4.083
	−40	1516.1	0.873	0.0921	6.96	0.2666	1.815	170.02	3.831
	−30	1487.2	0.884	0.0883	6.72	0.2422	1.915	166.00	3.606
	−20	1457.6	0.896	0.0845	6.47	0.2206	2.039	161.81	3.409
	−10	1427.1	0.911	0.0808	6.21	0.2015	2.189	157.39	3.241
	0	1395.6	0.928	0.0771	5.95	0.1847	2.374	152.38	3.103
	10	1362.8	0.948	0.0735	5.69	0.1701	2.602	147.64	2.990
	20	1328.6	0.971	0.0698	5.41	0.1573	2.887	142.20	2.907
	30	1292.5	0.998	0.0663	5.14	0.1463	3.248	136.27	2.846
	40	1254.2	1.030	0.0627	4.85	0.1368	3.712	129.78	2.819
	50	1213.0	1.071	0.0592	4.56	0.1289	4.327	122.56	2.828
R22	−50	1435.5	1.083	0.1184	7.62		1.942	239.48	
	−40	1406.8	1.093	0.1138	7.40		2.043	233.29	
	−30	1377.3	1.107	0.1092	7.16		2.167	226.81	
	−20	1346.8	1.125	0.1048	6.92	0.193	2.322	219.97	2.792
	−10	1315.0	1.146	0.1004	6.66	0.178	2.515	212.69	2.672
	0	1281.8	1.171	0.0962	6.41	0.164	2.754	204.87	2.557
	10	1246.9	1.202	0.0920	6.14	0.151	3.057	196.44	2.463
	20	1210.0	1.238	0.0878	5.86	0.140	3.447	187.28	2.384
	30	1170.7	1.282	0.0838	5.58	0.130	3.956	177.24	2.321
	40	1128.4	1.338	0.0798	5.29	0.121	4.644	166.16	2.285
	50	1082.1	1.414				5.610	153.76	
R152a	−50	1063.3	1.560			0.3822	1.625	351.69	
	−40	1043.5	1.590			0.3374	1.718	343.54	
	−30	1023.3	1.617			0.3007	1.830	335.01	
	−20	1002.5	1.645	0.1272	7.71	0.2703	1.964	326.06	3.505
	−10	981.1	1.674	0.1213	7.39	0.2449	2.123	316.63	3.316

（续）

液体	$t/℃$	$\rho/$ (kg/m^3)	$c/$ $[kJ/(kg \cdot K)]$	$\lambda/$ $[W/(m \cdot K)]$	$a \times 10^8/$ (m^2/s)	$\nu \times 10^6/$ (m^2/s)	$\alpha_V \times 10^3/$ K^{-1}	$r/$ (kJ/kg)	Pr
R152a	0	958.9	1.707	0.1155	7.06	0.2235	2.317	306.66	3.167
	10	935.9	1.743	0.1097	6.73	0.2052	2.550	296.04	3.051
	20	911.7	1.785	0.1039	6.38	0.1893	2.838	284.67	2.965
	30	886.3	1.834	0.0982	6.04	0.1756	3.194	272.77	2.906
	40	859.4	1.891	0.0926	5.70	0.1635	3.641	259.15	2.869
	50	830.6	1.963	0.0872	5.35	0.1528	4.221	244.58	2.857
R134a	-50	1443.1	1.229	0.1165	6.57	0.4118	1.881	231.62	6.269
	-40	1414.8	1.243	0.1119	6.36	0.3550	1.977	225.59	5.579
	-30	1385.9	1.260	0.1073	6.14	0.3106	2.094	219.35	5.054
	-20	1356.2	1.282	0.1026	5.90	0.2751	2.237	212.84	4.662
	-10	1325.6	1.306	0.0980	5.66	0.2462	2.414	205.97	4.348
	0	1293.7	1.335	0.0934	5.41	0.2222	2.633	198.68	4.108
	10	1260.2	1.367	0.0888	5.15	0.2018	2.905	190.87	3.915
	20	1224.9	1.404	0.0842	4.90	0.1843	3.252	182.44	3.765
	30	1187.2	1.447	0.0796	4.63	0.1691	3.698	173.29	3.648
	40	1146.2	1.500	0.0750	4.36	0.1554	4.286	163.23	3.564
	50	1102.0	1.569	0.0704	4.07	0.1431	5.093	152.04	3.515
11号润滑油	0	905.0	1.834	0.1449	8.73	1336			15310
	10	898.8	1.872	0.1441	8.56	564.2			6591
	20	892.7	1.909	0.1432	8.40	280.2	0.69		3335
	30	886.6	1.947	0.1423	8.24	153.2			1859
	40	880.6	1.985	0.1414	8.09	90.7			1121
	50	874.6	2.022	0.1405	7.94	57.4			723
	60	868.8	2.064	0.1396	7.78	38.4			493
	70	863.1	2.106	0.1387	7.63	27.0			354
	80	857.4	2.148	0.1379	7.49	19.7			263
	90	851.8	2.190	0.1370	7.34	14.9			203
	100	846.2	2.236	0.1361	7.19	11.5			160
14号润滑油	0	905.2	1.866	0.1493	8.84	2237			25310
	10	899.0	1.909	0.1485	8.65	863.2			9979
	20	892.8	1.915	0.1477	8.48	410.9	0.69		4846
	30	886.7	1.993	0.1470	8.32	216.5			2603
	40	880.7	2.035	0.1462	8.16	124.2			1522
	50	874.8	2.077	0.1454	8.00	76.5			956
	60	869.0	2.114	0.1446	7.87	50.5			462
	70	863.2	2.156	0.1439	7.73	34.3			444
	80	857.5	2.194	0.1431	7.61	24.6			323
	90	851.9	2.227	0.1424	7.51	18.3			244
	100	846.4	2.265	0.1416	7.39	14.0			190

注：本表引自参考文献 [12]。

附录 A-17　几种气体的热物理性质（$p = 1.01325 \times 10^5 \, \mathrm{Pa}$）

气体名称	$t/℃$	$\rho/$ （kg/m³）	$c/$ [kJ/(kg·K)]	$\lambda \times 10^2/$ [W/(m·K)]	$a \times 10^2/$ （m²/h）	$\eta \times 10^6/$ [kg/(m·s)]	$\nu \times 10^2/$ （m²/s）	Pr
氢气（H₂）	−50	0.1064	13.82	14.07	34.4	7.355	69.1	0.72
	0	0.0869	14.19	16.75	48.6	8.414	96.8	0.72
	50	0.0734	14.40	19.19	65.3	9.385	128	0.71
	100	0.0636	14.49	21.40	84.0	10.277	162	0.69
	150	0.0560	14.49	23.61	105	11.121	199	0.68
	200	0.0502	14.53	25.70	128	11.915	237	0.66
	250	0.0453	14.53	27.56	152	12.651	279	0.66
	300	0.0415	14.57	29.54	178	13.631	321	0.65
氮气（N₂）	−50	1.485	1.043	2.000	4.65	14.122	9.5	0.74
	0	1.211	1.043	2.407	6.87	16.671	13.8	0.72
	50	1.023	1.043	2.791	9.42	18.927	18.5	0.71
	100	0.887	1.043	3.128	12.2	21.084	23.8	0.70
	150	0.782	1.047	3.477	15.3	23.046	29.5	0.69
	200	0.699	1.055	3.815	18.6	24.811	35.5	0.69
	250	0.631	1.059	4.129	22.1	26.674	42.3	0.69
	300	0.577	1.072	4.419	25.7	28.241	49.1	0.69
二氧化碳（CO₂）	−50	2.373	0.766	1.105	2.2	11.28	4.8	0.78
	0	1.912	0.829	1.454	3.3	13.83	7.2	0.78
	50	1.616	0.875	1.830	4.7	16.18	10.0	0.77
	100	1.400	0.921	2.221	6.2	18.34	13.1	0.76
	150	1.235	0.959	2.628	8.0	20.40	16.5	0.74
	200	1.103	0.996	3.059	10.1	22.36	20.3	0.72
	250	0.996	1.030	3.512	12.3	24.22	24.3	0.71
	300	0.911	1.063	3.989	14.8	25.99	28.5	0.59
氧气（O₂）	−100	2.192	0.917	1.465	2.7	12.94	5.9	0.80
	−50	1.694	0.917	1.884	4.4	16.18	9.6	0.79
	0	1.382	0.917	2.291	6.5	19.12	13.9	0.77
	50	1.168	0.925	2.687	8.9	21.97	18.8	0.76
	100	1.012	0.934	3.035	11.6	24.61	24.3	0.76

附录 A-18　常见材料的表面发射率[17]

材料名称及表面状况	温度 $t/℃$	发射率 ε
铝:抛光,纯度98%	200~600	0.04~0.06
工业用板	100	0.09
粗制板	40	0.07
严重氧化	100~550	0.20~0.33
箔,光亮	100~300	0.06~0.07
黄铜:高度抛光	250	0.03
抛光	40	0.07
无光泽板	40~250	0.22
氧化	40~250	0.46~0.56

（续）

材料名称及表面状况	温度 $t/℃$	发射率 ε
铬:抛光薄板	40~550	0.08~0.27
纯铜:高度抛光的电解铜	100	0.02
抛光	40	0.04
轻度抛光	40	0.12
无光泽	40	0.15
氧化发黑	40	0.76
金:高度抛光,纯金	100~600	0.02~0.035
钢铁:低碳钢,抛光	150~500	0.14~0.32
钢,抛光	40~250	0.07~0.10
钢板,轧制	40	0.66
钢板,粗糙,严重氧化	40	0.80
铸铁,有处理表皮层	40	0.70~0.80
铸铁,新加工面	40	0.44
铸铁,氧化	40~250	0.57~0.66
铸铁,抛光	200	0.21
锻铁,光洁	40	0.35
锻铁,暗色氧化	20~360	0.94
不锈钢,抛光	40	0.07~0.17
不锈钢,重复加热冷却后	230~930	0.50~0.70
石棉:石棉板	40	0.96
石棉水泥	40	0.96
石棉瓦	40	0.97
砖:粗糙红砖	40	0.93
耐火黏土砖	1000	0.75
灯炱	40	0.95
黏土:烧结	100	0.91
混凝土:粗糙表面	40	0.94
玻璃:平板玻璃	40	0.94
石英玻璃(厚2mm)	250~550	0.96~0.66
硼硅酸玻璃	250~550	0.94~0.75
石膏	40	0.80~0.90
雪	−3	0.82
冰:光滑面	0	0.97
水:厚0.1mm以上	40	0.96
云母	40	0.75
油漆:各种油漆	40	0.92~0.96
白色油漆	40	0.80~0.95
光亮黑漆	40	0.9
纸:白纸	40	0.95
粗糙屋面焦油纸毡	40	0.90
瓷:上釉	40	0.93
橡胶:硬质	40	0.94
雪	−12~−6	0.82
锅炉炉渣	0~1000	0.97~0.70
抹灰的墙	20	0.94
各种木材	40	0.80~0.92

附录 A-19   双曲函数表

x	sh$x$	ch$x$	th$x$	x	sh$x$	ch$x$	th$x$
0.0	0.0000	1.0000	0.0000	3.0	10.0179	10.0678	0.9951
0.1	0.1002	1.0050	0.0997	3.1	11.0765	11.1215	0.9960
0.2	0.2013	1.0201	0.1974	3.2	12.2459	12.2866	0.9967
0.3	0.3045	1.0453	0.2913	3.3	13.5379	13.5748	0.9973
0.4	0.4108	1.0811	0.3799	3.4	14.965	14.999	0.9978
0.5	0.5211	1.1276	0.4621	3.5	16.543	16.573	0.9982
0.6	0.6367	1.1855	0.5371	3.6	18.285	18.313	0.9985
0.7	0.7586	1.2552	0.6044	3.7	20.211	20.236	0.9988
0.8	0.8881	1.3374	0.6640	3.8	22.329	22.362	0.9990
0.9	1.0265	1.4331	0.7163	3.9	24.691	24.711	0.9992
1.0	1.1752	1.5431	0.7616	4.0	27.290	27.308	0.9993
1.1	1.3356	1.6685	0.8010	4.1	30.162	30.178	0.9995
1.2	1.5095	1.8107	0.8337	4.2	33.336	33.351	0.9996
1.3	1.6984	1.9709	0.8617	4.3	36.843	36.857	0.9996
1.4	1.9043	2.1509	0.8854	4.4	40.719	40.732	0.9997
1.5	2.1293	2.3524	0.9052	4.5	45.003	45.014	0.9998
1.6	2.3756	2.5775	0.9217	4.6	49.737	49.747	0.9998
1.7	2.6456	2.8283	0.9354	4.7	54.969	54.978	0.9999
1.8	2.9422	3.1075	0.9468	4.8	60.751	60.759	0.9999
1.9	3.2682	3.4177	0.9562	4.9	67.141	67.149	0.9999
2.0	3.6269	3.7622	0.9640	5.0	74.203	74.210	0.9999
2.1	4.0219	4.1443	0.9704	5.1	82.008	82.014	0.9999
2.2	4.4571	4.5679	0.9757	5.2	90.633	90.639	0.9999
2.3	4.9370	5.0372	0.9801	5.3	100.166	100.171	1.0000
2.4	5.4662	5.5570	0.9837	5.4	110.701	110.705	1.0000
2.5	6.0502	6.1323	0.9866	5.5	122.344	122.344	1.0000
2.6	6.6947	6.7690	0.9890	5.6	135.211	135.211	1.0000
2.7	7.4063	7.4735	0.9910	5.7	149.432	149.432	1.0000
2.8	8.1919	8.2527	0.9926	5.8	165.148	165.148	1.0000
2.9	9.0596	9.1146	0.9940	5.9	182.517	182.517	1.0000

附　录　B

附录 B-1　湿空气焓湿图（$p_b = 0.1$MPa）

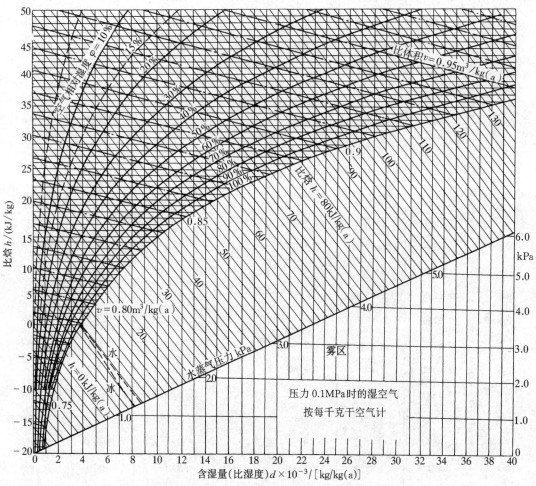

附录 B-1　湿空气焓湿图（$p_b = 0.1$MPa）

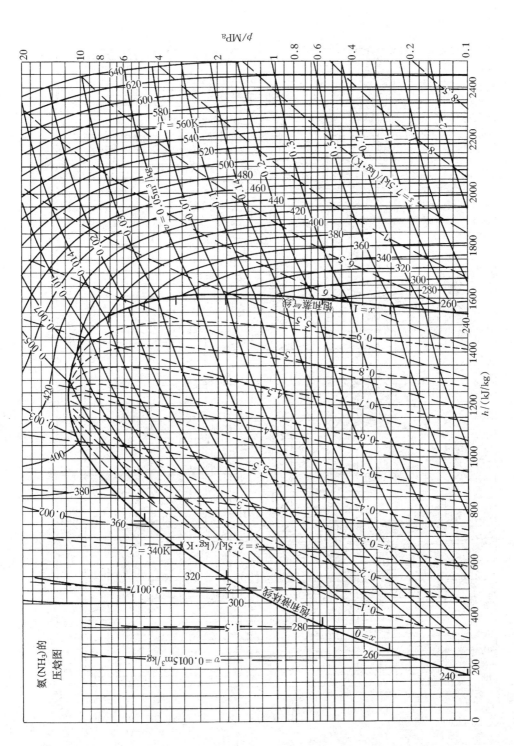

附录 B-2 氨（NH₃）的压焓图

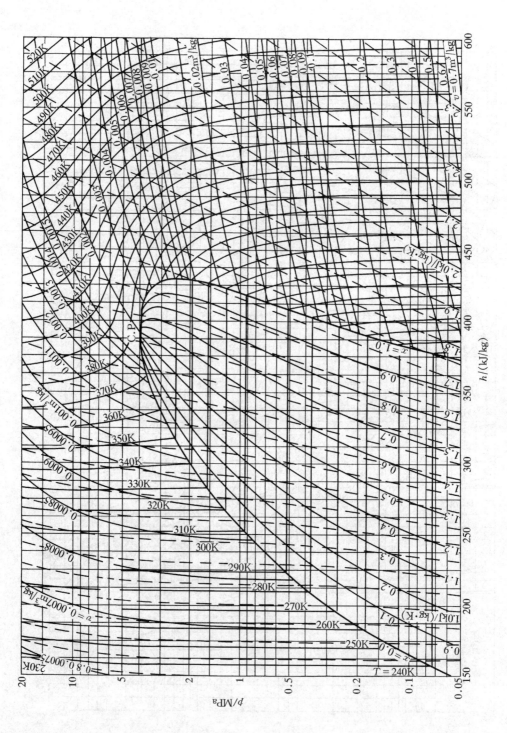

附录 B-3 R134a 的压焓图

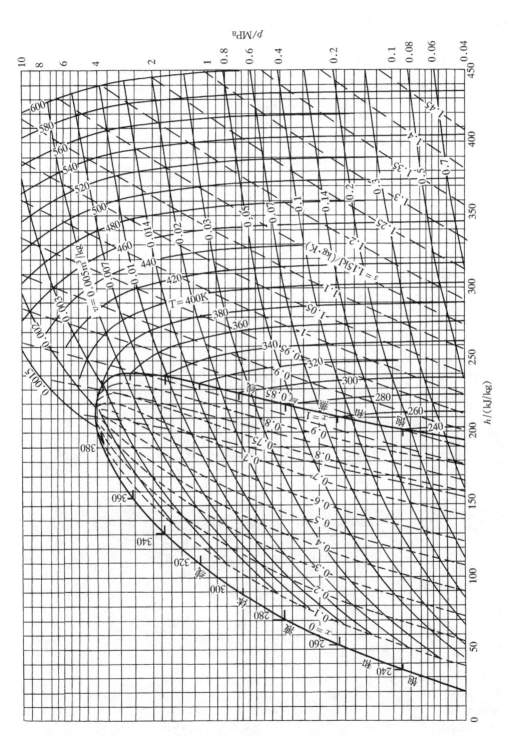

附录 B-4 R12 的压焓图